Joachim Dobers
Imme Freundner-Huneke
Siegfried Schulz
Annely Zeeb

Erlebnis Biologie 3

Ein Lehr- und Arbeitsbuch

9./10. Schuljahr

Schroedel

ERLEBNIS Biologie 3 9./10. Schuljahr

Herausgeber
Joachim Dobers
Imme Freundner-Huneke
Siegfried Schulz
Annely Zeeb

Autoren
Gerd-Peter Becker
Heike Claßen
Joachim Dobers
Eva Döhring
Imme Freundner-Huneke
Dr. Helmut Gaßmann
Marietta und Dieter Keller
Fritz Klöckner
Ralph Möllers
Rita Nowakowski
Ulrike Preuß
Anke Roß
Siegfried Schulz
Sabine Vogt
Michael Walory
Annely Zeeb

Mit Beiträgen von
Hans-Günther Beuck, Hartmut Eulner, Alex Knippenberg, Ernst-August Kuhlmann, Dr. Wolfgang Martin-Beyer, Erhard Mathias, Sabine Nelke, Günter Rabisch, Antje Starke, Rüdiger Stelling

unter Mitarbeit der Verlagsredaktion

Illustrationen:
Jan Bintakies
Dr. Peter Güttler
Theiss Heidolph
Brigitte Karnath
Joachim Knappe
Langner & Partner
Liselotte Lüddecke
Karin Mall
Tom Menzel
Heike Möller
Kerstin Ploß
Thilo Pustlauk
Barbara Schneider
Ingrid Schobel
Susanne Thater
Werner Wildermuth

Grundlayout:
Atelier *tiger*color Tom Menzel

Umschlaggestaltung:
SINNSALON, Büro für Konzept und Gestaltung

Druck A [1] / Jahr 2009
Alle Drucke der Serie A sind im Unterricht parallel verwendbar.

Satz: media service schmidt, Hildesheim
Repro: westermann druck GmbH, Braunschweig
Druck und Bindung: Westermann Druck GmbH, Zwickau

ISBN 978-3-507-**77253**-3

Die Zelle als System

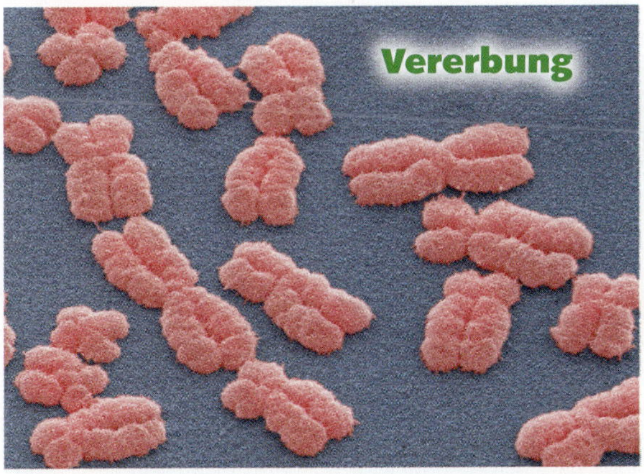
Vererbung

Steuern und Regeln
GABA

Verhalten bei Tier und Mensch
15CF

Sexualität
und Partnerschaft

Gesundheit
des Menschen

Eingriffe des
Menschen in den
Naturhaushalt

Evolution

Methode	Hier findest du Methoden, die dir helfen, naturwissenschaftliche Themen zu verstehen und zu bearbeiten.
Pinnwand	Hier findest du zusätzlich Bilder und Informationen zum jeweiligen Thema und Aufgaben, die du selbstständig bearbeiten und lösen kannst.
Streifzug	Hier findest du weitere Informationen zu Themen, die in anderen Bereichen von großer Bedeutung sind.
Lernen im Team	Hier findest du Themenvorschläge für die Arbeit in Gruppen. Eine Gruppe bearbeitet jeweils einen Vorschlag. Am Ende stellt jede Gruppe ihre Ergebnisse vor.
Auf einen Blick	Hier findest du die Inhalte des Kapitels in kurzer und übersichtlicher Form dargestellt.
Zeig, was du kannst	Hier findest du vielfältige Aufgaben zum Wiederholen und Vertiefen der Inhalte des Kapitels.

Weitere Informationen über den Begriff, der mit ▸ gekennzeichnet ist, erhältst du über das Stichwortverzeichnis am Ende dieses Buches.

Kennzeichnung der Aufgaben:

Diese Aufgabe kannst du mit deinem Vorwissen oder mit den Informationen aus dem Buch beantworten.

Dieses Symbol kennzeichnet eine Aufgabe, bei der du beobachten, untersuchen oder experimentieren musst.

Um diese Aufgabe zu lösen, nutze weitere Informationsquellen wie Fachbücher, Lexika oder das Internet. Manchmal beinhalten diese Aufgaben auch Arbeitsaufträge, die außerhalb des Klassenzimmers zu erfüllen sind.

Die Zelle als System

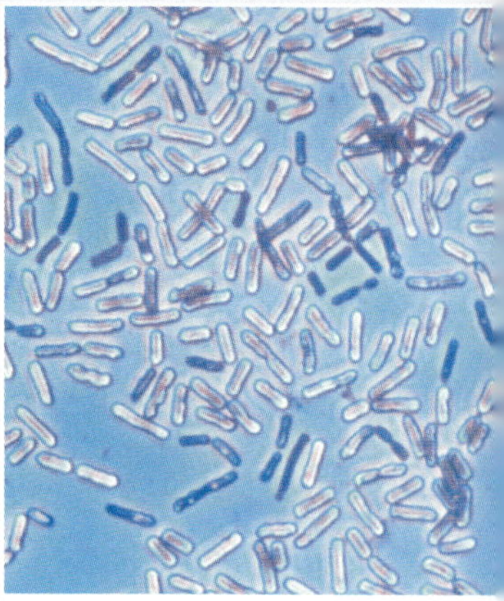

Bakterienzellen sind im Lichtmikroskop selbst bei größter Vergrößerung nur Winzlinge. Wie kann man mehr von ihnen sehen?
Gibt es noch etwas Kleineres?

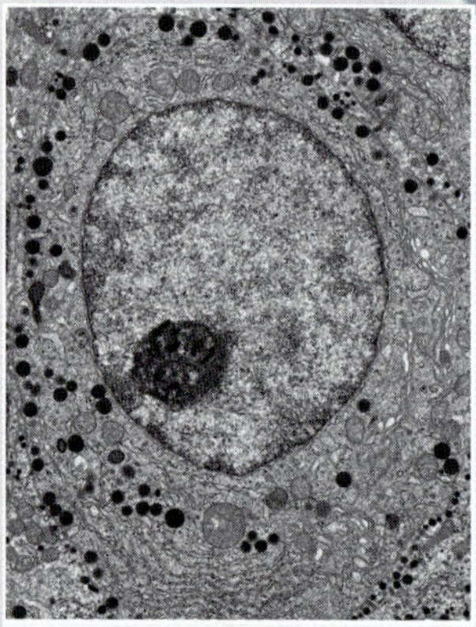

Was sieht man denn auf diesem Foto?
Wie entstehen solche Bilder?

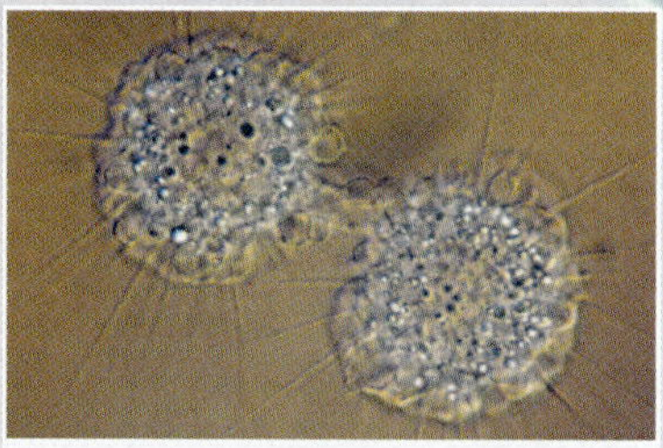

Woher kommen neue Zellen?
Wie wachsen und entwickeln sich Organismen?

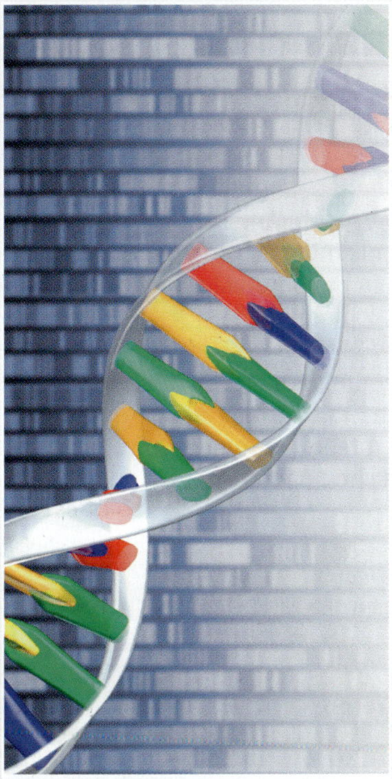

Warum reden alle von DNA? Was ist denn daran so besonders, und was hat das mit Biologie zu tun?

Eine Spielerei mit bunten Bausteinen oder ernsthaftes naturwissenschaftliches Arbeiten?

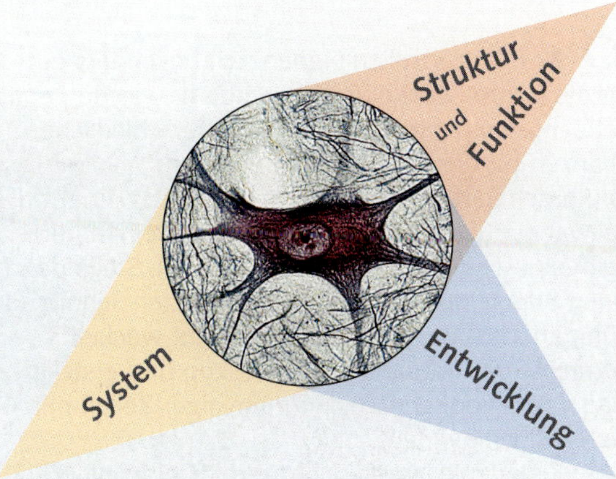

Die Zelle ist ein System? Was bedeutet das und unter welchen Blickwinkeln lässt sich die Zelle auch noch betrachten?

Zellen im Lichtmikroskop betrachtet

1. a) Ordne in einer Tabelle die Teile eines Lichtmikroskops den jeweiligen Funktionen zu.
b) Formuliere schriftlich die wichtigsten Mikroskopierregeln in deinem Heft.

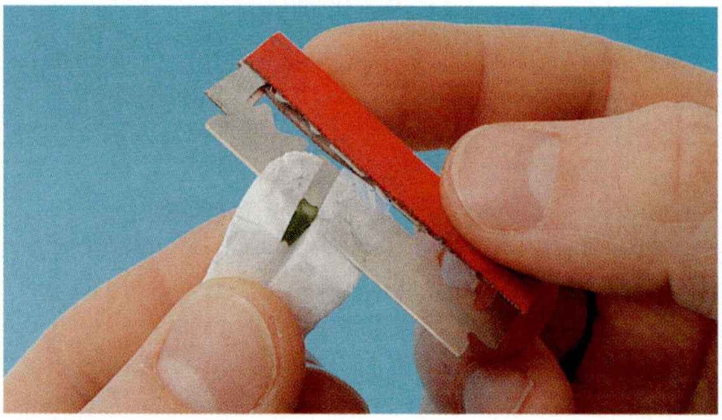

2. Auch Bakterien kannst du im Lichtmikroskop betrachten. Nutze dazu folgende Anleitung:
a) Möhrenstücke von 5 cm Länge werden zunächst drei Minuten lang gekocht und dann über Nacht in den Wärmeschrank bei 30 °C gestellt. Es bildet sich eine schleimige Schicht, die Riesenbakterien enthält. Entnimm davon etwas mit einer Präpariernadel und mikroskopiere.
b) Verdünne etwas Naturjogurt mit Wasser in einer Verdünnung von 1:2 und gib einen Tropfen davon auf den Objektträger.
c) Beschreibe Form und Beweglichkeit der unterschiedlichen Bakterien.

3. Pflanzenzellen eignen sich besonders gut für die Lichtmikroskopie. Je nachdem, was du genau betrachten möchtest, kannst du unterschiedliche Pflanzen für die Beobachtung nehmen:
a) An der Gartenpflanze Clematis kannst du gut die Zellwandstruktur erkennen. Lege dazu einen kurzen Stängelabschnitt über Nacht in Alkohol. Stelle dann einen Stängelquerschnitt her. Fertige den Schnitt so dünn an, dass das Deckgläschen nicht wackelt. Betrachte das Präparat im Mikroskop und erstelle eine mikroskopische Zeichnung einiger Zellen mit dem Zellwandverlauf.
Tipp: Zellwände lassen sich gut mit Chlorzinkjodlösung einfärben.
b) Untersuche das Fruchtfleisch roter und grüner Paprika und ein Häutchen der roten Küchenzwiebel darauf, wie jeweils die Färbung zustande kommt. Zeichne farbige Zellorganellen auch farbig ein.
c) Amyloplasten finden sich in Kartoffeln. Schabe von einer angeschnittenen Kartoffel mit einem Spatel etwas ab und färbe es auf dem Objektträger mit einem Tropfen **Iod-Kaliumiodidlösung.** Zeichne die Amyloplasten farbig.

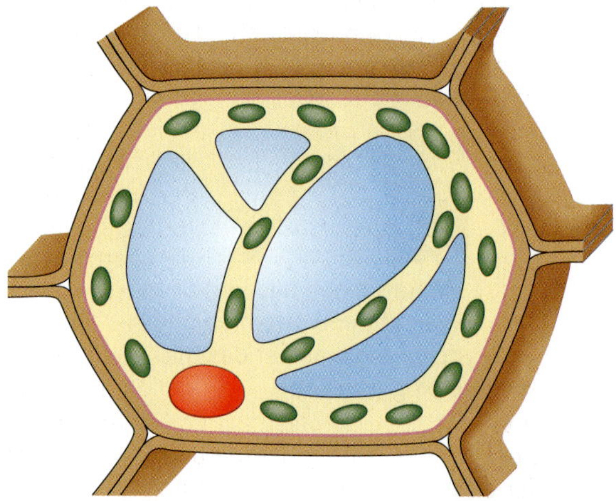

10 µm

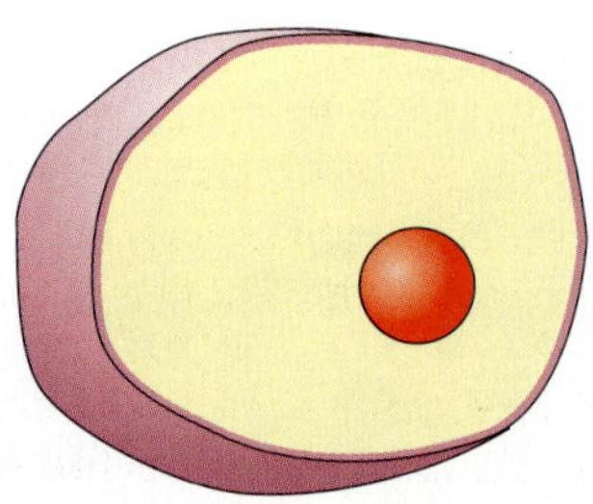

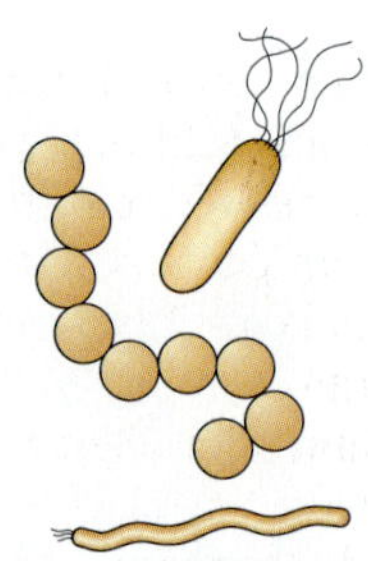

4. Erstelle zwei Tabellen. Vergleiche in der ersten Tier- und Pflanzenzellen miteinander und in der zweiten Eukaryoten und ▸ Prokaryoten.

5. a) Zeichne die abgebildeten Zellen ab und beschrifte die Zeichnungen.
b) Begründe mit einigen Argumenten, um was für eine Zelle es sich jeweils handelt.
c) Gib für jede Zelle ihre natürliche Größe in Millimeter an. Nutze dazu den angegebenen Maßstab.

Bakterien sind im Lichtmikroskop gerade noch zu erkennen

Bei größter Vergrößerung kann man in der Kahmhaut eines Heuaufgusses ein Gewimmel von unzähligen Heubakterien sehen. Man erkennt aber nur, dass es sich um winzige Organismen handelt, die sich mithilfe von Geißeln schnell bewegen. ▸ Bakterien gibt es aber auch noch in anderen Formen und sie können unterschiedlich viele oder gar keine Geißeln haben.

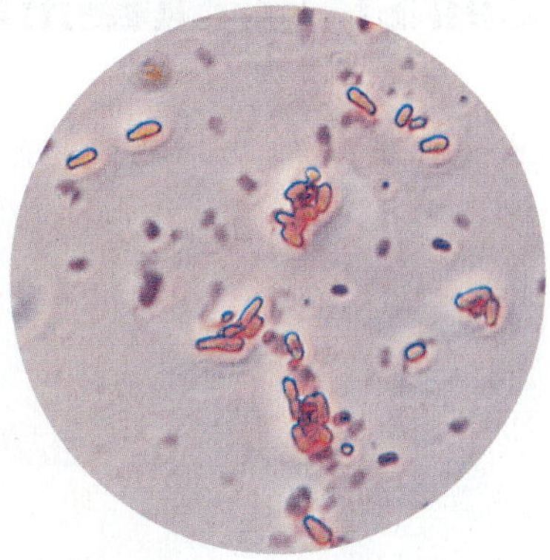

1 Heubakterien

Pflanzliche Zellen haben Besonderheiten

Der Querschnitt durch ein Blatt sieht dagegen ganz anders aus. Selbst bei geringer Vergrößerung sind zahlreiche Zellen gut erkennbar. Diese Zellen bilden verschiedene Gewebe, die gemeinsam ein gut funktionierendes **Organ,** das Blatt, bilden.

Sofort zu identifizieren sind im Lichtmikroskop die **Zellwände.** Sie begrenzen jede pflanzliche Zelle und bestehen zu einem großen Teil aus **Zellulose.** Die Zellulosemoleküle sorgen dafür, dass die Zellwände gleichzeitig stabil und dehnbar sind.

Bei stärkerer Vergrößerung sieht man in den Zellen mehr Einzelheiten. Zum Beispiel wird im Palisadengewebe der Grund für die Grünfärbung der Blätter deutlich: **Chloroplasten** liegen in großer Zahl in den Zellen. Sie sind mit dem grünen Farbstoff **Chlorophyll** für die ▸ **Fotosynthese** verantwortlich. Chloroplasten gehören zu den **Plastiden,** zu denen auch Chromoplasten und Amyloplasten zählen. Chromoplasten geben oft Früchten ihre rote oder gelbe Farbe und sind für die Herbstfärbung der Blätter verantwortlich. Amyloplasten speichern Stärke und sind zum Beispiel in Bananen und Kartoffeln zu finden.

Auf den ersten Blick liegen die Chloroplasten in der ganzen Zelle gleichmäßig verteilt. Schaut man aber genauer hin und stellt mit dem Feintrieb die verschiedenen Schichten einer Zelle scharf, wird deutlich, dass die Chloroplasten nur am Rand der Zelle zu finden sind. In ausgewachsenen Pflanzenzellen drückt eine zentrale, mit Flüssigkeit gefüllte **Vakuole** das **Zellplasma** an die Wand. Daher sind die im Zellplasma enthaltenen Chloroplasten und auch der **Zellkern** ganz an den Rand der Zelle gedrängt. Die Vakuolenflüssigkeit kann Farbstoffe, aber auch Zellablagerungen oder Reservestoffe enthalten. Die dicht unter der Zellwand liegende **Zellmembran** ist bei Pflanzenzellen oft nicht deutlich zu erkennen.

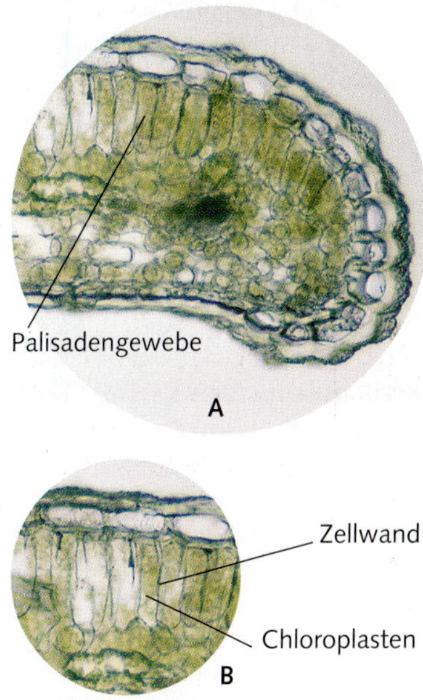

2 Pflanzenzellen.
A *Blattquerschnitt;* **B** Ausschnitt aus dem *Palisadengewebe*

Pflanzen- und Tierzellen sind Eukaryotenzellen

In einer angefärbten Mundschleimhautzelle ist der **Zellkern** deutlich zu erkennen. Er liegt mitten in der Zelle im Zellplasma. Die Tierzelle enthält im Gegensatz zur Pflanzenzelle keine Vakuole, keine Plastiden und keine Zellwand. Als Zellbegrenzung dient hier nur die Zellmembran.

Insgesamt aber überwiegen die Gemeinsamkeiten von Tier- und Pflanzenzellen. Die entscheidende Gemeinsamkeit ist der echte Zellkern, der die ▸ Erbinformation enthält. Aufgrund dieses echten Zellkerns, über den Tier- und Pflanzenzellen verfügen, werden sie als **Eukaryoten** (griechisch eu = echt, karyos = Kern) bezeichnet. Die Eukaryotenzellen haben aber noch weitere Zellbestandteile gemeinsam, die im Lichtmikroskop nicht zu erkennen sind. Der Sammelbegriff für diese besonderen Zellbestandteile mit jeweils bestimmten Funktionen lautet **Organellen**, zu denen bei Pflanzenzellen außer dem Zellkern auch die Plastiden und die Vakuole gehören. Weitere Organellen erkennt man erst, wenn man die Zellen im ▸ Elektronenmikroskop betrachtet.

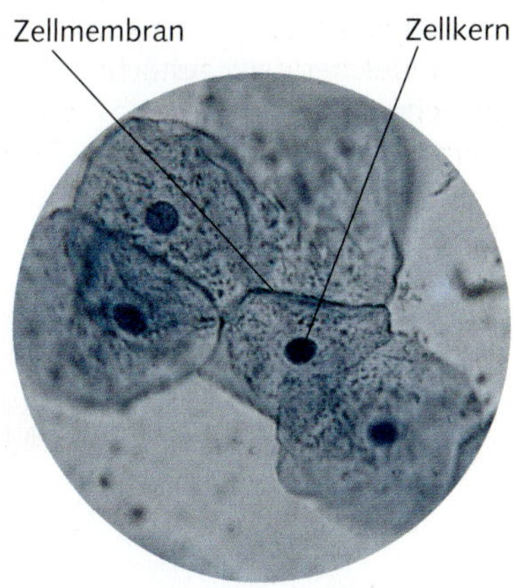

3 Mundschleimhautzellen

Das Elektronenmikroskop eröffnet neue Dimensionen

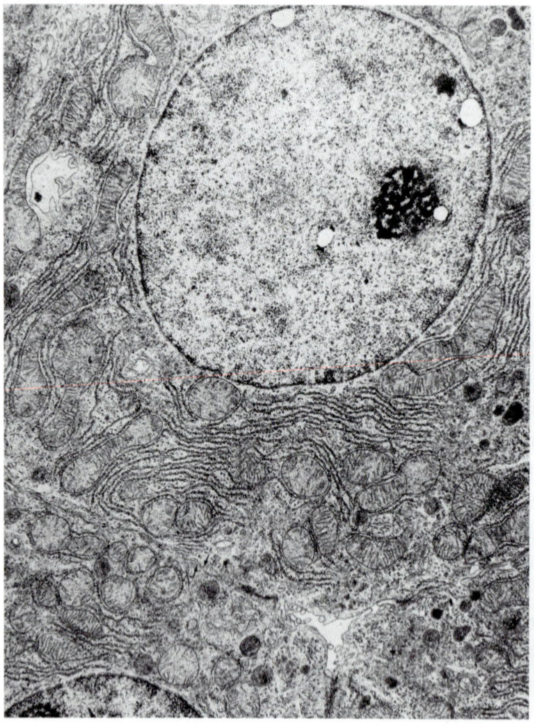

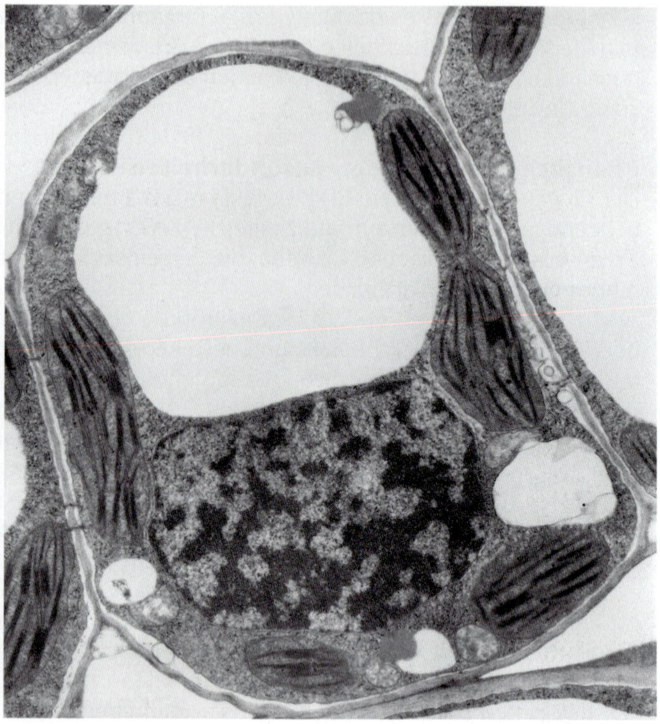

1. Die beiden obigen Abbildungen zeigen Zellen, die mit einem Elektronenmikroskop aufgenommen wurden.
a) Finde heraus, bei welcher Zelle es sich um eine Pflanzen- beziehungsweise um eine Tierzelle handelt.
Begründe deine Wahl ausführlich.
b) Zu welcher Zelle gehört die Schemazeichnung? Fertige eine ähnliche Schemazeichnung zu der anderen Zelle an und beschrifte sie.

2. Liste jeweils Vor- und Nachteile der Elektronenmikroskopie und der Lichtmikroskopie auf.

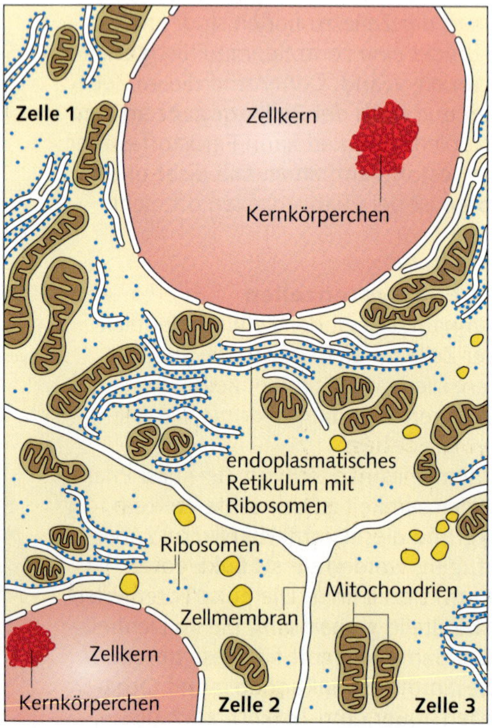

3. Stelle in einer Tabelle Organellen mit einer Membran den Organellen mit einer Doppelmembran gegenüber und nenne jeweils ihre Funktionen.

4. Stelle den Vesikeltransport zwischen ER, Dictyosom und Zellmembran mit Knetmasse nach.

5. Recherchiere und berichte, welche Krankheiten Bakterien beim Menschen auslösen können und wo Bakterien dem Menschen nützlich sind.

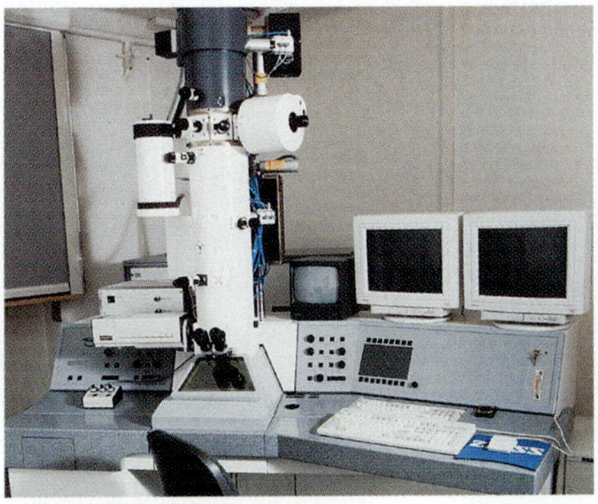

1 Elektronenmikroskop

Das Elektronenmikroskop lässt Kleines groß erscheinen

Mit dem Lichtmikroskop kann man Objekte bis zur Größe eines Bakteriums erkennen. Ein Bakterium aber genauer zu untersuchen, ist nur mit dem **Elektronenmikroskop** – kurz EM – möglich. Es vergrößert bis zu 1000-mal stärker als das Lichtmikroskop und lässt uns Details innerhalb von Zellen entdecken. Mit aufwändigen Methoden müssen die Objekte dafür vorbereitet werden. Allerdings lassen diese Präparationsmethoden und die Arbeitsweise eines EM es nicht zu, lebende Objekte zu mikroskopieren. Statt mit Lichtstrahlen und Glaslinsen arbeiten die Elektronenmikroskope mit Elektronenstrahlen, die von magnetischen Linsen gelenkt werden. Das Bild wird dann auf einem Bildschirm dargestellt.

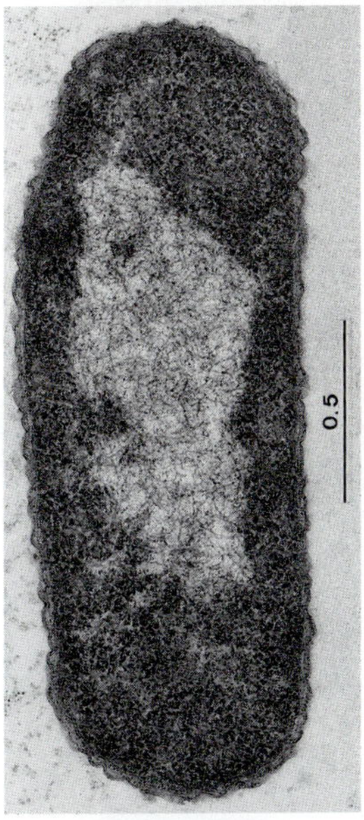

2 Bakterium im EM

Bakterien im Elektronenmikroskop

Schaut man sich ▸ **Bakterien** im Elektronenmikroskop an, erscheint das Innere der Zelle durch Helligkeitsunterschiede strukturiert. Man erkennt aber keine durch Membranen umhüllten Organellen in der Zelle. Es gibt keinen Zellkern, die ▸ **DNA** liegt frei im Zellplasma. Solche Zellen ohne echten Zellkern heißen **Prokaryoten.**
Außer einem großen DNA-Knäuel kann es noch weitere kleinere DNA-Ringe geben, die ▸ **Plasmide**.
Die Bakterienzelle ist außer durch die Zellmembran noch durch eine Zellwand begrenzt, die jedoch anders aufgebaut ist als die der Pflanzenzelle. In dieser Zellwand sind oft **Geißeln** verankert, mit denen sich manche Bakterien fortbewegen.
Bakterien vermehren sich durch Zellteilung. Unter günstigen Bedingungen kann ein Bakterium sich alle 20 Minuten teilen.

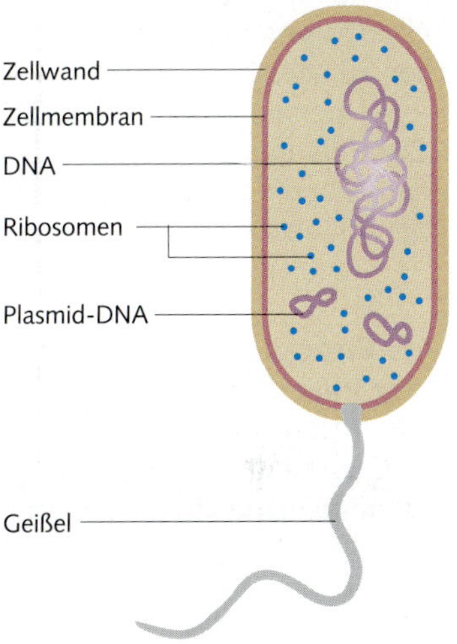

3 Bakterium im Schema

Viren sind keine Zellen

Auch ▸ Viren kann man im Elektronenmikroskop sichtbar machen. Sie sind viel kleiner als Bakterien, sind aber keine Zellen. Sie bestehen aus einer Proteinhülle, die die Erbinformation umschließt. Viren haben keinen eigenen Stoffwechsel und können sich nur mithilfe lebender Zellen vermehren.

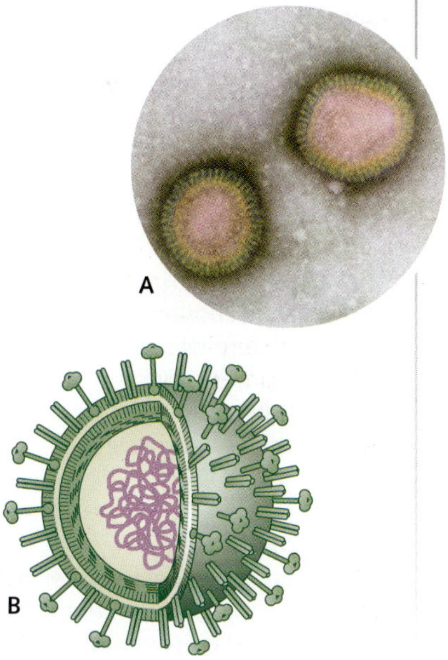

4 **Grippeviren. A** *EM-Aufnahme;* **B** *Schema*

Membranen gliedern Eurakyotenzellen

Im Elektronenmikroskop ist bei allen Zellen die Zellmembran als dünnes Häutchen zu erkennen. Bei ▸ **Eukaryotenzellen** grenzen sie auch Reaktionsräume innerhalb der Zelle voneinander ab. Für Wasser sind alle Membranen durchlässig. Ionen und große Moleküle wie zum Beispiel Traubenzucker lassen sie nicht oder nur ganz gezielt passieren. Membranen können Bläschen, so genannte **Vesikel** abschnüren, die sich wieder mit anderen Membranen verbinden können. In diesen Vesikeln werden Stoffe von einem Organell zum anderen oder aus der Zelle heraus transportiert. Membranen können vielfach gefaltet sein, das bewirkt eine **Oberflächenvergrößerung.** In **Chloroplasten** beispielsweise laufen die Reaktionen der ▸ Fotosynthese an Membranen ab.

Die meisten Zellorganellen erkennst du in einer **jungen Pflanzenzelle.** Sie enthält die gleichen Organellen, die auch in einer Tierzelle vorkommen, zusätzlich aber noch die Chloroplasten, die Zellwand und Vakuolen.

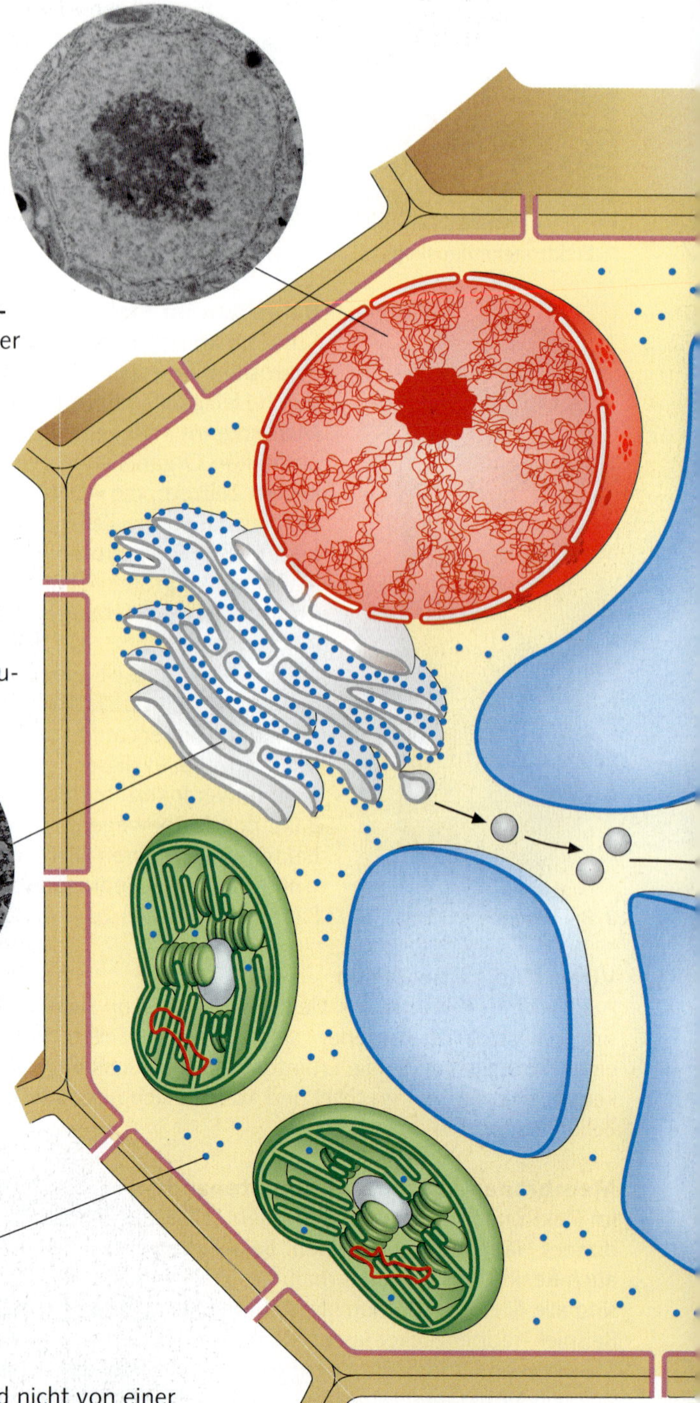

Der Zellkern

Der Zellkern ist meistens kugelförmig und nimmt oft einen großen Teil der Zelle ein. Durch zwei Membranen, die zusammen auch **Doppelmembran** heißen, ist er vom Zellplasma abgegrenzt. Zusammen mit den Kernporen in der Doppelmembran sorgt sie dafür, dass nur bestimmte Stoffe den Kern verlassen oder in ihn aufgenommen werden können. Im Innern des Zellkerns sind häufig ein oder mehrere **Kernkörperchen** zu erkennen. Hier wird ▸ **RNA** zum Aufbau der Ribosomen hergestellt. Der Zellkern enthält in der ▸ **DNA** die Baupläne aller Proteine der gesamten Pflanze und damit alle Informationen, die die Pflanze zum Überleben braucht.

Das Endoplasmatische Reticulum oder kurz ER

Das ER ist eng mit dem Zellkern verbunden. Die Kernmembran geht in das ER über. Es besteht aus zusammenhängenden Röhren und flachen Hohlräumen, die jeweils von einer Membran umgeben sind. Weite Bereiche des ER sind mit Ribosomen besetzt. In diesen Bereichen heißt es **raues ER.** Hier werden verschiedene Stoffe, zum Beispiel Proteine, gebildet. Das ER schnürt dann Vesikel ab und verschickt die darin verpackten Proteine an andere Orte in der Zelle. In vielen Fällen ist die nächste Station dann ein Dictyosom.

Im nicht mit Ribosomen besetzten **glatten ER** werden weitere wichtige Stoffe für die Zelle gebildet, zum Beispiel Farbstoffe, die in die Vakuole transportiert werden und dort die Färbung einer Blüte ausmachen.

Die Ribosomen

Ribosomen bestehen aus zwei Untereinheiten, sind nicht von einer Membran umgeben und enthalten RNA und Proteine. Ribosomen sind entweder an das ER gebunden oder man findet sie frei im Zellplasma. An Ribosomen werden mithilfe der Erbinformation des Zellkerns die Proteine gebildet. Dieser Vorgang heißt ▸ **Proteinbiosynthese.**

5 Elektronenmikroskopisches Bild einer Pflanzenzelle *(Schema und Zellorganellen)*

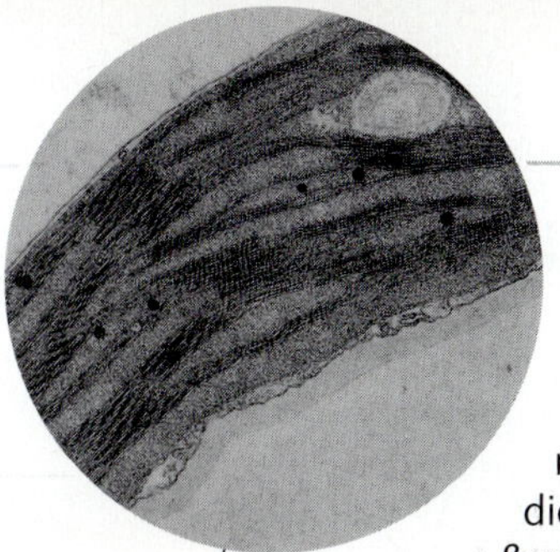

Die Chloroplasten

Chloroplasten sind linsenförmige Organellen, die durch eine Doppelmembran vom Zellplasma abgegrenzt sind. Im Innern der Chloroplasten fallen vor allem die Membranstapel auf. An diesen Membranen läuft die ▸ **Fotosynthese** ab. Durch die Stapelung der Membranen, die den Farbstoff Chlorophyll enthalten, wird die Oberfläche so vergrößert, dass zahlreiche Fotosynthese-Reaktionen gleichzeitig stattfinden können. Die Energie des Lichtes, das auf die Membranstapel fällt, wird zum Aufbau von Traubenzucker aus Kohlenstoffdioxid und Wasser genutzt. Dabei wird Sauerstoff frei. Oft wird im Chloroplasten der Traubenzucker zu Stärke umgewandelt. Dabei wer-den viele Traubenzuckermoleküle miteinander verknüpft und es entstehen die im Bild zu sehenden weißen Bereiche.

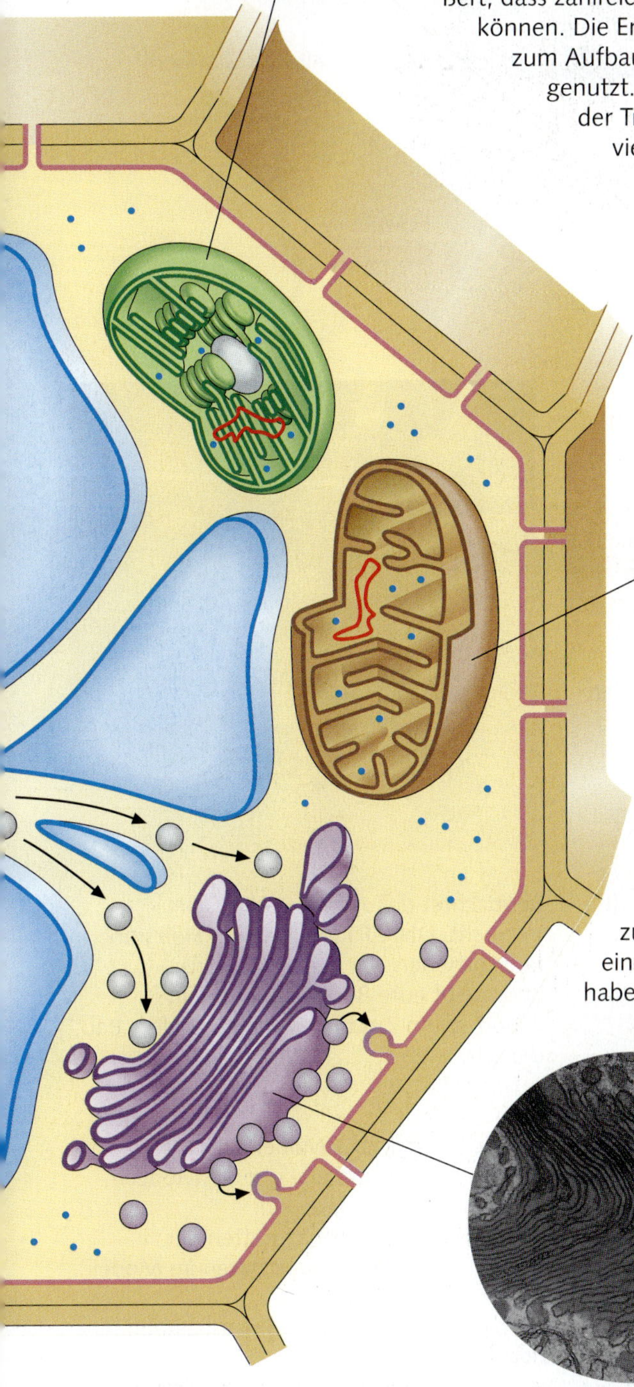

Die Mitochondrien

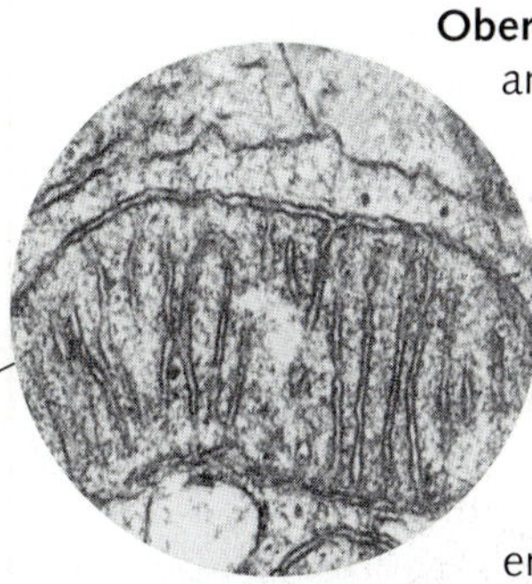

Mitochondrien sind langgestreckte Organellen, die von einer Doppelmembran umhüllt sind. Die innere Membran ist vielfach eingefaltet. Dies dient der **Oberflächenvergrößerung,** denn an dieser inneren Mitochondrienmembran findet die **Zellatmung** statt. Hierbei wird Energie aus Traubenzucker unter Verbrauch von Sauerstoff so umgewandelt, dass sie überall in der Zelle genutzt werden kann. Dabei entstehen Kohlenstoffdioxid und Wasser.

Das Dictyosom

Das Dictyosom ist aus flachen Hohlräumen aufgebaut, die jeweils von einer Membran umgeben sind. Die Membranstapel sind in einer bestimmten Weise zum Zellkern und zum ER hin ausgerichtet und nur an einer Seite verschmelzen Vesikel, die das ER verlassen haben, mit der Membran des Dictyosoms. So werden Stoffe vom ER in das Dictyosom transportiert. An der anderen Seite des Dictyosoms schnüren sich wiederum Vesikel ab und wandern zielgerichtet zu ihren Bestimmungsorten. Auf dem Weg von der einen zur anderen Seite werden die Stoffe im Dictyosom abgewandelt. Auf diese Weise stellt das Dictyosom auch Zellwandmaterial her. Dieses wird in Vesikeln zur Zellmembran verschickt, verschmilzt dort mit ihr, und der Inhalt gelangt nach außen zur Zellwand.

Die Erbinformationen liegen im Zellkern

1. a) Beschreibe schrittweise, wie im abgebildeten Versuch vorgegangen wurde und welches Ergebnis man erhielt.
b) Ziehe aus dem Versuchsergebnis Rückschlüsse auf die Rolle des Zellkerns.

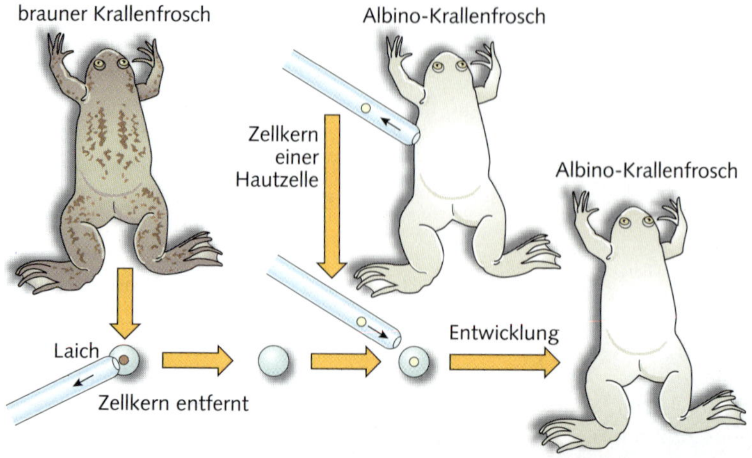

2. DNA lässt sich aus verschiedenen pflanzlichen oder tierischen Geweben gewinnen. So könnt ihr vorgehen, um DNA aus Paprika zu isolieren.

Besorgt die auf dem Foto abgebildeten Materialien. Stellt zunächst etwas Spiritus in den Kühlschrank oder auf Eis. Bereitet dann 20 ml Extraktionslösung vor, indem ihr 2 ml Spülmittel mit Wasser auf 20 ml auffüllt, etwa 0,5 g Kochsalz dazugebt und umrührt.

Schneidet etwa 1/8 Paprika in kleine Würfel. Gebt sie in den Mörser zusammen mit etwa 10 ml der Extraktionslösung. Zerreibt nun das Pflanzenmaterial etwa 10 min lang gründlich. Durch das Reiben brechen die Zellen mechanisch auf und das Spülmittel löst die fetthaltigen Zell- und Kernmembranen auf.
Schneidet aus Kaffeefilterpapier einen passenden Rundfilter und faltet ihn zum Filtrieren. Hinweis: Laborfilter haben oft zu feine Poren. Filtriert das Material aus dem Mörser in ein Reagenzglas.
Füllt in ein zweites Reagenzglas etwa 2 cm hoch eiskalten Spiritus. Lasst nun langsam 1 bis 2 ml des Filtrats in den Spiritus laufen.

Beobachtet das Ausfallen der DNA. Versucht, DNA-Fäden mit dem Holzstab hochzuziehen.
Beschreibt eure Beobachtungen und erklärt sie im Zusammenhang mit dem Bau der DNA.

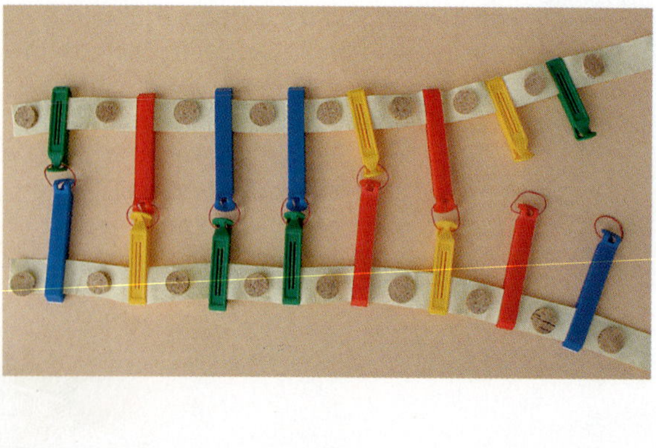

3. Entwerft und baut ▸ Modelle der DNA-Doppelhelix. Präsentiert und erklärt eure Modelle. Geht dabei auf folgende Fragen ein.
a) Wie sind die Zucker-Phosphat-Ketten der Einzelstränge und wie sind die vier Basen im Modell dargestellt?
b) Wie wird die Paarung der zusammenpassenden Basen gezeigt?
c) Lässt sich die Doppelhelixstruktur erkennen?
d) Lässt sich mit dem Modell auch die ▸ DNA-Replikation zeigen?

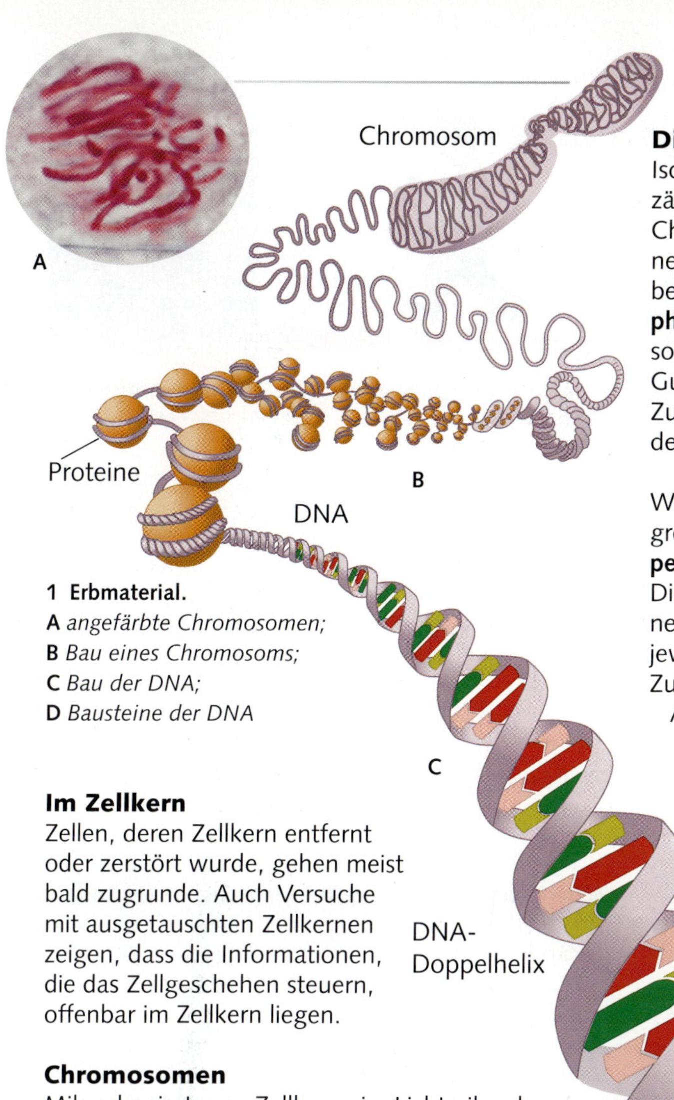

1 **Erbmaterial.**
A *angefärbte Chromosomen;*
B *Bau eines Chromosoms;*
C *Bau der DNA;*
D *Bausteine der DNA*

Die DNA – ein sehr großes Molekül

Isoliert man **DNA** aus Zellkernen, so erhält man ein zähes, Fäden ziehendes Material.
Chemische Analysen zeigen, aus welchen Bausteinen die DNA besteht. Es handelt sich um einen bestimmten **Zucker,** die Desoxyribose, um **Phosphorsäure,** die der DNA ihre saure Eigenschaft gibt, sowie um vier organische **Basen:** Adenin (A), Guanin (G), Cytosin (C) und Thymin (T). Jeweils ein Zucker- und ein Phosphorsäurebaustein sowie eine der vier Basen sind zu einem **Nukleotid** verbunden.

Wie Millionen dieser Nukleotide nun zu einem sehr großen Molekül verbunden sind, erklärt das ▸ **Doppelhelix-Modell** der DNA.
Die DNA bildet einen wendeltreppenartig gewundenen Doppelstrang. Die beiden Stränge werden jeweils aus abwechselnd aneinandergehängten Zucker- und Phosphorsäurebausteinen gebildet.
An den Zuckerbausteinen hängt zusätzlich noch jeweils eine der vier Basen. Immer zwei gegenüberliegende Basen bilden eine „Treppenstufe". Dabei liegen sich immer Adenin und Thymin oder Guanin und Cytosin gegenüber. Es gibt also eine feste **Basenpaarung.**

Im Zellkern

Zellen, deren Zellkern entfernt oder zerstört wurde, gehen meist bald zugrunde. Auch Versuche mit ausgetauschten Zellkernen zeigen, dass die Informationen, die das Zellgeschehen steuern, offenbar im Zellkern liegen.

Chromosomen

Mikroskopiert man Zellkerne im Lichtmikroskop, so findet man dort Material, das sich mithilfe bestimmter Farbstoffe anfärben lässt. Während dieses Material meist locker verteilt im Zellkern liegt, bildet es bei einer ▸ Zellteilung dichtere, aufspiralisiertere Packungen. In diesem Zustand sind die **Chromosomen** gut sichtbar.
Vor Zellteilungen verdoppelt sich das Chromosomenmaterial. Bei der Zellteilung selbst werden die Chromosomen in zwei Hälften gespalten, die dann sorgfältig auf beide Tochterzellen verteilt werden. Dies legt nahe, dass die Erbinformationen in den Chromosomen zu suchen sind.

Chromosomen bestehen chemisch aus ▸ Proteinen (Eiweißstoffen) und aus so genannter DNA. Sie bildet einen mehrere Zentimeter langen, extrem dünnen Faden, der um Proteine gewickelt ist. Je nach Situation ist der Protein-DNA-Faden weniger oder stärker aufspiralisiert. Deshalb sind die Chromosomen im mikroskopischen Bild unterschiedlich gut erkennbar.

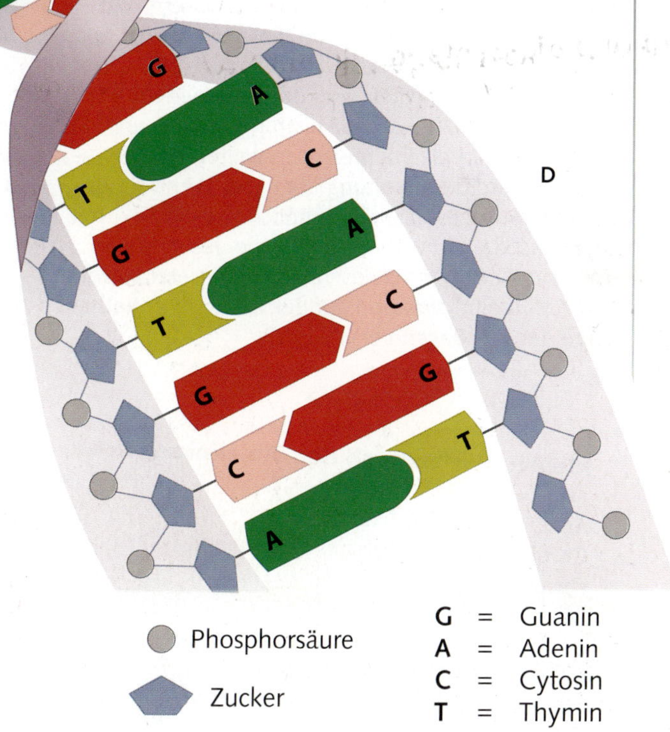

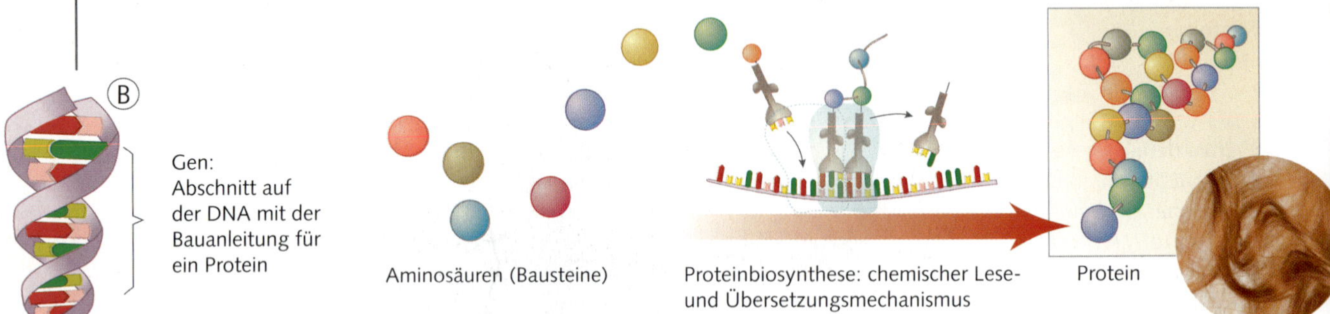

2 Informationen umsetzen. A *Von der Bauanleitung zum funktionierenden Getriebe;* **B** *Vom Gen zum Merkmal (lockiges Haar)*

Die DNA als Informationsträger

Die DNA lässt sich als Bau- und Betriebsanleitung für die Zelle und letztlich für den Körper auffassen. Die Anleitung ist als stabile DNA-Doppelhelix im Zellkern gespeichert.

Wie kann die DNA Informationen speichern und weitergeben, und wie können diese umgesetzt werden?

Bevor sich Zellen teilen, wird durch eine identische ▸ DNA-Verdoppelung die Anleitung kopiert und die Information an die Tochterzellen weitergegeben. Nützlich wird die Anleitung aber erst, wenn sie gelesen und umgesetzt wird. Ähnlich wie ein Text mit 26 Buchstaben in einer Fachsprache geschrieben und vom Fachmann gelesen und umgesetzt werden kann, ist die Information auf der DNA in der **Reihenfolge** der vier **Basen** verschlüsselt.

In den Zellen sorgt nun ein chemischer Lese- und Übersetzungsmechanismus dafür, dass anhand der Reihenfolge der Basen die entsprechenden **Proteine** gebildet werden. Dies bezeichnet man als ▸ Proteinbiosynthese.

Vom Gen zum Merkmal

Einen Abschnitt auf der DNA, der die Information zum Aufbau eines bestimmten Proteins enthält, nennt man **Gen.**

Manche Proteine dienen direkt zum Aufbau des Körpers, andere wirken als ▸ Enzyme. Dort ermöglichen sie chemische Reaktionen, bei denen beispielsweise Blütenfarbstoffe gebildet werden. Letztlich werden alle **Merkmale** eines Organismus auf der Grundlage der Gene ausgebildet. Diese Ausbildung wird aber durch Umwelteinflüsse mitgesteuert.

Kleines Wörterbuch der Molekulargenetik

Acid: englisch für Säure
Chromosom: anfärbbares Körperchen (griechisch chroma: „Farbe“; und soma: „Körper“)
DNA/DNS: Abkürzung für die englische oder deutsche Bezeichnung desoxyribonucleic acid bzw. Desoxyribonukleinsäure
Helix: griechisch für Windung, Spirale
Nukleus: Zellkern (lateinisch nucleus: „Kern“)
Nukleinsäuren: im Zellkern zu findende Säuren wie DNA und RNA
Nukleotid: Baustein der DNA oder RNA aus Zucker, Phosphorsäure und einer der vier Basen
Makromolekül: Riesenmolekül (griechisch makros: „groß“; Gegenteil zu mikros: „klein“)
RNA/RNS: Abkürzung für englisch ribonucleic acid bzw. Ribonukleinsäure
Ribose und **Desoxyribose:** zwei ähnliche Zucker, Bestandteile der RNA bzw. DNA

Die Entschlüsselung der DNA – eine Erfolgsgeschichte

Die DNA-Doppelhelix – ein tragfähiges Modell

Nachdem man die chemischen Bestandteile der DNA bereits gefunden hatte, konnte man sich nicht vorstellen, wie aus doch recht einfachen Bausteinen ein so komplexes Molekül entstehen kann, das Informationen zum Aufbau eines ganzen Organismus trägt.

Francis CRICK und der junge James WATSON machten sich 1951 daran, die DNA-Struktur zu entschlüsseln. Um sich genauere Vorstellungen von der möglichen Molekülstruktur machen zu können, bauten sie Modelle der DNA-Bausteine und probierten verschiedenste Zusammensetzungen aus.
Dabei nutzten sie die Erkenntnisse von Rosalind FRANKLIN. Die Forscherin hatte Röntgenstrahlen durch Kristalle isolierter DNA geschickt und aus den Röntgenmustern geschlossen, dass das DNA-Molekül kreis- oder schraubenförmige Strukturen aufweisen muss. Auch die Ergebnisse von Erwin CHARGAFF flossen in die Arbeiten ein: er hatte festgestellt, dass Adenin immer in der gleichen Menge wie Thymin in der DNA vorkommt und dass dasselbe auch für Guanin und Cytosin gilt. Dies brachte WATSON und CRICK auf die Idee der Basenpaarung.
1953 war es dann so weit: WATSON und CRICK präsentierten ihr Modell der DNA-Doppelhelix. Es erklärt alle bekannten Eigenschaften der DNA und ist bis heute gültig. 1962 erhielten die Forscher den Nobelpreis für ihre Entdeckung.

1 James WATSON und Francis CRICK an ihrem Modell der DNA

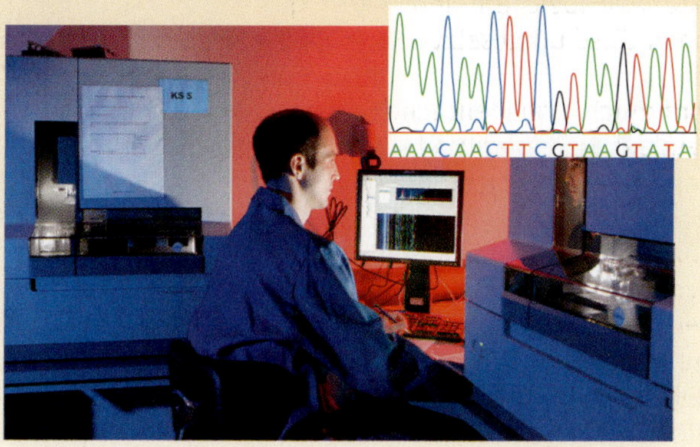

2 Automatisierte DNA-Analyse und Ausgabe der Basenabfolge am Computer

Auch heute veranschaulicht man sich den Aufbau der DNA mit Modellen, seien es die DNA-Modelle an Schulen, die Grafiken in Büchern, Animationen am Computer oder selbst gebastelte Modelle.

Das Human-Genom-Projekt

Forschergruppen aus zahlreichen Ländern schlossen sich 1990 – anfangs unter der Leitung von James WATSON – zum Human-Genom-Projekt zusammen. Ziel war es, innerhalb von etwa zwanzig Jahren die Reihenfolge der Basen in der menschlichen DNA zu entschlüsseln. Es kam anders. Rasante Fortschritte in der biochemischen Technik ermöglichten eine ungeahnte Automatisierung der DNA-Analyse. So konnte bereits 2001 die Abfolge der 3 Milliarden Basenpaare des Menschen vorgestellt werden.

Nun kennt man zwar die Buchstabenfolge des Lebens und kann auf etwa 25 000 menschliche Gene schließen, aber in weiten Bereichen der DNA ist der Sinn der dort gespeicherten Information noch unbekannt. Um sie zu entschlüsseln, arbeiten mehr als 1000 Forschergruppen aus über 50 Ländern in der Human-Genom-Organisation (HUGO) heute weltweit zusammen.

1. Erläutere, wie die Vorarbeiten anderer Forscher in die Entwicklung des DNA-Modells von WATSON und CRICK einflossen.

2. Begründe mithilfe eines geeigneten Vergleichs, warum die Kenntnis der Basenfolge der DNA noch nicht die dort niedergelegte Information liefert.

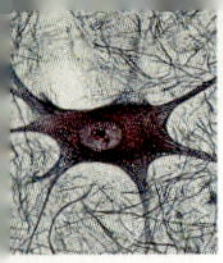

Zellteilung führt zu Vermehrung und Wachstum

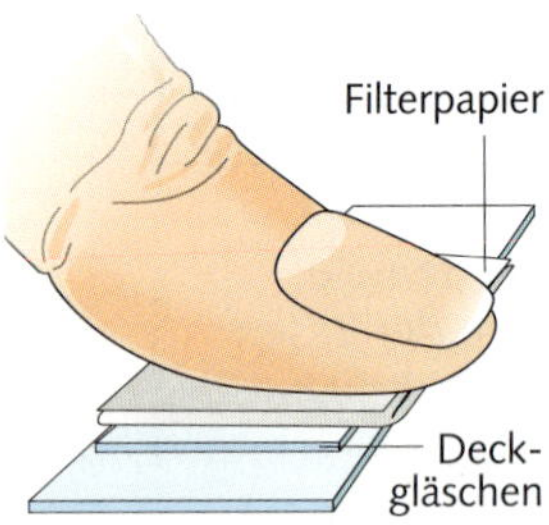

1. In den Wurzelspitzen austreibender Zwiebeln finden viele Zellteilungen statt. Folgende Anleitung hilft dir, Präparate zur mikroskopischen Untersuchung der Mitosestadien anzufertigen.

a) Entferne die äußerste Schale einer Küchenzwiebel und setze sie auf ein Glas mit Wasser. Im Glas soll so viel Wasser sein, dass die Zwiebel die Wasseroberfläche gerade nicht berührt.

b) Nach zwei bis vier Tagen haben sich kleine Wurzeln gebildet. Schneide etwa 3 mm lange Spitzen ab und gib sie in ein kleines Becherglas mit etwas Karmin-Essigsäure. Koche die Wurzelspitzen 5–10 min lang, bis die Färbelösung fast eingedampft ist.

c) Bringe drei bis vier Wurzelspitzen mit der Pinzette auf einen Objektträger und lege ein Deckgläschen auf. Fertige nun ein Quetschpräparat an. Lege dazu den Objektträger auf den Tisch als ebenen Untergrund. Falte ein Stück Filterpapier mehrfach und lege es auf das Deckgläschen. Drücke dann von oben mit dem Daumen kräftig auf das Filterpapier, möglichst ohne seitliches Verrutschen.

d) Mikroskopiere die Wurzelspitzen. Suche zunächst bei geringer Vergrößerung Zellen in verschiedenen Mitosestadien. Mikroskopiere dann bei starker Vergrößerung (z. B. 500-fach) und fertige mikroskopische Zeichnungen einzelner Mitosestadien an.

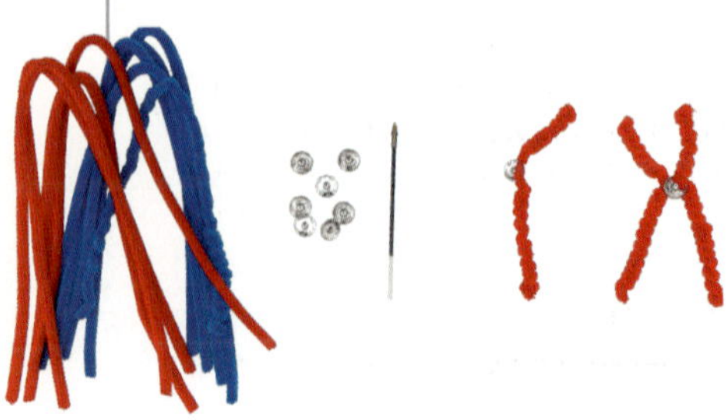

2. a) Stellt die einzelnen Phasen der Mitose mithilfe eines Modells aus Pfeifenputzern nach.

b) Erklärt bei der Präsentation, was das Modell gut zeigt.

c) Welche Vorgänge der Mitose werden damit nicht so gut oder gar nicht dargestellt?

3. a) Beschreibe die Phasen der Mitose und erläutere dabei die Veränderungen und die Bewegungen der Chromosomen.

b) Warum muss einer Zellteilung eine Mitose vorausgehen?

4. Wie unterscheiden sich die Chromatidenzahlen der Chromosomen während der verschiedenen Phasen des Zellzyklus? Benenne die Vorgänge, die zur Veränderung der Chromatidenzahl führen.

5. Recherchiere Beispiele, in denen Zellteilungen zu Gewebewucherungen an Stellen führen, wo normalerweise kein Wachstum stattfindet.

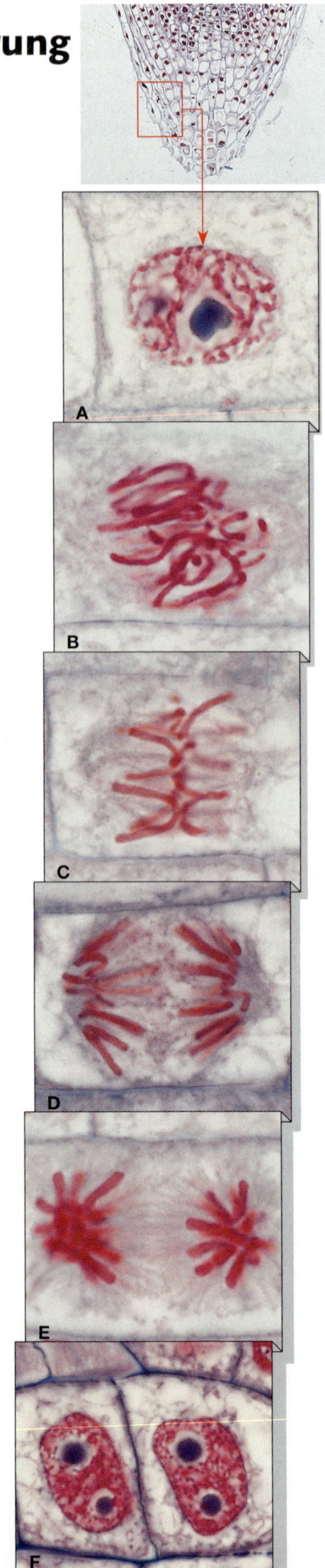

Vermehrung und Wachstum durch Zellteilung

Einzellige Lebewesen vermehren sich durch Zellteilung. Vielzeller wie die meisten Pflanzen und Tiere wachsen, indem sich Zellen vermehren. Auch im erwachsenen Körper werden immer wieder Zellen durch Zellteilungen erneuert.

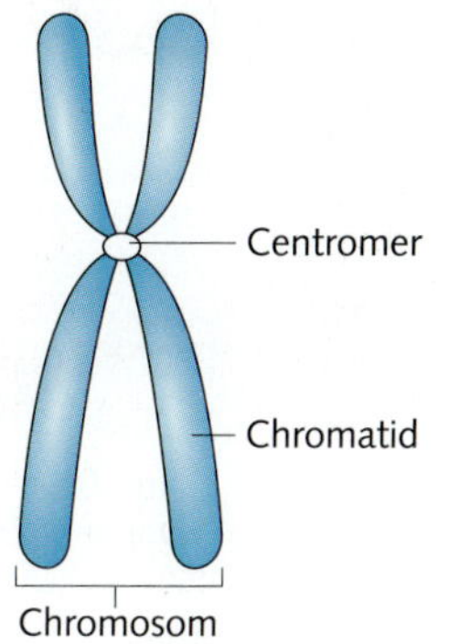

2 Metaphasechromosom

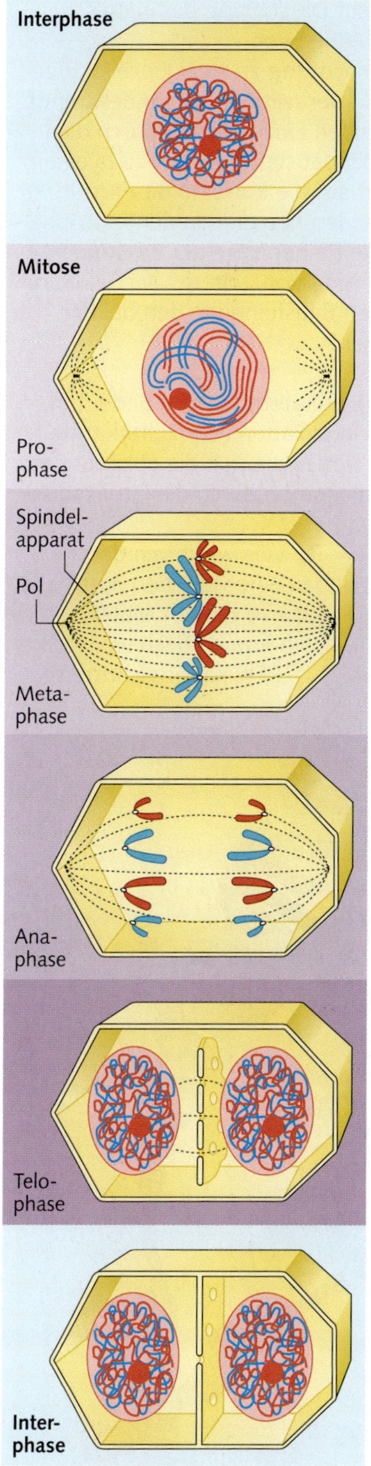

1 Mitose und Interphasen

Mitose

Bei jeder Zellteilung findet auch eine **Kernteilung** statt, die so genannte **Mitose.** Mehrere Phasen lassen sich dabei unterscheiden.

Prophase: Die ▸ Chromosomen werden im mikroskopischen Bild deutlicher sichtbar, weil sie sich stärker aufspiralisieren. Die Kernmembran löst sich auf. Außerdem bildet sich ein so genannter **Spindelapparat,** eine faserige Struktur, mit der die Chromosomen bewegt werden.

Metaphase: Die Chromosomen haben jetzt ihre dichtest gepackte Form erreicht und sind daher unter dem Mikroskop am deutlichsten zu sehen. Jedes Chromosom besteht aus zwei Hälften, den beiden **Chromatiden.** Diese hängen nur noch an einer leicht eingeschnürt wirkenden Stelle, dem **Centomer,** zusammen. Der Spindelapparat nimmt Verbindung zu den Centromeren auf und ordnet die Chromosomen in einer Ebene in der Mitte der Zelle an.

Anaphase: Jetzt werden die Chromosomen in ihre beiden Chromatiden getrennt und die Chromatiden werden vom Spindelapparat zu den beiden Polen der Zelle gezogen. Dabei gelangt von jedem Chromosom eins der Chromatiden in die eine Hälfte der Zelle, das andere in die andere Hälfte. So wird gewährleistet, dass die neuen Zellen je einen kompletten Satz Chromosomen mit der vollständigen Erbinformation erhalten.

Telophase: Die Chromosomen entspiralisieren sich und werden wieder schwächer sichtbar. Der Spindelapparat löst sich auf. Es bilden sich Kernmembranen, und die beiden neuen Zellen werden durch die Bildung von Zellmembranen und Zellwänden voneinander getrennt.

Der Zellzyklus

Zwischen zwei Zellteilungen, in der **Interphase,** wachsen die Zellen wieder zu ihrer ursprünglichen Größe heran. Die Chromosomen sind nicht als solche erkennbar, da sie in weiten Bereichen entspiralisiert sind. An der DNA wird Information zur ▸ Proteinbiosynthese abgelesen und es findet intensiver Stoffwechsel statt. Durch identische ▸ DNA-Verdoppelung entstehen wieder zwei Chromatiden an jedem Chromosom.

In rasch wachsenden Geweben wiederholt sich dieser Kreislauf aus Zellteilung und Interphase innerhalb etwa eines Tages.

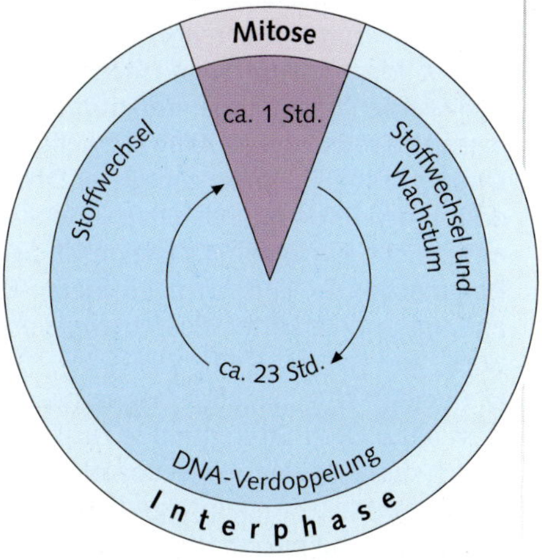

3 Zellzyklus

Die DNA wird identisch verdoppelt

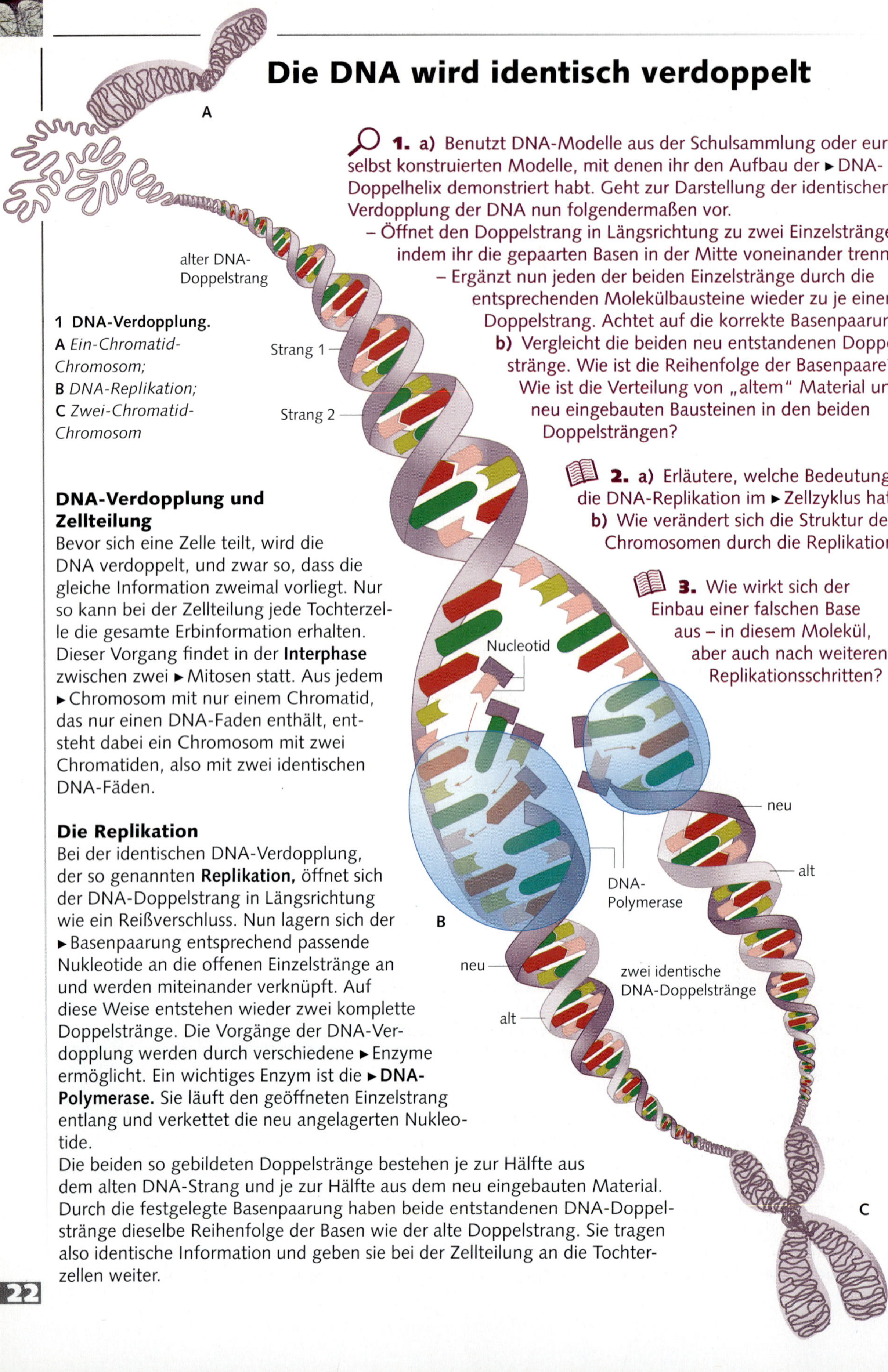

1 DNA-Verdopplung.
A *Ein-Chromatid-Chromosom;*
B *DNA-Replikation;*
C *Zwei-Chromatid-Chromosom*

1. a) Benutzt DNA-Modelle aus der Schulsammlung oder eure selbst konstruierten Modelle, mit denen ihr den Aufbau der ▸ DNA-Doppelhelix demonstriert habt. Geht zur Darstellung der identischen Verdopplung der DNA nun folgendermaßen vor.
– Öffnet den Doppelstrang in Längsrichtung zu zwei Einzelsträngen, indem ihr die gepaarten Basen in der Mitte voneinander trennt.
– Ergänzt nun jeden der beiden Einzelstränge durch die entsprechenden Molekülbausteine wieder zu je einem Doppelstrang. Achtet auf die korrekte Basenpaarung.
b) Vergleicht die beiden neu entstandenen Doppelstränge. Wie ist die Reihenfolge der Basenpaare? Wie ist die Verteilung von „altem" Material und neu eingebauten Bausteinen in den beiden Doppelsträngen?

2. a) Erläutere, welche Bedeutung die DNA-Replikation im ▸ Zellzyklus hat.
b) Wie verändert sich die Struktur der Chromosomen durch die Replikation?

3. Wie wirkt sich der Einbau einer falschen Base aus – in diesem Molekül, aber auch nach weiteren Replikationsschritten?

DNA-Verdopplung und Zellteilung

Bevor sich eine Zelle teilt, wird die DNA verdoppelt, und zwar so, dass die gleiche Information zweimal vorliegt. Nur so kann bei der Zellteilung jede Tochterzelle die gesamte Erbinformation erhalten. Dieser Vorgang findet in der **Interphase** zwischen zwei ▸ Mitosen statt. Aus jedem ▸ Chromosom mit nur einem Chromatid, das nur einen DNA-Faden enthält, entsteht dabei ein Chromosom mit zwei Chromatiden, also mit zwei identischen DNA-Fäden.

Die Replikation

Bei der identischen DNA-Verdopplung, der so genannten **Replikation,** öffnet sich der DNA-Doppelstrang in Längsrichtung wie ein Reißverschluss. Nun lagern sich der ▸ Basenpaarung entsprechend passende Nukleotide an die offenen Einzelstränge an und werden miteinander verknüpft. Auf diese Weise entstehen wieder zwei komplette Doppelstränge. Die Vorgänge der DNA-Verdopplung werden durch verschiedene ▸ Enzyme ermöglicht. Ein wichtiges Enzym ist die ▸ **DNA-Polymerase.** Sie läuft den geöffneten Einzelstrang entlang und verkettet die neu angelagerten Nukleotide.

Die beiden so gebildeten Doppelstränge bestehen je zur Hälfte aus dem alten DNA-Strang und je zur Hälfte aus dem neu eingebauten Material. Durch die festgelegte Basenpaarung haben beide entstandenen DNA-Doppelstränge dieselbe Reihenfolge der Basen wie der alte Doppelstrang. Sie tragen also identische Information und geben sie bei der Zellteilung an die Tochterzellen weiter.

Streifzug

Der genetische Fingerabdruck

Ein Tropfen Blut überführte den Täter

Klauheim. Der Raub in der Fabrikantenvilla vom vergangenen Sonntag konnte jetzt aufgeklärt werden. Einer der Täter hatte sich offenbar beim Einstieg durch das zerschlagene Fenster verletzt. Aus den Blutspuren konnte die Polizei einen genetischen Fingerabdruck erstellen und einen der bereits Verdächtigen überführen.

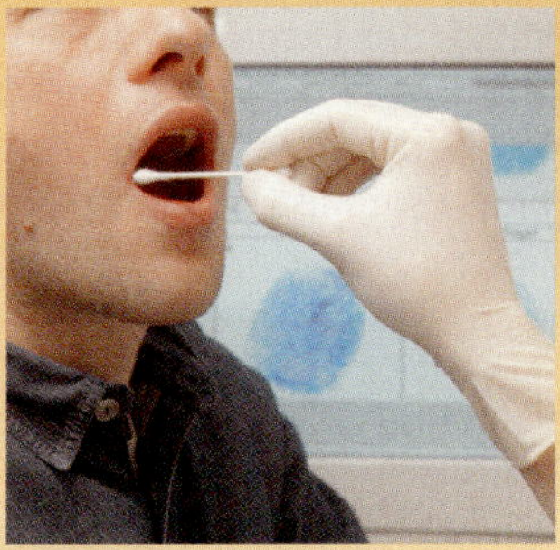

Speichelprobe

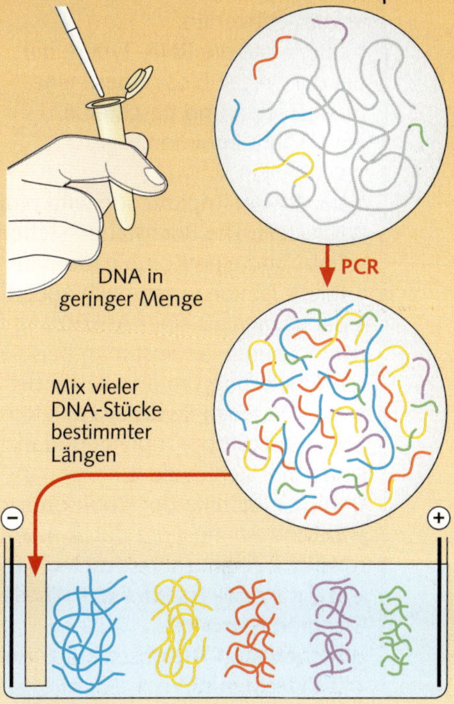

Auftrennung der DNA-Stücke in der Gelelektrophorese

Solche oder ähnliche Geschichten erfahren wir immer wieder aus den Medien. Eine winzige Menge Blut, Sperma- oder Speichelspuren, ein Haar oder eine Hautschuppe reichen, um einen **genetischen Fingerabdruck** zu erstellen. Darüber lassen sich Personen mit fast hundertprozentiger Sicherheit identifizieren. Verbrecher können so überführt werden, aber auch Unfallopfer kann man identifizieren oder einen Vaterschaftstest durchführen.

Wie funktioniert der Test? Voraussetzung ist die **Polymerase-Ketten-Reaktion,** kurz **PCR** (polymerase chain reaction). Sie ahmt die natürliche Verdopplung der DNA mithilfe des Enzyms DNA-Polymerase im Reagenzglas nach. Zur Erstellung eines genetischen Fingerabdrucks vervielfältigt man gezielt nur wenige Bereiche der DNA und zwar solche, in denen sich die Menschen unterscheiden. Diese Bereiche liegen zwischen den eigentlichen Genen und sind unterschiedlich lang. Bei der Vervielfältigung entsteht so ein Mix aus DNA-Stücken unterschiedlicher, aber bestimmter Längen. Vielfach hintereinander durchgeführt, erhält man in der PCR genügend Material für die weitere Untersuchung.

Man führt nun eine **Gelelektrophorese** durch, um die DNA-Stücke aus dem Mix voneinander zu trennen und die verschiedenen Längen herauszufinden. Dazu gibt man die Probe in eine Vertiefung in einem Gel. Wenn nun elektrische Spannung angeschlossen wird, wandern die leicht negativ geladenen DNA-Stücke in Richtung Pluspol. Die kleineren Stücke wandern schneller durch die Poren des Gels als die größeren. So kommt es zu einer Auftrennung der verschieden langen DNA-Stücke, die nach dem Anfärben als Banden in dem Gel sichtbar werden. Das Bandenmuster ist für jeden Menschen etwa so charakteristisch wie sein Fingerabdruck.

Die eigentlichen Gene, also die Bereiche mit den Erbinformationen für die Proteinsynthese, dürfen für einen genetischen Fingerabdruck nicht untersucht werden. In diesen Bereichen unterscheiden sich die Menschen ohnehin nur minimal.

Nicht zu verwechseln ist der genetische Fingerabdruck daher mit einem **Gentest.** Bei einer solchen ▸ **Gendiagnose** wird mit ähnlichen Methoden für medizinische Zwecke ein Gen genauer untersucht, z. B. wenn der Verdacht auf eine Erbkrankheit vorliegt.

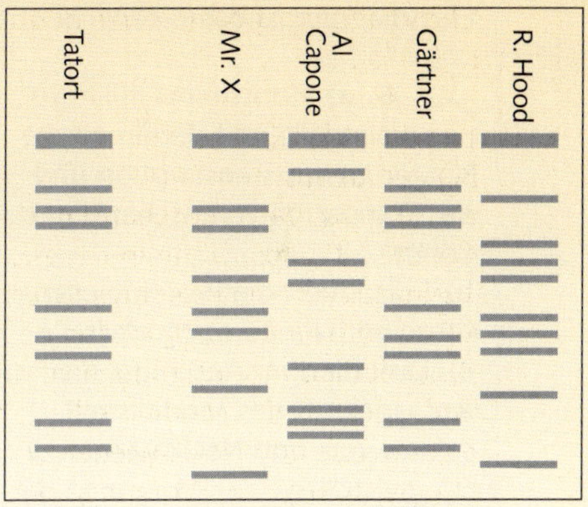

Bandenmuster genetischer Fingerabdrücke

1. Ermittele aus dem oben gezeigten Bandenmuster den wahrscheinlichen Täter.

2. Kann man aus einem genetischen Fingerabdruck Erbeigenschaften wie Haarfarbe oder Krankheitsrisiken ablesen? Begründe deine Ansicht.

Proteinbiosynthese – die Information wird lebendig

1. a) Benenne die zwei Hauptschritte der Proteinbiosynthese und die Produkte, die dabei jeweils entstehen.
b) Benenne die RNA-Typen, die bei der Proteinbiosynthese eine Rolle spielen und beschreibe jeweils ihre Funktion.

2. Erläutere, wie bei der Translation die Reihenfolge der Basen auf der mRNA in die Reihenfolge der Aminosäuren des Proteins übersetzt wird.

3. a) Erläutere den Begriff Triplettcode.
b) Erkläre, warum eine Kombination aus zwei Basen nicht ausreichen würde, um 20 Aminosäuren eindeutig zu codieren.
c) Ermittele, wie viele verschiedene Aminosäuren mit der Kombination aus drei Basen theoretisch codiert werden könnten.

4. Der Triplettcode wird häufig als Codesonne dargestellt. Die Buchstaben stehen für die Basen der mRNA und eine Kombination aus drei Basen, ein Triplett, ist von innen nach außen zu lesen. Dann gelangt man zu einer Abkürzung für eine der Aminosäuren. So liest man beispielsweise für CCA die Abkürzung Pro ab, die für die Aminosäure Prolin steht. Daneben lässt der Triplettcode noch Raum für Start- und Stopp-Tripletts und manche Aminosäuren sind mehrfach codiert.
Ermittele mithilfe der Codesonne,
- welche Aminosäure durch AAA codiert wird.
- welche Aminosäure durch UGC codiert wird.
- welche Tripletts für die Aminosäure Alanin (Ala) codieren können.
- bei welchen Tripletts die Translation beendet wird (Stopp-Signal).

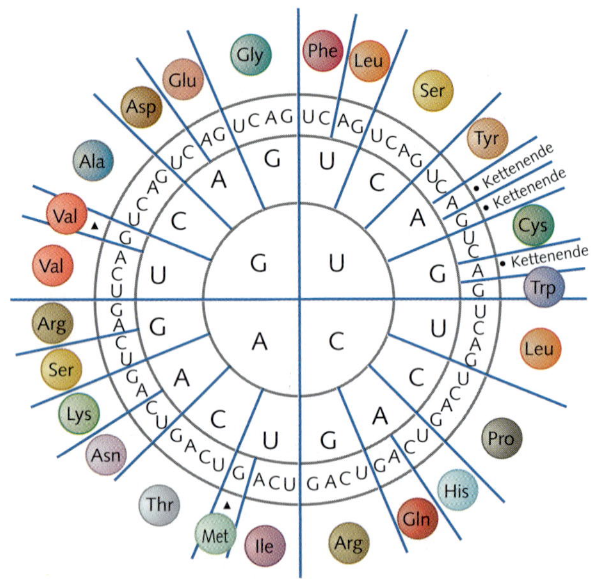

▲ Start - Codons: hier beginnt die Translation
• Stopp - Codons: hier endet die Translation

5. Stelle die Proteinbiosynthese in Form eines Flussdiagramms dar.

6. a) Konstruiert in Gruppen ▸ Modelle, mit denen ihr die Vorgänge der Transkription und der Translation veranschaulichen könnt.
b) Präsentiert die Proteinbiosynthese mithilfe eures Modells.
c) Diskutiert im Anschluss die Aussagekraft des Modells mit seinen Vor- und Nachteilen.

7. ▸ Genmutationen sind Veränderungen der DNA. Erläutert die Auswirkungen einer veränderten Reihenfolge der DNA-Basen auf die Reihenfolge der mRNA-Basen und auf das gebildete Protein.

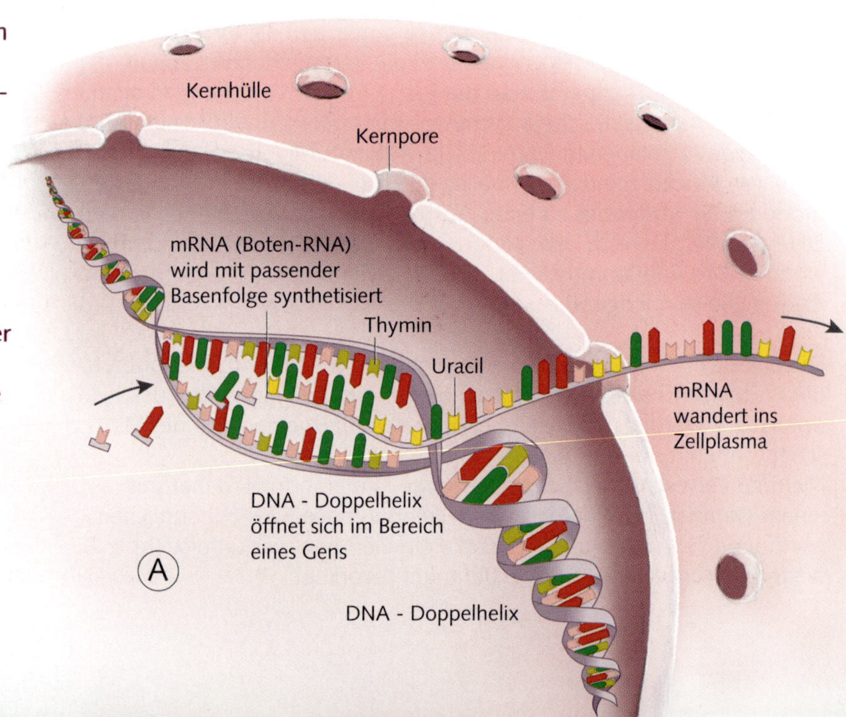

Proteinbiosynthese in zwei Schritten

Proteine sind lange, räumlich aufgeknäulte Ketten aus oft Hunderten von Aminosäurebausteinen. Es gibt 20 verschiedene Aminosäuren. Die Reihenfolge, in der sie in der Kette vorliegen, bestimmt die Funktion eines jeden Proteins.
Die Herstellung von Proteinen in der Zelle läuft in zwei Schritten ab. Zuerst wird bei der **Transkription** im Zellkern eine Abschrift der auf der DNA gespeicherten Erbinformation angefertigt und in Form einer Boten-RNA ins Zellplasma geschickt. Dort wird im zweiten Schritt, der **Translation,** das Protein gebildet.

Die Transkription

Soll ein bestimmtes Protein gebildet werden, öffnet sich die DNA-Doppelhelix im Bereich des Gens, das die Bauanleitung für dieses Protein enthält. Entlang dieser DNA-Vorlage wird nun aus Nukleotiden eine entsprechende Boten-RNA (**mRNA** von engl. messenger RNA) mit passender Basenfolge synthetisiert. Im Unterschied zur DNA enthält RNA als Zucker Ribose anstatt Desoxyribose und die Base Uracil anstatt Thymin. Die einzelsträngige mRNA transportiert nun die so kopierte Information der DNA ins Zellplasma zu den Ribosomen.

Die Translation

Im Zellplasma lagern sich ▸**Ribosomen** an die mRNA an. Anschließend wird die Reihenfolge der Basen auf der mRNA schrittweise in die Reihenfolge der Aminosäuren des sich bildenden Proteins übersetzt. Welche Aminosäure als nächstes in eine wachsende Proteinkette eingebaut werden soll, wird jeweils durch die Kombination von drei Basen, einem so genannten **Triplett,** auf der mRNA bestimmt. So bedeutet das Triplett GGU den Einbau der Aminosäure Glycin, das Triplett UCA den Einbau von Serin. Diese Zuordnung zwischen einem Basentriplett und einer Aminosäure bezeichnet man als **genetischen Code.** Interessanterweise ist er bei allen Lebewesen derselbe, bei Bakterien ebenso wie beim Gänseblümchen oder dem Menschen. Der Code ist **universell.**
Für den Transport zu den Ribosomen werden die Aminosäuren an so genannten tRNAs **(transfer RNAs)** gebunden. Da es 20 verschiedene Aminosäuren gibt, sind auch 20 verschiedene tRNAs nötig. Jede tRNA besitzt auf der einen Seite eine Kombination von drei Basen, die bestimmt, welche Aminosäure auf der anderen Seite der tRNA angekoppelt wird. Wenn eine mit einer Aminosäure beladene tRNA eine Basenkombination besitzt, die zum Basentriplett auf der mRNA passt, dann kann sie sich in ein Ribosom einlagern. So werden die Aminosäuren in der richtigen Reihenfolge miteinander verbunden. Die tRNA, die ihre Aminosäure abgegeben hat, löst sich vom Ribosom. Dieses „rutscht" auf der mRNA ein Triplett weiter und die nächste beladene tRNA lagert sich an. So wächst die Proteinkette, bis ein Stopp-Signal kommt, das die Translation beendet. Das Protein faltet sich schon während seiner Bildung auf und nimmt schließlich die für seine Funktion entscheidende Form ein.

Proteine bestimmen Merkmale

Proteine sind entweder direkt am Aufbau der Zellen beteiligt oder sie wirken als ▸**Enzyme** im Stoffwechsel. Dann ermöglichen sie bestimmte Reaktionen, die zu bestimmten **Merkmalen** führen wie der Farbe einer Blüte oder der Fähigkeit vieler, aber nicht aller Menschen, ▸Milchzucker zu verdauen.

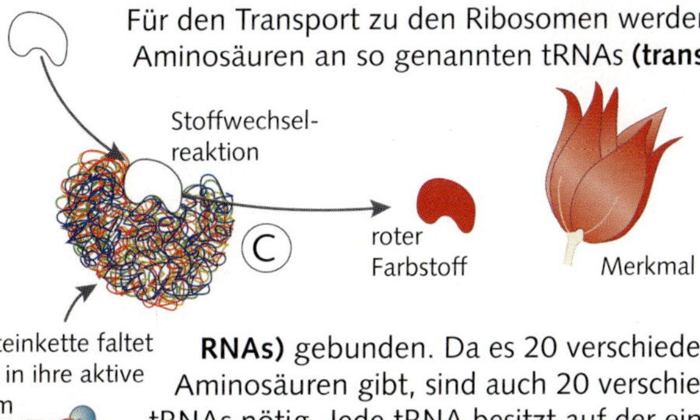

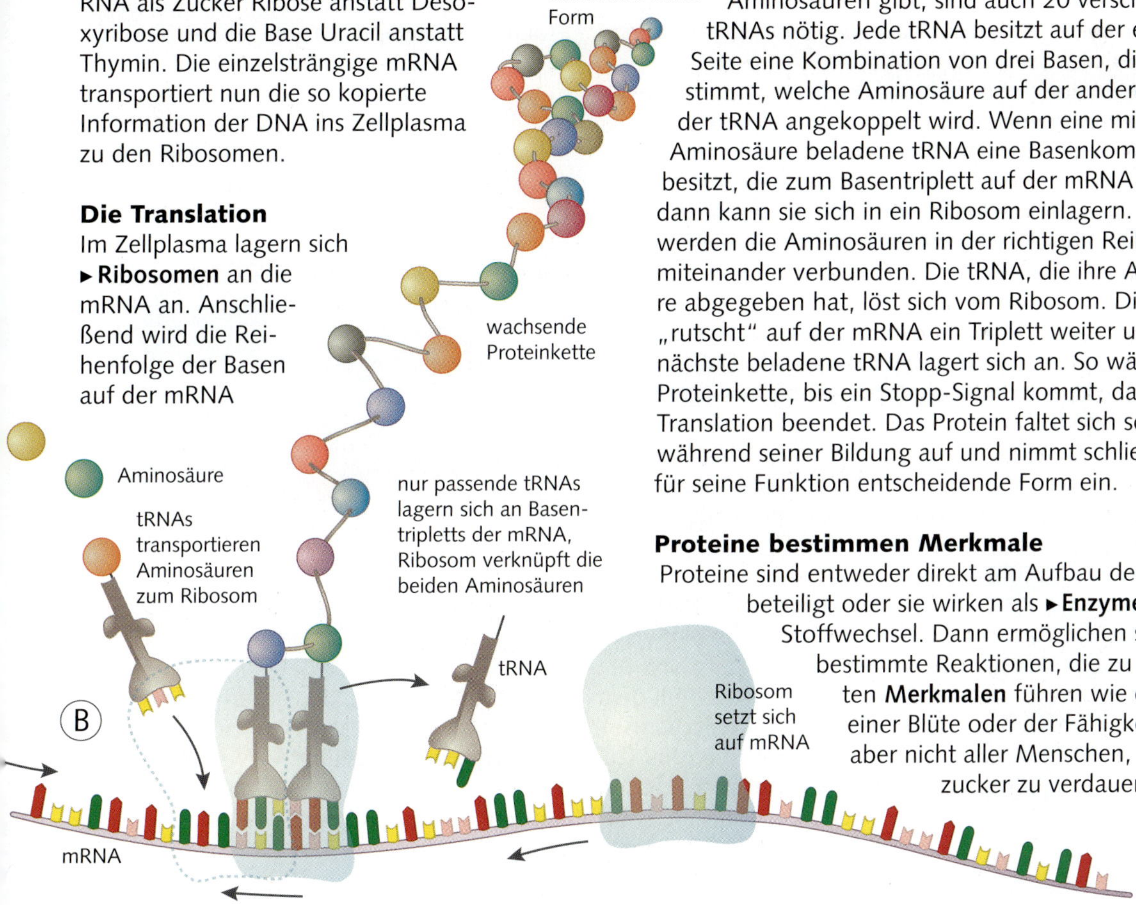

1 Proteinbiosynthese. A *Transkription;* **B** *Translation;* **C** *Protein und Merkmalsentstehung*

Enzyme regulieren den Stoffwechsel

1. Bei manchen Stoffwechselvorgängen entsteht in den Zellen Wasserstoffperoxid (H_2O_2). Wenn es zerfällt, kann der frei werdende Sauerstoff zu Zellschäden führen. Daher haben viele Zellen ein Enzym, die Katalase, das entstehendes H_2O_2 sofort zerlegt, damit es sich nicht ansammelt.
Reaktion: $2\,H_2O_2 \longrightarrow 2H_2O + O_2$
Im folgenden Versuch könnt ihr die Wirkung von Katalase nachweisen.

a) Gib etwa 1 ml H_2O_2 in einen kleinen Erlenmeyerkolben.
Achtung: H_2O_2 wirkt ätzend, also nicht berühren und Schutzbrille tragen!
Reibe etwas rohe Kartoffel und gib eine Spatelspitze davon in den Erlenmeyerkolben. Beobachte und beschreibe, was passiert. Teste mit der Hand von außen die Temperatur des Kolbens.
b) Weise mit der Glimmspanprobe den Sauerstoff nach. Zünde dazu einen längeren Holzspan an, lasse ihn etwas brennen, puste die Flamme aus und führe den noch glimmenden Span in den Erlenmeyerkolben ein. Wenn der Span wieder aufflammt, ist dies ein Nachweis für einen erhöhten Sauerstoffanteil.
c) Führe den Versuch noch einmal durch. Koche aber zuvor die Kartoffelstücke kurz auf.
d) Schreibe ein ausführliches Versuchsprotokoll.

2. a) Erkläre die Wirkungsweise von Enzymen mithilfe des Schlüssel-Schloss-Prinzips.
b) Erkläre auch, was beim Erhitzen von Enzymen passiert.

3. Forme aus Knetmasse Enzymmodelle und dazu passende Ausgangsstoffe. Erläutere, warum für jede Stoffwechselreaktion ein anderes Enzym gebraucht wird.

4. Waschmittel enthalten häufig Enzymen. Versuche herauszufinden, wozu die Enzyme in dem Produkt dienen.

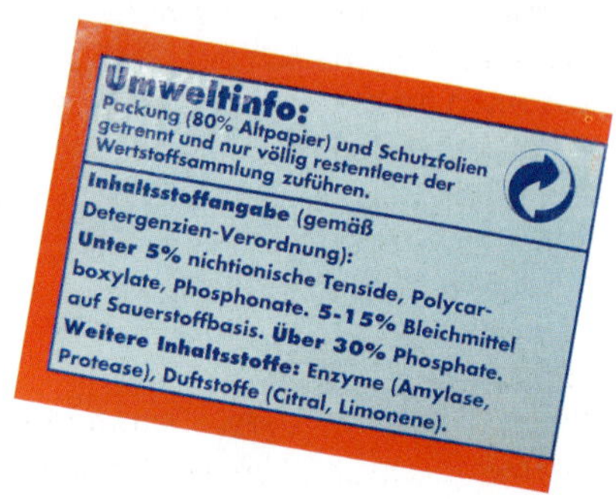

5. Betrachte Abbildung 1 und wende die dort vorgestellten Formen für Glucose und Enzyme auf folgendes Beispiel an.
a) Maltose ist ein Zweifachzucker aus zwei Glucose-Bausteinen. Skizziere ein Maltose-Molekül.
b) Erkläre mithilfe des Schlüssel-Schloss-Modells, warum das Enzym Saccharase den Zucker Maltose nicht spaltet.
c) Entwirf eine Skizze für das Enzym Maltase, das Maltose zu zwei Glucose-Molekülen spaltet.

6. Hefezellen können mithilfe von Enzymen verschiedene Zuckerarten als Nährstoffe verwenden. Dabei entsteht Kohlenstoffdioxid, das als Gas aufsteigt.
a) Plant einen Versuch, mit dem ihr untersuchen könnt, ob Bäckerhefe Haushaltszucker (Saccharose), Traubenzucker (Glucose), Fruchtzucker (Fructose), Milchzucker (Lactose), Malzzucker (Maltose) verwerten können. Testet auch Speisestärke.
b) Führt den Versuch durch. Zieht aus dem Ergebnis Rückschlüsse auf die Enzyme, die die Hefezellen bilden können (Amylase, Saccharase, Maltase, Lactase).

Enzyme sind Biokatalysatoren

Du kennst Enzyme vielleicht als Verdauungsenzyme, die Nährstoffe in ihre Bestandteile zerlegen. Amylase zerlegt Stärke bereits im Mund zu Malzzucker (Maltose). Pepsin zerlegt im Magen Proteine, und Lipasen im Darm zerlegen Fette. Aber auch für den Stoffwechsel jeder Zelle sind Enzyme unentbehrlich. Sie beschleunigen als **biologische Katalysatoren** Stoffwechselreaktionen, die von alleine nicht mit der nötigen Geschwindigkeit ablaufen würden. Wie chemische Katalysatoren gehen auch die Enzyme aus der Reaktion unverändert hervor.
Die Namensendung **„-ase"** bezeichnet typischerweise ein Enzym. Saccharase ist zum Beispiel das Enzym, das den Haushaltszucker Saccharose spaltet. DNA-Polymerase ist ein Enzym der ▸DNA-Replikation.

Ohne Gen kein Enzym

Was kann passieren, wenn ein Enzym im Organismus fehlt? Manche Menschen haben ▸Albinismus. Ihre Haare sind weiß und ihre Haut ist ganz hell und lichtempfindlich. Ihnen fehlt ein Enzym, das für die Synthese des dunklen Hautfarbstoffs Melanin gebraucht wird. Das Enzym kann im Zuge der ▸Proteinbiosynthese nicht gebildet werden, weil das Gen dafür fehlt. Albinismus ist daher auch erblich. Aber die Gene müssen nicht nur vorhanden sein, sie müssen auch aktiv sein, das heißt, es muss ▸Transkription stattfinden. Und auch das ist nicht immer der Fall, wie folgendes Beispiel zeigt. Manche Menschen vertragen keine Milch, weil sie den darin enthaltenen **Milchzucker,** die Lactose, nicht verdauen können. Sie haben eine so genannte Lactose-Unverträglichkeit. Bei ihnen ist im Erwachsenenalter das Gen für das Enzym Lactase dauerhaft abgeschaltet. Jogurt hingegen können viele dieser Menschen essen, da die Milchsäure-Bakterien im Jogurt den Milchzucker mit ihrer Lactase bereits gespalten haben.

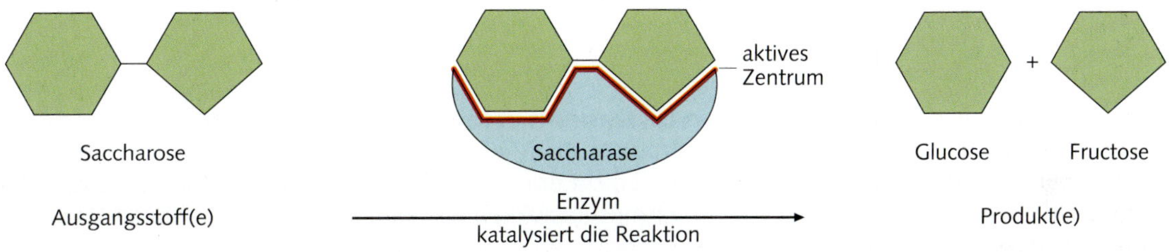

1 Schlüssel-Schloss-Prinzip der Enzymwirkung

Das Schlüssel-Schloss-Prinzip

Enzyme sind Proteine mit einer ganz bestimmten räumlichen Form. Der Stoff, der in der Reaktion umgesetzt wird, passt in einen besonders geformten Bereich des Enzyms, das so genannte **aktive Zentrum.** Stoff und Enzym passen zusammen wie ein Schlüssel ins Schloss. Der Ausgangsstoff lagert sich an das aktive Zentrum und wird durch dieses etwas beeinflusst, sodass die Reaktion zum Produkt leichter stattfinden kann. Das Produkt löst sich dann vom aktiven Zentrum, sodass dieses wieder für die nächste Reaktion frei wird.

Enzyme sind sensible Spezialisten

Dieses Prinzip der Enzymwirkung erklärt auch weitere Eigenschaften der Enzyme: Jedes Enzym ist nur auf eine bestimmte Reaktion spezialisiert. Andere Reaktionen mit anderen Ausgangsstoffen benötigen andere passende Enzyme. In den meisten Zellen sind daher über 2000 verschiedene Enzyme gleichzeitig aktiv. Und wenn durch Hitze, Säure oder andere Einflüsse die Proteinstruktur eines Enzyms verändert wird, funktioniert es nicht mehr.

2 Milchprodukte

Enzyme – vielfältige Helfer im Alltag

Die speziellen Wirkungen der Enzyme werden vielfach genutzt. In Waschmitteln helfen Proteasen, Eiweißflecken zu entfernen, Lipasen wirken gegen Fettflecken. Auch die Lebensmittelindustrie verwendet Enzyme, zum Beispiel Amylasen in Backmischungen. Alle Enzyme werden durch Organismen produziert. Manchmal kommt dabei die ▸Gentechnik zum Einsatz.

Mutationen verändern die DNA

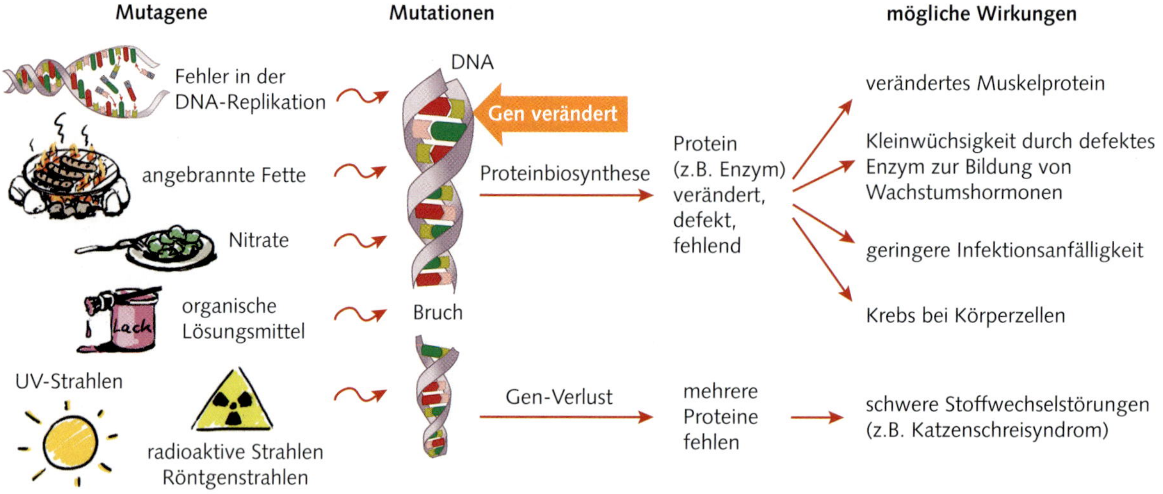

1. a) Mutationen können das Erbgut von Körperzellen oder von ▸Keimzellen betreffen. Erläutere die unterschiedlichen Konsequenzen.

2. Schreibe einen kleinen Praxisratgeber „Mutagene – wie lassen sich unnötige Belastungen vermeiden?“.

Mutationen

Ungerichtete Veränderungen des Erbgutes bezeichnet man als **Mutationen.** Sie kommen natürlicherweise zwar selten, aber doch immer mal wieder vor. Man unterscheidet drei Typen von Mutationen.

▸**Genmutationen** verändern ein einzelnes Gen. Hierbei können in der DNA Basen ausgetauscht werden, verloren gehen oder ergänzt werden. Dies kann sich auf den Organismus auswirken, muss es aber nicht.

Bei ▸**Chromosomenmutationen** sind größere Bereiche eines Chromosoms betroffen. Ganze Stücke mit mehreren Genen können zum Beispiel verloren gehen.

Bei ▸**Genommutationen** wird die Zahl der Chromosomen verändert.

Anders als bei Genmutationen haben Chromosomen- und Genommutationen meist schwerwiegendere Folgen.

Unbemerkt, schädlich oder nützlich

Viele Mutationen haben so geringe Auswirkungen, dass sie sich nicht oder nur unwesentlich auf die Merkmale des Organismus auswirken. Da die Organismen aber bereits sehr gut an ihre Lebensbedingungen angepasst sind und die Mutationen zufällig und ungerichtet erfolgen, führen sie oft auch zu schädlichen Effekten. Beim Menschen sind solche Mutationen beispielsweise die Ursache von ▸Erbkrankheiten.

Nur selten findet eine Mutation statt, die für ihren Träger zufällig von Vorteil ist. Aber gerade solche kleinen Veränderungen, die durch Mutationen entstehen, bilden eine wesentliche Grundlage für die ▸**Evolution** der Lebewesen und für den Erfolg von ▸**Züchtungen** bei Nutzpflanzen und Nutztieren.

Mutationen betreffen Keimzellen oder Körperzellen

Finden Mutationen bei der Bildung von **Keimzellen** statt, ist der gesamte Organismus betroffen, der sich nach der Befruchtung daraus entwickelt. Auch kann diese Veränderung an nachfolgende Generationen weitervererbt werden. Mutationen, die in **Körperzellen** stattfinden, werden hingegen nicht weitervererbt, können dem Körper aber durchaus Probleme bereiten, beispielsweise ▸Krebs auslösen.

Mutagene erhöhen die Mutationsrate

Energiereiche Strahlen, bestimmte Chemikalien und andere äußere Einflüsse, die die Häufigkeit von Mutationen erhöhen, nennt man **Mutagene.** Um zusätzliche Mutationen zu vermeiden, sollten die Belastungen mit Mutagenen möglichst gering gehalten werden. Dazu dienen Maßnahmen am Arbeitsplatz, in der Medizin, aber auch in der Freizeit.

Präsentieren mit Modellen

Wenn ihr komplizierte Vorgänge oder Sachverhalte aus dem Bereich der Molekularbiologie darstellen wollt, könnt ihr gut mit Modellen arbeiten. Auf diese Weise wird eure Präsentation anschaulich und eure Aussagen sind leichter verständlich. Leitfragen können euch bei der Erarbeitung geeigneter Modelle helfen. Zudem solltet ihr einige Regeln beim Präsentieren beachten.

1 Modell der Proteinbiosynthese

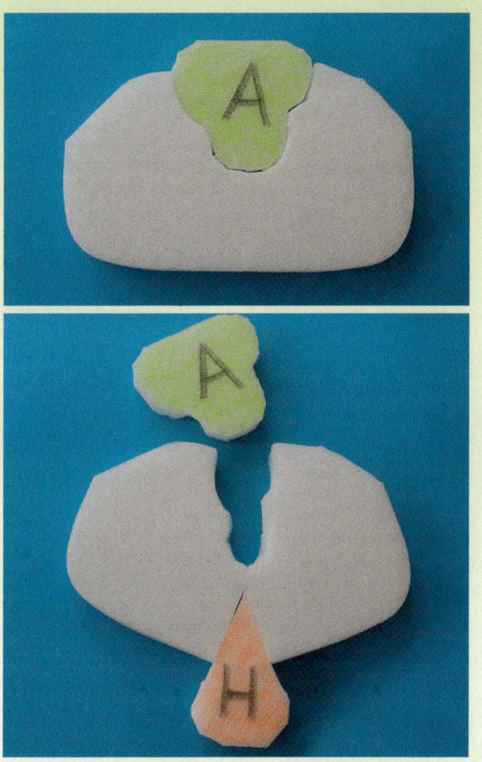

2 Modell zur Hemmung eines Enzyms

Leitfragen zur Erstellung von Modellen

1. Was will ich mit dem Modell zeigen?
   – *den Ablauf der Proteinbiosynthese*
   – *das Schlüssel-Schloss-Prinzip der Enzymwirkung*
   – *Wirkung eines Enzym-Hemmstoffs*
2. Welche Materialien eignen sich? Wie kann ich sie beschaffen und bearbeiten? Wie groß ist der Zeitaufwand und wie teuer wird es?
   – *Pappe, Moosgummi, Farbfolien, Magnetstreifen, Knetmasse, Schaumstoff, Spiel- oder Bastelwaren, Holz, Metall*
3. Was lässt sich mit dem Modell gut zeigen und was zeigt es nicht, ungenau oder sogar falsch?
   – *zweidimensional oder räumlich*
   – *stark vereinfachend oder sehr genau*
   – *Abänderungen leicht oder schwer durchführbar*
4. Wie lässt sich das Modell präsentieren?
   – *groß genug, um es direkt zu zeigen*
   – *an der Tafel mit Magnetstreifen befestigen*
   – *Projektion mit Overhead-Projektor*
   – *Computerpräsentation*

Regeln zum Präsentieren

– Achtet darauf, dass das Modell für alle Zuschauer gut sichtbar ist und dass ihr bei Erklärungen nicht im Wege steht.
– Erklärt die Sachverhalte so, dass sie für eure Zuhörer verständlich sind. Verwendet dabei die Fachbegriffe und zeigt die Sachverhalte gleichzeitig am Modell. Zum Beispiel:
„Diese Vertiefung stellt das aktive Zentrum dar. Der Ausgangsstoff A passt dort hinein wie ein Schlüssel ins Schloss.“
– Weist auf Grenzen des Modells hin.
„In Wirklichkeit ist das DNA-Molekül Tausende von Basenpaaren lang.“

1. Stellt in Gruppen Enzymmodelle aus verschiedenen Materialien her. Präsentiert damit die Enzymwirkung und stellt die Vorteile eurer Modelle heraus. Erläutert aber auch, was die Modelle jeweils nicht zeigen.

2. Erkläre, wie sich DNA-Modelle unterscheiden können, je nachdem, ob man den Aufbau als Doppelhelix zeigen möchte oder den Replikationsvorgang vorführen möchte.

3. In diesem Buch werden Pfeifenputzer als Chromosomenmodelle vorgeschlagen. Stelle Vorzüge und Grenzen dieses Modells heraus.

4. Entwickelt in Gruppen andere Chromosomenmodelle und präsentiert sie.

Basiskonzepte – schärfen den Blick

Methode

Basiskonzepte können helfen, in der ungeheuren Vielfalt der biologischen Einzelheiten wiederkehrende Strukturen zu erkennen.
Man kann die Basiskonzepte **System, Struktur und Funktion** sowie **Entwicklung** als drei Hauptblickwinkel auffassen, unter denen man die biologischen Sachverhalte betrachtet. Dies schärft den Blick für wesentliche Merkmale und erleichtert, Beziehungen zwischen Einzelphänomenen herzustellen.
Wenn man sich bei der Beschäftigung mit der Biologie diese Blickwinkel immer wieder bewusst macht, kann es helfen, Zusammenhänge besser zu verstehen.

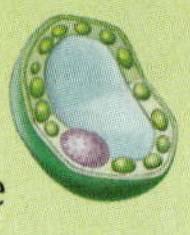
Zelle

Organ

Organismus

Ökosystem

Biosphäre

Systeme auf verschiedenen Ebenen

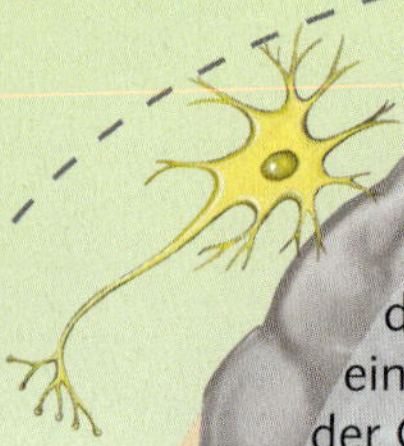

Das Gehirn

Betrachten wir das Gehirn zunächst unter dem Blickwinkel des **Systems**. Wir haben ein System auf der Ebene der Organe vor uns. Dieses Organ funktioniert durch das Zusammenwirken vieler Nervenzellen, Systeme auf einer tiefer gelegenen Ebene. Nervenzellen wiederum enthalten viele Zellorganellen wie die Mitochondrien. Sie versorgen die Zellen des Gehirns mit Energie. Das Gehirn steuert und regelt den Körper als System auf der Ebene eines Organismus. Manchmal werden Informationen in Gehirnen so verarbeitet, dass viele Menschen ganze Ökosysteme in Gefahr bringen.

System

Ein lebendes System wie einen Baum kann man auf verschiedenen Ebenen betrachten, entweder als Organismus oder auf der Ebene seiner Organe oder seiner Zellen, aber auch auf der Ebene des Ökosystems, in das der Baum eingebunden ist.
Bestimmte Eigenchaften sind typisch für lebende Systeme.

Stoff- und Energieumwandlung

Bewegung

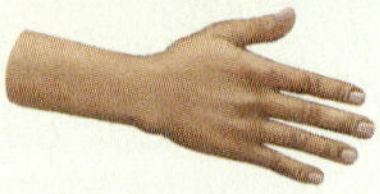
Steuerung und Regelung

Informationsverarbeitung

http://www.rezepte.de

Weitergabe und Ausprägung von Information

Eigenschaften lebender Systeme

Angepasstheit

Oberflächenvergrößerung

Schlüssel-Schloss-Prinzip

Struktur und Funktion

Es zeigt sich immer wieder, dass der Aufbau von Organismen vorteilhaft für ihr Überleben und ihre Fortpflanzung ist. Struktur und Funktion stehen auf allen Systemebenen in engem Zusammenhang. Die Angepasstheit der Organismen an ihre jeweilige Umwelt lässt sich durch ihre Evolution erklären.

Aus dem Blickwinkel von **Struktur und Funktion** stellen wir fest, dass verschiedene Hirnteile bestimmte Funktionen erfüllen. Der enge Zusammenhang zwischen Struktur und Funktion findet sich auch im Prinzip der Oberflächenvergrößerung der Großhirnrinde. Die gefurchte Oberfläche bietet viel Platz für die Verschaltung von Nervenzellen. In der **Entwicklung** des Embryos zeigt sich diese Furchung erst im 7. Monat. Im Laufe der Evolution des Menschen vergrößerte sich das Großhirn erheblich und seine Furchung nahm zu.

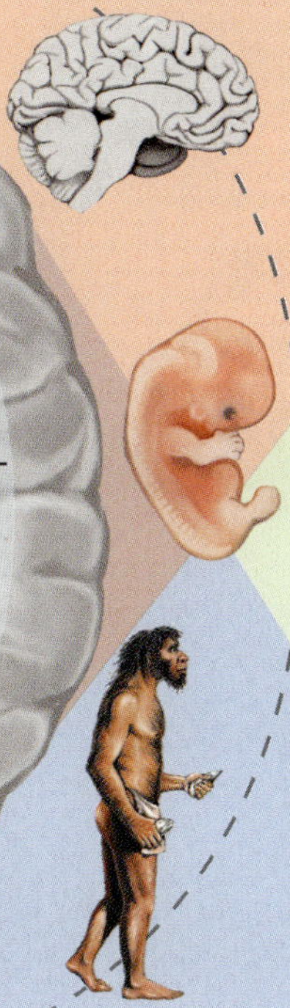

Wölfe in Europa früher

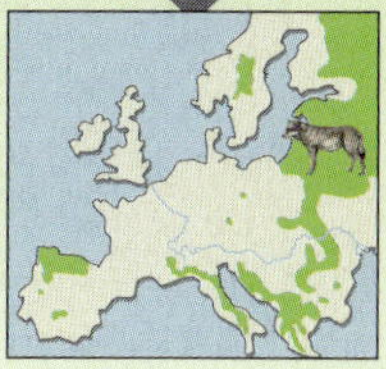

Wölfe in Europa heute

individuelle Entwicklung | **evolutionäre Entwicklung** | **Einfluss des Menschen**

Entwicklung

Jedes Lebewesen hat eine individuelle Entwicklung. Ein Baum wächst aus einem Samenkorn, entwickelt sich, pflanzt sich fort, altert und stirbt. Über viele Generationen können Mutationen und Selektion zu einer evolutionären Entwicklung einer Art führen. Auch der Mensch greift in Entwicklungen ein.

1. Wähle eines der folgenden Systeme aus: Schmetterlingsraupe, Apfel, Zelle einer Wurzelspitze, Gartenteich, Korallenriff oder Finnwal.

a) Betrachte das biologische Objekt unter den Blickwinkeln der drei Basiskonzepte. Gehe dabei auf die Systemebene des Objektes ein und stelle Verbindungen zu Systemen auf weiteren Ebenen her.

b) Schreibe einen Text über das gewählte Objekt, der nach den drei Basiskonzepten gegliedert ist. Recherchiere, wenn nötig, Informationen.

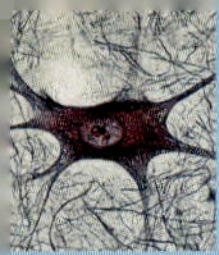

Eukaryotenzellen

Mit dem Elektronenmikroskop lassen sich Tier- und Pflanzenzellen genauer untersuchen. Sie enthalten verschiedene Zellorganellen mit jeweils speziellen Funktionen. Bei eukaryotischen Zellen liegt das Erbgut in Form von Chromosomen in einem Zellkern, der durch eine doppelte Kernmembran vom Zellplasma abgegrenzt ist.

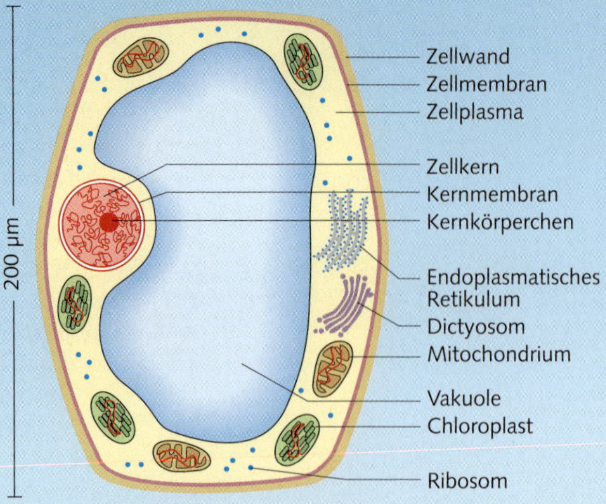

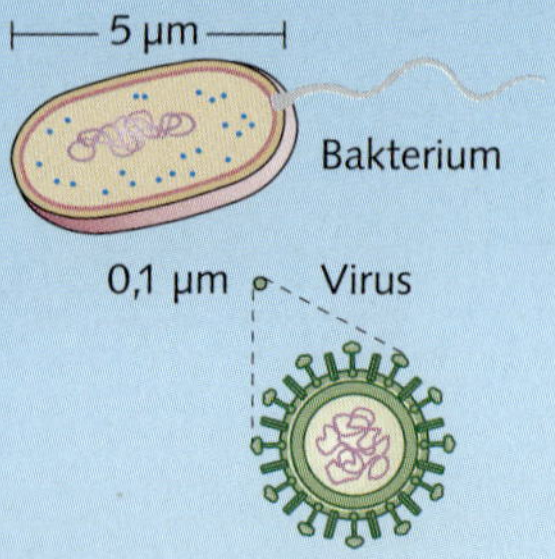

Bakterien

Bakterien sind Prokaryoten. Ihre Zellen sind kleiner als die von Tieren oder Pflanzen. Ihre DNA ist ringförmig und liegt frei im Zellplasma.

DNA und genetischer Code

Die DNA ist ein gewundener Doppelstrang aus Zucker- und Phosphorsäurebausteinen sowie aus vier verschiedenen Basen. Dabei liegen immer zwei Basen gepaart vor:
Adenin und Thymin;
Guanin und Cytosin.
In der Reihenfolge der Basen ist die Erbinformation verschlüsselt. Ein Gen enthält die Information zum Aufbau eines Proteins. Der genetische Code legt fest, wie eine Kombination aus drei Basen, ein Triplett, bei der Proteinbiosynthese den Einbau einer Aminosäure ins Protein bestimmt.

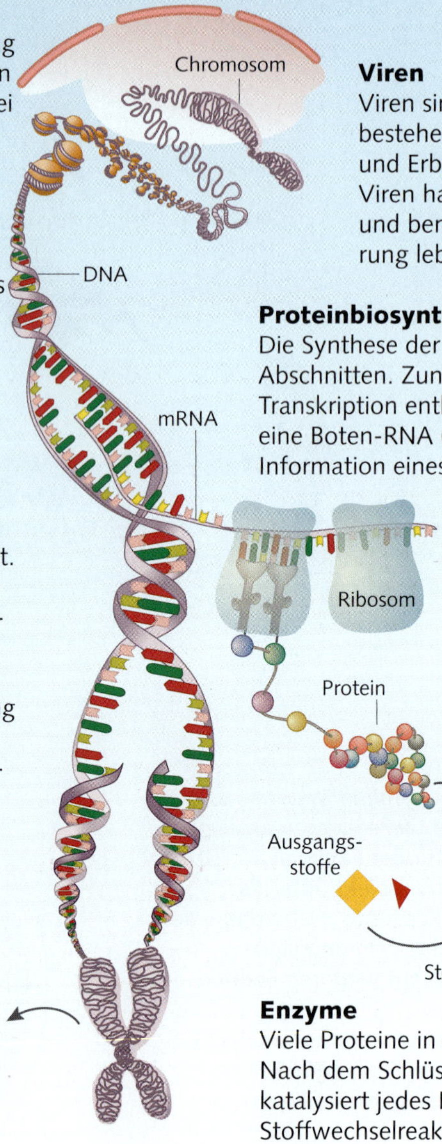

Viren

Viren sind keine Zellen. Sie bestehen aus einer Proteinhülle und Erbgut aus DNA oder RNA. Viren haben keinen Stoffwechsel und benötigen für ihre Vermehrung lebende Wirtszellen.

Proteinbiosynthese

Die Synthese der Proteine erfolgt in zwei Abschnitten. Zunächst wird bei der Transkription entlang der DNA im Zellkern eine Boten-RNA (mRNA) mit der kopierten Information eines Gens erstellt.
Danach findet im Zellplasma die Translation statt. Dabei werden an den Ribosomen entsprechend dem Triplett-Code die Aminosäuren in der richtigen Reihenfolge zu einem Protein verbunden.

DNA-Replikation und Zellteilung

In der Interphase zwischen zwei Zellteilungen wird die DNA identisch verdoppelt. Bei dieser Replikation wird die DNA-Doppelhelix wie ein Reißverschluss geöffnet und die Einzelstränge werden wieder durch passende Nukleotide zu Doppelsträngen ergänzt, wobei die Basenpaarung zur passenden Abfolge der Nukleotide führt. So entstehen zwei identische DNA-Doppelstränge. Aus Ein-Chromatid-Chromosomen werden dadurch Zwei-Chromatid-Chromosomen.

In der Mitose werden die Chromatiden dann geordnet auf die Tochterzellen verteilt.

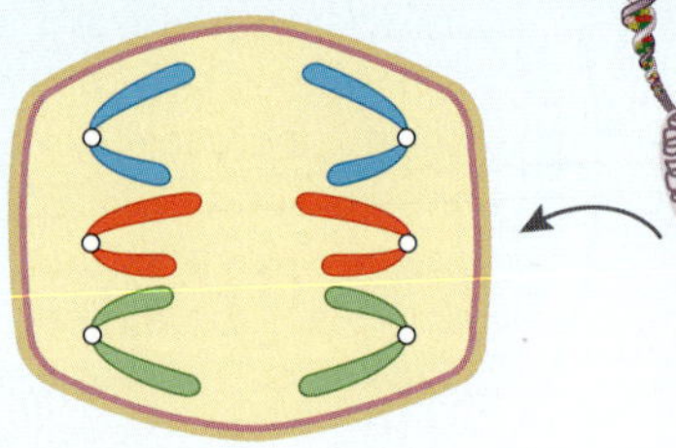

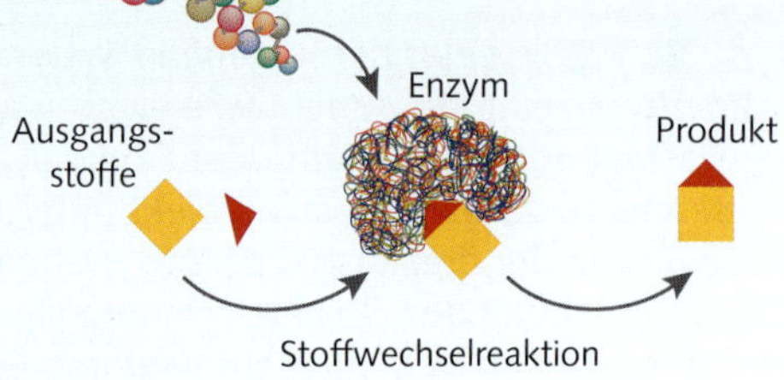

Enzyme

Viele Proteine in der Zelle sind Enzyme. Nach dem Schlüssel-Schloss-Prinzip katalysiert jedes Enzym eine spezielle Stoffwechselreaktion.

1. a) Benenne alle membranumhüllten Zellorganellen eukaryotischer Zellen und gib an, ob sie durch eine einfache Membran oder durch eine Doppelmembran begrenzt sind.
b) Beschreibe die Hauptfunktionen der genannten Organellen.
c) Welche der Organellen kommen nur bei Pflanzen vor?

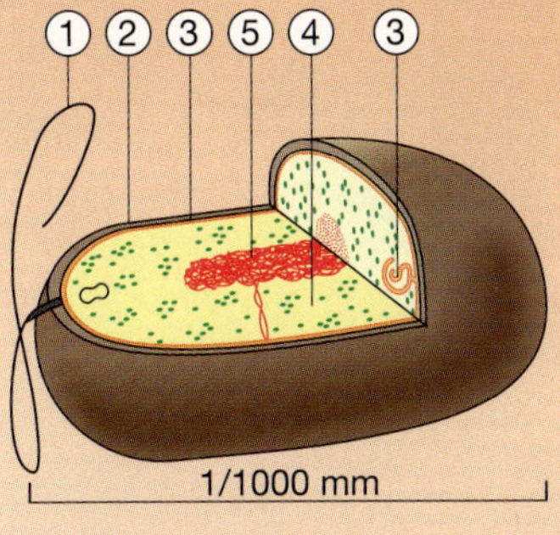

2. a) Benenne die mit Ziffern gekennzeichneten Bestandteile der Bakterienzelle.
b) Vergleiche Bakterienzellen mit tierischen Zellen. Liste Gemeinsamkeiten und Unterschiede auf.

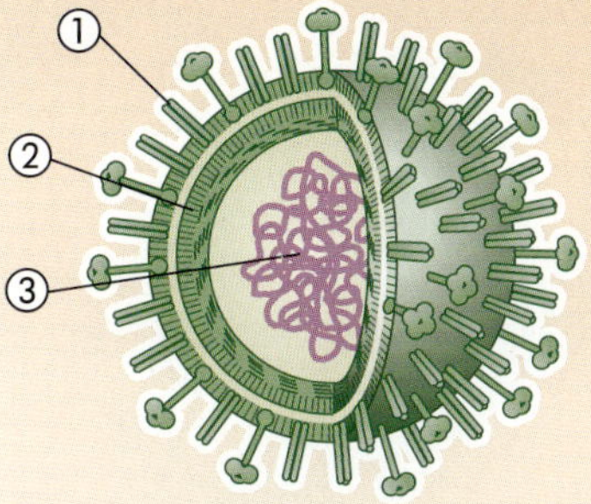

3. a) Benenne die mit Ziffern gekennzeichneten Virusteile und beschreibe sie nach dem Basiskonzept „Struktur und Funktion".
b) Nenne mindestens drei Eigenschaften von Viren, die sie von allen zellulären Lebewesen unterscheiden.

4. Wie groß müssten Modelle von Bakterien- und Pflanzenzellen im selben Maßstab sein, wenn ein Virusmodell 1 cm groß ist?

5. Milchsäurebakterien bilden das Enzym Lactase, das den Milchzucker Lactose zu Glucose und Galactose spaltet. Ein Modell dder Lactose ist nachfolgend gezeichnet.

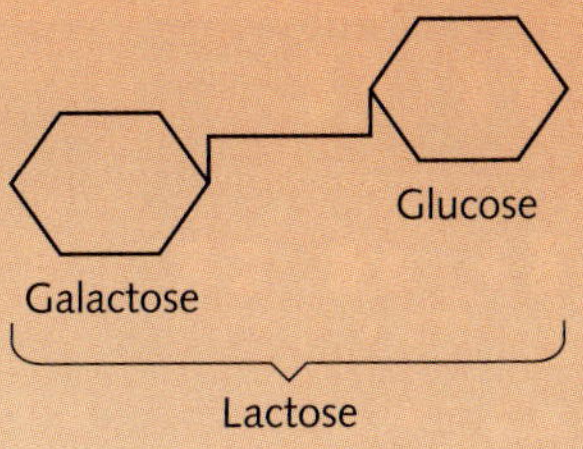

a) Skizziere ein Modell des Enzyms Lactase und der chemischen Reaktion.
b) Erläutere an diesem Beispiel das Schlüssel-Schloss-Prinzip.
c) Wie könnte sich eine Mutation im Gen für das Enzym Lactase auswirken?

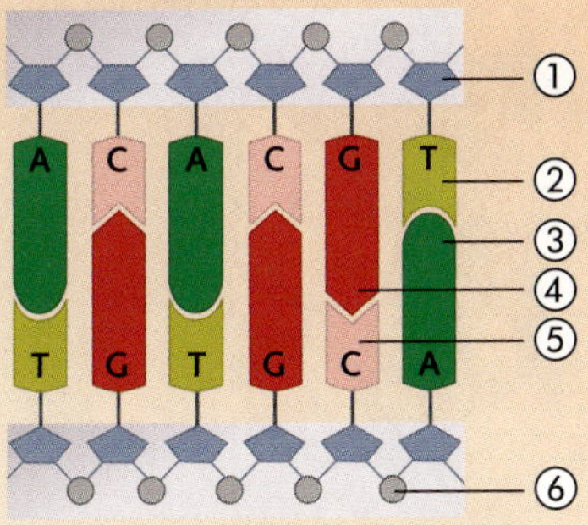

6. a) Beschrifte die markierten Bausteine der DNA.
b) In welcher Form ist auf der DNA Information gespeichert?
c) Erläutere das Prinzip der Basenpaarung.
d) Beschreibe den Vorgang der identischen Verdoppelung der Erbinformation.
e) Welche Rolle spielt die Basenpaarung dabei?

7. Erläutere die beiden folgenden Aussagen.
a) Der genetische Code ist universell.
b) Der genetische Code ist ein Triplettcode.

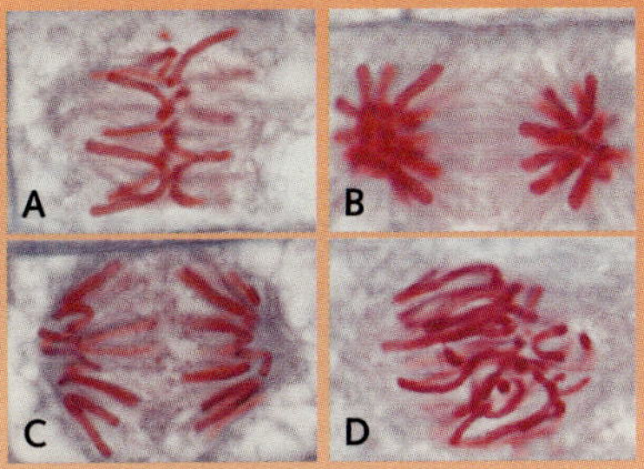

8. a) Bringe die oben dargestellten Phasen der Mitose in die richtige Reihenfolge und benenne sie.
b) Welche Vorgänge finden in der Interphase zwischen zwei Mitosen statt?

9. a) Skizziere ein Metaphasechromosom und beschrifte die Skizze.
b) Warum sind Chromosomen in dieser Phase des Zellzyklus im mikroskopischen Bild am besten erkennbar?

10. Untersuche das System „Chromosom" unter den Blickwinkeln der Basiskonzepte „Struktur und Funktion" sowie „Entwicklung" über einen Zellzyklus hinweg.

11. a) Recherchiert im Internet Animationen und Darstellungen der Proteinbiosynthese. Wählt solche Darstellungen aus, die ihr mithilfe eurer Vorkenntnisse verstehen könnt.
b) Präsentiert über Beamer oder Folien die ausgewählten Darstellungen euren Mitschülerinnen und Mitschülern, indem ihr einen eigenen erklärenden Text dazu vortragt.

12. Benenne die drei Haupttypen von Mutationen und erläutere jeweils, was man darunter versteht.

13. Fertigt in Gruppen Collagen zu Mutagenen und zur Vermeidung von Mutagenen an.

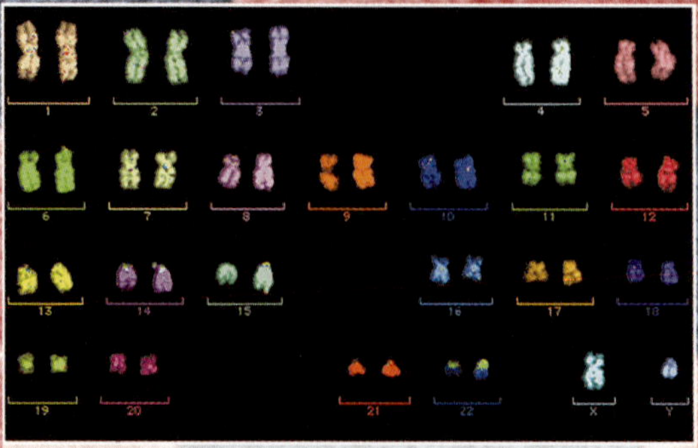

Sind das Gene oder Chromosomen?

Was haben ein Mönch und Erbsen mit Vererbung zu tun?

Warum sehen Menschen so unterschiedlich aus und sind sich doch so ähnlich?

Vererbung

Gibt es ein Albino-Gen?

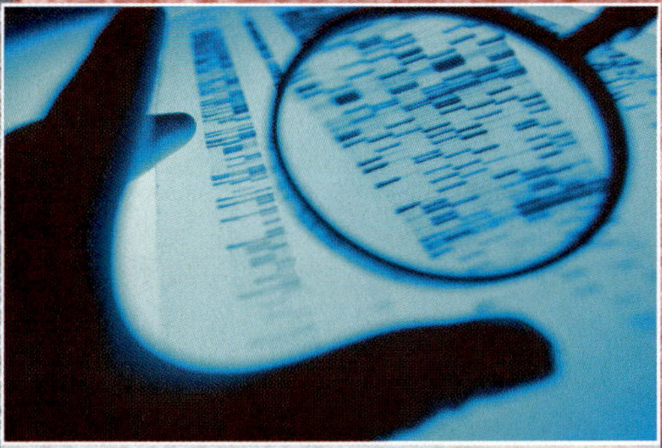
Was ist ein genetischer Fingerabdruck? Werden wir damit durchleuchtet?

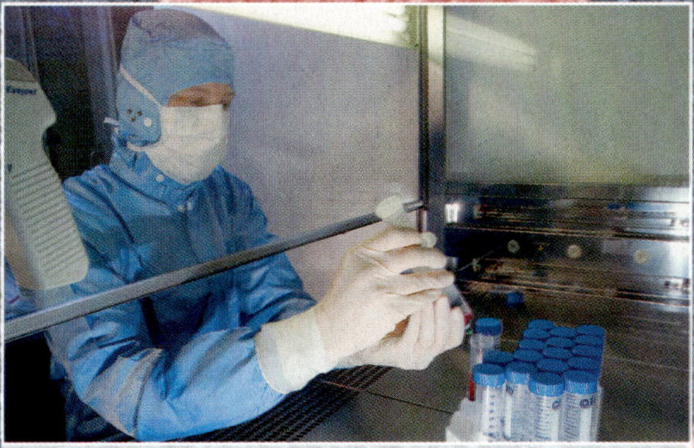
Werden hier Gene manipuliert? Ist das immer gefährlich?

Ganz der Vater – ganz die Mutter?

A

B

C

D

I

II

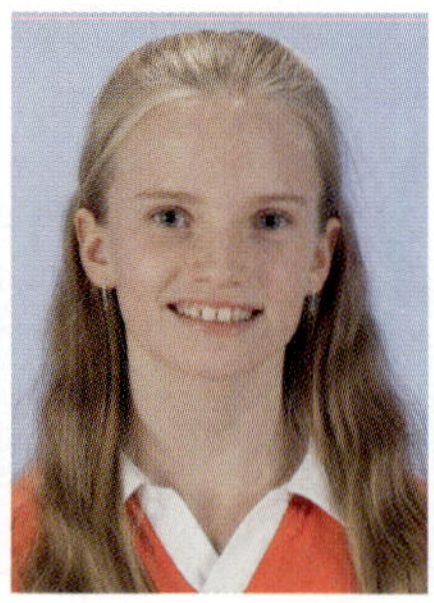

III

IV

1. a) Die oberen Abbildungen zeigen zwei Elternpaare, die unteren vier Kinder. Jedes Paar hat zwei Kinder. Ordne den Kindern ihre jeweiligen Eltern zu.
b) Begründe, warum die Kinder ihren Eltern ähneln.
c) Erkläre, weshalb sich Geschwister äußerlich durchaus unterscheiden können, obwohl sie die gleichen Eltern haben.

2. a) Erstellt Steckbriefe von euch, in denen ihr Namen, Größe, Haarfarbe, Augenfarbe, bevorzugte Kleidung, Hobbys usw. notiert.
b) Einige Steckbriefe werden vorgelesen, ohne dabei den Namen zu nennen. Versucht eure Mitschülerinnen und Mitschüler anhand der Steckbriefe zu identifizieren. Notiert die Merkmale, an denen es euch gelungen ist.
c) Bei einigen Mitschülerinnen und Mitschülern ähneln sich die Steckbriefe. Erläutert die möglichen Ursachen.

Art	Anzahl der Chromosomen
Mensch	46
Schimpanse	48
Goldhamster	44
Goldfisch	94
Stechmücke	6
Champignon	8
Wurmfarn	164

3. Die Tabelle zeigt die Chromosomenzahl verschiedener Arten. Was fällt dir auf?

4. Erläutere die Aussage der Karikatur.

Beim Blick in ein Familienalbum fallen häufig bemerkenswerte Übereinstimmungen auf. So ähneln Kinder oft in ihrem Gesichtsausdruck oder ihrer Statur den Eltern und Großeltern. Diese Ähnlichkeiten beschränken sich nicht nur auf äußerlich sichtbare Merkmale. Auch bei Verhaltensweisen, Charaktereigenschaften oder ausgeprägten Fähigkeiten kann man häufig Übereinstimmungen feststellen. Wie kommt es zu dieser Familienähnlichkeit und warum treten Merkmale der Eltern wieder bei den Kindern auf?

Lange Zeit blieben diese Fragen unbeantwortet. Erst die Erkenntnisse der **Vererbungslehre** oder **Genetik** brachten Licht ins Dunkel. So weiß man heute, dass die Information für die Bildung der verschiedenen Merkmale verschlüsselt als Erbinformation in der ▸DNA vorliegt. Jeweils bestimmte DNA-Abschnitte sind dabei für die Bildung von Merkmalen verantwortlich. Man nennt diese Abschnitte **Erbanlagen** oder ▸**Gene**. Da ▸Chromosomen DNA enthalten, entsprechen Gene auch bestimmten Abschnitten eines Chromosoms. Jedes Lebewesen besitzt in seinen Körperzellen eine typische Anzahl von Chromosomen, beim Menschen sind es 46. Jeweils zwei Chromosomen zeigen vergleichbare Gestalt. Man nennt sie **homologe Chromosomen.**
Die 46 Chromosomen lassen sich also in einem so genannten **Karyogramm** zu 23 Paaren ordnen. Je ein Chromosom eines

1 **Familienähnlichkeit**

Paares stammt dabei von der Mutter und eines vom Vater. Die Körperzellen besitzen demnach einen doppelten oder **diploiden Chromosomensatz.**

Eizellen und Spermien enthalten von jedem homologen Chromosomenpaar jedoch nur ein Chromosom. Sie besitzen einen einfachen oder **haploiden Chromosomensatz.** Er besteht beim Menschen aus 23 Chromosomen.
Bei der geschlechtlichen Fortpflanzung verschmelzen die haploiden Chromosomensätze der Keimzellen. Die befruchtete Eizelle und der daraus entstehende Mensch haben demzufolge wieder einen diploiden Chromosomensatz mit 46 Chromosomen.
Zusammen mit den Chromosomen werden bei der Fortpflanzung auch die Gene für bestimmte Merkmale von Mutter und Vater an die Kinder weitergegeben. Diese Weitergabe der Gene an die Nachkommen ist der Grund für die beobachtete Familienähnlichkeit.

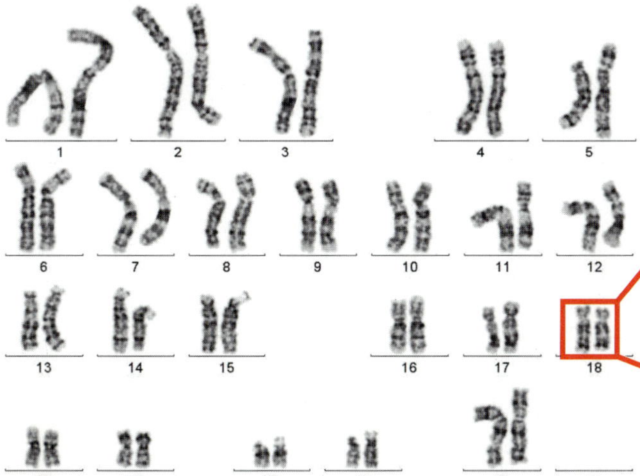

2 **Karyogramm mit diploidem Chromosomensatz einer Frau**

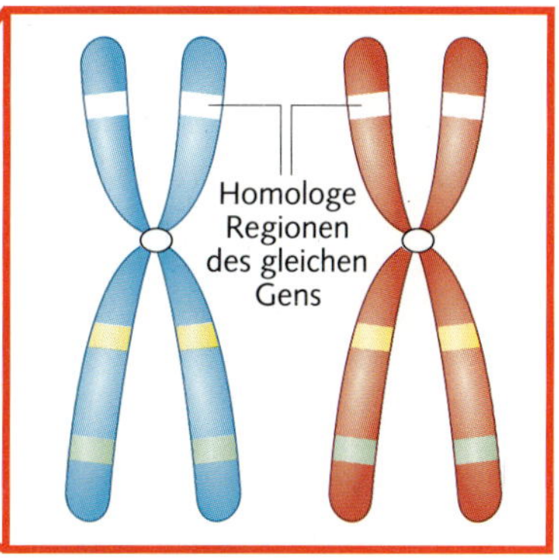

3 **Homologes Chromosomenpaar; je ein Chromosom stammt von einem Elternteil**

Keimzellbildung und Befruchtung

1. a) Baue aus verschiedenfarbigen „Pfeifenputzern" und Druckknöpfen zwei Chromosomenmodelle. Rolle die Enden des Pfeifenputzers über eine Kugelschreibermine zu Spiralen auf. Baue in gleicher Weise ein zweites Modell in einer anderen Farbe.
b) Vergleiche die Teile deines Modells mit den Bestandteilen eines Chromosoms.
c) Vollziehe mit den beiden Chromosomenmodellen den Ablauf der Meiose nach und beschreibe die Vorgänge. Benutze dabei die Fachbegriffe.

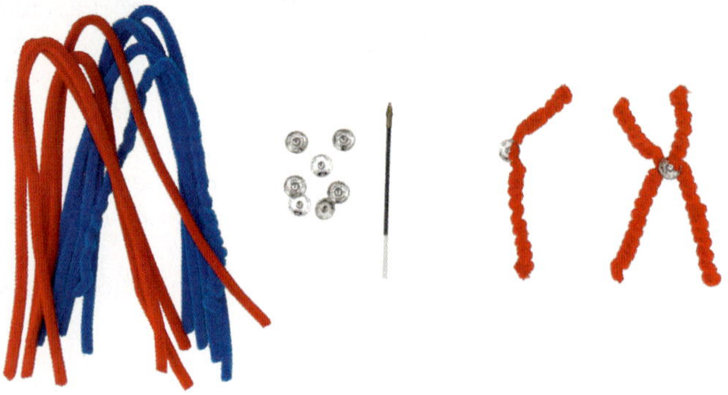

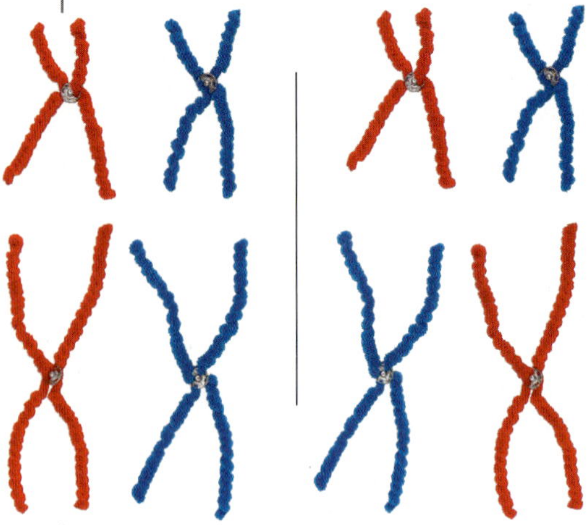

2. a) Baue entsprechend der Anleitung aus Aufgabe 1 und der Abbildung vier Chromosomenmodelle unterschiedlicher Größe und Farbe. Verdeutliche mithilfe der Modelle die Rekombination von Chromosomen und ermittle die Zahl möglicher Kombinationen.
b) Gib die Zahl möglicher Kombinationen mit drei, vier und 23 Chromosomenpaaren an.

3. Die Abbildung zeigt schematisch einen Vorgang, der bei der Meiose stattfinden kann. Man nennt ihn Crossing-over.
a) Beschreibe den Vorgang anhand der Abbildungen.
b) Erläutere die Auswirkungen des Crossing-overs.

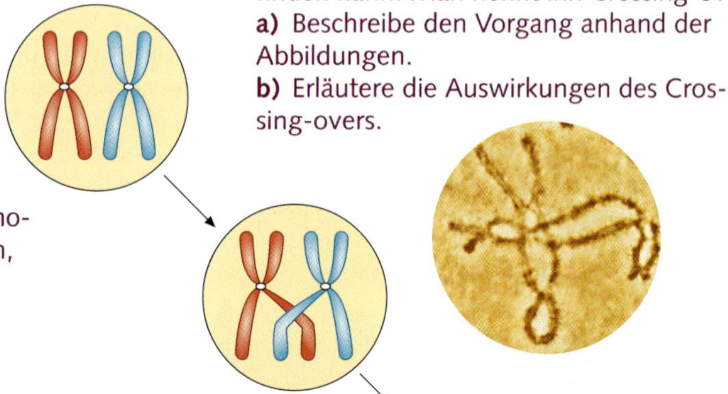

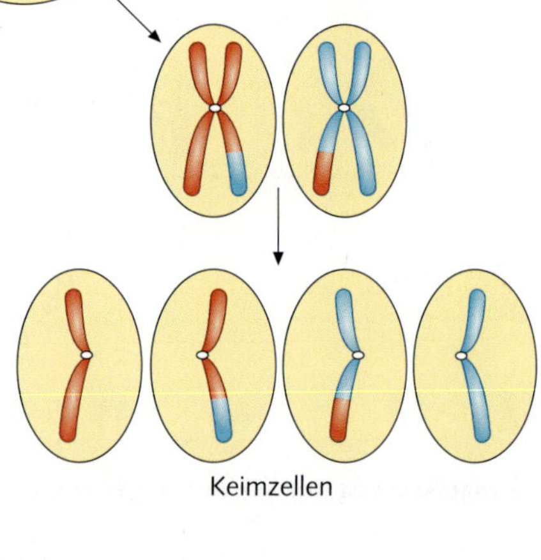

Keimzellen

4. Erkläre die Bedeutung folgender Begriffe: haploid, diploid, homologe Chromosomen, Keimzellen, Zygote, Rekombination, Befruchtung.

5. a) Benenne die in der lichtmikroskopischen Aufnahme gezeigte Phase der Meiose.
b) Erläutere mithilfe der Fachbegriffe, was hier passiert.

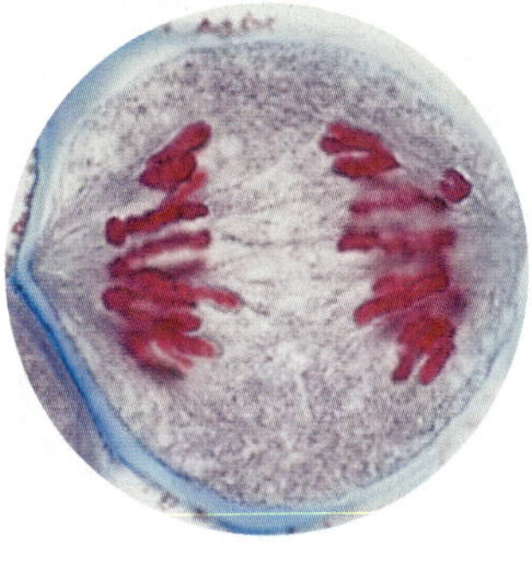

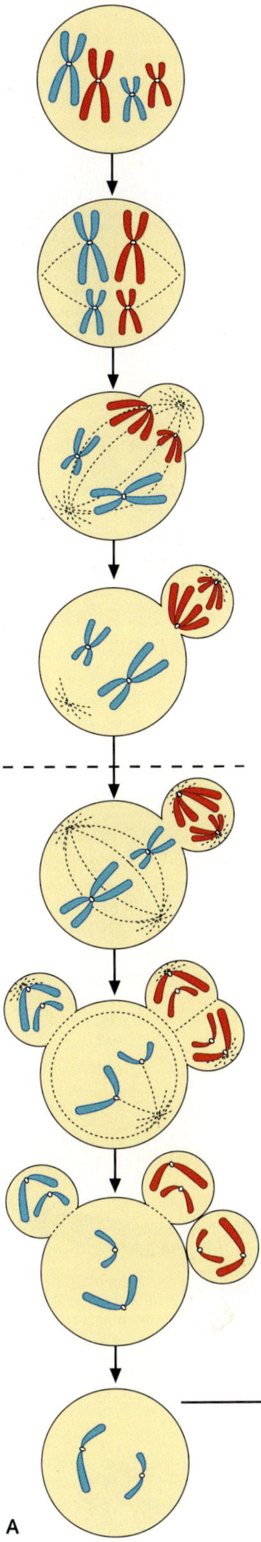

Die zur geschlechtlichen Fortpflanzung notwendigen ▸**Keimzellen** werden aus spezialisierten Zellen der Eierstöcke und Hoden gebildet. Der ▸diploide Chromosomensatz dieser Zellen muss dabei zum ▸haploiden Satz der Eizellen und Spermien vermindert werden. So wird sichergestellt, dass es von einer Generation zur nächsten Generation nicht zu einer Verdopplung der Chromosomenzahl kommt.

Meiose – Kernteilung bei der Keimzellbildung

Bei der Bildung der Keimzellen findet eine besondere Kernteilung statt, die Meiose. Sie lässt sich in zwei Abschnitte unterteilen:
Im Verlauf der **Meiose I** lagern sich die ▸homologen Chromosomen in der Prophase I paarweise nebeneinander. Man spricht von der Paarung der homologen Chromosomen. In den sich anschließenden Phasen, der Metaphase I und Anaphase I, werden die homologen Chromosomen dann getrennt und auf die Tochterzellen verteilt. Dabei ist es zufällig, in welche der beiden Zellen das ursprünglich von der Mutter oder das vom Vater stammende Chromosom gelangt. Da hierbei auch die Gene vermischt und neu kombiniert werden, spricht man auch von Neu- oder **Rekombination.** Am Ende der Telophase I liegen zwei Zellen mit jeweils haploidem Chromosomensatz vor.
Die sich anschließende **Meiose II** gleicht in ihrem Verlauf einer ▸Mitose. Die Chromatiden der Zwei-Chromatid-Chromosomen werden getrennt, sodass anschließend vier haploide Keimzellen entstehen, die jeweils Ein-Chromatid-Chromosomen enthalten.
Bei der folgenden **Befruchtung** verschmilzt ein Spermium mit der Eizelle. Die befruchtete Eizelle ist dann diploid.
Durch die zufällige Verteilung homologer Chromosomen während der Meiose und das zufällige Zusammentreffen von Ei- und Spermienzelle bei der Befruchtung werden Gene neu kombiniert. So entsteht eine große Vielfalt, die man als ▸**genetische Variabilität** bezeichnet.

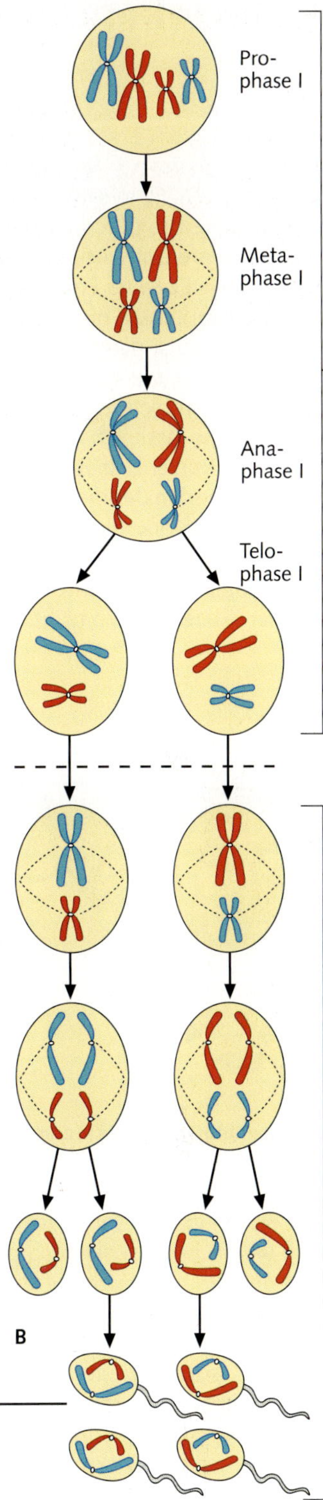

B

A

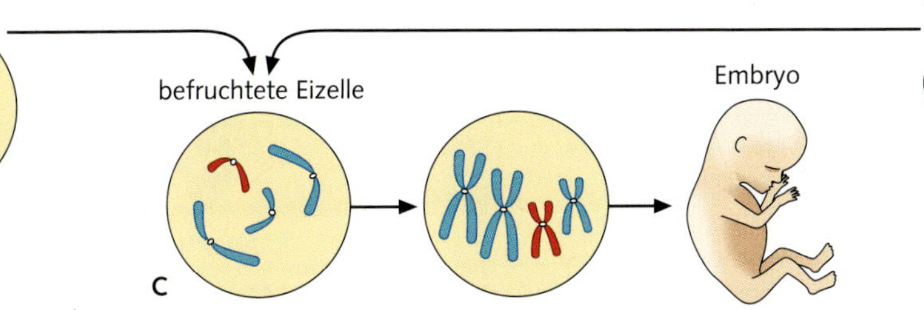

C

1 **Keimzellbildung. A** *bei der Frau;* **B** *beim Mann;* **C** *Befruchtung und Entwicklung*

Ein Mönch entdeckt die Gesetzmäßigkeiten der Vererbung

In der Mitte des 19. Jahrhunderts führte der Augustinermönch Johann Gregor MENDEL in seinem Klostergarten Kreuzungsexperimente mit der Gartenerbse durch. Er entdeckte dabei die grundlegenden Prinzipien der Vererbung und stellte allgemein gültige Vererbungsregeln auf. Dass MENDEL seine Entdeckungen machen konnte, bevor man die Meiose kannte, lag nicht zuletzt an seiner experimentellen Vorgehensweise: MENDEL plante seine Versuche sorgfältig, führte sie exakt durch und deutete die Beobachtungen auf geniale Weise. Bei der Wahl des Versuchsobjektes besaß MENDEL zudem eine glückliche Hand: Die Gartenerbse lässt sich einfach in großen Mengen anbauen und erzeugt innerhalb kurzer Zeit zahlreiche Samen als Nachkommen. Sie hat erbliche **Merkmale,** die stets in zwei klar zu unterscheidenden **Merkmalsformen** vorkommen. Beispielsweise tritt das Merkmal Blütenfarbe nur in den beiden Merkmalsformen einer weißen oder einer purpurfarbenen Blüte auf. Mischformen, wie etwa eine rosafarbene Blüte, treten bei der Erbsenpflanze nicht auf.

1 Johann Gregor MENDEL

2 Erbsenblüte und Früchte mit Samen

Die Blüten von Erbsenpflanzen enthalten männliche und weibliche Geschlechtsorgane. Gelangt Pollen von den Staubblättern auf den Fruchtknoten derselben Blüte, so findet **Selbstbestäubung** statt.

MENDEL sorgte wiederholt für Selbstbestäubung bei den Erbsenpflanzen mit einer bestimmten Merkmalsform und sortierte dabei solche mit unerwünschten Merkmalsformen aus. Auf diese Weise erhielt er Pflanzen, die für diese Merkmalsform **reinerbig** waren. Die beobachtete Form musste für viele Generationen die einzige auftretende Form sein. Eine Pflanze mit weißen Blüten ist beispielsweise reinerbig, wenn ihre Samen immer wieder Pflanzen mit weißer Blüte hervorbringen.

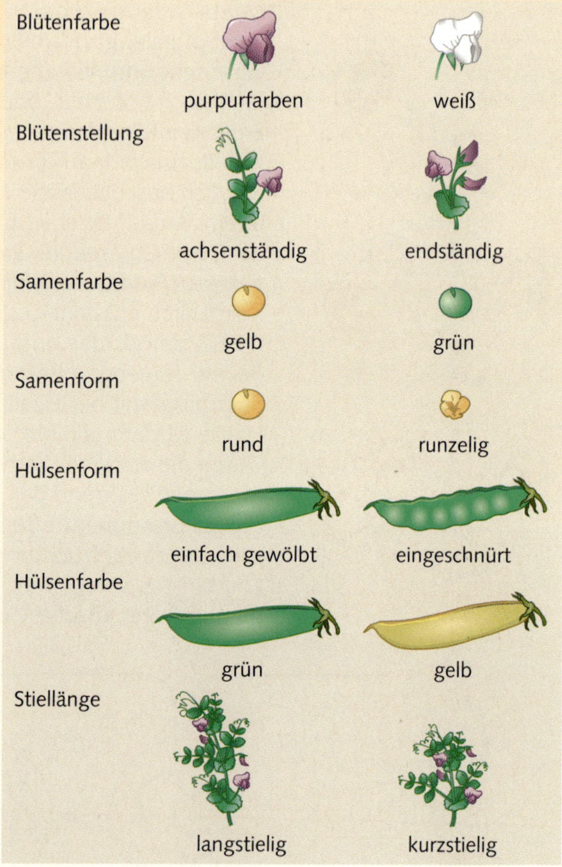

3 Merkmale und Merkmalsformen, die von MENDEL untersucht wurden

Mit den erhaltenen reinerbigen Pflanzen führte MENDEL dann Kreuzungsexperimente durch. Zum Beispiel kreuzte er eine Pflanze mit purpurfarbenen Blüten mit einer, die weiße Blüten besaß. Zuvor entfernte er die Staubgefäße der purpurfarbenen Blüte, um eine Selbstbestäubung zu verhindern. Bei der anschließenden **Fremdbestäubung** übertrug er mithilfe eines Pinsels den Pollen der weißen Blüte auf die Narbe der purpurfarbenen Blüte. Im Fruchtknoten entwickelten sich dann die Samen, aus denen sich nach dem Aussäen neue Erbsenpflanzen bildeten. Die Samen und die entstehenden neuen Pflanzen sind **mischerbige** Individuen oder **Hybriden.** Sie bildeten die erste Tochtergeneration, die man erste Filialgeneration **(F_1-Generation)** nennt. Die Pflanzen, die den Pollen lieferten und empfingen, waren die Eltern- oder Parentalgeneration **(P-Generation).** In weiteren Experimenten ließ MENDEL die F_1-Pflanzen sich selbst bestäuben und erhielt so die zweite Tochtergeneration **(F_2-Generation).**

MENDEL wiederholte seine Versuche viele Male und notierte exakt, welche Merkmalsform wie häufig in jeder Generation auftrat. Über einen Zeitraum von sieben Jahren kultivierte er etwa 28000 Erbsenpflanzen. Aus 355 Fremdbestäubungen mit unterschiedlichen Merkmalen zog er 12980 Pflanzenhybriden. Auf diese Weise erhielt er umfangreiches und gesichertes Zahlenmaterial. Zufällige Ergebnisse einzelner Kreuzungen, etwa infolge einer gestörten Fruchtbarkeit einzelner Pflanzen, konnten so das Gesamtergebnis nicht nachhaltig beeinflussen.
Die Kreuzungen und die dabei erhaltenen Zahlenwerte protokollierte er sorgfältig. Seine Experimente konnten so jederzeit von anderen Forschern wiederholt und überprüft werden.

4 MENDELs ehemalige Versuchsflächen im Kloster Brünn

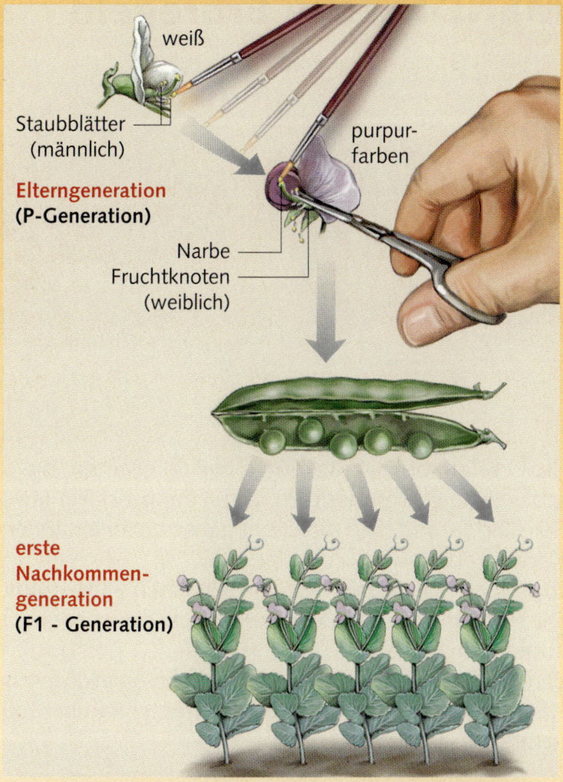

5 Fremdbestäubung bei der Erbse und anschließende Aussaat der Samen

1865 veröffentlichte MENDEL sein Werk: „Versuche über Pflanzenhybriden", in dem er seine Beobachtungen und Deutungen beschrieb. Bei der mathematischen Auswertung seiner Experimente waren ihm bestimmte Gesetzmäßigkeiten aufgefallen, die später als **MENDELsche Erbregeln** bezeichnet wurden.
MENDELS Werk wurde zunächst nicht beachtet und geriet in Vergessenheit. Erst um 1900 gelangten verschiedene Forscher unabhängig voneinander zu den gleichen Beobachtungen und Folgerungen wie MENDEL. Auch heute noch bilden die MENDELschen Regeln die Grundlagen der Genetik.

1. Erkläre den Unterschied zwischen einem Merkmal und einer Merkmalsform.

2. Erläutere, warum Erbsenpflanzen für Kreuzungsexperimente sehr gut geeignet sind.

3. Erkläre, warum MENDEL so viel Mühe auf die Züchtung reinerbiger Parentalgenerationen verwandte.

MENDELsche Erbregeln

1. a) Mische zwei Sätze von Spielkarten, die unterschiedliche Farben besitzen. Ziehe dann zufällig jeweils zwei Spielkarten und lege diese zu Paaren nebeneinander, bis alle Karten verteilt sind.
b) Notiere die Anzahl der verschiedenen Farbkombinationen. Die Kombinationen rot-blau und blau-rot werden dabei zusammengefasst.
c) Erkläre, wofür in diesem Modell die Spielkarten und die Kartenpaare stehen. Welche MENDELsche Regel soll hier veranschaulicht werden?

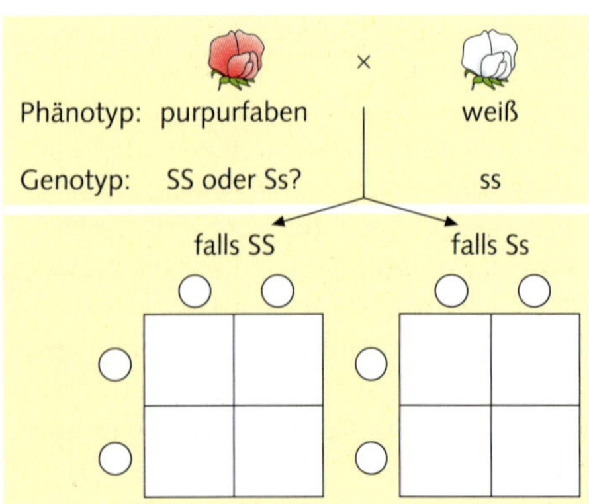

2. Der Genotyp einer Pflanze mit purpurfarbenen Blüten soll ermittelt werden. Dazu wird sie mit einer weiß blühenden Pflanze (Genotyp ss) gekreuzt.
a) Zeichne das oben stehende Schema in dein Biologieheft.
b) Vervollständige das Schema, indem du die Keimzellen der P-Generation und die Genotypen und Phänotypen der F_1-Generation für beide Möglichkeiten einträgst.
c) Erläutere, wie anhand der Kreuzungsergebnisse der unbekannte Genotyp ermittelt werden kann.

3. Erkläre die Bedeutung folgender Begriffe: Allel, Genotyp, Phänotyp, reinerbig, mischerbig, dominant, rezessiv.

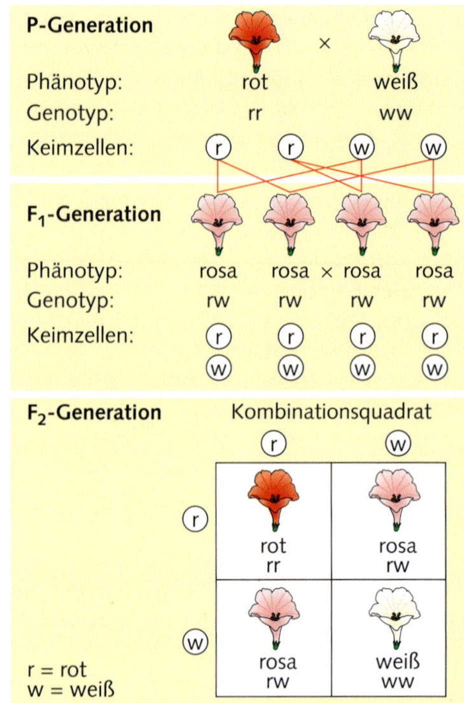

4. Die Abbildungen oben zeigen einen besonderen Erbgang der Blütenfarbe bei der Wunderblume.
a) Erläutere die Unterschiede zu einem ▶dominant-rezessiven Erbgang.
b) Prüfe, ob die MENDELschen Regeln auch bei diesem Erbgang gelten.

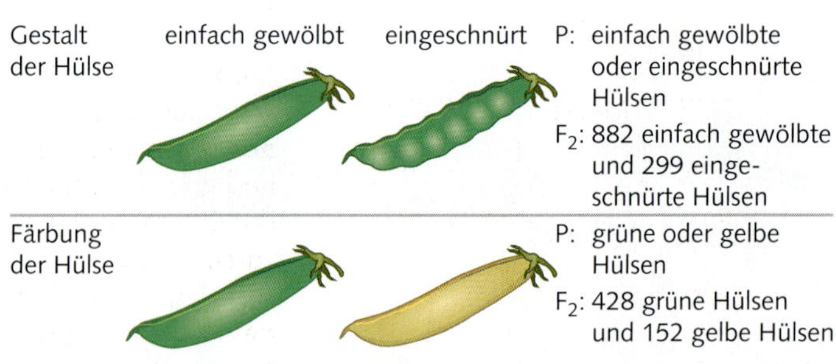

5. Ermittle anhand der oben stehenden Kreuzungsergebnisse für jede Merkmalsform, ob sie dominant oder rezessiv vererbt wird.

MENDELsche Erbregeln

MENDEL kreuzte reinerbige Elternpflanzen, die sich nur in dem Merkmal Blütenfarbe unterschieden. Dazu brachte er beispielsweise Pollen einer purpurfarbenen Blüte auf die Narben einer Pflanze mit weißen Blüten. Die daraus hervorgegangenen ►Hybriden der F_1-Generation besaßen ausschließlich purpurfarbene Blüten. Sie sahen also alle gleich aus. Aus den Ergebnissen dieser und ähnlicher Kreuzungen leitete er die **1. MENDELsche Erbregel** ab:
Kreuzt man die Individuen einer Art, die sich in einer Merkmalsform reinerbig unterscheiden, so sind die Nachkommen in der F_1-Generation untereinander gleich (Uniformitätsregel).

MENDEL kreuzte anschließend mischerbige Pflanzen der F_1-Generation miteinander. Die daraus hervorgehenden Samen säte er erneut aus, brachte sie zum Blühen und protokollierte folgendes Ergebnis: In der F_2-Generation traten 705 Pflanzen mit purpurfarbenen Blüten und 224 Pflanzen mit weißen Blüten auf. Dies entspricht ungefähr einem Zahlenverhältnis von 3:1. Aus diesen und ähnlichen Versuchen leitete er die **2. MENDELsche Erbregel** ab:
Kreuzt man die Hybriden der F_1-Generation untereinander, so treten in der F_2-Generation beide Merkmalsformen im Zahlenverhältnis 3 : 1 auf (Spaltungsregel).

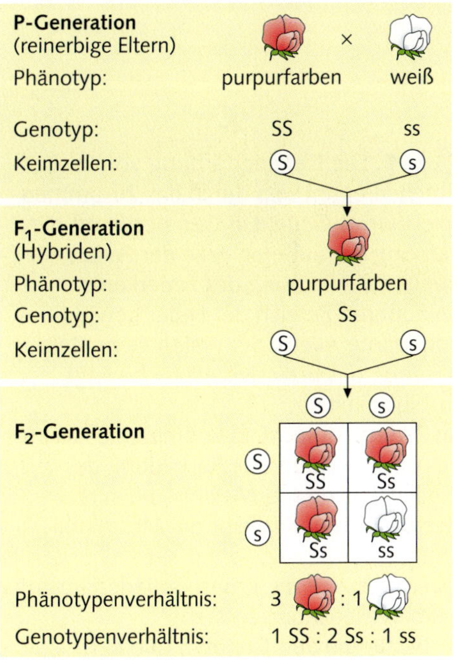

1 MENDELs Erbregeln und ihre Erklärung

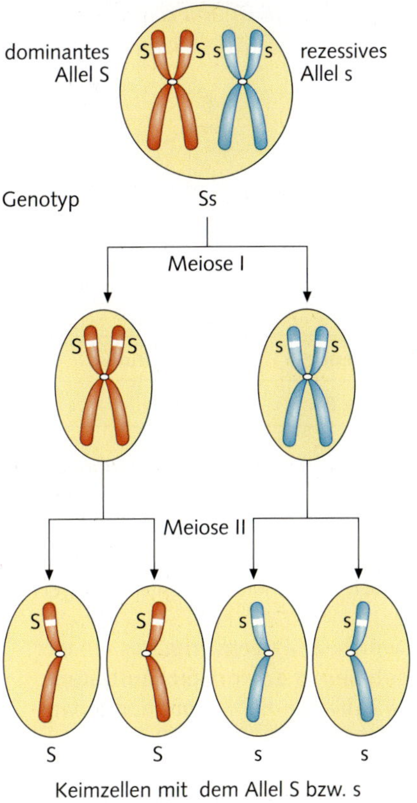

2 Allele werden im Verlauf der Meiose getrennt

Erklärung der MENDELschen Erbregeln

MENDEL nahm an, dass Pflanzen zwei Anlagen für die Bildung eines Merkmals besitzen. Wie wir heute wissen, handelt es sich hierbei um ►Gene, die auf homologen Chromosomen liegen. Das Gen, das für die Bildung der Blütenfarbe bei Erbsen verantwortlich ist, kommt in zwei unterschiedlichen Formen vor, einer für purpurfarbene Blüten und einer anderen für weiße Blüten. Diese unterschiedlichen Formen oder Versionen eines Gens nennt man **Allele.**
Die reinerbigen Eltern der P-Generation besitzen jeweils zwei identische Allele: SS bzw. ss. Sie bilden das Erbbild oder den **Genotyp** der Eltern. Der Genotyp führt zu einer bestimmten Merkmalsform und ergibt das äußere Erscheinungsbild, den **Phänotyp,** wie beispielsweise purpurfarbene Blüten.
Elterliche Allele werden im Verlauf der Keimzellenbildung getrennt und bei der Befruchtung neu zusammengeführt. Es entstehen mischerbige F_1-Pflanzen mit dem Genotyp Ss und dem Phänotyp purpurfarbener Blüten. Das Allel für purpurfarbene Blüten überdeckt also das Allel für weiße Blüten in seiner Wirkung, es ist **dominant.** Das Allel für weiße Blüten zeigt keine Wirkung, man nennt es **rezessiv.** Dominante Allele kennzeichnet man allgemein durch Großbuchstaben (hier: S), rezessive Allele durch den entsprechenden Kleinbuchstaben (s).
Aus den mischerbigen F_1-Pflanzen mit dem Genotyp Ss können Keimzellen mit dominanten S-Allelen oder rezessiven s-Allelen entstehen. Bei der Befruchtung sind nun unterschiedliche Kombinationen möglich: SS, sS, Ss oder ss. Das Genotypenverhältnis in der F_2-Generation ist also 1:2:1. Die drei Genotypen SS, Ss und sS führen zum Phänotyp der purpurfarbenen Blüten. Nur der Genotyp ss bringt weißblühende Pflanzen hervor. Auf diese Weise entsteht das beobachtete Phänotypenverhältnis von 3 : 1.

Erbanlagen können neu kombiniert werden

1. Die Gefiederfärbung von Wellensittichen ergibt sich durch das Zusammenspiel zweier Gene: Ein Gen bestimmt die Färbung der äußeren Teile der Feder, ein zweites die Färbung des Federkerns.
Im äußeren Bereich der Feder bewirkt das dominante Allel Y des ersten Gens Gelbfärbung, das rezessive Allel y bedingt Farblosigkeit.
Im Federkern führt das dominante Allel B des zweiten Gens zur Ausbildung des dunklen Farbstoffs Melanin, beim rezessiven Allel b unterbleibt die Melaninbildung.
a) Erkläre, wie die grüne Gefiederfärbung beim Wellensittich entsteht.
b) Bestimme den Genotyp und den Phänotyp der F_1- und der F_2-Generation einer Kreuzung zwischen reinerbig grünen und weißen Vögeln. Erstelle dazu Kombinationsquadrate.

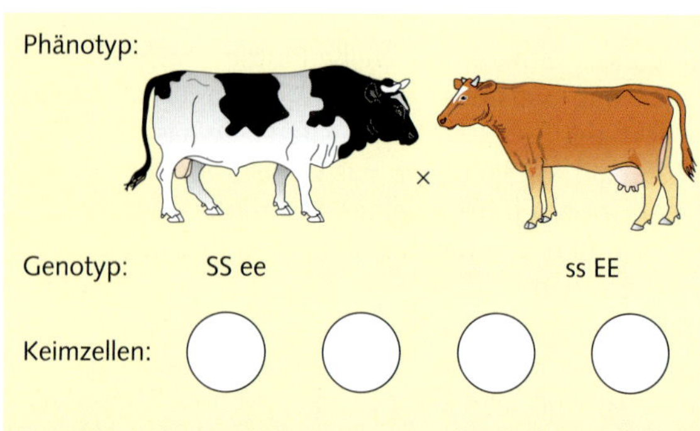

3. a) In einem Kreuzungsexperiment wurde die Vererbung der Fellfarbe (schwarz/ rotbraun, Symbole S bzw. s) und die der Fellmusterung (einfarbig/gescheckt, Symbole E bzw. e) bei Rindern untersucht. Erläutere, welches Allel des jeweiligen Gens dominant und welches rezessiv ist.
b) Ermittle mithilfe von Kombinationsquadraten die Genotypen und die Phänotypen der F_1- und der F_2-Generation.

2. Für ein Simulationsspiel der 3. MENDELschen Regel werden vier Münzen benötigt, z. B. zwei 1-Euro-Münzen und zwei 50-Cent-Münzen. Die Münzen werden jeweils aus niedriger Höhe auf den Tisch geworfen. Dabei soll die Zahl jeweils für ein dominantes Allel (A bzw. B) und das Wappen der Münze für das rezessive Allel (a bzw. b) stehen.

Insgesamt werden 48 Würfe durchgeführt und die Ergebnisse nach folgendem Muster notiert. Beispiel:

	Genotyp	Phänotyp
1. Wurf	Aa BB	A B
2. Wurf	aA bb	A b
...		

a) Erläutere, warum es sich bei diesem Spiel um einen Modellversuch zur 3. MENDELschen Regel handelt.
b) Ermittele, in welchem Zahlenverhältnis die vier möglichen Phänotypen in eurem Spiel auftreten. Vergleiche dieses Zahlenverhältnis mit dem erwarteten Zahlenverhältnis von 9 : 3 : 3 : 1. Begründe mögliche Abweichungen.
c) Tragt die Ergebnisse der Klasse zusammen und vergleicht erneut das erwartete Zahlenverhältnis mit dem ermittelten Ergebnis.

MENDEL untersuchte auch die Vererbung bei Erbsenpflanzen, die sich in zwei Merkmalen unterschieden. Als Merkmale wählte er die Samenfarbe und die Samenform, die jeweils in zwei Merkmalsformen vorkommen. Bei der Farbe sind dies gelbe oder grüne Samen, bei der Form runde oder runzlige Samen.
MENDEL wählte als Elterngeneration reinerbige Erbsenpflanzen mit gelben und runden Samen sowie Pflanzen mit runzligen und grünen Samen. Entsprechend der ▸Uniformitätsregel sahen die Hybriden der F_1-Generation gleichartig aus. Ihre Samen waren gelb und rund. Die Merkmalsformen runde Samen und gelbe Samen mussten also dominant sein.

Als MENDEL die Pflanzen der F_1-Generation untereinander kreuzte, erhielt er in der F_2-Generation 315 gelb-runde, 101 gelb-runzlige, 108 grün-runde und 32 grün-runzlige Samen. Es entstanden also Samen vier verschiedener Phänotypen, die ungefähr im Zahlenverhältnis 9 : 3 : 3 : 1 aufspalteten. Neben den Merkmalskombinationen, die schon in der P- und F_1-Generation zu beobachten waren, traten jetzt aber auch zwei völlig neue Phänotypen auf: gelb-runzelige und grün-runde Samen. Offensichtlich konnten die Merkmalsformen unabhängig voneinander neu kombiniert werden. Diese und ähnliche Kreuzungsexperimente führten zur
3. MENDELschen Erbregel:
Kreuzt man Individuen, die sich in mehreren Merkmalen reinerbig unterscheiden, so werden die einzelnen Merkmalsformen unabhängig voneinander vererbt (Unabhängigkeitsregel).

Die **Neukombination** von Merkmalsformen erklärt sich dadurch, dass die Gene beider Merkmale auf unterschiedlichen, nicht homologen Chromosomen liegen. Das heißt, befinden sich die Gene für die Samenfarbe auf einem Chromosomenpaar und die Gene für die Samenform auf einem anderen Chromosomenpaar, so werden sie im Verlauf der ▸Meiose neu kombiniert. Auf diese Weise können aus den F_1-Pflanzen mit dem Genotyp GgRr vier verschiedene Keimzellen gebildet werden: GR, gR, Gr und gr. Sie führen nach der Befruchtung zu 16 Genotypen, die die vier Phänotypen gelb-rund, gelb-runzlig, grün-rund und grün-runzlig im Zahlenverhältnis 9 : 3 : 3 : 1 hervorbringen.

In der Tier- und Pflanzenzucht spielt die Neukombination von Merkmalsformen eine wichtige Rolle. Entsprechend den Züchtungszielen lassen sich so durch ▸Kombinationszüchtung Eigenschaften neu zusammenführen.

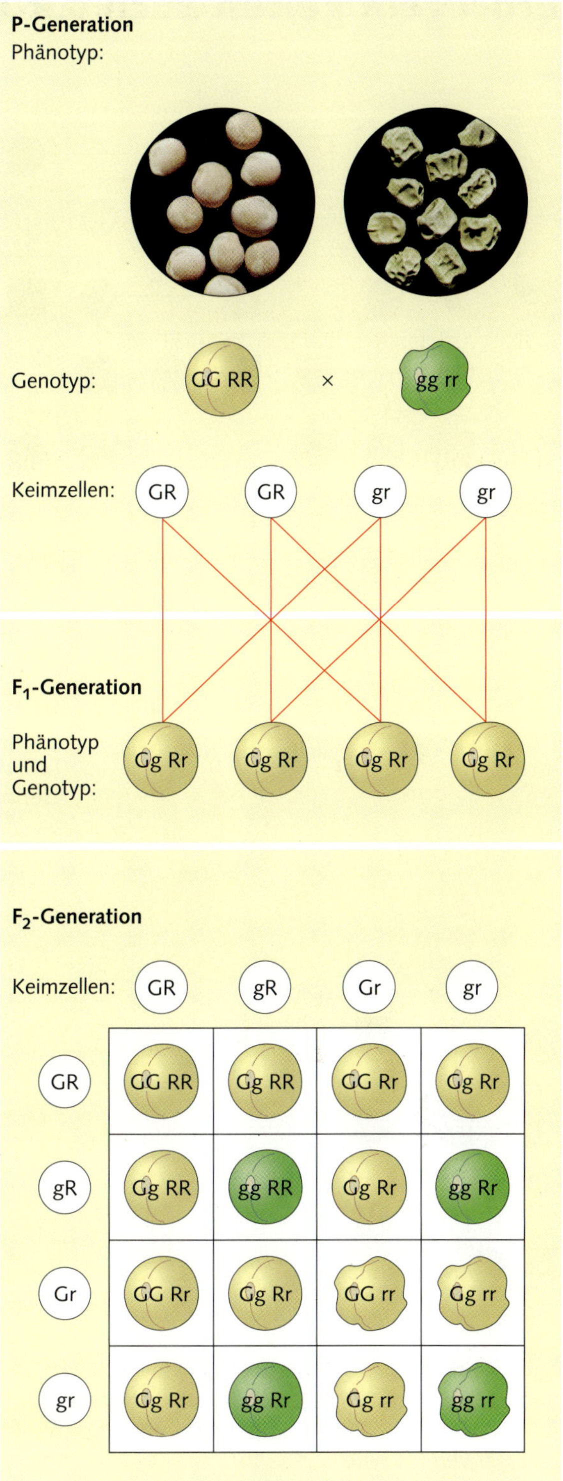

1 Erbgang mit zwei unterschiedlichen Merkmalen (R = rund, r = runzlig; G = gelb, g = grün)

Erbregeln gelten auch für den Menschen

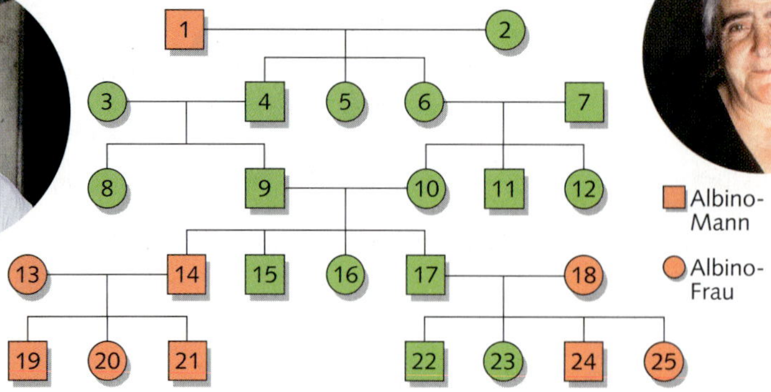

1. Beim Albinismus wird aufgrund eines Gendefekts der dunkle Farbstoff Melanin nicht gebildet. Albinos besitzen daher weiße Haare, eine sehr helle Haut und rötliche Augen. Sie sind sehr lichtempfindlich und müssen sich vor UV-Strahlung schützen.

a) Ermittle anhand des Stammbaums, ob Albinismus dominant oder rezessiv vererbt wird.

b) Ordne den Allelen die entsprechenden Groß- bzw. Kleinbuchstaben zu und gib die Genotypen sämtlicher Personen an.

2. In einer Familie mit zwei Kindern besitzen die Eltern die Blutgruppe A bzw. B. Gib die möglichen Genotypen der Eltern und die möglichen Genotypen und Phänotypen der Kinder an.

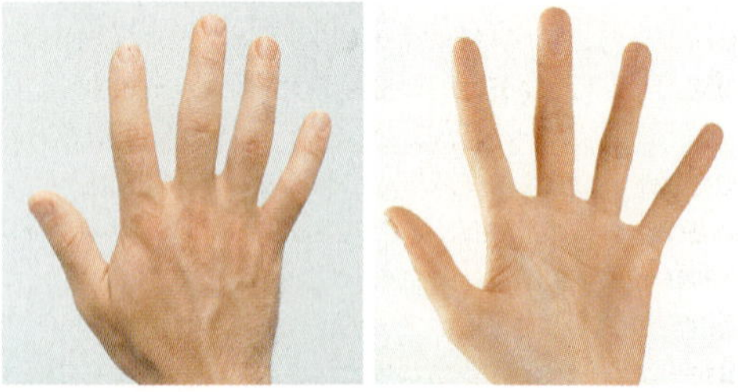

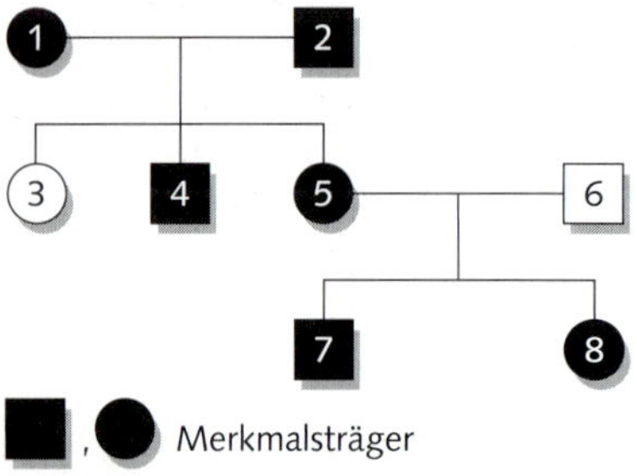

3. Auf einer Säuglingsstation wurden vier Kinder mit den Blutgruppen A, B, AB und 0 geboren. Die Blutgruppen der Eltern sind:
1. 0/0, 2. AB/0, 3. A/B, 4.B/B. Gib die möglichen Genotypen aller Personen an und ordne die vier Kinder begründet den jeweiligen Eltern zu.

4. a) Manche Menschen besitzen erblich bedingt verkürzte Finger. Ermittle anhand des Stammbaums, ob Kurzfingrigkeit dominant oder rezessiv vererbt wird.
b) Ordne den verschiedenen Allelen entsprechend Groß- bzw. Kleinbuchstaben zu und gib für alle Personen des Stammbaumes die Genotypen an.

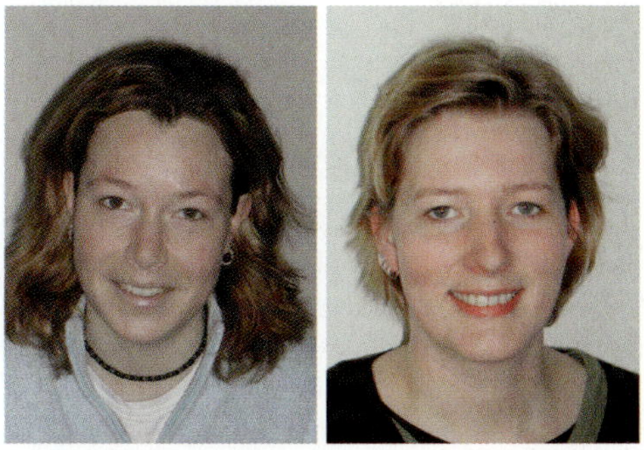

1 **Haaransatz. A** *Witwenspitz;* **B** *kein Witwenspitz*

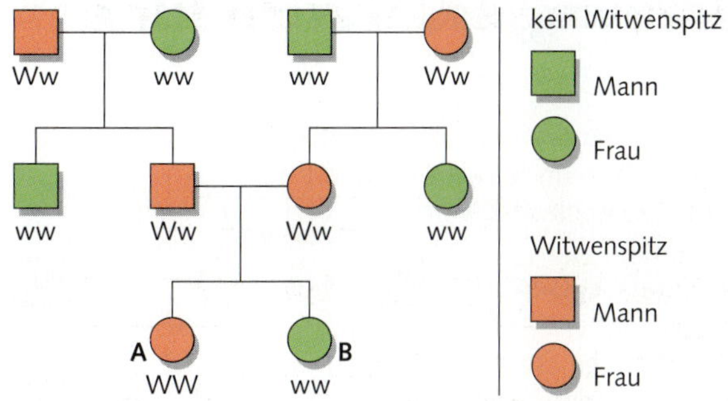

2 Stammbaum zur Vererbung des Witwenspitzes

Stammbaumanalyse

Viele Merkmale des Menschen wie die Haut- oder Haarfarbe werden nicht durch ein Gen bestimmt, sondern mehrere Gene sind gemeinsam für die Merkmalsform verantwortlich. In diesen Fällen lassen sich keine einfachen Erbgänge darstellen. Anders ist es bei Merkmalen, deren Ausprägung nur von einem Gen bestimmt wird. Ein Beispiel ist die Form des Haaransatzes. Dieser kann glatt oder dreieckig sein. Der dreieckige Haaransatz wird Witwenspitz genannt. Wie wird das Gen, das für die Ausprägung des Haaransatzes verantwortlich ist, vererbt? Beim Menschen können zur Klärung dieser Frage natürlich keine Kreuzungsversuche durchgeführt werden. Stattdessen kann man hier eine **Stammbaumanalyse** durchführen: Dabei verfolgt man das Auftreten einer Merkmalsform über mehrere Generationen und schließt dann vom Phänotyp zurück auf den Genotyp.
In dem Stammbaum zur Vererbung des Witwenspitzes erkennt man im unteren Abschnitt, dass die Eltern und deren Tochter A einen Witwenspitz haben, Tochter B jedoch nicht. Nimmt man an, dass das Allel für Witwenspitz dominant vererbt wird (Symbol W), lassen sich sämtlichen Personen des Stammbaumes bestimmte Genotypen zuordnen, ohne dass dabei Widersprüche auftreten. Bei rezessiver Vererbung wäre dies nicht möglich: Die Eltern mit Witwenspitz müssten dann den Genotyp ww besitzen und könnten nur Kinder mit Witwenspitz zeugen. Das Ergebnis der Stammbaumanalyse ist eindeutig: Der Witwenspitz wird dominant vererbt.

Blutgruppen

Auch die Blutgruppen des Menschen werden vererbt. Man unterscheidet hier vier verschiedene Phänotypen, die Blutgruppen A, AB, B und 0. Bei ihrer Vererbung zeigt sich eine Besonderheit:
Das entsprechende Gen liegt nicht in zwei, sondern in drei verschiedenen Allelen vor, die man als A, B und 0 bezeichnet. Jeder Mensch besitzt stets zwei dieser drei Allele. Die Allelkombination AA führt beispielsweise zur Blutgruppe A. Da die Allele A und B dominant über das rezessive Allel 0 sind, ergeben die Kombinationen A0 oder B0 die Blutgruppen A bzw. B. Bei der Allelkombination AB entsteht die Blutgruppe AB. In diesem Fall wirken beide Allele dominant, man spricht von **Kodominanz.**

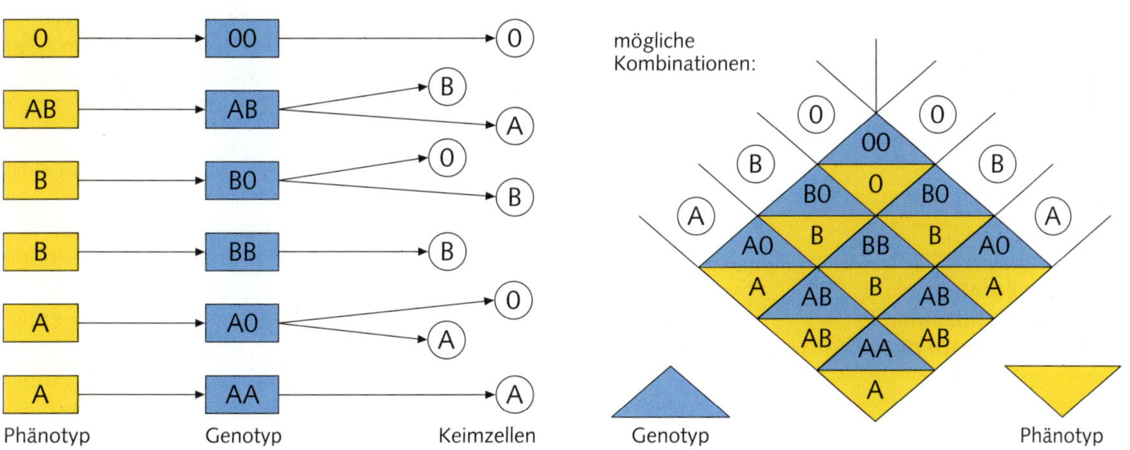

3 Vererbung der Blutgruppen

Vererbung des Geschlechts

1. a) Erläutere das Schema in Abbildung 3 und begründe, warum man bei der Geburt ein Geschlechterverhältnis von 1 : 1 erwarten kann.
b) Berechne das Geschlechterverhältnis für jedes in der Tabelle angegebene Jahr.
c) Vergleiche die Ergebnisse von a) und b) miteinander und versuche, mögliche Abweichungen zu erklären.

Jahr	Zahl der Geburten	Mädchen	Jungen
1965	1044328	507398	536930
1979	581984	283809	298175
1980	620657	302177	318480
1981	624557	303924	320633
1982	612179	301880	319293
1990	905675	440296	465379
1991	830019	403921	426098
1992	809114	394307	414807

Zahl der zwischen 1965 und 1992 in Deutschland geborenen Mädchen und Jungen

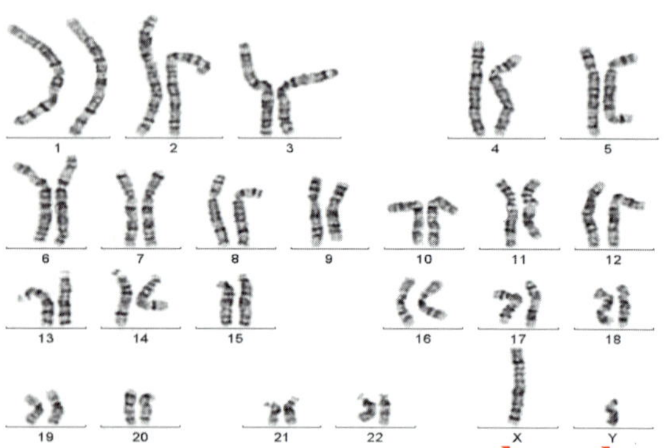

1 Karyogramm eines Mannes

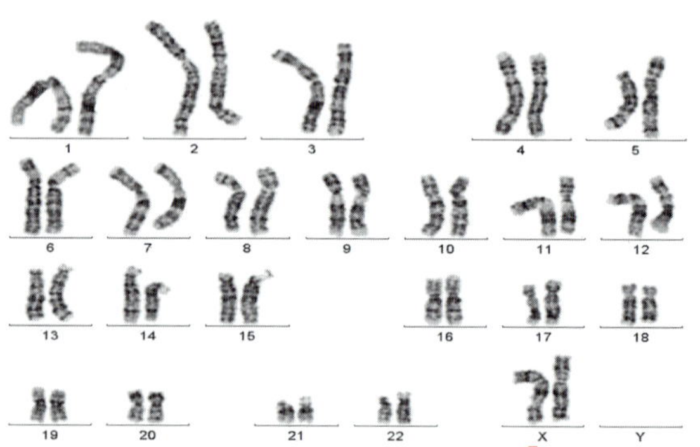

2 Karyogramm einer Frau

Vergleicht man das Karyogramm eines Mannes mit dem einer Frau, so fällt ein wesentlicher Unterschied auf: Der Mann besitzt ein ungleiches Chromosomenpaar mit einem kleineren, so genannten Y-Chromosom und einem größeren Chromosom, dem X-Chromosom. Im Gegensatz dazu kommt bei der Frau das X-Chromosom doppelt vor. Da diese Chromosomen das Geschlecht des Menschen bestimmen, werden sie als **Geschlechtschromosomen** bezeichnet. Im Verlauf der ▸Meiose werden beide Geschlechtschromosomen und die übrigen 44 Chromosomen getrennt.

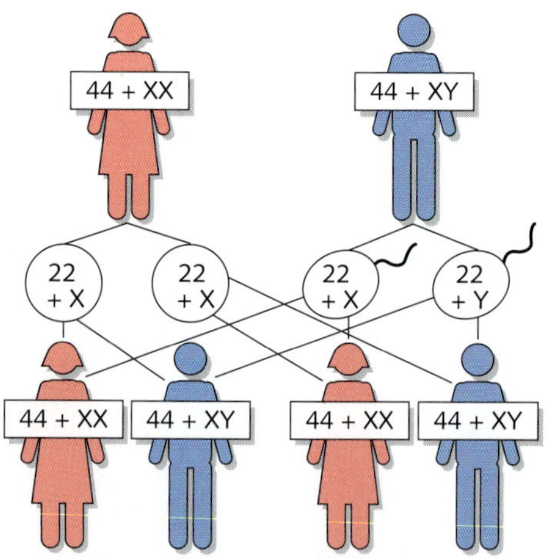

3 Vererbung des Geschlechts

Bei der Frau entstehen so Eizellen mit einem X-Chromosom und den anderen 22 Chromosomen. Beim Mann bilden sich Spermien, die neben den 22 Chromosomen entweder ein X-Chromosom oder ein Y-Chromosom enthalten.

Die Entscheidung über das Geschlecht des Kindes hängt dann vom Zufall ab: Gelingt es einem Spermium mit X-Chromosom, die Eizelle zu befruchten, entsteht ein Mädchen. Ein Spermium mit Y-Chromosom führt nach der Befruchtung zu einem Jungen.

Geschlechtsgebundene Vererbung

1. a) Welche Hinweise liefert der Stammbaum in Abbildung 1 für eine rezessive, geschlechtsgebundene Vererbung der Bluterkrankheit?
b) Erkläre den Begriff Überträgerin.
c) Überlege, ob es auch bluterkranke Frauen geben kann.
d) Entwickle eine Vermutung, warum die Bluterkrankheit gehäuft in Adelsfamilien auftrat.

2. Die Rot-Grün-Sehschwäche ist erblich. Betroffene erkennen beispielsweise an einer Ampel statt der Farben Rot und Grün nur einen grauen Farbton.
Recherchiert im Internet Farbsehtests und überprüft euer Farbsehvermögen.

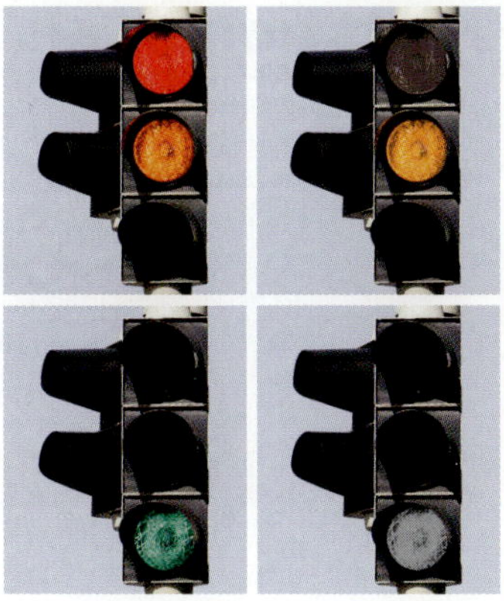

3. In dem folgenden Text aus dem Jahr 1777 berichtet MR. SCOTT einem Freund über die Rot-Grün-Sehschwäche in seiner Familie:
„Es ist ein altes Familienleiden: mein Vater hat genau dieselbe Anomalie; meine Mutter und eine meiner Schwestern konnten alle Farben fehlerfrei sehen, meine andere Schwester und ich sind in der gleichen Weise unvollkommen; diese letzte Schwester hat zwei Söhne, beide betroffen, aber sie hat eine Tochter, die ganz normal ist; ich habe einen Sohn und eine Tochter, und beide sehen alle Farben ohne Ausnahme; so ging es auch meiner Frau; meiner Mutter Bruder hatte denselben Fehler wie ich, obgleich meine Mutter, wie schon erwähnt, alle Farben gut erkannte."

a) Erstelle einen Stammbaum für MR. SCOTTs Familie.
b) Ermittle den Erbgang der Rot-Grün-Sehschwäche.
c) Bestimme sämtliche Genotypen des Stammbaums.

Bluterkrankheit

In europäischen Adelshäusern findet man gehäuft eine sonst recht seltene ▸ Erbkrankheit, die **Bluterkrankheit.** Bei Betroffenen ist die Blutgerinnung gestört, sodass bereits harmlose Verletzungen lebensbedrohend sein können. Von der Bluterkrankheit sind im nebenstehenden Stammbaum ausschließlich Männer betroffen. Dies lässt einen Zusammenhang zwischen der Krankheit und den Geschlechtschromosomen vermuten. Tatsächlich weiß man heute, dass ein Gen auf dem X-Chromosom für die Blutgerinnung verantwortlich ist und dass die Bluterkrankheit rezessiv vererbt wird (Symbol X^a). Männer besitzen nur ein X-Chromosom. Das wesentlich kleinere Y-Chromosom hat den Bereich, auf dem bei X-Chromosomen das Gen für Blutgerinnung liegt, nicht. Das rezessive Allel a führt folglich bei ihnen stets zur Bluterkrankheit.

Bei Männern kann man daher nur zwischen Blutern (Genotyp X^aY) und Gesunden (Genotyp X^AY) unterscheiden. Bei Frauen findet man auch mischerbige Genotypen X^AX^a. Diese Frauen sind gesund, können aber das Allel a auf ihre Kinder übertragen. Man bezeichnet sie daher als Überträgerinnen. Die Bluterkrankheit ist ein Beispiel für einen geschlechtsgebundenen oder **X-chromosomalen** Erbgang.
Ebenfalls X-chromosomal wird die **Rot-Grün-Sehschwäche** vererbt.

B

A

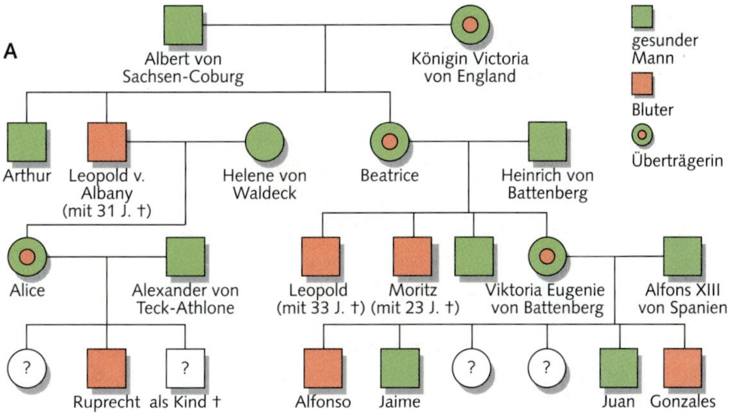

1 Bluterkrankheit. A *Stammbaum der Bluterkrankheit im europäischen Adel;* **B** *Königin VICTORIA von England*

Mutationen als Ursache für Krankheiten

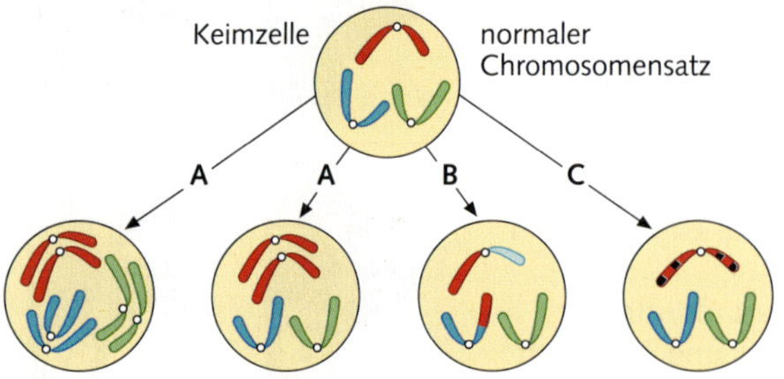

1. Ordne den Zellen A bis C den jeweiligen Mutationstyp zu und begründe deine Zuordnung.

2. a) Erkläre, wie es zur Sichelzellenanämie kommt, und begründe, warum diese Krankheit gehäuft in Afrika auftritt.
b) Nimm Stellung zu der Aussage: „Mutationen sind stets schädlich".

3. a) Verdeutliche, wie bei Genmutationen die Erbinformation verändert wird. Streiche dazu beispielsweise aus der Basenabfolge … GAC GAC GAC … eine Base. Ordne dann neu zu ▸ Tripletts an.
b) Verfahre ähnlich mit dem Text:
WAS HAT DIE DNA MIT MIR VOR?
c) Welche Folgen kann das Fehlen einer Base in der DNA haben?

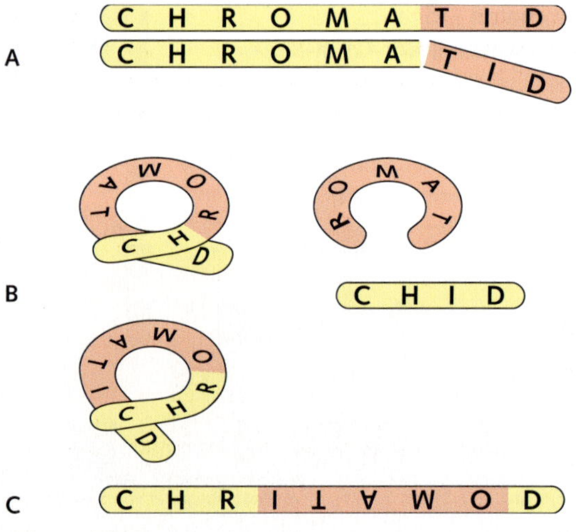

4. Die Abbildungen A bis C zeigen schematisch mögliche Chromosomenmutationen. Beschreibe die Abbildungen und erläutere, wie sich die Information der DNA dabei ändert.

5. a) In seltenen Fällen werden in der Meiose I die Chromosomen des Paares 21 nicht getrennt. Beschreibe die in der Abbildung gezeigten Vorgänge und erläutere die Konsequenzen dieser Nichttrennung.
b) Zeichne ein vergleichbares Schema, bei dem in der Meiose II die Schwesterchromatiden von Chromosom 21 nicht getrennt werden und erläutere auch hier die Konsequenzen.

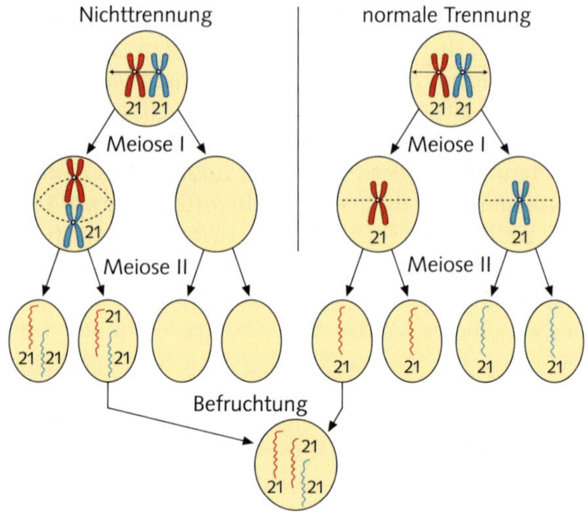

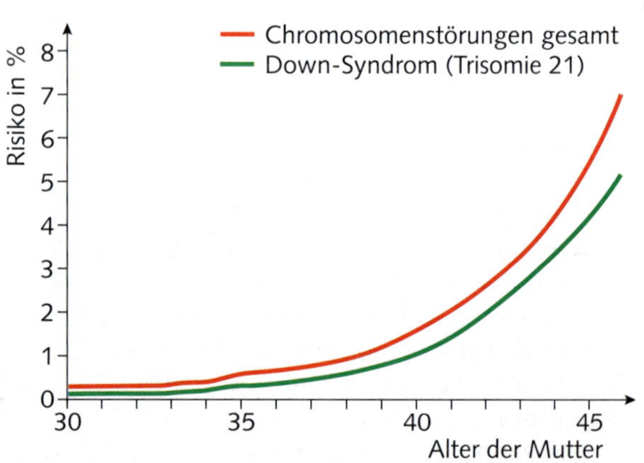

6. 1990 waren nur 5 Prozent der gebärenden Mütter älter als 35 Jahre, 2005 waren es bereits 16 Prozent. Erläutere mithilfe der Grafik die Problematik, die sich daraus ergibt.

Sichelzellenanämie – Folge einer Genmutation

Eine besonders in Afrika häufig auftretende Erbkrankheit ist die **Sichelzellenanämie.** Der Name dieser Krankheit rührt von der Sichelform der roten Blutkörperchen her, die im Blut Erkrankter auftreten.
Ursache der Sichelzellenanämie ist der Austausch einer Base in dem Gen, das die Information für die Bildung des roten Blutfarbstoffes Hämoglobin enthält. Hämoglobin ist Bestandteil der roten Blutkörperchen und dort für den Sauerstofftransport verantwortlich. Als Folge der ▸Genmutation wird ein verändertes Hämoglobin-Protein gebildet, das dann zu den sichelförmigen Blutkörperchen führt.
Die Schwere der Erkrankung hängt vom jeweiligen Genotyp ab: Bei reinerbigen Merkmalsträgern sind sämtliche roten Blutkörperchen verändert. Diese Blutkörperchen können Sauerstoff schlechter transportieren. Betroffene zeigen daher eine geringere körperliche Leistungsfähigkeit. Da die Zellen zudem häufiger zerbrechen, leiden Erkrankte auch an Blutarmut. Die Lebenserwartung ist deshalb deutlich vermindert. Mischerbige zeigen fast keine Symptome, da hier nur wenige der Blutkörperchen deformiert sind. Die Genmutation verleiht jedoch reinerbigen und mischerbigen Menschen eine besondere Eigenschaft: sie sind resistent gegen Malaria, was in vielen Gebieten Afrikas von Vorteil ist.

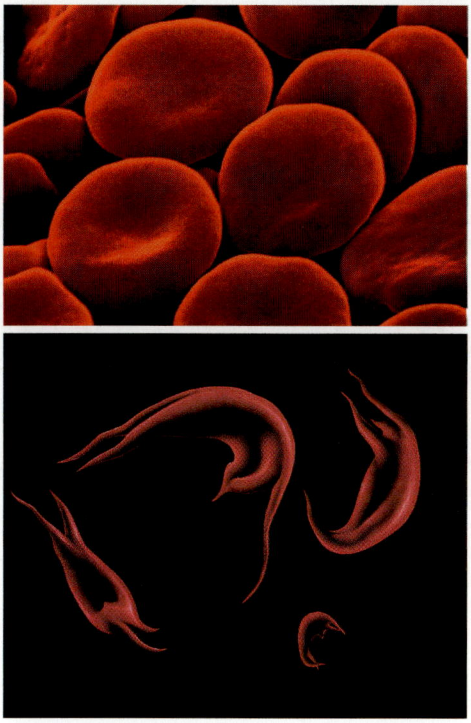

1 Rote Blutkörperchen. A *normal entwickelt;* **B** *bei Sichellzellenanämie*

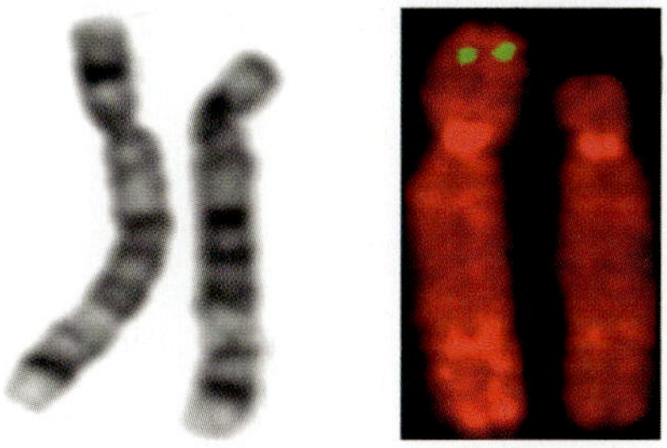

2 Verändertes Chromosom (rechts) beim Katzenschrei-Syndrom

Katzenschrei-Syndrom – Folge einer Chromosomenmutation

Eine menschliche Erbkrankheit ist das **Katzenschrei-Syndrom.** Die betroffenen Säuglinge schreien wie junge Katzen. Verantwortlich hierfür ist eine Missbildung des Kehlkopfes. Weitere Symptome des Katzenschrei-Syndroms sind Wachstumsstörungen und eine verringerte geistige Entwicklung. Ursache ist der Verlust eines aus mehreren Genen bestehenden Abschnittes von Chromosom 5. Beim Katzenschrei-Syndrom liegt demnach eine ▸Chromosomenmutation vor. Die Mutation ist sehr selten und tritt einmal bei 50 000 Geburten auf.

Trisomie 21 – Folge einer Genommutation

Die bei Neugeborenen häufigste Chromosomenveränderung ist die **Trisomie 21.** Das Chromosom 21 liegt in diesem Fall nicht wie üblich doppelt, sondern dreifach vor. Bei der Trisomie 21 handelt es sich folglich um eine ▸Genommutation. Nach seinem Entdecker wird das Krankheitsbild auch als **DOWN-Syndrom** bezeichnet. Äußere Merkmale dieses Syndroms sind eine geringe Körpergröße, die rundliche Kopfform sowie eine schmale Lidfalte der Augen. Daneben kommt es auch zur Fehlentwicklung innerer Organe. Die mit der Krankheit verbundene Verringerung geistiger Fähigkeiten kann durch frühe und intensive pädagogische Betreuung abgeschwächt werden.
Das Risiko, ein Kind mit DOWN-Syndrom zu gebären, wächst mit steigendem Alter der Mutter deutlich an.

3 Mädchen mit DOWN-Syndrom

Genetische Beratung

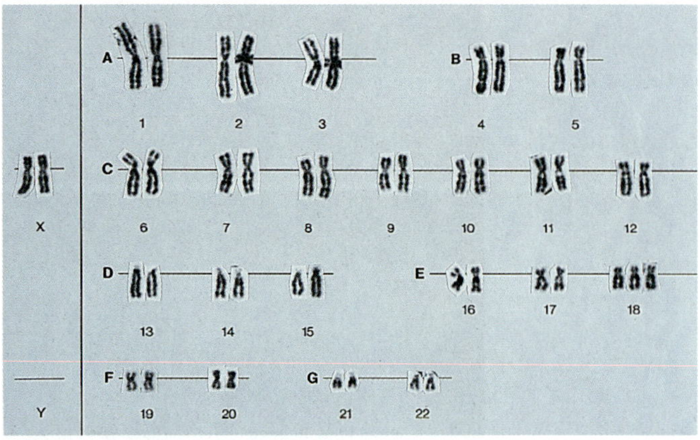

1. a) In einer genetischen Beratungsstelle wird das links stehende Karyogramm erstellt. Ermittle das Geschlecht und die hier vorliegende Mutation.
b) Erkläre, wie die Mutation entstanden sein kann.

2. Recherchiere im Internet, welche Erbkrankheit in Aufgabe 1 vorliegt und welche typischen Symptome auftreten.

3. Ein junges Paar mit zwei Kindern sucht eine genetische Beratungsstelle auf. Bei Verwandten des Mannes ist die unheilbare Nervenkrankheit Chorea Huntington aufgetreten. Erste Anzeichen dieser Krankheit treten mit 35 bis 40 Jahren auf. Chorea Huntington nimmt immer einen schweren Verlauf und führt im Durchschnitt 15 Jahre nach den ersten Anzeichen zum Tod. Durch einen Gentest kann die dominant vererbte Krankheit nachgewiesen werden.

a) Erläutere, in welchem ▸ Dilemma sich der Mann vor einem möglichen Gentest befindet.
b) Angenommen, der Gentest hätte erbracht, dass der Mann mischerbig für Chorea Huntington ist. Wie groß ist dann die Wahrscheinlichkeit, dass auch die Kinder erkranken?

4. Personen, die reinerbig für die Erbkrankheit Phenylketonurie (PKU) sind, können ein bestimmtes ▸ Enzym nicht bilden. Dadurch kann Phenylalanin nicht mehr zu Tyrosin umwandelt werden. Phenylalanin reichert sich im Blut an und führt so zu schweren geistigen Entwicklungsstörungen. Personen, die mischerbig für PKU sind, bilden die Hälfte der Enzyme und zeigen keine Krankheitssymptome. Mithilfe eines biochemischen Tests lassen sich die unterschiedlichen Genotypen der PKU ermitteln. Dazu wird verschiedenen Personengruppen eine gleiche Menge an Phenylalanin verabreicht und später die Tyrosinmenge im Blut bestimmt.

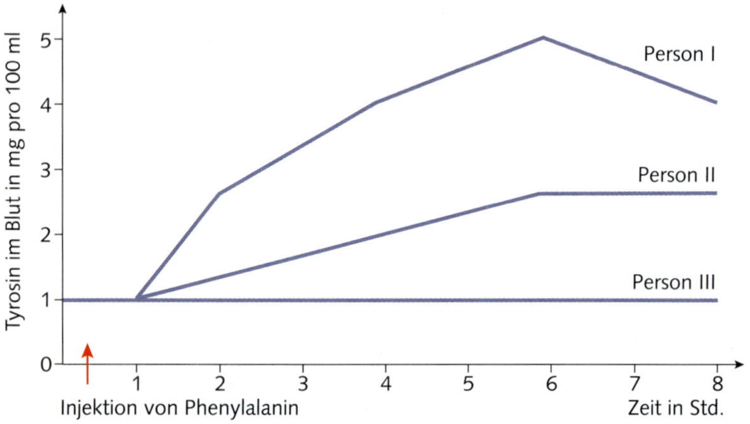

a) Ordne die Kurvenverläufe der Personen I-III folgenden Genotypen zu: reinerbig gesund, mischerbig, reinerbig erkrankt. Begründe deine Entscheidung.
b) Welchen Rat würdest du einem Paar geben, bei dem ein Partner das Testergebnis von Person I und der andere das von Person II hätte?

Paare mit Kinderwunsch können eine **genetische Beratungsstelle** aufsuchen, um sich hier über das Risiko einer genetischen Erkrankung des Kindes zu informieren. Dies ist beispielsweise dann sinnvoll, wenn innerhalb der Verwandtschaft eines Partners bestimmte Krankheiten gehäuft auftreten oder wenn gesunde Eltern bereits ein Kind mit einer genetisch bedingten Behinderung haben. Ein höheres Alter des Paares oder schädigende Umwelteinflüsse während einer bestehenden Schwangerschaft sind weitere Gründe für ein Beratungsgespräch.
Die Ratsuchenden werden zunächst eingehend über die Krankheit informiert. Es folgen verschiedene Untersuchungsmethoden: Zunächst wird ein Familienstammbaum erstellt. Mithilfe der ▸**Stammbaumanalyse** kann dann das Wiederholungsrisiko für eine Erbkrankheit berechnet werden. In manchen Fällen lassen sich erblich bedingte Stoffwechselstörungen der künftigen Eltern auch mithilfe **biochemischer Methoden** nachweisen. Daneben erlauben ▸**Karyogramme** der Eltern Aussagen zu möglichen Chromosomen- oder Genommutationen.

1 Beratungsgespräch

Mit ▸**Gendiagnosen** lassen sich einige Gendefekte direkt nachweisen. Das Ergebnis der Untersuchungen kann die Ratsuchenden in bestimmten Fällen vor große Probleme stellen: Sollen sie sich beispielsweise für oder gegen ein Kind aussprechen, wenn die Wahrscheinlichkeit für eine schwere Behinderung bei 25 % liegt?
Traut sich das Paar ein Leben mit einem behinderten Kind zu, oder fühlen sie sich dieser Aufgabe nicht gewachsen?
Bei den Antworten auf diese Fragen kann eine genetische Beratung nur Informationen liefern, beispielsweise wie sich eine genetische Erkrankung entwickeln könnte. Sie kann daneben über die Möglichkeiten und Risiken ▸vorgeburtlicher Untersuchungen informieren. Die letztliche Entscheidung muss aber allein von den Ratsuchenden getroffen werden.

„Erbgesundheitspflege“ im Nationalsozialismus

Streifzug

Am 14.7.1933 beschloss die Reichsregierung unter Adolf HITLER das „Gesetz zur Verhütung erbkranken Nachwuchses“. Es zielte darauf ab, durch Unfruchtbarmachung (Sterilisation) erbkranker Menschen der Zunahme „ungünstiger“ Erbanlagen entgegenzuwirken. Als „erbkrank“ im Sinne des Gesetzes wurden u. a. angesehen: angeborener Schwachsinn, Schizophrenie, manisch-depressives Irresein, erbliche Fallsucht (Epilepsie), erbliche Blindheit und Taubheit, schwere körperliche Missbildungen.
Nach dem Gesetz konnte die Sterilisation gegen den Willen der Betroffenen durchgeführt werden. Ab 1933 begann man mit der Zwangsverwahrung, Zwangsarbeit und Zwangssterilisation. Allein zwischen 1934 und 1936 wurden rund 167 000 Menschen sterilisiert. Mit Erlass vom 1. 9. 1939 ermächtigte HILTER die Ärzte, unheilbar Kranken den „Gnadentod“ zu gewähren. Daraufhin wurden mehrere tausend Kranke, viele davon Kinder, in Tötungsanstalten ermordet.

2 Nationalsozialistisches Propagandaplakat

1. Erläutere, was mit dem abgebildeten Plakat bezweckt werden sollte. Nimm Stellung.

2. Vergleiche die „Erbgesundheitspflege“ im Nationalsozialismus mit der genetischen Beratung heute.

Heile Welt durch Gentherapie?

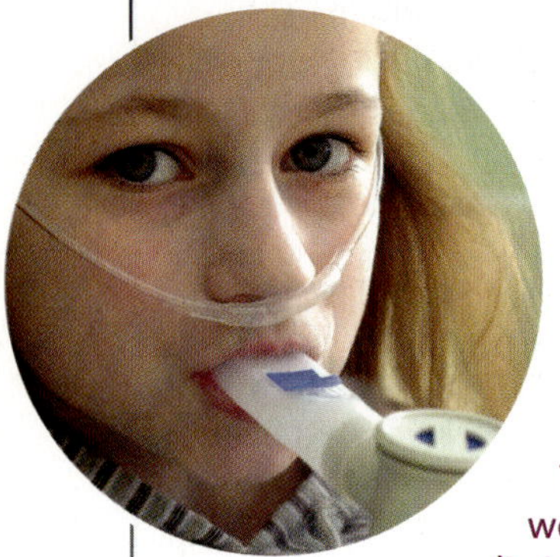

1. a) Recherchiere die Therapien, die normalerweise bei Mukoviszidose angewendet werden.
b) Welche der Therapien hilft gegen welches der Symptome, die in der Abbildung rechts beschrieben sind?

2. Wie unterscheidet sich die somatische Gentherapie von den gängigen Therapien?

3. Die Lebenserwartung und die Erwartungen an das Leben von Mukoviszidosekranken haben sich verändert. Recherchiere im Internet z. B. unter www. muko.info/index.html oder gib die Suchbegriffe „Mukoviszidose“ und „Erfahrungsberichte“ in eine Internet-Suchmaschine ein.

4. Manche Forscher glauben, dass man in Zukunft Krankheiten wie Mukoviszidose mit einer so genannten Keimbahntherapie behandeln kann.
a) Finde mithilfe des Internets heraus, was man unter einer Keimbahntherapie versteht.
b) Welche ethischen Bedenken und rechtliche Vorschriften gibt es gegenüber der Keimbahntherapie?

5. Die mit 70 % häufigste Ursache für Mukoviszidose ist in der rechten Abbildung dargestellt.
a) Um welche Mutationsart handelt es sich? Begründe.
b) Notiere den verbleibenden DNA-Ausschnitt und nenne die Veränderungen, die sich im Rahmen der ▸Proteinbiosynthese daraus ergeben.

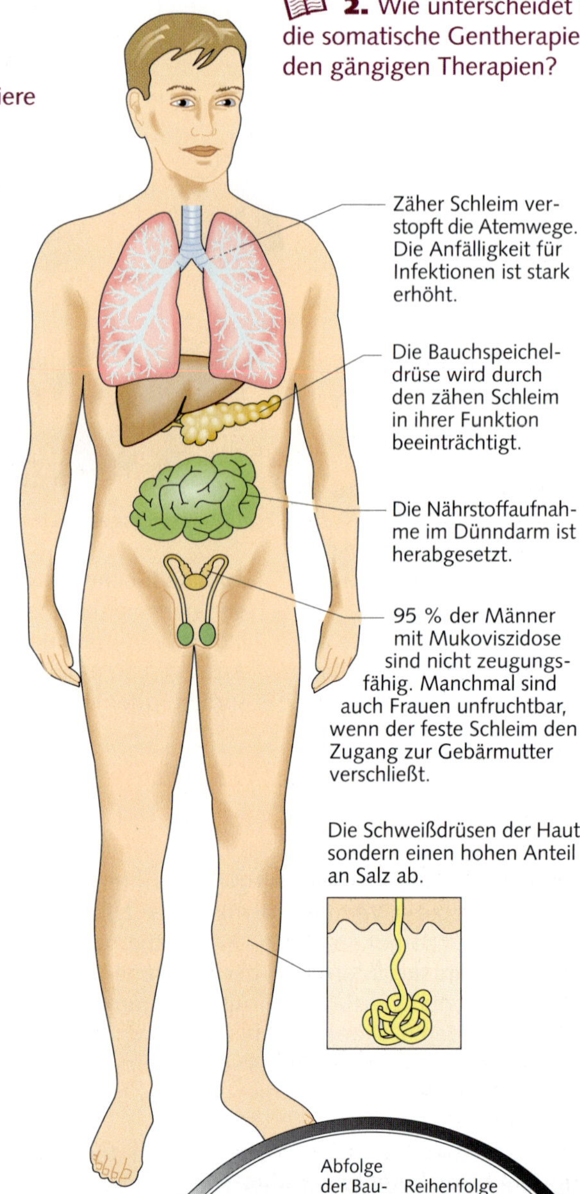

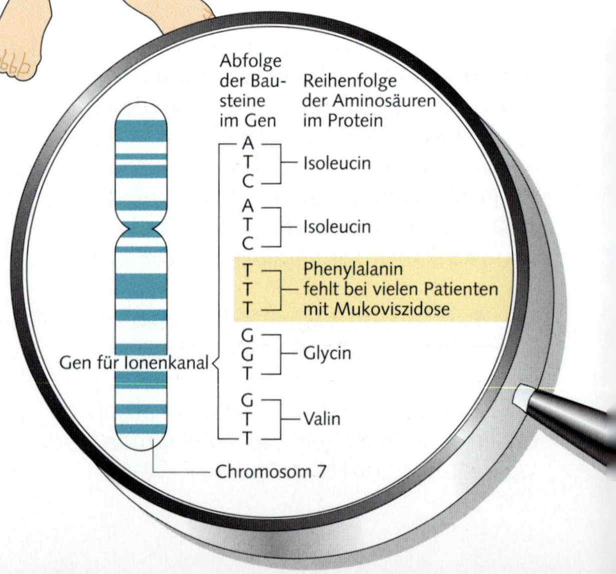

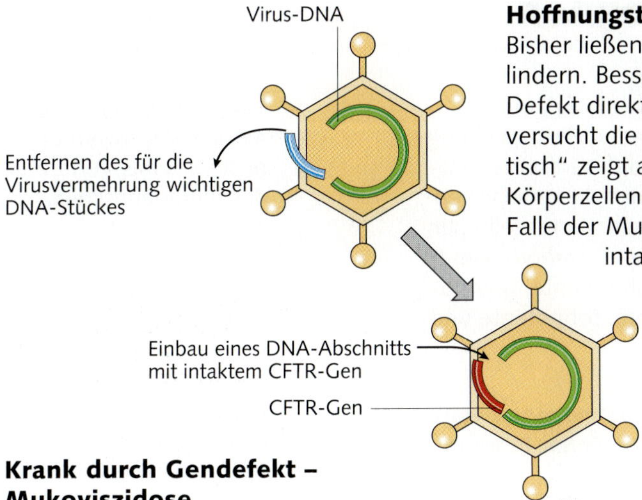

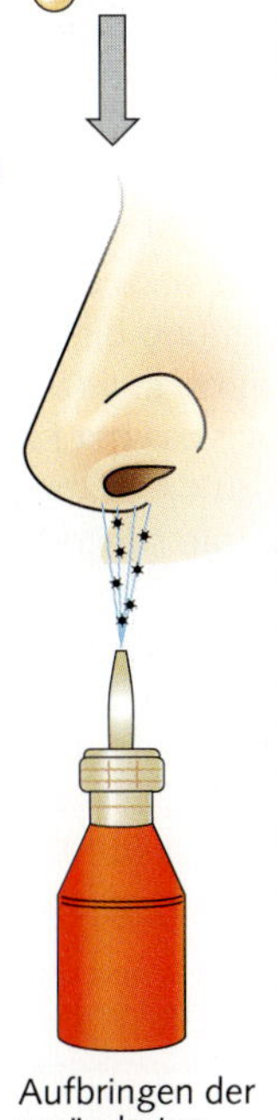

Krank durch Gendefekt – Mukoviszidose

Mukoviszidose ist die häufigste erblich bedingte Krankheit in Westeuropa. Eines von 2500 Neugeborenen erkrankt daran und noch viel mehr Menschen sind Träger eines verursachenden ▸Allels. Wer an Mukoviszidose erkrankt, leidet an einem dauernd zähen Schleim, der die Atemwege und viele andere Organgänge, besonders aber die Bauchspeicheldrüse, verstopft.

Im Laufe der Zeit verschlimmern sich die Symptome und die Krankheit führt oft zu einem viel zu frühen Tod.

Die mit 70 % häufigste Ursache der Mukoviszidose ist eine ▸Mutation im CFTR-Gen auf Chromosom Sieben.

Bei gesunden Menschen enthält dieses Gen die Informationen für das CFTR-Protein. In Schleimhautzellen der Bronchien und anderer Organe wird dieses CFTR-Protein gebildet und dann in die Zellmembran eingebaut. In der Membran verankert, sorgt das Protein dafür, dass Chloridionen die Membran passieren können. Damit gewährleistet es indirekt die Verflüssigung von Schleim.

Ein Mensch erkrankt nur an Mukoviszidose, wenn bei ihm beide betreffende Chromosomen den Defekt tragen, er also ▸reinerbig ist. Ist er ▸mischerbig, reicht die Information des intakten Allels aus, das Protein ausreichend zu bilden. Da der Mensch nicht erkrankt, bemerkt er den Gendefekt gar nicht. Trotzdem kann er ihn aber an seine Nachkommen weitervererben. Wenn der zweite Elternteil auch Allelträger ist, kann das Kind von beiden Eltern das defekte Allel bekommen und ist dann in Bezug auf das defekte Allel reinerbig. Keines der beiden Allele kann dann den Defekt ausgleichen und das Kind erkrankt an Mukoviszidose.

Hoffnungsträger somatische Gentherapie

Bisher ließen sich nur die Symptome der Mukoviszidose lindern. Besser wäre es aber, wenn man den genetischen Defekt direkt in den Zellkernen beheben könnte. Dies versucht die **somatische Gentherapie.** Der Begriff „somatisch" zeigt an, dass bei dieser Form der Gentherapie die Körperzellen verändert werden und nicht die ▸Keimzellen. Im Falle der Mukoviszidose werden dabei DNA-Stücke, die das intakte CFTR-Gen enthalten, mithilfe von ▸ **„Gentaxis"** in die betroffenen Zellen transportiert. Die Taxis sind **Adenoviren.** Mit ▸Restriktionsenzymen werden die DNA-Bereiche, die für die Virusvermehrung zuständig sind, zuvor entfernt. So können die Viren keine Erkrankungen mehr auslösen. Mit einem Nasenspray werden Millionen dieser Viren dann in den Körper des Mukoviszidosepatienten eingebracht. Die Viren dringen in die Schleimhautzellen ein und setzen dort ihre DNA mit dem CFTR-Gen frei. Mithilfe der zelleigenen ▸Proteinbiosynthese stellen die Schleimhautzellen dann das CFTR-Protein her und bauen es in die Zellmembran ein.

Tatsächlich traten nach einer solchen Behandlung bei einigen Patienten erhebliche Verbesserungen ein.

Dennoch gibt es Probleme. Es müssen sehr viele Viren aufgenommen werden, damit überhaupt ein Effekt erzielt wird. Zudem muss die Behandlung oft wiederholt werden, da die Virus-DNA nicht in die Zellkern-DNA eingebaut wird. Außerdem reagiert das Immunsystem auf die Viren und macht viele unschädlich, bevor sie aktiv werden können. Es wird also noch etwas Zeit vergehen, bis ein solcher Therapieansatz problemlos und wirkungsvoll angewendet werden kann.

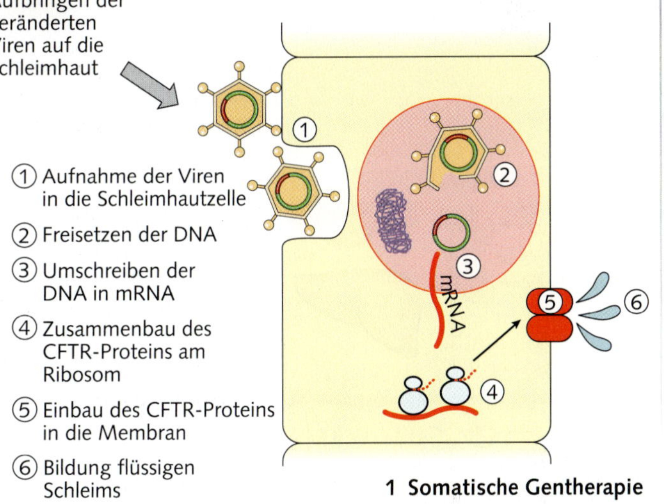

1 Somatische Gentherapie bei Mukoviszidose

Was Stammzellen alles können

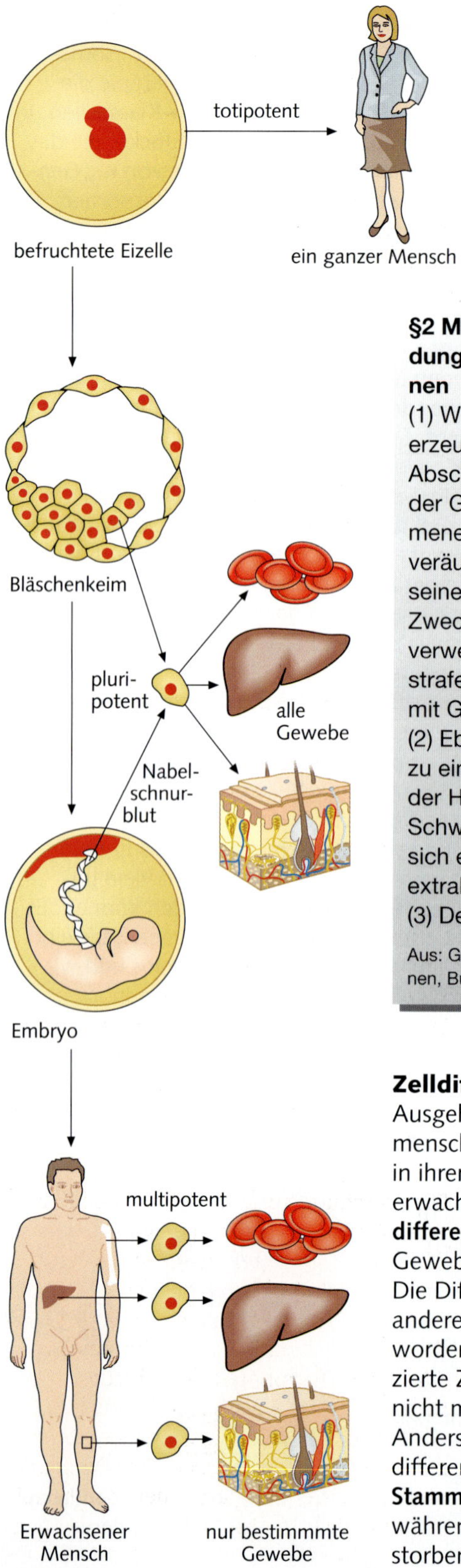

1. Erläutere anhand der Abbildung und des Informationstextes die unterschiedlichen Stammzelltypen: adulte, embryonale, multipotente, pluripotente, totipotente und iPS.

2. a) Beschreibe mithilfe des Informationstextes das Verfahren des therapeutischen Klonens.
b) Erläutere die Vorteile, die das therapeutische Klonen gegenüber Organtransplantationen von Mensch zu Mensch besitzt.
c) Entwickle eine Grafik, die das therapeutische Klonen mit iPS darstellt.

§2 Missbräuchliche Verwendung menschlicher Embryonen

(1) Wer einen extrakorporal erzeugten oder einer Frau vor Abschluss seiner Einnistung in der Gebärmutter entnommenen menschlichen Embryo veräußert oder zu einem nicht seiner Erhaltung dienenden Zweck abgibt, erwirbt oder verwendet, wird mit Freiheitsstrafe bis zu drei Jahren oder mit Geldstrafe bestraft.
(2) Ebenso wird bestraft, wer zu einem anderen Zweck als der Herbeiführung einer Schwangerschaft bewirkt, dass sich ein menschlicher Embryo extrakorporal weiterentwickelt.
(3) Der Versuch ist strafbar.

Aus: Gesetz zum Schutz von Embryonen, Bundesministerium der Justiz.

3. a) Fasse die Aussage des nebenstehenden Gesetzestextes mit eigenen Worten zusammen.
b) Welche Folgen kann das Gesetz für den medizinischen Fortschritt haben?
c) Stelle Argumente für und gegen die Forschung an embryonalen Stammzellen zusammen. Wie ist deine Meinung dazu?

4. Was versteht man unter ALS? Recherchiere Berichte betroffener Menschen und stelle den Krankheitsverlauf dar.

Zelldifferenzierung durch An- und Abschalten von Genen

Ausgehend von der befruchteten Eizelle entstehen alle Zellen des menschlichen Körpers durch ▸Zellteilungen. So haben alle Körperzellen in ihren Zellkernen dieselbe genetische Erbinformation. Im Körper eines erwachsenen Menschen gibt es dennoch ungefähr 200 verschieden **differenzierte Zelltypen,** die jeweils eine besondere Funktion in einem Gewebe übernommen haben und in ihrem Bau daran angepasst sind. Die Differenzierung kommt dadurch zustande, dass in jedem Zelltyp andere Gene aktiv sind. Gene, die nicht aktiv sind, sind abgeschaltet worden. Man spricht vom An- und Abschalten von Genen. Differenzierte Zellen erfüllen so ihre Funktionen im Gewebe, teilen sich aber nicht mehr.
Anders ist es bei **Stammzellen.** Sie sind nicht oder noch nicht fertig differenziert und können sich unbegrenzt teilen. Als **embryonale Stammzellen** bauen sie nach und nach den gesamten Embryo auf, während **adulte Stammzellen** im erwachsenen Körper alte und abgestorbene Zellen ersetzen.

Stammzelle ist nicht gleich Stammzelle

Adulte Stammzellen liegen beim erwachsenen Menschen verstreut in verschiedenen Geweben. Bei Bedarf teilen sich beispielsweise Stammzellen in der Haut und ihre Tochterzellen differenzieren sich zu den Zellen, die gebraucht werden, um abgestorbene Hautzellen zu ersetzen. Solche Stammzellen, die nur bestimmte andere Zellen hervorbringen, heißen **multipotent.**

Embryonale Stammzellen können noch mehr. Aus der befruchteten Eizelle kann sich ein kompletter Mensch entwickeln, sie ist **totipotent.** Wenn der Embryo sich zum Bläschenkeim entwickelt hat, kann jede einzelne seiner Zellen noch alle Gewebe des menschlichen Körpers, aber keinen ganzen Menschen mehr hervorbringen. Diese Stammzellen heißen **pluripotent.**

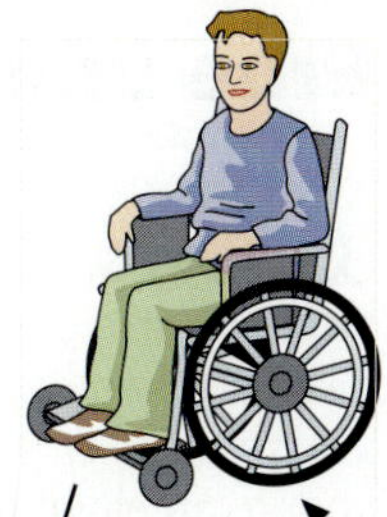

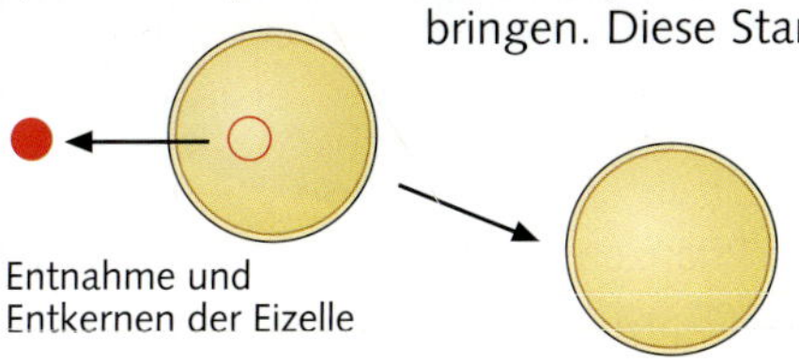

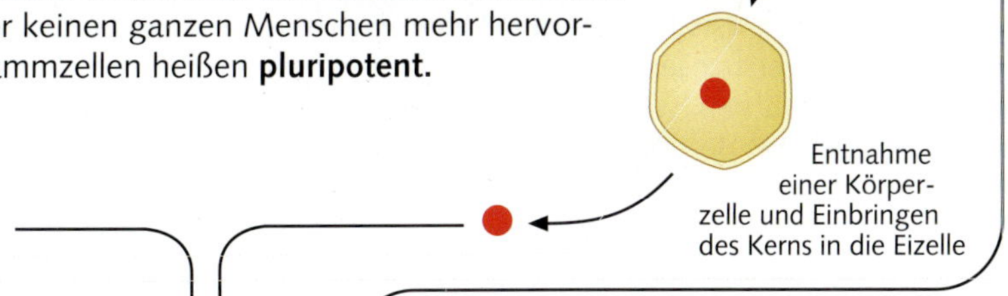

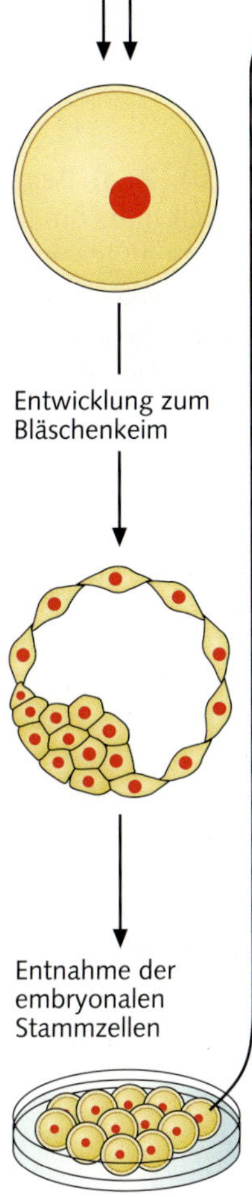

1 Therapeutisches Klonen (Schema)

Mit Stammzellen Krankheiten heilen

Stammzellen werden schon lange in der Medizin genutzt. Bei Leukämiekranken erzeugen defekte Stammzellen im Knochenmark zu viele weiße Blutzellen. Dadurch ist die gesamte Blutbildung gestört. Die vollständige Zerstörung der defekten Stammzellen und eine Knochenmarkstransplantation mit Stammzellen eines geeigneten, gesunden Spenders kann viele Leukämiekranke retten.

Therapeutisches Klonen – Hoffnung für Schwerkranke?

Viele tödlich verlaufende Krankheiten können gestoppt oder sogar geheilt werden, wenn erkrankte Organe ersetzt werden. Da sich bei der Organspende viele Probleme stellen und insbesondere die Abstoßung des transplantierten Gewebes lebenslang durch Medikamente unterdrückt werden muss, sucht die Stammzellenforschung andere Wege, um Gewebe und Organe für Schwerkranke herzustellen.

Die Krankheit ALS lässt motorische Nervenbahnen absterben. Dies führt zu Lähmungen und schließlich zum Atemstillstand der Erkrankten. Durch **therapeutisches Klonen** könnte den Patienten möglicherweise mit folgendem Verfahren geholfen werden: Aus einer Körperzelle gewinnt man den Zellkern mit den Erbinformationen des Erkrankten. Diesen Zellkern bringt man in die entkernte Eizelle einer Frau ein. In dieser Umgebung kann der Zellkern totipotent werden und die Embryonalentwicklung beginnt. Im Stadium des Bläschenkeims könnten einzelne Zellen des Embryos entnommen werden, um Nervengewebe für den ALS-Kranken zu bilden. Dieses Gewebe würde nicht abgestoßen.

Stammzellforschung ohne Embryonen

Die Verwendung von embryonalen Stammzellen ist aber ethisch bedenklich, denn die Embryonen hätten sich zu einem ganzen Menschen entwickeln können. Therapeutisches Klonen in der oben beschriebenen Form ist in Deutschland daher verboten. Viele Forscher meinen aber, dass man nur an embryonalen Stammzellen herausfinden kann, wie Stammzellen überhaupt funktionieren. Da mit der Stammzellforschung viele Hoffnungen verbunden sind, besteht hier ein ethisches ▸Dilemma: Ungeborenes Leben soll krankes Leben heilen helfen.

Die Forschung sucht daher nach anderen Techniken. So ist es mithilfe von Viren als „Gentaxis" gelungen, Gene in die Hautzellen einzubringen, die die Zelle wieder in einen pluripotenten Zustand versetzten. Diese **iPS**, d. h. **induzierten pluripotenten Stammzellen,** könnten danach zum Beispiel das für ALS-Kranke benötigte Nervengewebe bilden. Allerdings gibt es bei diesem Verfahren noch viele Probleme und die Anwendung an Patienten ist noch nicht möglich.

Erbe und Umwelt ergänzen sich

1. a) Säe in zwei gleiche Schalen auf etwa gleich großen Portionen Watte etwa die gleichen Mengen Kressesamen aus. Verwende dazu Samen aus derselben Samentüte. Gieße mit den gleichen Wassermengen an. Stelle eine Schale in einen dunklen Schrank, die andere an einen hellen Ort. Die Temperaturen sollten in etwa gleich sein. Beide Schalen werden möglichst gleich feucht gehalten und etwa eine Woche stehen gelassen.
b) Notiere nun alle Unterschiede, die du zwischen den Pflanzen der beiden Schalen feststellen kannst. Mache auch eine „Kostprobe".
c) Werte das Versuchsergebnis aus. Worauf lassen sich die Unterschiede zurückführen, worauf lassen sie sich nicht zurückführen? Warum wurde bei der Anleitung unter a) so oft das Wort „gleich" verwendet?
d) Übertrage die Ergebnisse des Versuchs auf Lebensbedingungen von Pflanzen in der Natur. Welche Vorteile für das Überleben der Keimpflanzen ergeben sich aus den unterschiedlichen Wuchsformen?

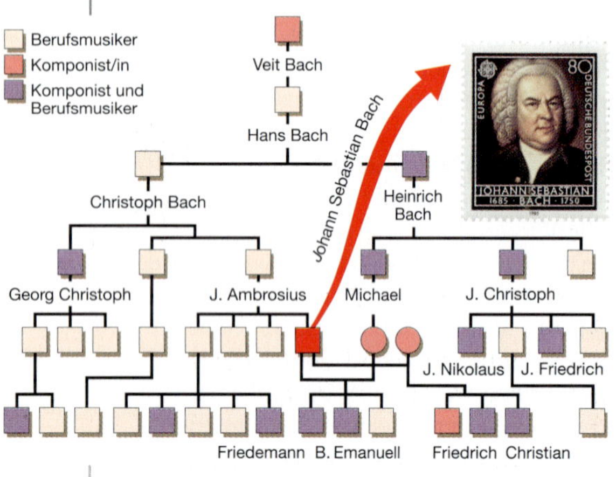

2. a) Begründe, warum der Stammbaum der Familie Bach manchmal als Beleg für die Erblichkeit der Musikbegabung angesehen wird.
b) Finde eine weitere mögliche Ursache für das gehäufte Auftreten von Musikern in einer Familie.
c) Nimm Stellung zu der Frage:
Ist Musikalität erblich oder erlernt?

3. Untersuchungen zeigen: Kinder, die ein Musikinstrument lernen, haben besondere Eigenschaften. Formuliere, welche besonderen Eigenschaften du vermutest. Versuche auch eine Erklärung dafür zu geben.

4. Im Museum wird es deutlich: weder in Rüstungen noch in Betten aus dem Mittelalter würden wir hineinpassen. Warum sind Menschen heute größer? Warum sind sogar die Jugendlichen in spanischen Städten viel größer als ihre Großeltern vom Lande?

5. CopyCat CC, das erste geklonte Kätzchen, und seine genetisch identische Klonmutter. Beschreibe und erkläre das Aussehen der Tiere.

1 Modifikation beim Löwenzahn. A *auf einer Wiese;* **B** *in einer Pflasterritze*

Modifikationen

Jeder hat schon beobachtet, dass Pflanzen wie der Löwenzahn je nach Standort unterschiedlich wachsen. Unterschiedliche Wasser- und Mineralsalzversorgung, Temperaturunterschiede sowie mehr oder weniger Fußtritte zeigen ihre Wirkung. Die Veränderung von Merkmalsausprägungen durch Umwelteinflüsse bezeichnet man als **Modifikationen.** Modifikationen werden nicht vererbt und müssen von den ▸Mutationen, den Veränderungen des Erbgutes, unterschieden werden.

Erbe und Umwelt ergänzen sich

Natürlich gibt es Salatsorten, die schöne, dicke Köpfe bilden, und andere, wie Pflücksalat, die nur kleine Blättchen bilden. Sie unterscheiden sich genetisch und aus Pflücksalat-Samen lässt sich auch bei bester Pflege kein Salatkopf ziehen.
Aber auch mit den Kopfsalatpflanzen ist es vielen Hobbygärtnern schon passiert, dass sie auf der Fensterbank Pflanzen vorgezogen haben, die keine Köpfe mehr bilden. Ist es nicht hell genug, „vergeilen" die Pflanzen: sie bilden kaum Blattgrün, werden lang und bleiben schwach. Diese natürliche Reaktion der Pflanzen auf **Lichtmangel** führt dazu, dass sie nicht unnötig Material und Energie in die Synthese von Chlorophyll stecken, das im Dunkeln doch nicht gebraucht wird. Der Lichtmangel schaltet dagegen Gene für ein schnelleres Längenwachstum an. Da in der natürlichen Vegetation Licht meist von oben kommt, hat die Pflanze durch den längeren Stängel bessere Überlebenschancen, denn vielleicht trifft sie so auf mehr Licht. Allerdings wird die Pflanze den Entwicklungsrückstand gegenüber gut belichteten Pflanzen kaum mehr aufholen können. Aus einmal vergeilten Salatsetzlingen ist es fast unmöglich, noch kräftige Köpfe zu ziehen, obwohl sie die genetische Ausstattung dafür gehabt hätten.

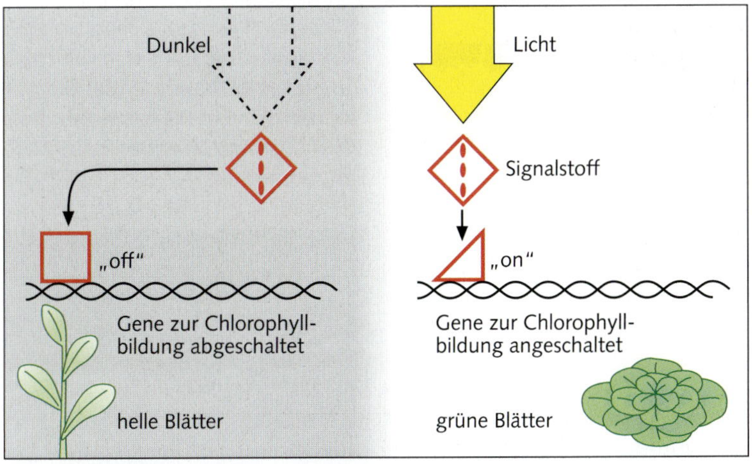

2 Genregulation durch Umwelteinflüsse

Auch **Menschen** können sich auf der Grundlage ihrer Gene sehr unterschiedlich entwickeln. Die Gene geben eine gewisse **Variationsbreite** vor. Aber sowohl körperliche Eigenschaften als auch die geistigen, handwerklichen oder künstlerischen Fähigkeiten entwickeln sich in einem engen Zusammenspiel zwischen **genetischer Veranlagung** und **Umwelteinflüssen.** So kann jemand eine erbliche Veranlagung für ▸Diabetes haben, aber seine Ernährung wird das Auftreten der Zuckerkrankheit stark beeinflussen. Ähnliches gilt für viele andere genetisch bedingte Erkrankungen. Umgekehrt ist die Leistung eines Spitzensportlers nicht ohne gewisse genetische Voraussetzungen möglich, aber eben auch nicht ohne hartes Training zu erreichen.

3 Frühkindliche Förderung

Bei Kindern und Jugendlichen sollten weder erkannte **„Begabungen"** brach liegen und sich nicht entwickeln, noch sollte man eine einmal diagnostizierte **„Schwäche"** in Mathematik, Sport oder Rechtschreibung als Ausrede dafür nutzen, daran nicht ernsthaft zu arbeiten.

Methoden der Tier- und Pflanzenzüchtung

1. Grenze die Begriffe Auslesezüchtung, Kombinationszüchtung, Mutationszüchtung und Inzucht voneinander ab. Nenne jeweils ein Beispiel für die entsprechende Züchtungsmethode.

2. a) Recherchiere nach den Stammformen von Rindern, Ziegen und Schweinen.
b) Recherchiere für eine Nutztierart verschiedene Rassen. Stelle einige Rassen mit ihren jeweiligen Besonderheiten vor. Welche Züchtungsziele standen im Vordergrund? Zeige Anpassungen an ein bestimmtes Klima oder eine besondere Umwelt.

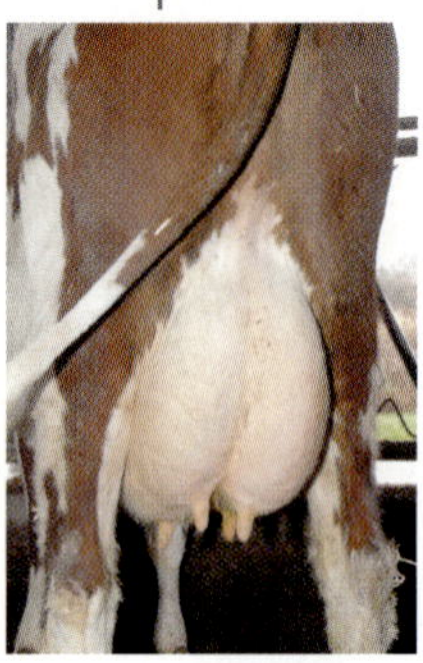

3. Tierfreunde beklagen: „Die heutige Milchkuh ist eine Qualzucht. Ihre Milchleistung wurde von 1 500 Liter pro Jahr (1950) auf 6 000 Liter pro Jahr (1990), mittlerweile auf 10 000 Liter pro Jahr gesteigert. Für das Tier bedeutet das ständige Schmerzen durch ein viel zu großes, zum Bersten gefülltes Euter, das zehnmal mehr Milch enthält als ein Kalb benötigen würde."
a) In obiger Aussage wird eine Züchtungsleistung wertend dargestellt. Welche Wertung wird hier vorgenommen und welche Argumente werden angeführt?
b) Stelle andere Argumente vor, die zu einer anderen Wertung führen könnten.
c) Hole weitere Informationen zu dem Thema ein, zum Beispiel durch Befragung eines Milchbauern oder aus dem Internet. Finde mithilfe der Zusatzinformationen eine eigene Beurteilung der Sachlage.
Welche Kompromisse zwischen den verschiedenen Interessen sind denkbar?

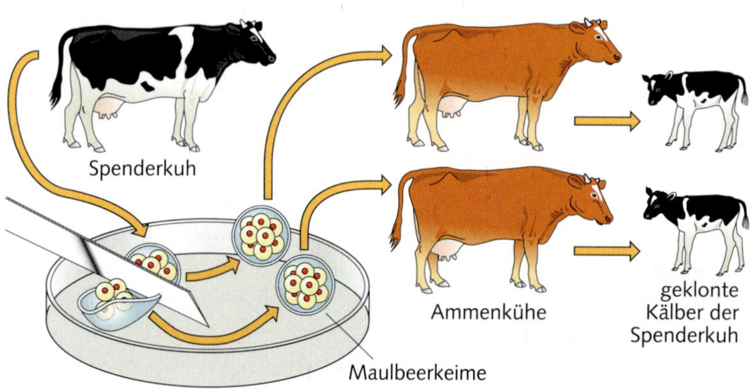

7. Benenne und beschreibe das oben dargestellte Verfahren der Tierzucht. Welches Ziel verfolgt man mit dieser Methode?

8. a) Beschreibe anhand des Informationstextes und der Abbildung 3, wie das Klonschaf „Dolly" erzeugt wurde.
b) Erläutere Unterschiede zu dem Verfahren in Aufgabe 7.

4. Stell dir vor, du solltest gelbe, tennisballgroße Tomaten züchten. Wie gehst du vor?

5. Bringt verschiedene Samentüten mit und vergleicht die Angaben auf den Tüten.
a) Bei welchen Samen handelt es sich um „Sorten" und bei welchen um F_1-Hybriden? Erkläre den Unterschied.
b) Beschreibe Vor- und Nachteile von F_1-Hybriden.

6. Die Menschheit hat durch Züchtung Tausende von Kulturpflanzensorten und eine noch viel höhere Zahl lokaler Unterarten hervorgebracht.
a) Warum ist die genetische Vielfalt vieler Kulturpflanzen heute gefährdet?
b) Wozu wird die genetische Vielfalt weiterhin benötigt?
c) Recherchiert, was man unter Genbanken versteht und welche Aufgaben sie haben. Stellt die Genbank in Gatersleben und die 2008 eröffnete Genbank auf Spitzbergen vor.

Klassische Züchtungsmethoden

Als der Mensch vor Tausenden von Jahren sesshaft wurde, baute er zunächst Wildpflanzen an und zog Wildtiere auf. Um besonders ertragreiche Pflanzen und kräftige Tiere zu gewinnen, wählte er gezielt Lebewesen mit erwünschten Merkmalen zur Fortpflanzung aus. Man bezeichnet diese Form der Züchtung als **Auslesezüchtung.**

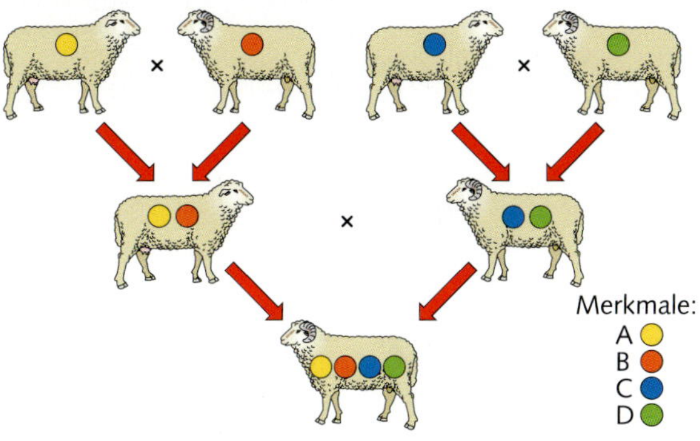

1 Kombinationszüchtung

Daneben kreuzte man Individuen, die unterschiedliche wünschenswerte Eigenschaften hatten. So gelang es, Rassen zu züchten, die mehrere nützliche Eigenschaften in sich vereinten, wie zum Beispiel eine hohe Milchleistung und eine gute Wollqualität bei Schafen. Die Methoden der **Kombinationszüchtung** konnten seit Entdeckung der ▸MENDELschen Regeln noch gezielter angewandt werden.

Veränderte Gene als Grundlage für die Züchtung entstehen natürlicherweise durch ▸Mutationen. So entsteht eine natürliche genetische Variabilität. Man kann sie verstärken, indem man ▸Mutagene wie Röntgenstrahlen oder bestimmten Chemikalien auf Pflanzen einwirken lässt und so die Mutationsrate erhöht. Eine solche **Mutationszüchtung** führt oft schneller zu gewünschten neuen Merkmalen.

Eine besondere Art der Mutation ist die **Polyploidie.** Hierbei ist der gesamte Chromosomensatz einer Pflanze verdoppelt oder vervielfacht. Solche Pflanzen sind zwar oft weniger gut fortpflanzungsfähig, aber zumeist kräftiger und ertragreicher als ihre ▸diploide Wildform. Viele Kulturpflanzen wie Erdbeeren, Himbeeren oder auch der Weizen sind polyploid.
Polyploidie kann spontan entstehen oder durch das Mitosegift Colchizin künstlich herbeigeführt werden. Dieses Gift, das in der Herbstzeitlose vorkommt, verhindert in der ▸Mitose die Trennung der Chromatiden und führt so zur Verdopplung der Chromosomenzahl.

Ziel der Züchtung ist es normalerweise, eine **Tierrasse** oder eine **Pflanzensorte** zu erhalten, die für die gewünschten Merkmale ▸reinerbig ist, sodass diese Merkmale auch in den Folgegenerationen immer wieder zuverlässig auftreten. Diese reinerbigen Tiere oder Pflanzen erreicht man am schnellsten durch **Inzucht,** das heißt durch Kreuzung nah verwandter Individuen. Da aber auch unerwünschte Gene reinerbig weitergegeben werden, sind Inzuchtlinien oft weniger vital und fortpflanzungsfähig.

Anders als bei der Züchtung von Rassen oder Sorten, die in vielen Genen reinerbig sind, nutzt man bei Gebrauchskreuzungen, so genannten ▸**F_1-Hybriden,** gezielt die Vorteile der Mischerbigkeit. Die Saatgutfirmen züchten dazu zunächst geeignete reinerbige Inzuchtlinien. Zwei verschiedene Linien werden dann gekreuzt und die F_1-Hybriden als Nutztiere beziehungsweise als Saatgut verkauft. Die Erscheinung, dass diese in vielen Genen mischerbigen F_1-Hybriden häufig deutlich leistungsfähiger sind als ihre reinerbigen Eltern, bezeichnet man als **Heterosiseffekt.**
Allerdings erhält sich dieser Effekt nicht in den nachfolgenden Generationen, da die Allele durch Neukombination kaum jemals wieder in dieser günstigen Kombination vorliegen. Die F_1-Hybriden müssen daher immer wieder neu durch Kreuzung aus den Inzuchtlinien gewonnen werden. So haben die Landwirte nicht die Möglichkeit, durch eigene Nachzucht Tiere oder Saatgut zu gewinnen, sondern sind auf ständigen Zukauf angewiesen.

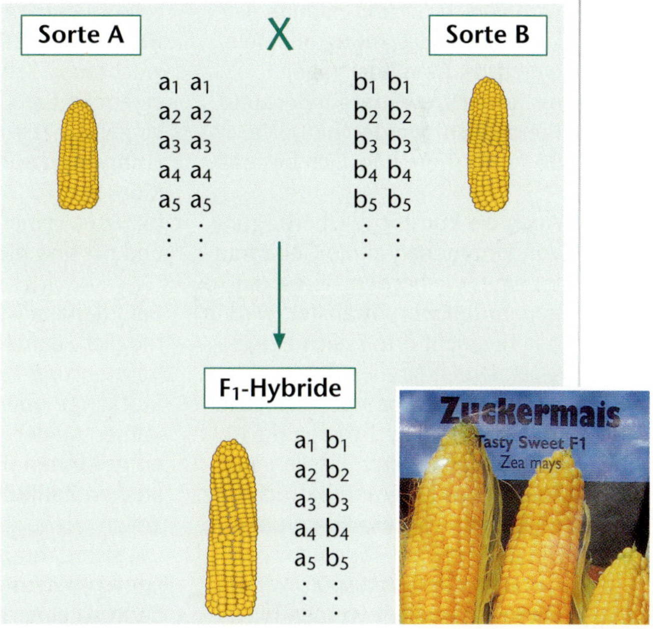

2 Hybridzüchtung

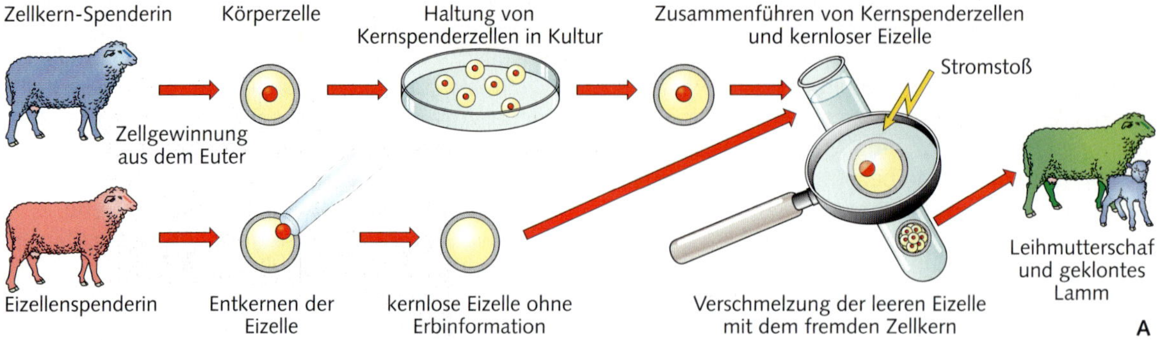

3 Klonen eines ausgewachsenen Schafes. A *Schema;*
B *Ian Wilmut mit dem von ihm geklonten Schaf „Dolly"*

Moderne Züchtungsmethoden

Um die wertvollen Eigenschaften von besonders leistungsstarken Lebewesen ganz gezielt und schnell weiterzuvererben, entwickelten Forscher neue biotechnische Verfahren. Ziel ist dabei, das Risiko einer unerwünschten Neukombination von Genen zu verringern oder ganz auszuschalten.

In der **Tierzucht** kontrolliert man die Vererbung durch **künstliche Befruchtung.** Die männlichen Tiere werden als Samenspender in Besamungsstationen gehalten. Das Sperma ausgewählter Tiere wird verschickt und mithilfe der künstlichen Besamung auf viele weibliche Tiere übertragen. Insbesondere in der Rinder- und Pferdezucht werden heute ca. 95 % der Tiere künstlich besamt.

Auch die künstliche Übertragung von Embryonen in die Gebärmutter eines weiblichen Tieres, der so genannte **Embryotransfer,** wird in der Tierzucht erfolgreich eingesetzt. Durch eine Hormonbehandlung löst man bei weiblichen Hochleistungszuchttieren die Reifung von mehreren Eizellen aus. Nach Besamung und Befruchtung entstehen mehrere Embryonen, die nach etwa 7 Tagen aus der Gebärmutter ausgespült werden. Diese Embryonen werden in andere, weniger leistungsstarke Leihmutterkühe eingesetzt. So erhält man viele Nachkommen des leistungsstarken Muttertieres, die jedoch nicht genetisch identisch sind.

Genetisch identische Tiere, so genannte **Klone,** kann man durch verschiedene Methoden erhalten. Eine ist die **Embryonenteilung.** Hierbei wird der Embryo in einem frühen Entwicklungsstadium entnommen und geteilt. Jedes Teilstück entwickelt sich danach weiter und kann – eingepflanzt in die Gebärmutter eines Ammentieres – zu einem kompletten Individuum heranwachsen.

Heute ist es sogar möglich, **Klone erwachsener Tiere** zu erzeugen. 1996 gelang es Wissenschaftlern, einem Schaf eine unbefruchtete Eizelle zu entnehmen. Sie entfernten den Zellkern aus dieser Eizelle und fügten stattdessen den Zellkern einer Körperzelle eines anderen, erwachsenen Schafes ein. Die so entstandene Zelle entwickelte sich zu einem Embryo, der dann in die Gebärmutter eines Leihmutterschafes eingepflanzt wurde. Die weitere Entwicklung verlief wie bei anderen Embryonen auch. Das geborene Schaf „Dolly" sorgte weltweit als erstes Klonschaf für Aufsehen. Obwohl das Klonen im Prinzip funktioniert, findet es keine breite Anwendung. Viele erfolglose Versuche sind nötig und oft sind die Klontiere schwer behindert oder nicht lebensfähig.

Bei **Pflanzen** ist das Klonen leichter möglich. Durch ungeschlechtliche Vermehrung zum Beispiel durch Stecklinge oder Ableger lassen sich immer wieder erbgleiche Individuen gewinnen. Pflanzen lassen sich auch in **Zellkulturen** aus einzelnen Zellen wieder heranziehen Es bildet sich dann zunächst ein Zellhaufen, Kallus genannt, der sich dann zu einer ganzen Pflanze ausdifferenzieren kann.

4 Kalluskultur

Die Grüne Revolution

Höhere Erträge durch moderne Landwirtschaft

Seit den 1960iger Jahren ermöglichte eine weit reichende Modernisierung der Landwirtschaft erhebliche Ertragssteigerungen, insbesondere auch in den Entwicklungsländern. Dies gelang durch die Verwendung von Hochleistungssorten oder ▸F_1-Hybriden sowie durch chemische Düngung, Pflanzenschutz und Bewässerung. Auf großen Flächen wurden Monokulturen angebaut und maschinell bearbeitet. Man machte sich Hoffnungen, so den Hunger in der Welt besiegen zu können, und sprach daher auch von einer „Grünen Revolution".

Tatsächlich ist die Nahrungsmittelproduktion pro Kopf weltweit heute höher als 1960, obwohl sich die Weltbevölkerung mehr als verdoppelt hat und die ▸landwirtschaftliche Nutzfläche nicht zunahm.

1 Traditionelle und moderne Landwirtschaft

2 Pestizidausbringung und Winderosion

Schattenseiten

Bald wurden jedoch die Probleme der modernen Agrarproduktion deutlich. Um die hohen Erträge zu erzielen, werden große Düngemittel- und Pestizidmengen eingesetzt. Sie belasten zunehmend die ▸Böden, Flüsse und Seen, das Grundwasser und teilweise sogar die Produkte selbst. Der Einsatz schwerer Maschinen führt zu verstärkter ▸Erosion durch Wasser und Wind, wodurch wertvoller Boden verloren geht. Umfangreiche Bewässerungssysteme lassen an vielen Orten den Grundwasserspiegel sinken, trocknen Flüsse und Seen aus und führen bei nicht sachgerechter Anwendung zur Versalzung der Böden. Alle genannten Maßnahmen zur Ertragssteigerung kosten viel und verursachen außerdem einen hohen Verbrauch an Energie.

Kleinbauern in den Entwicklungsländern können sich das oft nicht leisten. Viele müssen daher aufgeben und ziehen auf der Suche nach Arbeit in die Städte.

Nicht zuletzt führt der Anbau von nur noch wenigen Hochleistungssorten zu einer genetischen Verarmung, da die von den Kleinbauern ehemals gezüchteten Landsorten aussterben.

Landwirtschaft der Zukunft

Als „zweite Grüne Revolution" wird von manchen der Einsatz der ▸Gentechnik in der Landwirtschaft begrüßt, andere fürchten die sich dadurch noch verschärfenden Probleme.

Wenn Böden, Gewässer und letztlich auch genetische Ressourcen für die Nahrungsmittelproduktion auch in Zukunft zur Verfügung stehen sollen, muss sich die heutige Landwirtschaft an Prinzipien der ▸Nachhaltigkeit orientieren.

Und: weltweit hungern immer noch fast eine Milliarde Menschen, obwohl genügend Nahrungsmittel produziert werden. Neben den Produktionsproblemen müssen daher vor allem auch die Armuts- und Verteilungsprobleme gelöst werden.

1. Liste Maßnahmen zur Ertragssteigerung in der Agrarproduktion auf und stelle jeweils kurz dar, wie die Maßnahmen wirken und welche schädlichen Nebeneffekte sie haben können.

2. Landwirtschaft wird zum Beispiel als konventionell, biologisch, ökologisch, integriert oder nachhaltig bezeichnet. Suche Informationen zu diesen Begriffen und charakterisiere sie.

3. Untersuche über „Google Earth" zum Beispiel im Mittelmeerraum Gebiete mit Bewässerungssystemen und stelle sie der Klasse vor.

Gentechnik – Übertragung von Genen in einen anderen Organismus

1. a) Entwickelt in Gruppenarbeit ein ▸ Modell, mit dem ihr den Einbau eines Gens in einen Plasmidring vorführen könnt.
b) Präsentiert euer Modell der Klasse. Erläutert dabei die einzelnen Schritte und verwendet die Fachbegriffe.

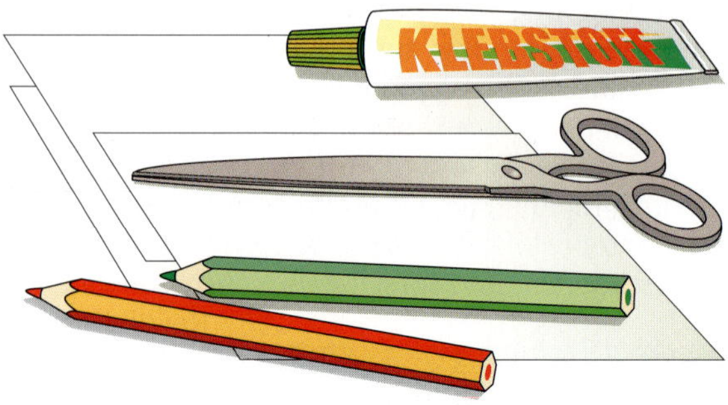

2. Gibt es noch andere Möglichkeiten außer durch Plasmide, Gene in einen anderen Organismus einzuschleusen? Recherchiere und stelle deine Ergebnisse an Hand geeigneter Abbildungen vor.

3. a) Leite aus dem Text die Definition für den Begriff „Gentechnik" ab.
b) Seit Jahrtausenden verändert der Mensch durch Züchtung Pflanzen und Tiere. Heute verändert der Mensch Pflanzen und Tiere durch Gentechnik. Erläutere die Unterschiede.

Was ist Gentechnik?

Wie mit jeder neuen Technik sind mit der Gentechnik sowohl Hoffnungen als auch Ängste verbunden. Einerseits hofft man, viele Krankheiten besser behandeln und den Hunger in der Welt bekämpfen zu können. Andererseits hat man Angst davor, dass unabsehbare Folgen eintreten. Wichtig ist also, dass man weiß, wie diese neue Technik funktioniert und welche Möglichkeiten, Chancen und Risiken damit verbunden sind.

Alle Lebewesen besitzen in ihren Zellen ▸**DNA,** das ist sozusagen das Buch, in dem die komplette Bauanleitung eines Lebewesens mit den Buchstaben A, T, G und C geschrieben ist. Ein ▸**Gen** ist wie ein Satz in diesem Buch.
Mithilfe der Gentechnik kann man in einem Lebewesen die Bauanleitung gezielt verändern. Man kann beispielsweise ganze Sätze entfernen oder nur einzelne Wörter ändern. Das Ergebnis ist ein **gentechnisch veränderter Organismus (GVO).**
Um DNA verändern zu können, brauchen Gentechniker bestimmte „Werkzeuge". Dazu zählen ▸Enzyme, die DNA an bestimmten Stellen zerschneiden oder verbinden können. Diese nennt man **Restriktionsenzyme.** Zum Transport von Genen in einen anderen Organismus verwendet man so genannte „Gentaxis". Diese Funktion übernehmen häufig **Plasmide,** kleine ringförmige DNA-Moleküle, die in Bakterien vorkommen.

Was kann Gentechnik?

Bei den Methoden der klassischen ▸Züchtung werden Individuen derselben ▸Art miteinander gekreuzt. Bis das gewünschte Zuchtziel erreicht ist, vergehen jedoch manchmal viele Jahre. Mithilfe der Gentechnik ist es hingegen möglich, innerhalb kurzer Zeit ausgewählte Gene gezielt von einem Organismus auf einen anderen zu übertragen. Dabei ist es im Gegensatz zur Züchtung sogar möglich, Gene über die Grenzen einer Art hinweg zu übertragen. Mit Gentechnik kann man beispielsweise das Gen eines Menschen in ein Bakterium übertragen. Da der ▸genetische Code in allen Organismen universell ist, kann das artfremde Gen innerhalb des Bakteriums als Bauanleitung für ein menschliches Protein dienen.

Die gentechnische Herstellung von Insulin

Viele Menschen sind an ▸Diabetes mellitus erkrankt. Sie können Insulin nicht, oder nur in zu geringen Mengen herstellen. Viele von ihnen müssen sich deshalb Insulin spritzen. Früher verwendete man das Insulin von Schweinen, dies führte oft zu schweren Unverträglichkeiten. Heute kann man mithilfe von Bakterien menschliches Insulin herstellen. In der Abbildung siehst du, wie der **Gentransfer** des menschlichen Insulin-Gens in ein Bakterium gentechnisch bewerkstelligt wird.

Die Werkzeuge der Gentechniker
Plasmid: ringförmiges DNA-Stück in Bakterien, das man als „Gentaxi" verwendet. Das gewünschte Gen wird damit in die Zelle eingeschleust
Restriktionsenzym: molekulare „Schere", die DNA an einer ganz bestimmten Stelle aufschneidet
Ligase: ein Enzym, das als „Kleber" die DNA wieder an einer ganz bestimmten Stelle verbindet

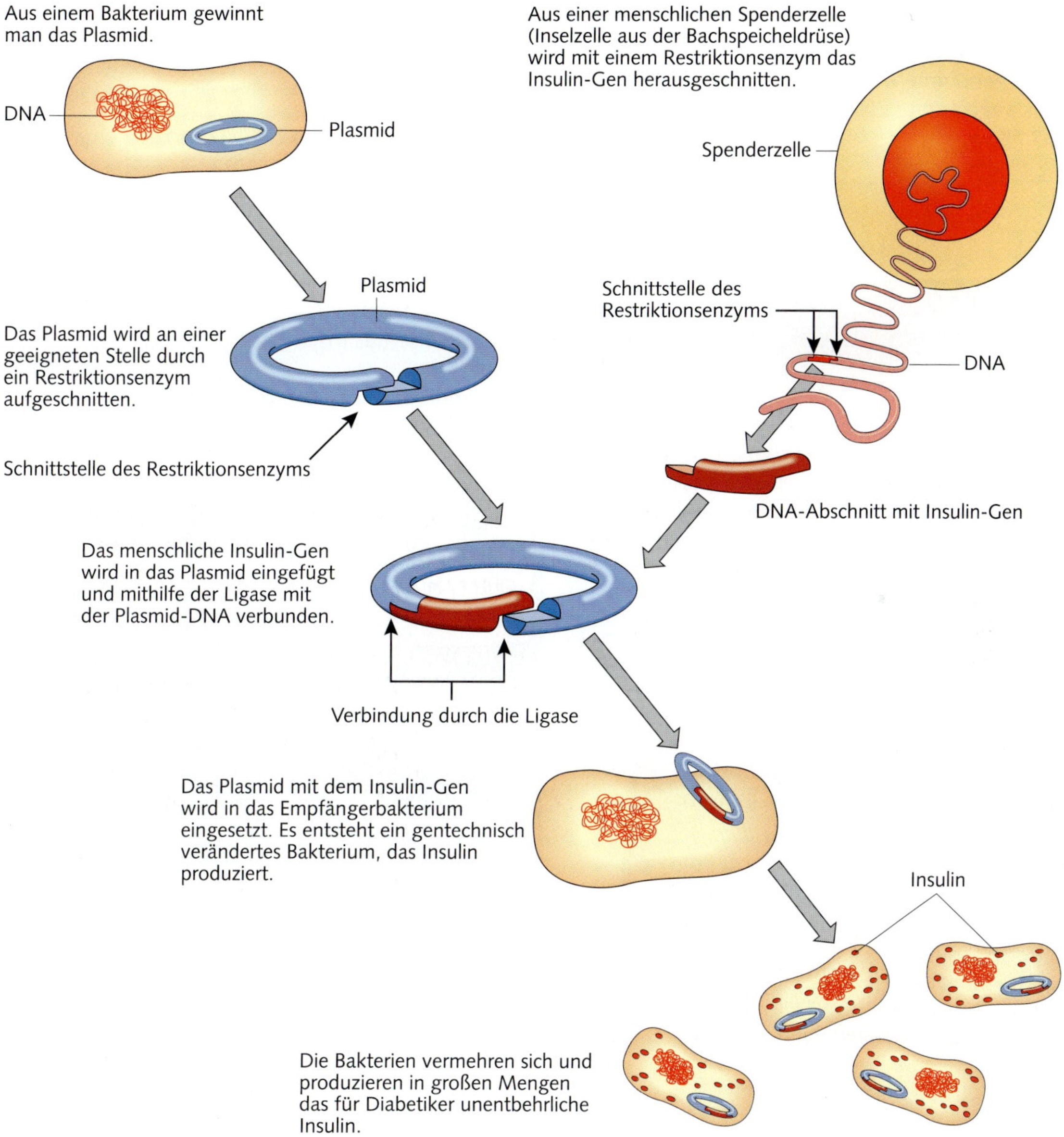

1 Gentechnische Herstellung von Insulin

Gentechnik in der Landwirtschaft

1. Schreibe mindestens drei verschiedene Eigenschaften auf, die durch Gentechnik in unterschiedliche Nutzpflanzen eingebracht wurden.

3. Durch Anwendung gentechnischer Verfahren wurde eine neue Reissorte, der „Golden Rice", entwickelt.
a) Was wurde in dieser neuen Reissorte verändert?
b) Wozu hat man diese Veränderungen vorgenommen?
c) Ist das angestrebte Ziel realisiert worden? Nimm Stellung zu der Frage.

2. Die Tabelle zeigt die Anbauflächen in Hektar von Bt-Mais in verschiedenen Ländern.
a) Erstelle aus den Daten ein geeignetes Diagramm.
b) Beschreibe, wie sich der Anbau in den Jahren verändert hat.
c) Stellt Vermutungen auf, warum es in Frankreich seit 2008 (und in Deutschland seit 2009) ein Anbauverbot gibt.

	1999	2006	2007	2008
Spanien	18 000	53 667	75 148	79 269
Frankreich	100	5 000	21 147	Anbauverbot
Deutsch-	350	947	2 685	3 179
USA	12 500 000	19 600 000	27 400 000	28 200 000
weltweit	7 800 000	24 000 000	35 200 000	35 200 000

4. Der Maiszünsler verursacht im Maisanbau bis zu 30 % Ertragsverluste.
a) Informiert euch, wie das Insekt lebt, und stellt es in der Klasse vor.
b) Nenne verschiedene Möglichkeiten der Schädlingsbekämpfung beim Maiszünsler.

Chancen und Risiken der „grünen Gentechnik"
- Das Erbgut wurde schon immer verändert.
- Der Anbau von GVO leistet einen unverzichtbaren Beitrag zur Lösung des Welternährungsproblems.
- Die GVO produzieren Proteine, die es in den Organismen vorher nicht gab. Diese Proteine können Allergien auslösen.
- Es werden weniger Spritzmittel ausgebracht.
- Die Veränderung der Erbinformation kann zu völlig unerwünschten Folgen führen.
- Die Landwirte sind abhängig von den Saatgutherstellern, die auch die entsprechenden Spritzmittel verkaufen.
- Die Fremdgene können unkontrolliert auf verwandte Nutzpflanzen und Wildpflanzen übertragen werden.

5. a) Suche nach Beispielen, die die Aussagen zu den Chancen und Risiken der „grünen Gentechnik" belegen oder widerlegen.
b) Nimm Stellung zu den Aussagen und begründe deine Meinung.

Die „Grüne Gentechnik"

Unter „Grüner Gentechnik" versteht man die gezielte gentechnische Veränderung von Pflanzen. Dabei werden unterschiedliche Ziele verfolgt, zum Beispiel gesteigerter Ertrag, erhöhter Vitamin- oder Eiweißgehalt, Verbesserung der Haltbarkeit. Ein weiteres Ziel ist es, Pflanzen zu gewinnen, die widerstandsfähig gegen Krankheiten und Schädlingsbefall sind. Diese ▸**GVO** sind dann **resistent,** also unempfindlich gegen bestimmte Schadinsekten, Viren, Pilze oder Bakterien. Auch werden Pflanzen genetisch so verändert, dass sie resistent gegen spezielle Pflanzengifte (Herbizide) sind, sodass auf Anbauflächen dieses Gift eingesetzt werden kann, ohne die angebauten Pflanzen zu schädigen. Es werden also nur noch die unerwünschten Pflanzen abgetötet.

2 Mais – gentechnisch verändert oder nicht?

Gentechnisch veränderter Mais

Ein Beispiel dafür, wie man eine Pflanze gentechnisch so verändert hat, dass sie gegen einen Schädling resistent wird, ist der **Bt-Mais.** Mais gehört mit Weizen und Reis zu den wichtigsten Nahrungs- und Futterpflanzen der Welt. Durch Ernteausfälle entstehen weltweit Schäden von mehreren 100 Millionen Euro. Grund für die Ernteausfälle beim Mais ist unter anderem der Befall durch einen Schädling, den **Maiszünsler.** Um diese Ausfälle zu verringern, wurde in Maispflanzen ein Gen eines Bodenbakteriums eingeschleust. Dieses Bakterium (Bacillus thuringiensis, Abkürzung: Bt) produziert ein Gift gegen Insektenlarven. Durch das eingeschleuste Gen stellen die Maispflanzen das Gift selbst her. Insektenlarven wie die des Maiszünslers, die von diesem gentechnisch veränderten Bt-Mais fressen, sterben.

Kritiker weisen auf mögliche Risiken hin: So könnten durch den Giftstoff andere Insektenlarven getötet werden. Außerdem muss sichergestellt werden, dass der Bt-Giftstoff nicht in den menschlichen Körper gelangt und Allergien auslöst. Im Übrigen ist es schwer zu verhindern, dass gentechnisch veränderter Pollen auch das Erbgut herkömmlicher Maissorten verändert.

1 Maiszünsler. A *Schmetterling;* **B** *Raupe;* **C** *Schadbild*

Gentechnik in Lebensmitteln – Genfood ja oder nein?

Die Diskussion um gentechnisch veränderte Lebensmittel wird in der Öffentlichkeit strittig geführt. Viele Verbraucher sind verunsichert und wollen wissen, ob „da Gentechnik drin ist" und woran man dies erkennt. Sie möchten selbst entscheiden, ob sie gentechnisch veränderte Lebensmittel kaufen. Aus diesem Grund müssen in der EU gentechnisch veränderte Tomaten, Kartoffeln oder Äpfel im Handel gekennzeichnet werden. Doch was ist mit anderen Lebensmitteln oder mit Fleisch von Tieren, die mit Bt-Mais gefüttert wurden? In der EU gibt es eine gesetzliche Regelung, wonach Lebensmittel hinsichtlich gentechnischer Veränderungen kennzeichnungspflichtig sind, wenn sie:

- ein GVO sind, z. B. Bt-Mais, GV-Kartoffeln
- GVO enthalten, z. B. Jogurt mit GV-Bakterien
- aus GVO hergestellt werden, z. B. Öl aus GV-Sojabohnen.

Nicht kennzeichnungspflichtig in Bezug auf Gentechnik sind Produkte, wenn sie:

- mithilfe von GVO produziert wurden, z. B. Fleisch, Eier und Milch von Tieren, die mit GV-Pflanzen gefüttert wurden
- wenn sie Zusatzstoffe, Enzyme und andere Hilfsstoffe enthalten, die von GV-Bakterien produziert wurden
- zufällig und nicht beabsichtigt GVO enthalten (Anteil < 0,9 %).

Gentechnik überall

1. Stelle für die abgebildeten Produkte dar, in welcher Weise die Gentechnik eine Rolle spielt.

2. a) Zahlreiche Lebensmittel werden mithilfe von rekombinanten Enzymen produziert. Nenne Gründe, warum es auf den Verpackungen selten Hinweise dafür gibt.
b) Begründe, weshalb der Anteil von Lebensmitteln, die gentechnisch hergestellte Enzyme enthalten, heute so hoch ist?

4. Informiere dich beispielsweise in einer Apotheke, welche rekombinanten Arzneimittel es gibt. Gegen welche Krankheiten werden sie eingesetzt?

5. a) Informiere dich über das so genannte „Gene-Pharming“. Erläutere das Verfahren an einem geeigneten Beispiel.
b) Nenne Argumente für und gegen dieses gentechnische Verfahren zur Produktion von Arzneimitteln.

Gentechnik in der Lebensmittelindustrie

Die Verwendung von ▸Enzymen ist in der Lebensmittelindustrie von großer Bedeutung. Bei der Käseherstellung aus Kuhmilch werden beispielsweise Enzyme benötigt, die traditionell aus dem Labmagen von Kälbern gewonnen werden.
Natürlicherweise werden Enzyme in Organismen jedoch nur in sehr geringen Mengen hergestellt. Daher war ihre Gewinnung und industrielle Anwendung in Massenprodukten lange Zeit begrenzt und viel zu teuer. Auch eine chemische Synthese ist auf Grund der komplizierten Molekülstruktur der Enzyme kaum möglich.

Heute können Enzyme von gentechnisch veränderten Mikroorganismen kostengünstig in größeren Mengen hergestellt werden. Man spricht von **rekombinanten Enzymen.** In Deutschland werden etwa 70 % aller Lebensmittel unter Verwendung rekombinanter Enzyme produziert. Auch in der chemischen Industrie werden rekombinante Enzyme eingesetzt. Sie sind beispielsweise in fast allen Waschmitteln enthalten und werden auch für die Herstellung von Textilien, Leder, Papier und Kosmetika verwendet. Neben den Enzymen können Produkte der Lebensmittelindustrie auch gentechnisch hergestellte Zusatzstoffe wie zum Beispiel Geschmacksverstärker oder Vitamine enthalten.

Gentechnik in der Medizin

Viele Wirkstoffe in Medikamenten werden inzwischen gentechnisch hergestellt. Bei diesen so genannten **rekombinanten Arzneimitteln** handelt es sich meist um „körpereigene“ Proteine wie beispielsweise die Hormone ▸Insulin oder Erythropoetin (EPO). Das EPO fördert als Medikament die Blutbildung, kann aber auch als Dopingmittel missbraucht werden.

Das **Gene-Pharming** ist hingegen ein Verfahren, um Arzneimittelwirkstoffe, aber auch andere artfremde Proteine in Tieren wie Schafen, Ziegen, Kühen oder Mäusen zu produzieren. So konnten beispielsweise transgene Ziegen erzeugt werden, die mit der Milch einen menschlichen Blutgerinnungsfaktor ausscheiden. Das Protein kann dann aus der Milch isoliert und zu einem Arzneimittel weiterverarbeitet werden.

Informationsquellen im Internet kritisch genutzt

Methode

Im Internet gibt es neben vielen brauchbaren Informationen auch falsche oder sehr einseitige Darstellungen von Sachverhalten. Weil jeder innerhalb gesetzlicher Regeln schreiben kann, was er möchte, musst du also vorsichtig sein, wenn du dir Informationen aus dem Internet beschaffst. Mithilfe der folgenden Fragen kannst du Internetangebote überprüfen und bewerten, wie seriös und objektiv die Inhalte sind und ob die Seite damit letztlich brauchbar ist.

1. a) Suche im Internet Argumente für und gegen den Anbau von Bt-Mais. Stelle die Argumente in einer Tabelle gegenüber.
b) Charakterisiere die Anbieter der Websites. Handelt es sich um eine Privatperson, eine Firma, eine wissenschaftliche Institution, eine Umweltorganisation oder eine andere öffentliche Organisation?
c) Belege anhand von Beispielen, wie die Meinungen der Anbieter die Auswahl der Informationen und die Darstellungen beeinflussen.

„copyright“: Verwendest du Texte und Abbildungen einer Internetseite für eigene Aufsätze oder Präsentationen, so musst du immer den ursprünglichen Verfasser zitieren.

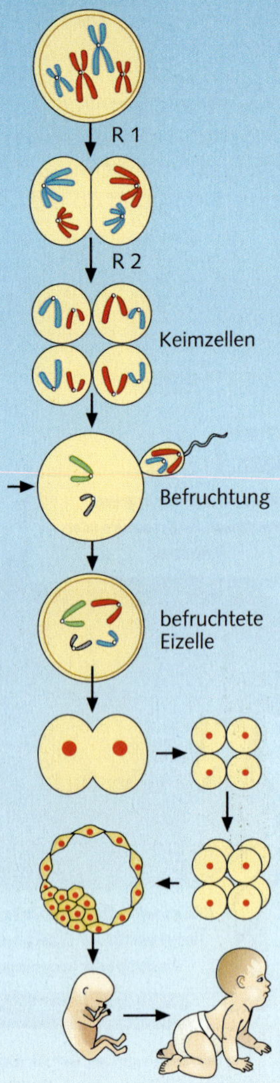

Keimzellbildung
Zur Bildung von Keimzellen findet eine spezielle Kernteilung statt, die Meiose oder Reifeteilung. Entscheidend ist dabei die erste Reifeteilung. Hierbei trennen sich die homologen Chromosomen, und die Zahl der Chromosomen halbiert sich so. Gleichzeitig entscheidet sich, welche Kombination von Chromosomen in eine Keimzelle gelangt.

Befruchtung
Die Chromosomen bzw. Gene einer Eizelle und einer Spermazelle kommen bei der Befruchtung zufällig zusammen und bilden die genetische Ausstattung eines neuen Individuums.

Entwicklung
Der Embryo und der ganze Organismus entwickeln sich durch Zellteilungen und Zelldifferenzierung in unterschiedliche Zelltypen auf der Grundlage der Erbinformation. Daneben spielen auch Umwelteinflüsse eine wichtige Rolle.

Chromosomenschäden
Sind Chromosomen beschädigt oder liegen sie wie beim DOWN-Syndrom in veränderter Zahl vor, kommt es zu Behinderungen oder sogar zum Tod des Embryos.

Erbregeln
Zu jedem Gen gibt es zwei Allele in den diploiden Körperzellen.
Eine vorliegende Kombination von Allelen bezeichnet man als Genotyp, beispielsweise aA. Sie wirkt sich auf den Phänotyp, also auf das beobachtbare Merkmal aus. Oft ist ein Allel dominant über das andere, das dann als rezessiv bezeichnet wird. Ist beispielsweise A dominant über a, so ist bei einem Genotyp aA der Phänotyp A. Liegen gleiche Allele zu einem Gen vor, so ist der Organismus reinerbig (zum Beispiel aa oder AA), liegen unterschiedliche Allele vor, ist er mischerbig (hier: aA).
Bei Keimzellbildung und Befruchtung werden die Allele zufallsbedingt neu kombiniert. Erbschemata verdeutlichen die Wahrscheinlichkeiten für das Auftreten verschiedener Genotypen und Phänotypen.

Gregor MENDEL entdeckte diese Zusammenhänge und formulierte drei Erbregeln:
die Uniformitätsregel,
die Spaltungsregel und
die Unabhängigkeitsregel.

Züchtung
Für die Tier- und Pflanzenzucht nutzt man die Erkenntnisse der Genetik in der Auslesezüchtung, Kombinationszüchtung, Mutationszüchtung, Hybridzüchtung sowie der Polyploidisierung.

Klone
Klone sind genetisch identische Organismen. Einzeller, die sich durch Zellteilung vermehren, sind Klone, ebenso Pflanzen, die sich vegetativ zum Beispiel durch Ableger vermehrt haben. Beim Menschen sind eineiige Zwillinge natürliche Klone. Heute kann man Tiere künstlich klonen, indem man den Zellkern einer embryonalen Zelle austauscht gegen einen Zellkern eines anderen Tieres, dessen Klon sich dann entwickelt.

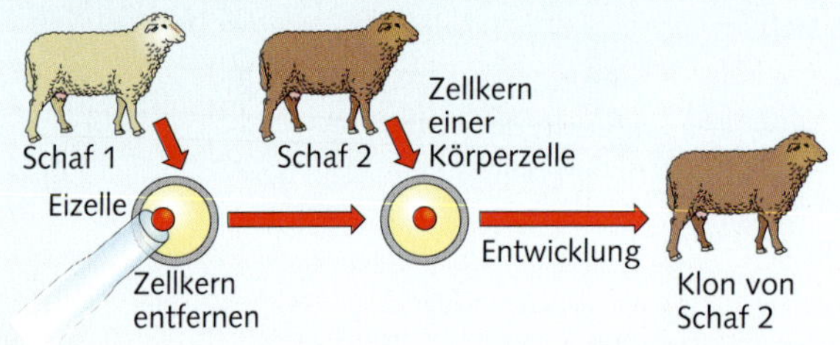

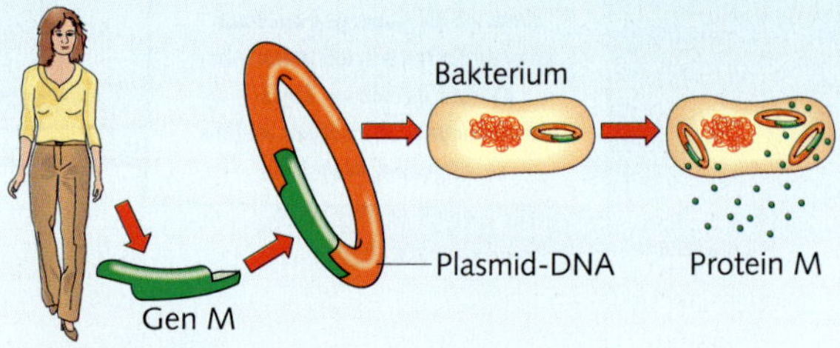

Gentechnik
Mithilfe der Gentechnik lassen sich Gene von einem Organismus in einen anderen übertragen. Gentechnisch veränderte Organismen (GVO) lassen sich beispielsweise zur Produktion bestimmter Proteine nutzen oder werden in der Landwirtschaft verwendet. Erste noch bescheidene Erfolge erzielte man auch bei der Gentherapie einiger Krankheiten. Nutzen und Risiken der Gentechnik müssen in jedem Einzelfall kritisch geprüft werden.

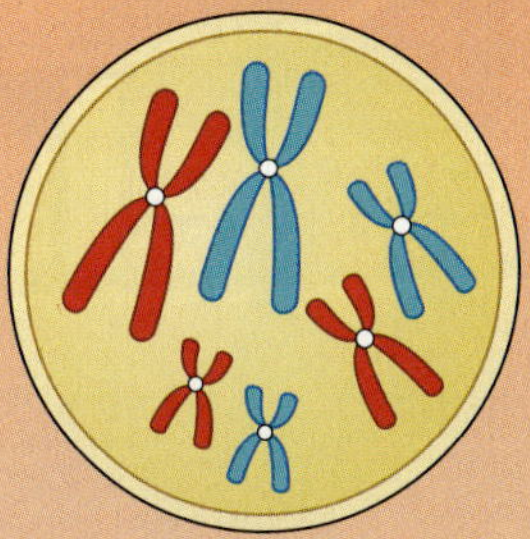

1. Oben ist eine Urkeimzelle mit 2n = 6 Chromosomen dargestellt.
a) Zeichne alle Möglichkeiten, wie in der Meiose I die homologen Chromosomen verteilt werden können.
b) Zeichne auch die Meiose II. Wie viele verschiedene Keimzelltypen ergeben sich?

2. Wodurch und zu welchem Zeitpunkt wird das Geschlecht eines Menschen festgelegt? Erkläre.

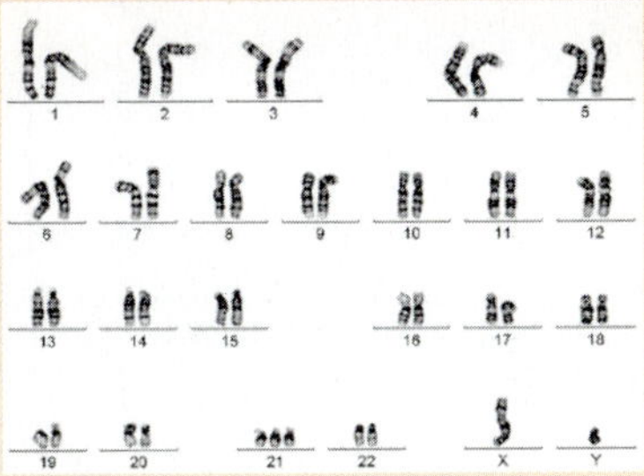

3. a) Werte das obige Karyogramm aus. Ist ein Junge oder ein Mädchen untersucht worden? Welche Auffälligkeit zeigt sich?
b) Wie nennt man die hier erkennbare Erkrankung? Welche Symptome sind dafür typisch?
c) Nenne Faktoren, die das Risiko, ein Kind mit einer derartigen Chromosomenveränderung zu bekommen, beeinflussen.

4. Die Anzahl der Geschlechtschromosomen kann von den Normalfällen abweichen. Recherchiere und berichte zu diesem Thema.

5. Ein reinerbig weißes Meerschweinchen (Genotyp ww) wird mit einem reinerbig schwarzen Meerschweinchen (Genotyp WW) gekreuzt. Schwarz (W) ist dominant gegenüber weiß (w).

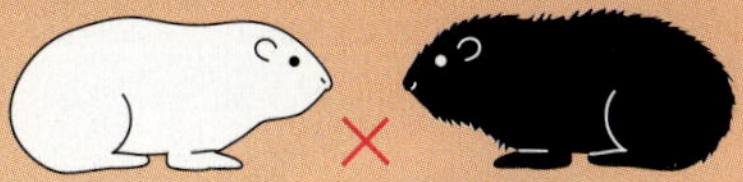

a) Welche Genotypen und welche Phänotypen treten in der 1. Tochtergeneration F_1 auf? Welche MENDELsche Erbregel wird hier deutlich?
b) Kreuze nun zwei Tiere der F_1-Generation untereinander. Ermittele die Wahrscheinlichkeiten für die Genotypen und die Phänotypen in der 2. Tochtergeneration F_2. Übertrage dazu folgendes Kreuzungsschema in dein Heft und ergänze es.

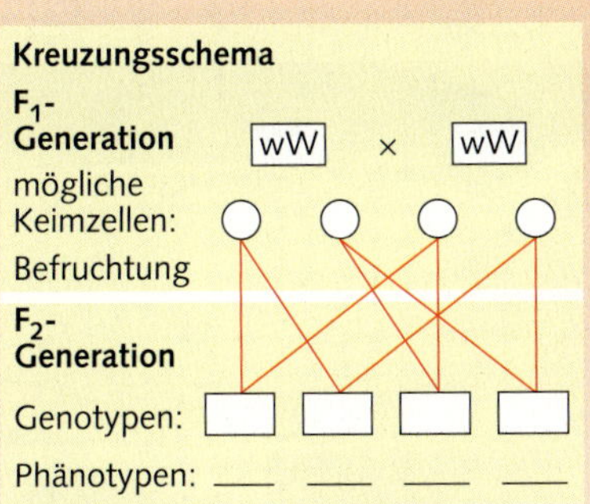

c) Führe dieselbe Kreuzung mithilfe eines Kombinationsquadrates aus.

Kombinationsquadrat
Eltern: wW X wW
Keimzellen und F_1:

Keimzellen		

d) Welche MENDELsche Erbregel wird hier deutlich?

6. Die Meerschweinchen aus Aufgabe 5 unterscheiden sich nicht nur in der Fellfarbe, sondern zusätzlich in der Fellform. Die reinerbig weißen Meerschweinchen sind auch reinerbig glatthaarig, die reinerbig schwarzen sind reinerbig rauhaarig. Rauhaarig ist dominant gegenüber glatthaarig.
a) Bezeichne die Allele für „rauhaarig" und „glatthaarig" sinnvoll mit Buchstaben.
b) Schreibe die Genotypen der Elterntiere auf und erstelle Kombinationsquadrate für die F_1- und F_2-Generation. Welche Phänotypen treten in der F_2-Generation auf und mit welchen Wahrscheinlichkeiten?
c) Welche neuen Phänotypen sind durch diese Kombinationskreuzung entstanden?

7. Gesunde Eltern haben ein an Mukoviszidose erkranktes Kind.
a) Mit welcher Wahrscheinlichkeit wird ein weiteres Kind diese Erkrankung haben? Begründe mithilfe der Erbregeln.
b) Welche Möglichkeiten der Familienberatung und vorgeburtlichen Diagnostik gibt es in diesem Fall und welche Probleme sind damit verbunden?

8. Bluterkranke benötigen oft ein Medikament, das einen Blutgerinnungsfaktor enthält. Dieses menschliche Protein wird heute gentechnisch produziert. Erkläre anhand selbst erstellter Folien, wie dies geschieht.

9. Stelle eine Nutzpflanze vor, die gentechnisch verändert wurde. Welches Gen wurde eingebracht? Welcher Vorteil ergibt sich und welche Risiken sind damit verbunden?

Steuern und Regeln

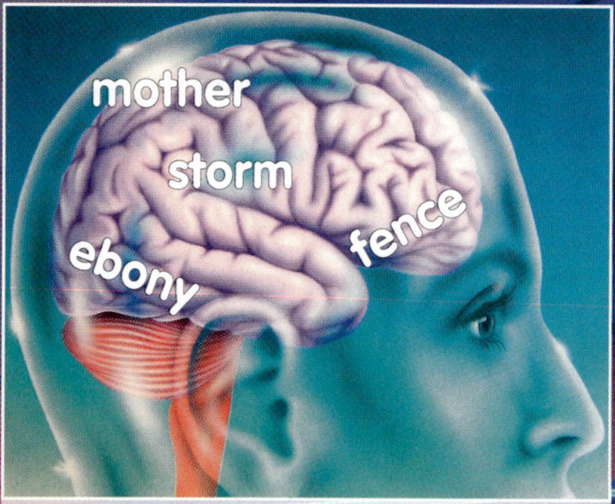

Manche Vokabeln kann ich mir leichter merken als andere.
Was passiert beim Lernen im Gehirn?
Wie kann ich besser lernen?

Warum fällt man beim Stolpern meist doch nicht hin?
Wie kann der Mensch seine Bewegungen so schnell steuern?

Warum ist es so schwer, Robotern das Fußballspielen beizubringen?

Machen Bananen wirklich glücklich?

Die Dosis macht das Gift. Tollkirschen wirken tödlich, machen toll oder sogar schön. Was heißt hier toll und was ist schön?

Warum kann Christian seine Beine nicht bewegen? Was könnte passiert sein?

Nerven steuern Lebensvorgänge

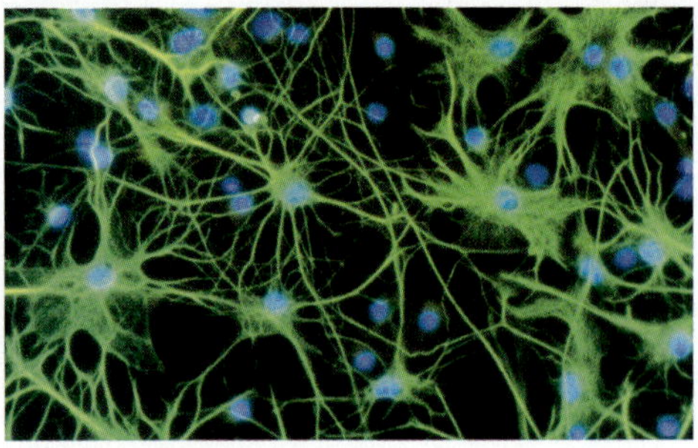

1. a) Nenne Redewendungen, in denen der Begriff „Nerven“ vorkommt, und erkläre sie.
b) Beschreibe, was man in der Biologie unter „Nerven“ versteht.

2. Welche Bereiche des Nervensystems treten bei folgenden Tätigkeiten in Aktion? Begründe. Nutze auch den Informationstext.
a) mit der Hand schreiben
b) eine Knobelaufgabe lösen
c) starkes Herzklopfen
d) ein Buch lesen
e) tanzen
f) schlafen
g) küssen

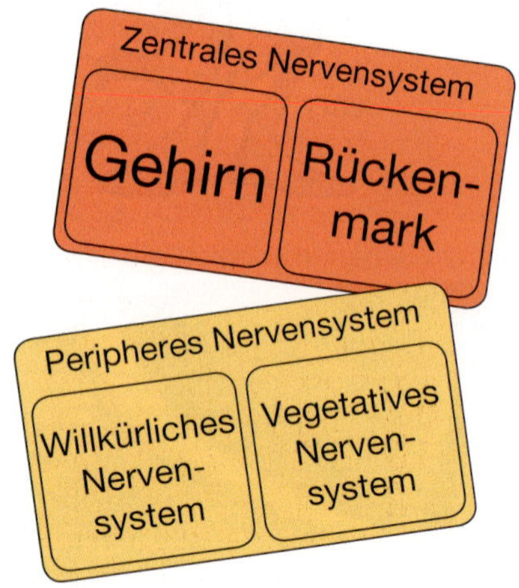

3. Vergleiche den Aufbau des Nervensystems eines Süßwasserpolypen mit dem des Menschen und stelle die Unterschiede heraus.

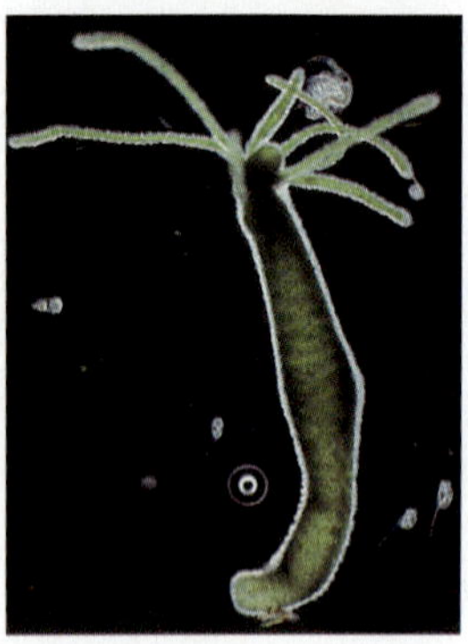

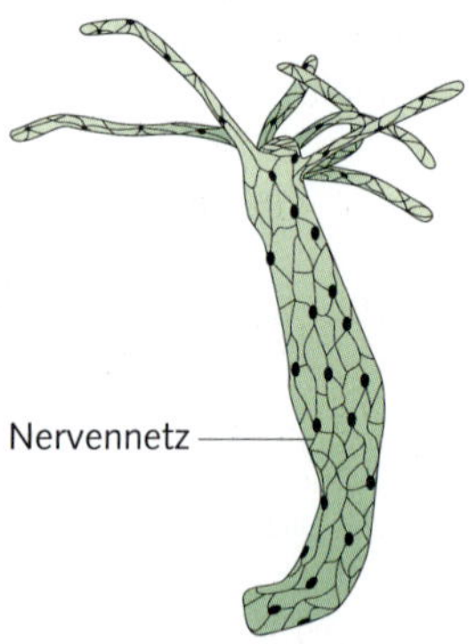

4. Das Nervensystem des Menschen arbeitet mit verschiedenen anderen Organen bzw. Organsystemen zusammen. Einige dieser Zusammenhänge werden durch das Puzzle dargestellt.
a) Finde mehr über die Funktionen heraus, die die einzelnen „Puzzleteile“ erfüllen, und beschreibe sie jeweils kurz.
b) Erläutere am Beispiel eines Handballtorwartes, der auf einen sich nähernden Ball reagiert, wie die „Puzzleteile“ zusammenarbeiten.
c) Erstelle ein „Reiz-Reaktions-Schema“, in dem du das beschriebene Zusammenspiel ▸visualisierst. Wähle selbst eine geeignete Darstellungsform aus und erläutere die Zusammenhänge anschließend vor der Klasse.

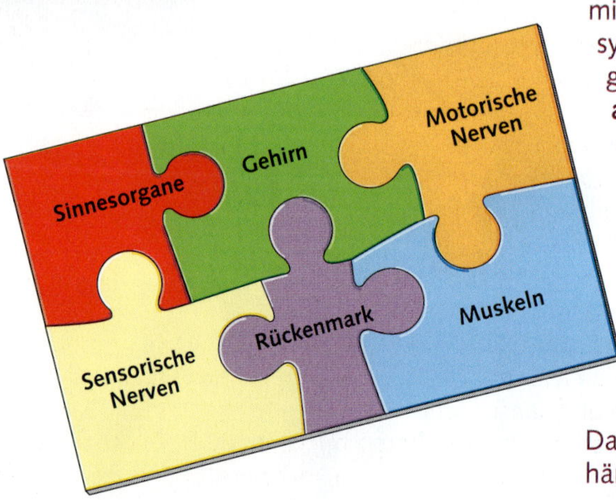

5. Bewerte die hier gewählte Darstellung der Zusammenhänge als Puzzle. Wofür erscheint sie dir geeignet und wo liegen ihre Grenzen? Schlage eine Darstellung vor, die das Zusammenspiel der verschiedenen Organe und Organsysteme besser verdeutlicht.

1 Snowboarder in Aktion

Komplexe Aufgabe

Schaut man erfahrenen Sportlern zu, zum Beispiel auf einer Skipiste, so sehen ihre „Kunststücke“ oft ganz leicht aus. Steht man aber als Anfänger erstmals auf Skiern, so wird einem schnell klar, wie schwierig es bereits ist, sich aufrecht zu halten. Zu viele Bewegungen müssen koordiniert werden, um nicht hinzufallen. Und auf die anderen Pistenbesucher muss man ja auch noch achten.

Steuerzentrale des Körpers

Auch wenn uns dies meist nicht so bewusst ist: Selbst bei ganz normalen Tätigkeiten, etwa beim Gehen oder Fahrradfahren, regelt das ▸ **Gehirn** viele einzelne Muskeln und berücksichtigt dabei die Schwerkraft und die Umgebung. Gleichzeitig regelt das Gehirn ganz ohne unseren Einfluss die Körpertemperatur, unsere Atmung und Verdauung sowie eine Vielzahl weiterer Vorgänge. Nicht zuletzt speichern wir auch zahlreiche Informationen, können lernen und uns an Dinge und Gefühle erinnern.
Manche Reaktionen des Körpers laufen aber auch ohne Beteiligung des Gehirns ab. Hierzu gehören zum Beispiel die ▸Reflexe, die im ▸**Rückenmark** ausgelöst werden. Es ist eng mit dem Gehirn verknüpft. Gehirn und Rückenmark bilden zusammen das **zentrale Nervensystem (ZNS).** Es ist die Steuerzentrale des Körpers.

Nachrichtennetzwerk

Jede Art der Steuerung kann immer nur auf der Grundlage von Informationen ablaufen. Um auf etwas zu reagieren, muss der Körper erst einmal „wissen“, auf was er zu reagieren hat. Unsere **Sinnesorgane** nehmen Informationen aus unserer Umwelt und aus unserem Körpers auf und wandeln sie in ▸elektrische Nervenimpulse um.
Egal, ob die Augen Licht, die Ohren Schall, die Haut eine Temperatur oder spezielle Rezeptoren den Dehnungszustand unserer Muskeln aufnehmen, alles wird in elektrische Nervenimpulse umgewandelt und über so genannte ▸ **sensorische Nerven** zum ZNS geleitet.
Aufgrund dieser Informationen löst das ZNS dann eine Reaktion aus. Damit der Körper dann auch tatsächlich reagieren und eine entsprechende Bewegung ausführen kann, müssen umgekehrt auch Informationen vom ZNS im ganzen Körper, beispielsweise zu den Muskeln, geleitet werden. Dies ermöglichen die ▸**motorischen Nerven.**
Motorische und sensorische Nerven gehören zum **peripheren Nervensystem.** Es durchzieht fein verästelt den ganzen Körper und dient zur Informationsübertragung.

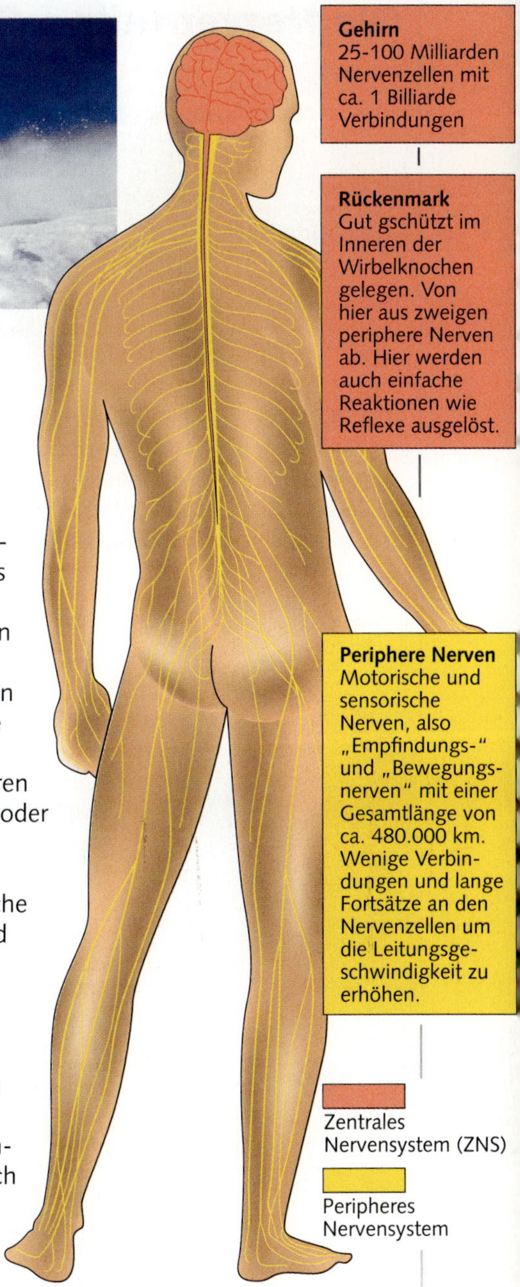

2 Nervensysteme des Menschen

Steuerung ohne Willen

Viele innere Organe wie Magen und Darm werden vom Gehirn gesteuert, ohne dass wir dies durch unseren Willen beeinflussen können. Man unterscheidet daher zwischen dem willkürlichen Nervensystem, welches die bewussten Reaktionen steuert und dem ▸**vegetativen Nervensystem,** dessen Reaktionen wir nicht durch unseren Willen beeinflussen können.

Die Nervenzelle – Grundbaustein des Nervensystems

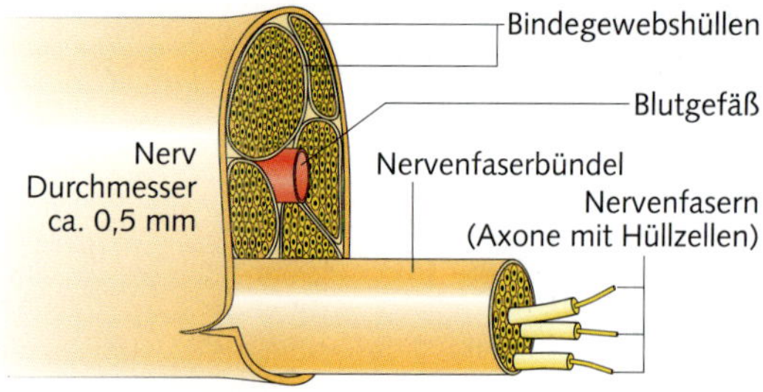

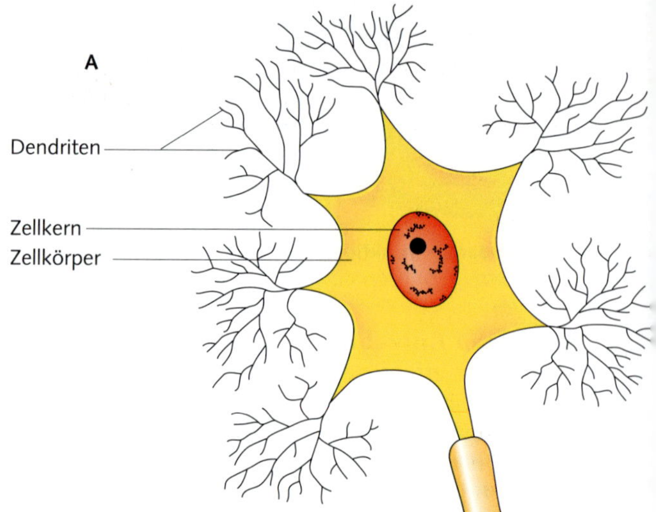

1. a) Beschreibe, aus welchen Bestandteilen ein Nerv besteht. Erkläre, wie diese zusammengesetzt sind und welche Aufgabe sie jeweils haben.
b) Zeige, wie die einzelne Nervenzelle durch ihren Bau an ihre Funktion angepasst ist.

2. Die Abbildungen links zeigen verschiedene Zelltypen des Menschen maßstabsgetreu.
a) Vergleiche die verschiedenen Zelltypen untereinander und mit der Nervenzelle rechts.
b) Die schematische Abbildung der Nervenzelle rechts ist nicht maßstabsgetreu. Nutze den Informationstext und finde heraus, wie groß Nervenzellen sind. Berechne, wie groß man eine Nervenzelle zeichnen müsste, damit sie zu den Zellen links passt.
Gib den berechneten Durchmesser des Zellkörpers und die Länge des Axons in Zentimetern an.

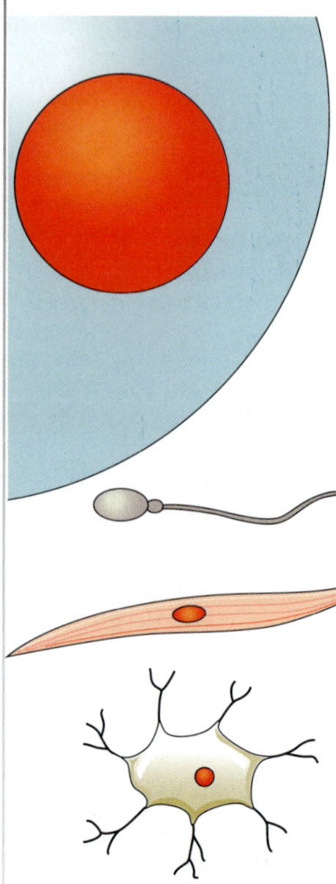

Eizelle (Ausschnitt)
Durchmesser 200 µm

Spermium
Länge 60 µm

Muskelzelle
Länge 50-200 µm

Knochenzelle
Durchmesser 20-40 µm

3. Frisches Nervengewebe (wie etwa von Rindern) gilt als „Risikomaterial" und darf in der Schule nicht untersucht werden. Finde heraus, was an Nervengewebe gefährlich sein könnte, und berichte.

4. Die Informationsleitung im Axon einer Nervenzelle erfolgt so schnell, dass das etwa einen Meter lange Axon in nur einer Hundertstel Sekunde (0,01 s) durchlaufen wird. Wie schnell (in $\frac{km}{h}$) müsste ein Auto fahren, um ebenfalls einen Meter in einer Hundertstel Sekunde zurückzulegen?

5. Mikroskopiere Fertigpräparate mit Nervenzellen oder Nervengewebe.
a) Fertige eine Zeichnung oder ein Mikrofoto an und beschrifte die Darstellung mithilfe des Informationstextes und der Abbildung 2.
b) Kopiere dein Bild auf eine Folie und erläutere es vor der Klasse.

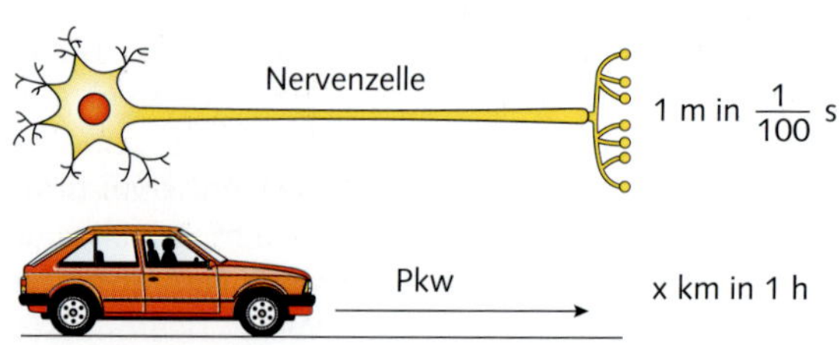

Nervenzellen – Grundbausteine des Nervensystems

Das Nervensystem ist ein komplexes System, welches mit der Steuerung vieler Körperfunktionen eine wichtige Funktion zu erfüllen hat. Dabei kann man grob zwei Bereiche voneinander unterscheiden: Die Verarbeitung von Informationen, die vom ▸zentralen Nervensystem (ZNS) übernommen wird, und die Weiterleitung von Informationen, die Aufgabe des ▸peripheren Nervensystems ist. Obwohl die Aufgaben sowohl des zentralen als auch des peripheren Nervensystems verschieden sind, ähneln sich ihre Grundbausteine, **Nervenzellen,** in ihrem Grundbauplan stark.

Bau von Nervenzellen

An einem dicken Zellbereich, dem **Zellkörper,** befinden sich zahlreiche verästelte und eher kurze Fortsätze, die **Dendriten.** Sie stehen in Kontakt mit weiteren Nervenzellen, von denen sie Informationen sammeln. Auf diese Weise entstehen Netzwerke aus vielen Nervenzellen, die Informationen verarbeiten können.

Vom Zellkörper der Nervenzelle geht das **Axon,** ein einzelner, oft besonders langer Fortsatz aus. Er dient dazu, Informationen an andere Zellen weiterzuleiten. Obwohl die Zellkörper der Nervenzellen mit einem Durchmesser von etwa 30 µm, also 30 Millionstel Metern, eher zu den kleinen Zellen des Körpers zählen, können ihre Axone ganz beträchtliche Längen erreichen. So kann es sein, dass der Zellkörper einer Nervenzelle im Rückenmark zu finden ist und das Axon das ganze Bein durchläuft und erst am Zeh endet.

Oft wird das Axon von **Hüllzellen** umkleidet. Diese flachen Zellen sind, ähnlich wie isolierendes Klebeband, um das Axon herumgewickelt.

An seinem Ende verzweigt sich das Axon zu so genannten **Endknöpfchen.** Diese Endknöpfchen können zum Beispiel auf einem Muskel liegen oder aber auch auf Dendriten weiterer Nervenzellen.

Axone bilden zusammen mit ihren Hüll- und weiteren Hilfszellen die Nervenfasern. Bindegewebe umschließt jeweils ein Bündel dieser Fasern und mehrere derartiger Bündel bilden einen **Nerv.**

Informationsleitung

Nervenzellen transportieren ständig geladene Teilchen durch ihre Membranen. Infolgedessen sind positive und negative Ladungen innerhalb und außerhalb der Zelle nicht gleich verteilt. Normalerweise überwiegen im Inneren der Zelle negative, außen jedoch positive Ladungen. So entsteht eine elektrische Spannung, die **Ruhespannung.** Das Erzeugen und Aufrechterhalten der Ruhespannung benötigt viel Energie. Daher sind sowohl das ZNS als auch die peripheren Nerven gut durchblutet.

Wird nun beispielsweise eine Nervenzelle in der Hand durch eine Tastsinneszelle erregt, kehrt sich die elektrische Spannung an dieser Zelle kurzzeitig um. Dieser **elektrische Impuls** läuft vom Zellkörper weg am Axon entlang. Da die Hüllzellen wie eine Isolationsschicht wirken, kann er sich jedoch nur an den schmalen Bereichen zwischen zwei Hüllzellen, den Schnürringen, ausprägen. Der Impuls „springt" sozusagen von Schnürring zu Schnürring, sodass Geschwindigkeiten von 100 Metern pro Sekunde erreicht werden.

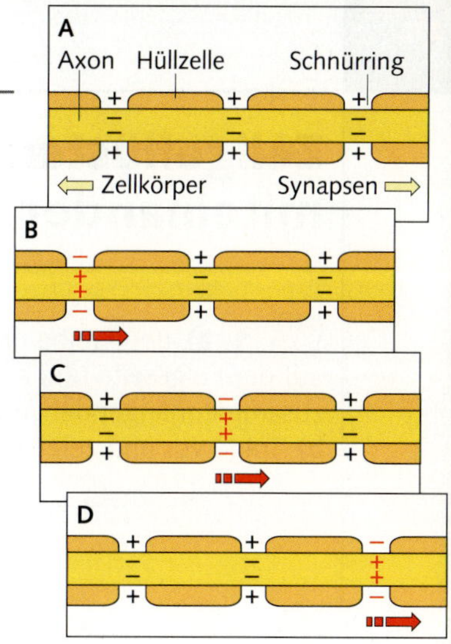

2 Informationsleitung (Schema). **A** *Ruhezustand;* **B–D** Entstehung und *Weiterleitung des elektrischen Impulses*

Informationsverarbeitung

Über die Endknöpfchen steht eine Nervenzelle mit weiteren Zellen in Kontakt. Diese Kontaktstellen, über die die Nervenzellen miteinander „verschaltet" sind, nennt man **▸Synapsen.** Durch die komplexe Verschaltung zahlreicher Zellen kann der Körper Informationen nicht nur weiterleiten, sondern auch verarbeiten. Die Funktionen des Gehirns gehen letztlich auf diese Verschaltungen zurück und so findet man im ZNS Nervenzellen, die über besonders viele Dendriten und Synapsen verfügen. Ihre Axone sind oft kurz. Nervenzellen des peripheren Nervensystems haben dagegen meist weniger Kontaktstellen, dafür aber sehr lange Axone.

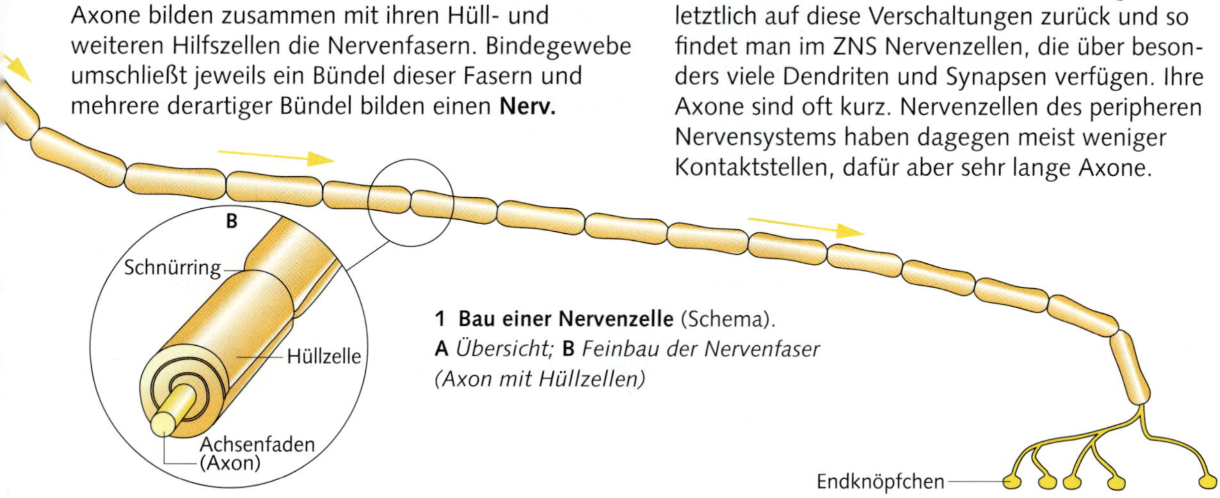

1 Bau einer Nervenzelle (Schema). **A** *Übersicht;* **B** *Feinbau der Nervenfaser (Axon mit Hüllzellen)*

Zellgeflüster – Nervenzellen stehen miteinander in Kontakt

1. a) Beschreibe die Funktionsweise einer Synapse. Nutze dazu die Abbildung 1 auf der Folgeseite und erläutere die einzelnen dort dargestellten Vorgänge in einem zusammenhängenden Text.
b) Trage vor und zeige die jeweiligen Vorgänge parallel auf einer Folie der Abbildung 1.

2. Erläutere, wie sich die aufgeführten Gifte auf die Funktion der Synapse auswirken. Beschreibe dazu, wie die Informationsübertragung gestört wird, und stelle jeweils eine begründete Vermutung darüber an, welche Folgen das für den Organismus hat. Präsentiere deine Ergebnisse anhand einer Folie der Abbildung 1.

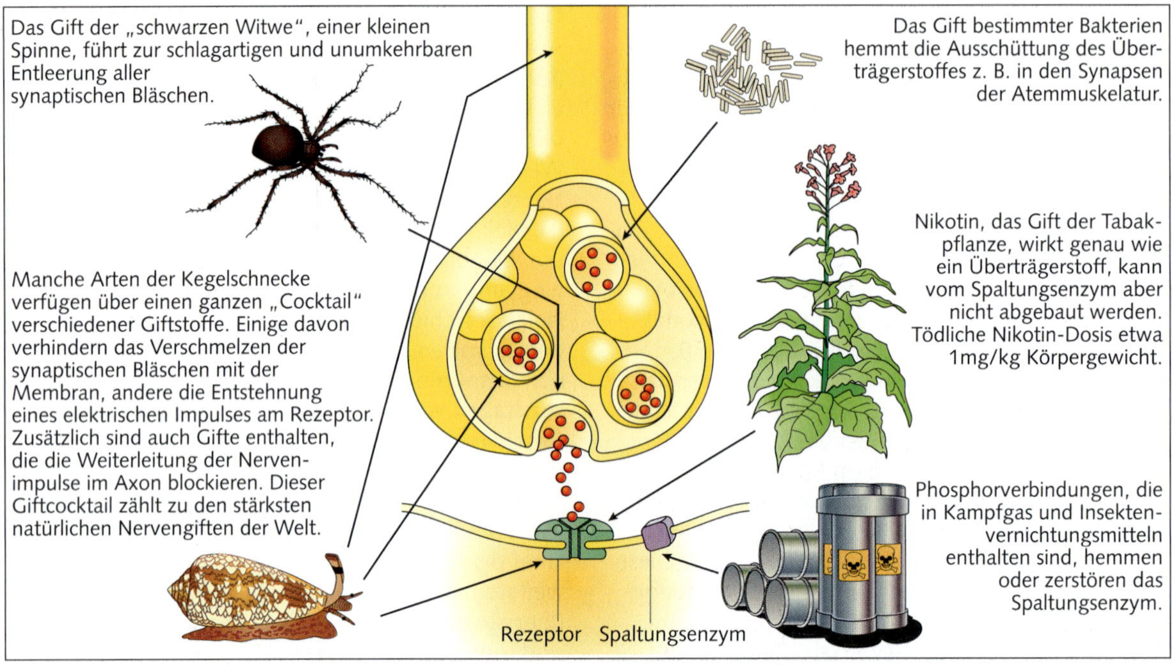

3. Auch Curare, das Pfeilgift der südamerikanischen Indianer, ist ein Synapsengift.
a) Finde mehr über seine Wirkung heraus und stelle sie dar. Erläutere dazu, wie der in der Abbildung 1 gezeigte Mechanismus durch das Gift gestört wird.
b) Für welches der in der Abbildung oben genannten Synapsengifte könnte Curare als Gegengift eingesetzt werden? Erläutere anhand der Wirkmechanismen.

Nervenzellen stehen miteinander in Kontakt

Als Teile des Nervensystems erfüllen Nervenzellen lebenswichtige Funktionen für den Körper. Dies können sie aber nicht alleine. Nervenzellen stehen daher mit anderen Nervenzellen, aber auch mit Drüsen- oder Muskelzellen in Kontakt. Die Übertragung von Informationen von einer Zelle auf eine andere ist wichtiger Bestandteil ihrer Funktion. Innerhalb der einzelnen Nervenzellen werden die Informationen in Form von ▸elektrischen Impulsen weitergegeben. Nervenzellen berühren sich aber nur selten direkt, wie Untersuchungen mit dem Elektronenmikroskop zeigen. Daher können auch die elektrischen Nervenimpulse nicht ohne weiteres von einer Zelle zur nächsten gelangen.

Berührungsloser Kontakt – die Synapse

Der Ablauf dieser Informationsübertragung ist in der Abbildung 1 am Beispiel einer Nervenzelle dargestellt, die mit einem Muskel in Verbindung steht. Dabei berühren sich Nerven- und Muskelzelle jedoch nicht, sondern sind durch einen schmalen Spalt voneinander getrennt. Endknöpfchen, Spalt und der hinter dem Spalt liegende Bereich der Folgezelle bilden zusammen die **Synapse.** Die Membranen vor und hinter dem Spalt enthalten jeweils ganz bestimmte Proteine. Außerdem findet man im Endknöpfchen zahlreiche kleine ▸Membranvesikel, die **synaptischen Bläschen.** Sie sind mit einem ganz bestimmten chemischen Stoff gefüllt, den man **Überträgerstoff** nennt. ▸Enzyme und der Überträgerstoff ermöglichen in Verbindung mit dem Bau der Synapse die Übertragung von Informationen von einer Zelle auf eine andere.

Empfindliches System

Die Synapse ist ein fein abgestimmtes System. Durch Eingriffe, etwa von Medikamenten, Giften oder Drogen, kann sie gestört werden und dann nicht mehr richtig funktionieren. So blockieren beispielsweise bestimmte Schmerzmittel die Ausschüttung des Überträgerstoffes in Synapsen, die für das Schmerzgefühl verantwortlich sind. Somit spürt man keine Schmerzen mehr. Auf die Dauer reagiert der Körper aber auf das Ausbleiben der Empfindung. Dann führen schon kleinste Mengen des Überträgerstoffes zu starken Schmerzen.

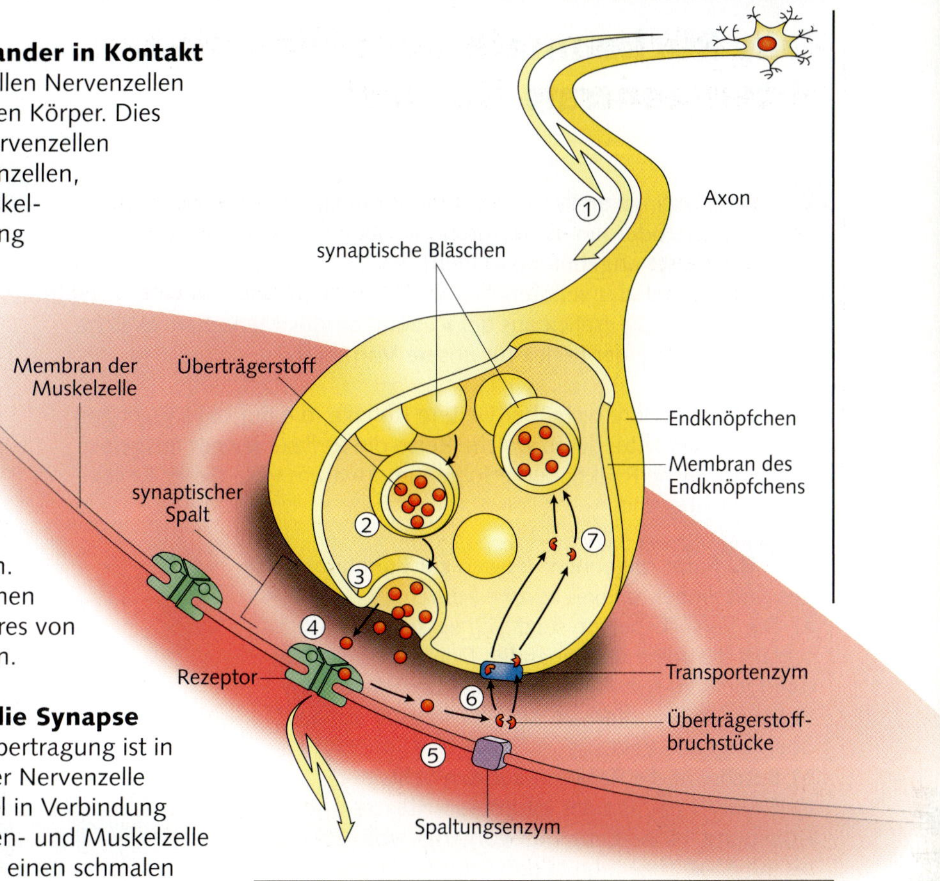

① Ein elektrischer Impuls erreicht über das Axon das Endknöpfchen ...

② ... und bewirkt dort, dass einige der mit Überträgerstoff gefüllten synaptischen Bläschen ...

③ ... mit der Membran des Endknöpfchens verschmelzen und den Überträgerstoff in den synaptischen Spalt abgeben.

④ Der Überträgerstoff überquert den Spalt und gelangt zum Rezeptor. Dort gibt es einen Bereich, an den Überträgerstoffmoleküle andocken können (Schlüssel-Schloß-Prinzip). Der Rezeptor ruft daraufhin einen neuen elektrischen Impuls hervor, bevor ...

⑤ ... sich der Überträgerstoff wieder ablöst und schließlich von einem Spaltungsenzym gespalten wird. Die inaktiven Bruchstücke ...

⑥ ... werden wieder in das Endknöpfchen transportiert, ...

⑦ ... wo sie wieder zu neuem Überträgerstoff zusammengesetzt werden, der in synaptische Bläschen „verpackt“ wird.

1 Struktur und Funktion einer Synapse

Das Rückenmark – Schaltzentrale für Reflexe

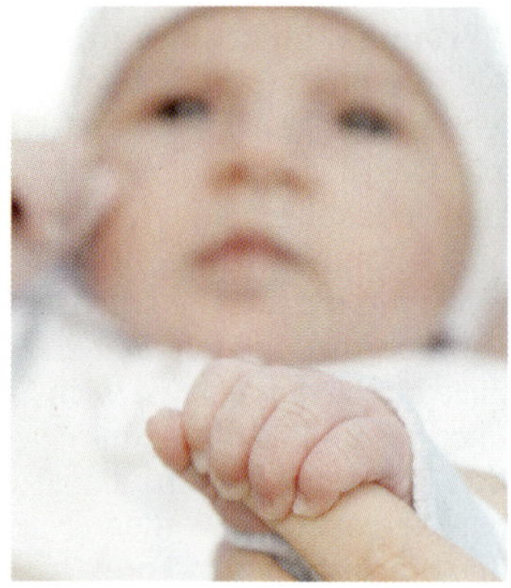

1. Säuglinge krallen sich oft mit ihren kleinen Händchen fest um Finger, Haare oder um die Kleidung des Menschen, der sie auf dem Arm hat. Dieser angeborene ▸Greifreflex geht im Laufe des ersten Lebensjahres wieder verloren.
a) Erkläre den Greifreflex aus der ▸Evolution des Menschen. Welche Bedeutung hatte der Reflex für unsere Vorfahren?

2. Informiere dich über weitere Reflexe, die nur bei Säuglingen auftreten. Berichte, durch welche Reize die Reflexe jeweils ausgelöst werden, welche Reaktionen erfolgen und warum viele dieser Reflexe lebenswichtig sind.

3. Führt folgenden Versuch zur Funktionsweise des Kniesehnenreflexes zu zweit durch.
a) Die Versuchsperson setzt sich entspannt hin und schlägt die Beine übereinander. Der andere schlägt dann nicht zu fest mit der Handkante oder einem Reflexhammer unterhalb der Kniescheibe auf das oben liegende Bein.
b) Beschreibt die Reaktion auf den Schlag.
c) Erläutert mithilfe des Informationstextes und der Abbildung 1A die einzelnen Vorgänge vom Schlag bis zur Muskelreaktion in den Schritten 1 bis 5.

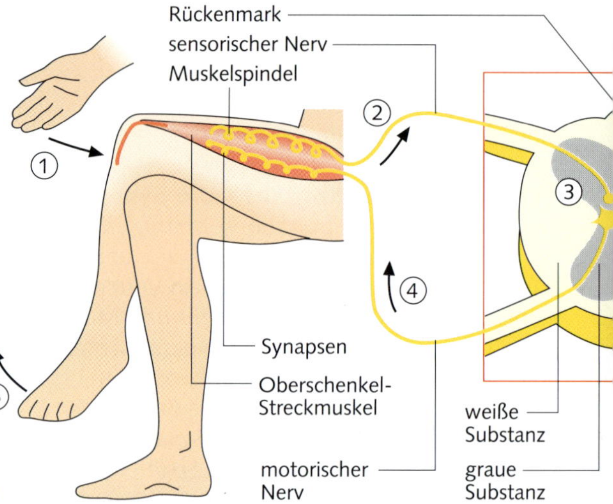

B

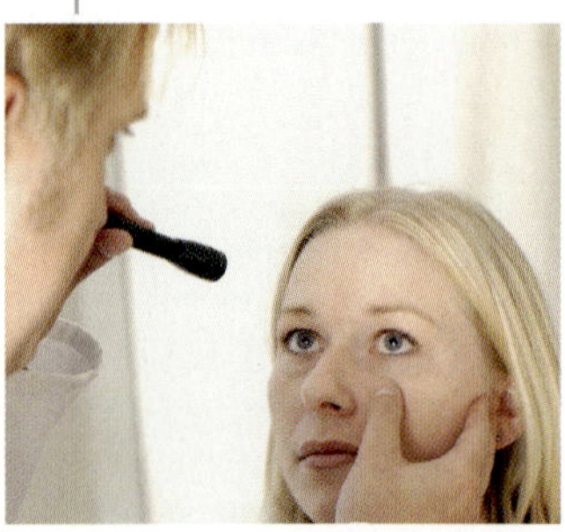

4. Welcher Reflex wird hier vom Arzt getestet? Informiere dich, was das Testergebnis über den Zustand eines Verletzten aussagen könnte, und berichte.

5. Übertrage die unten stehende Tabelle in dein Heft und vervollständige sie, indem du alle im Informationstext genannten Reflexe berücksichtigst.

Name des Reflexes	auslösender Reiz	Reaktion	Funktion des Reflexes
Lidschluss-reflex	z. B. Berührung des Auges, Wind	Augenlid schließt sich	Schutz vor Verletzung der Hornhaut

6. Vergleiche die Lage der grauen und der weißen Substanz beim Rückenmark und beim ▸Großhirn.

7. Eine Querschnittslähmung kann durch einen schweren Verkehrsunfall verursacht sein. Informiere dich und berichte über die Ausfallerscheinungen, mit denen die Patienten leben müssen. Wie lassen sich die Symptome erklären und wie hängen sie von der Lage der Verletzung des Rückenmarks ab?

Reflexe garantieren sichere Reaktionen

Wir könnten keinen sicheren Schritt machen, weder auf gerader Straße noch in unebenem Gelände, wenn wir die Spannung jedes einzelnen Muskels bewusst steuern wollten. Wir planen zwar, wo wir langgehen wollen, und erkennen mit den Augen den nächsten Tritt, aber die Feinregulierung der Muskeln erfolgt über verschiedene **Reflexe.** Das sind automatisch ablaufende Reaktionen, die nicht erlernt werden müssen und zumeist ein Leben lang erhalten bleiben. Sie beruhen auf relativ festen Verschaltungen zwischen Nervenzellen, sodass auf einen bestimmten Reiz hin eine automatische Reaktion stattfindet.
Viele Reflexe dienen dem Schutz des Körpers oder gar dem Überleben. Beispiele sind der Atemreflex, der Schluckreflex, der Brechreflex, der Hustenreflex, der Niesreflex, der Lidschlussreflex und der Stolperreflex.

1 Kniesehnenreflex. **A** *beim Gehen;* **B** *im Test;* **C** *Schema*

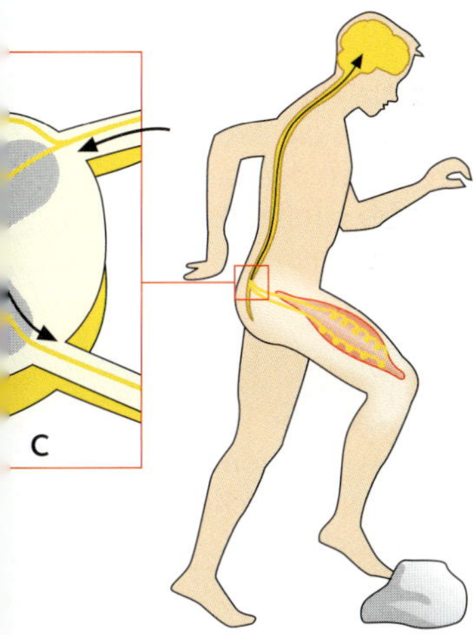

Der Kniesehnenreflex

Bleiben wir beim Gehen zum Beispiel an einem Stein hängen, so stolpern wir vielleicht, aber stürzen nicht unbedingt. Eine plötzliche Dehnung eines Muskels, in diesem Fall des Oberschenkelstreckmuskels, wird von einer so genannten Muskelspindel als Reiz registriert. Ein sensorischer Nerv meldet dies ans Rückenmark, wo die Information direkt auf eine motorische Nervenzelle umgeschaltet wird, die den Oberschenkelstreckmuskel veranlasst, sich zusammenzuziehen und das Bein zu strecken. Da hierfür nur ein einziger synaptischer Umschaltvorgang nötig ist, erfolgt der Reflex sehr schnell, noch bevor wir überhaupt bewusst wahrnehmen, dass wir gestolpert sind.
Dieser Stolperreflex kann als so genannter **Kniesehnenreflex** auch ausgelöst werden, wenn durch einen Schlag die Kniesehne des Oberschenkelstreckmuskels plötzlich gedehnt wird.
Parallel zur Auslösung des Reflexes wird die Nachricht auch ans Gehirn geleitet, wo weitere Verarbeitungen stattfinden. Beispielsweise werden von hier aus zusätzliche Korrekturschritte oder das Vorstrecken der Arme ausgelöst, um einen eventuellen Sturz aufzufangen. Die meisten anderen Reflexe laufen so über mehrere Nervenzellen als Zwischenstationen ab.

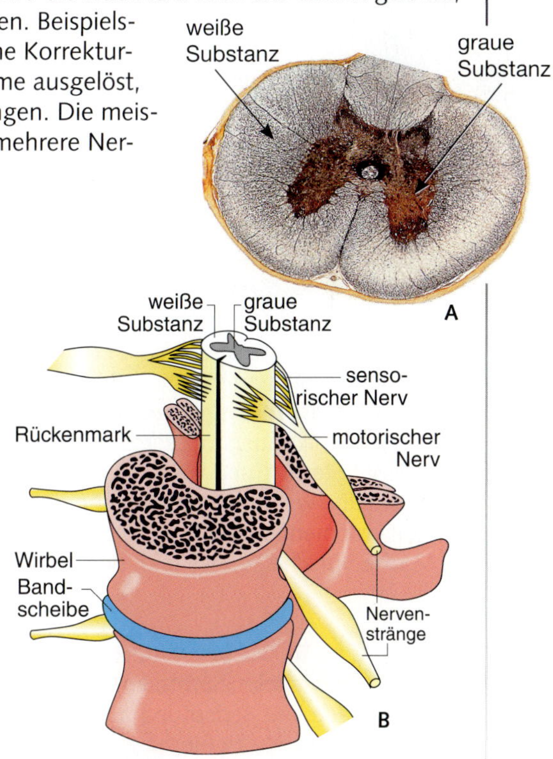

2 Rückenmark. **A** *im Querschnitt;* **B** *Lage im Wirbelkanal*

Das Rückenmark – gut geschützt und doch gefährdet

Das Rückenmark ist also einerseits eine wichtige Umschaltzentrale für Reflexe, andererseits stellt es die Nachrichtenverbindung zwischen dem Gehirn und den verschiedenen Körperbereichen her. Auch am Bau des Rückenmarks kann man diese beiden Funktionen unterscheiden: in der innen liegenden grauen Substanz befinden sich die Zellkörper der Nervenzellen mit den Synapsen für die zahlreichen Verschaltungen, während in der weißen Substanz die Nervenfasern für die schnelle Nachrichtenübermittlung verlaufen.

Das Rückenmark wird entlang der **Wirbelsäule** von den Wirbeln umschlossen und liegt gut geschützt im Wirbelkanal. Zwischen den einzelnen Wirbeln treten gebündelte Nervenfasern aus, die in alle Bereiche des Körpers führen. Wird die Wirbelsäule verletzt oder werden Wirbelkörper oder Bandscheiben verschoben, so kann dies zu starken Schmerzen und zu erheblichen Störungen des Nervensystems führen. Bei einer **Querschnittslähmung** ist der Körper unterhalb der Verletzungsstelle gefühllos und bewegungsunfähig.

Das Gehirn – Steuerzentrale für Verhalten

1. a) Jonglieren ist eine komplizierte Tätigkeit. Liste auf, welche Wahrnehmungen dabei stattfinden und welche Bewegungen gesteuert werden müssen.
b) Ordne den unter a) genannten Leistungen die daran hauptsächlich beteiligten Gehirnbereiche zu.
c) Jonglieren zu lernen ist schwer, aber es macht Spaß. Beschreibe in allgemeiner Weise, was beim Lernen im Gehirn stattfindet. Welche Rolle spielt der „Spaß" dabei?
d) Jonglieren fördert Wahrnehmung, Konzentration und Bewegungskoordination. Nenne weitere Tätigkeiten, die das Gehirn auf vergleichbar vielfältige Weise trainieren.

5. a) Recherchiert zum Thema „Richtig Lernen" im Internet und in den zahlreichen dazu verfügbaren Ratgebern. Erstellt eine eigene Broschüre mit Lerntipps, die ihr für sinnvoll haltet.
b) Überprüft und begründet, inwiefern die Tipps die Arbeitsweise des Gehirns beim Lernen berücksichtigen.

2. Erkläre, welche Bedeutung es für die Funktion des Großhirns hat, dass die graue Substanz außen in der Großhirnrinde liegt und die Großhirnrinde zudem stark gefaltet ist.

3. Erstellt in Gruppen Collagen, die die Arbeitsteilung zwischen den beiden Hälften des Großhirns veranschaulichen.

4. Koma-Patienten zeigen keine Anzeichen einer bewussten Wahrnehmung oder willkürlicher Bewegungen. Trotzdem atmen, schlucken, husten oder niesen sie. Welche Hirnteile funktionieren bei ihnen offensichtlich noch und welche nicht?

6. Beschreibe anhand der nebenstehenden Abbildung, wie das Gehirn natürlicherweise geschützt ist.

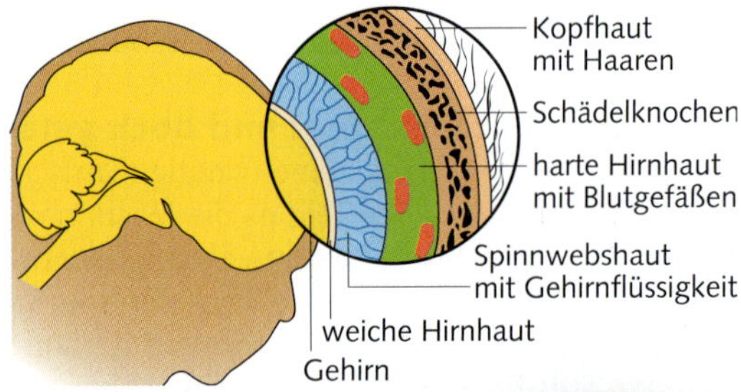

7. Bei einem K.-o.-Schlag an den Kopf prallt das Gehirn an die harten Schädelknochen. Dabei werden Gehirnbereiche gestaucht und nicht mehr ausreichend mit Sauerstoff versorgt. Der Getroffene sieht „Sterne" und wird bewusstlos.
a) Beschreibe weitere Situationen, in denen es zu ähnlichen Verletzungen kommen kann.
b) Mache Vorschläge, wie man sich schützen kann.

8. Die bekanntesten Überträgerstoffe im Gehirn sind Acetylcholin, Serotonin, Dopamin und Noradrenalin. Finde ihre Bedeutung für unser Handeln und unsere Gefühle heraus. Nutze hierfür zum Beispiel das Internet.

Netzwerk Gehirn

Lesen, schreiben, rechnen, Probleme lösen, Fahrrad fahren, jonglieren, Glück empfinden, Telefonnummern kennen, schlafen und vieles mehr – wie soll diese wabbelige, graue, knapp 1,5 kg schwere Masse, die wir Gehirn nennen, das alles leisten?

Es ist ein Netzwerk aus etwa 100 Milliarden ►Nervenzellen, die über mehr als 1 Billiarde ►Synapsen miteinander kommunizieren, das diese gewaltige Leistung vollbringt.

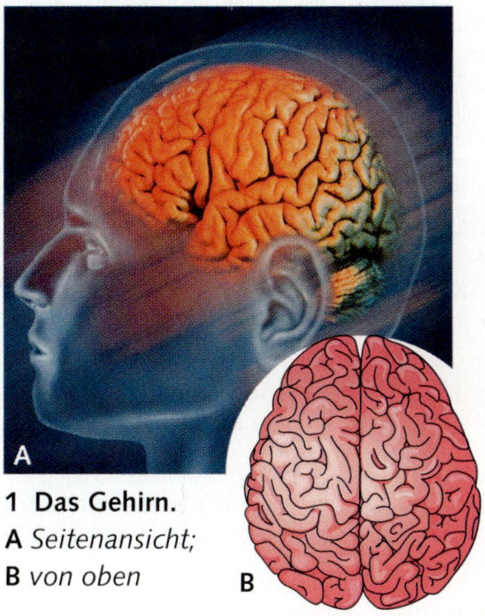

1 Das Gehirn. **A** *Seitenansicht;* **B** *von oben*

Je nach Beanspruchung wird dieses Netzwerk laufend umgebaut und passt sich so veränderten Bedingungen an.
Unterstützt werden die Nervenzellen durch ►Hüllzellen, die für eine gute elektrische Isolierung der Nervenfasern sorgen und zusätzlich Aufgaben im Hirnstoffwechsel übernehmen. Das Gehirn wird reichlich mit Traubenzucker als Energiespender und mit Sauerstoff versorgt. Es verbraucht allein etwa 20% des Sauerstoffs in einem ruhenden Organismus. Unterbrechungen der Blutversorgung des Gehirns führen umgehend zu schweren Funktionsstörungen und können bereits nach wenigen Minuten bleibende Hirnschäden zur Folge haben.

Bau und Funktion des Gehirns

Das Gehirn besteht aus mehreren Teilen, die zwar eng zusammenarbeiten, aber auf verschiedene Aufgaben spezialisiert sind. Abbildung 2 gibt hierzu eine Übersicht.

Beim Menschen ist das **Großhirn** besonders stark entwickelt. Die Großhirnrinde ist gefaltet und bietet durch die **Oberflächenvergrößerung** viel Platz für die außen liegende graue Substanz, wo sich die Zellkörper der Nervenzellen und die synaptischen Verknüpfungen befinden.
Im Großhirn erfolgen die bewussten Wahrnehmungen und Bewegungssteuerungen, aber auch Denken, Erinnern und das Sprachvermögen sind hier lokalisiert. Das Großhirn besteht aus zwei Hälften, die über den Balken miteinander verbunden sind. Dabei sind die Aufgaben auf die beiden Großhirnhälften ungleich verteilt. Die linke Hälfte verarbeitet Nachrichten aus der rechten Körperseite und steuert diese. Für die rechte Hirnhälfte gilt das Umgekehrte. Sprache und logisches Denken erfolgen überwiegend in der linken Großhirnhälfte, die rechte ist eher für räumliches Vorstellungsvermögen, Musikalität und Kreativität zuständig. Die Arbeitsweise des Gehirns ist noch nicht vollständig

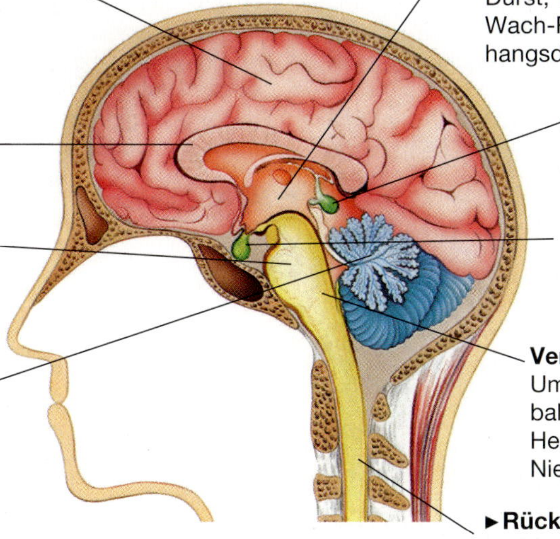

2 Gehirnteile und ihre Funktionen

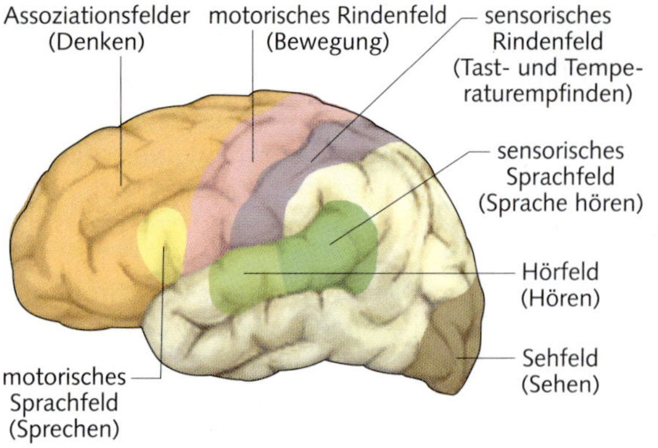

3 Rindenfelder des Großhirns

erforscht, man weiß aber, dass so genannte **Rindenfelder** für bestimmte Funktionen zuständig sind.

Gefühle

Gefühle können lebenswichtig sein. Sie steuern unser Verhalten, indem sie uns zum Beispiel vor Gefahren warnen. Durch Mitgefühl und Zuneigung helfen sie, unseren Platz in der Gemeinschaft zu finden. Gefühle wie Angst, Freude, Zufriedenheit, aber auch Hunger, Durst und sogar Liebe entstehen im Gehirn. Zwar ist man weit davon entfernt, dies vollständig zu verstehen, aber so viel ist sicher: Im Zusammenspiel von Großhirn und Zwischenhirn, im so genannten **limbischen System,** werden bestimmte ▸Überträgerstoffe an Synapsen ausgeschüttet, die das weitere Verhalten beeinflussen.

Ähnlich wirkende Stoffe können aber auch über das Blut zugeführt werden. So können psychische Erkrankungen mit Medikamenten behandelt werden. Viele ▸Drogen beeinflussen ebenfalls die Gehirnfunktionen und machen das Gefühlsleben des Menschen abhängig von der „Stoff"-Zufuhr von außen. Harmloser ist es da, dann und wann Bananen, Feigen oder Schokolade zu essen, die den Aufbau von Serotonin fördern, einem Überträgerstoff, der gute Laune hervorruft.

Lernen und Gedächtnis

Abgesehen von manchen ▸Reflexen oder ▸angeborenen Verhaltensweisen können wir durch ▸Lernen unser Verhalten flexibel neuen Situationen anpassen. Dabei führen zuvor gemachte Erfahrungen zu einer Umstrukturierung von ▸Synapsen im Gehirn. Manche Synapsen werden neu aufgebaut oder gefestigt und die Nervenimpulse bahnen sich hier schneller ihren Weg, andere werden unterdrückt oder ganz abgebaut. Je nach Dauerhaftigkeit unterscheidet man verschiedene **Gedächtnisstufen.** Nur wirklich Wichtiges oder oft Gebrauchtes wird dauerhaft ins Langzeitgedächtnis übernommen. Aber was ist wichtig? Wichtig ist, was Vorteile bringt. Dieser Erfolg, oder auch nur der zu erwartende Erfolg, ist oft die wichtigste Antriebskraft für das Lernen. Ein inneres Belohnungssystem im Gehirn wirkt über den Überträgerstoff Dopamin. Es bewertet Lernsituationen und motiviert uns, das Richtige zu lernen – seien es nun Vokabeln oder den Umgang mit einem neuen Handy.

Sensorisches Gedächtnis
In diesem Ultrakurzzeitgedächtnis verursachen die Sinneseindrücke für Sekundenbruchteile schnell abklingende Nervenimpulse.

Arbeitsgedächtnis
In diesem Kurzzeitgedächtnis können in den Assoziationsfeldern der Großhirnrinde Nervenimpulse laufen und sekundenlang etwa 7 Gedächtnisinhalte gleichzeitig präsent halten.

Langzeitgedächtnis
Viel genutzte Synapsen werden zunächst vorübergehend verstärkt. In einem zweiten Schritt werden Synapsen im Großhirn dauerhaft gefestigt, neue angelegt oder nicht gebrauchte abgebaut. Die Nervenimpulse laufen auf neuen, schnelleren Bahnen. Das Gelernte kann lebenslang erhalten bleiben.

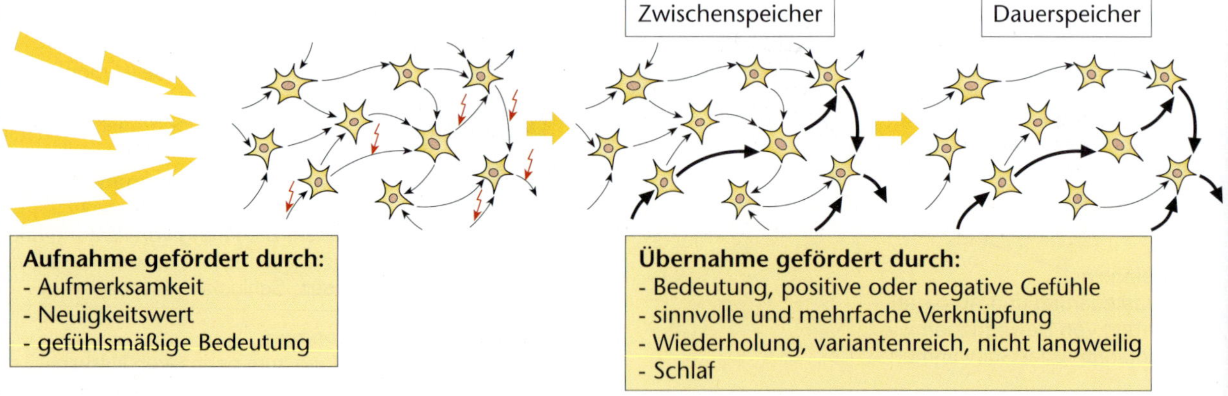

Aufnahme gefördert durch:
- Aufmerksamkeit
- Neuigkeitswert
- gefühlsmäßige Bedeutung

Übernahme gefördert durch:
- Bedeutung, positive oder negative Gefühle
- sinnvolle und mehrfache Verknüpfung
- Wiederholung, variantenreich, nicht langweilig
- Schlaf

4 Gedächtnisstufen

Gesundes und krankes Gehirn

Methoden der Hirnforschung

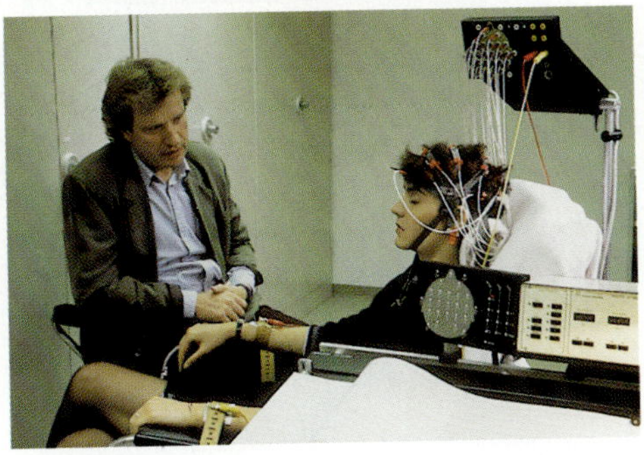

Beim **EEG**, dem **E**lektro**e**ncephalo**g**ramm, werden Hirnströme gemessen. Sie geben Aufschluss über die Hirnaktivität.

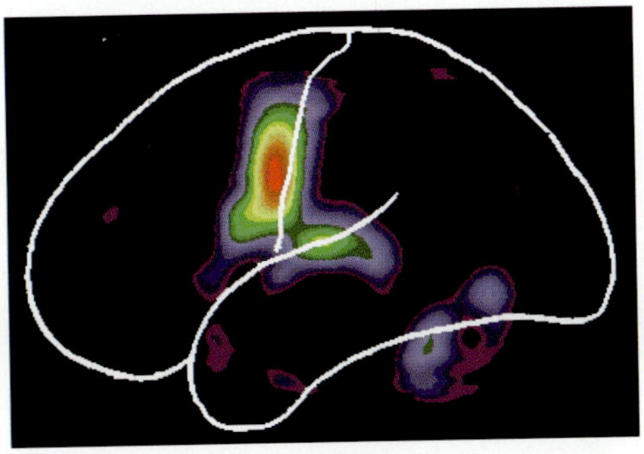

Spezielle **Computertomografien** zeichnen die verstärkte Durchblutung besonders aktiver Hirnregionen auf – hier beim Sprechen.

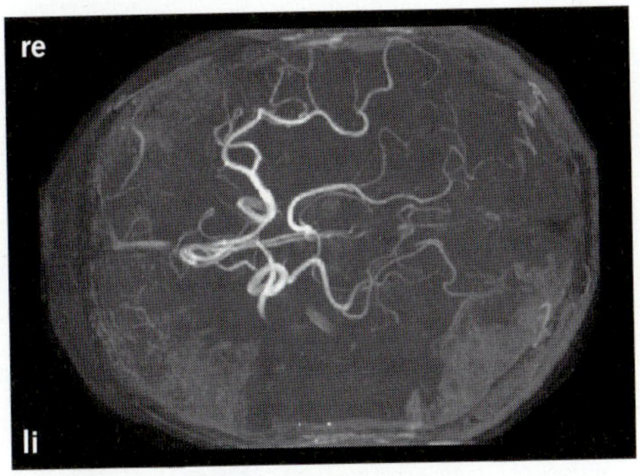

Das Bild zeigt eine Röntgenaufnahme mit einem Kontrastmittel. Zu sehen ist die Durchblutungsstörung nach einem Schlaganfall in der linken Hirnhälfte. Patienten leiden nach Schlaganfällen, bei Verletzungen oder Tumoren unter ganz bestimmten **Funktionsausfällen.**

Durch Kombination dieser Methoden kann man bestimmte Funktionen bestimmten Hirnregionen zuordnen.

Epilepsie

Bei einem epileptischen Anfall kommt es zu plötzlich auftretenden Muskelkrämpfen. Der Betroffene zuckt unkontrolliert mit Armen und Beinen und wird dann meist bewusstlos oder schläft tief. Für diese Erscheinungen sind ungewöhnliche elektrische Entladungen im Gehirn verantwortlich. Sie lassen sich mithilfe eines EEGs untersuchen.

Epilepsie kann vielfältige Ursachen haben. Eine Therapie ist mit Medikamenten heute meistens möglich.

Hirnhautentzündung (Meningitis)

Von einer Hirnhautentzündung sind häufig Kinder oder Jugendliche betroffen. Ursache sind oft ▸Bakterien, die man Meningokokken nennt. Gelangen die Erreger durch offene Wunden oder nach einer Schwächung des Immunsystems ins Gehirn, kommt es zu Fieber, starken Kopfschmerzen, Übelkeit und der typischen Steifheit des Nackens. Hier muss der Arzt umgehend mit ▸Antibiotika helfen, damit keine Spätfolgen wie Erblindung oder gar der Tod eintreten. Aber auch behandelt endet eine Hirnhautentzündung oft tödlich.

1. a) Vergleiche das gezeigte computertomografische Bild mit den ▸Rindenfeldern des Großhirns. Welche Rindenfelder sind hier aktiv?
b) Beschreibe, wie sich das Bild bei anderen Aktivitäten der Testperson wie Lesen oder Musikhören vermutlich verändern würde.

2. Der im Bild gezeigt Schlaganfall betrifft die linke Großhirnhälfte. Welche Ausfallerscheinungen sind bei dem Patienten zu befürchten?

3. Suche Informationen über weitere Erkrankungen des Gehirns oder Nervensystems wie Parkinson, Alzheimer oder Multiple Sklerose. Beschreibe jeweils Ursachen, Symptome und Behandlungsmöglichkeiten.

4. Das Ableiten von Gehirnströmen kann man bereits zur Steuerung von Computern mithilfe von Gedanken nutzen. Recherchiere und berichte über solche BCIs (Brain-Computer-Interfaces).

Das vegetative Nervensystem – Steuerung innerer Organe

1. Erkläre mithilfe der Wirkungen von Sympathikus oder Parasympathikus,
a) dass „die Augen vor Schreck geweitet“ sind.
b) dass jemand vor Müdigkeit „schon ganz kleine Augen“ hat.
c) dass man bei einer Bronchitis zumeist abends oder nachts von Husten gequält wird.
d) dass einem vor Aufregung der „Appetit vergeht“.
e) dass es bei Jungen in der Pubertät gerade nachts zu einer Erektion kommt.

2. Warum soll man nach einer guten Mahlzeit nicht gleich Sport treiben?

3. Beschreibe eine Situation beim Essen, die der Arbeitsweise des vegetativen Nervensystems nicht entspricht und eine, die ihr entgegenkommt.

4. Der Sympathikus wirkt mit dem Überträgerstoff Noradrenalin auf die Zielorgane ein. Dieser Stoff ähnelt chemisch dem Hormon ▸Adrenalin.
a) Beschreibe die Wirkungen von Adrenalin.
b) Beschreibe das Zusammenwirken von Nerven- und Hormonsystem am Beispiel ▸Stress.

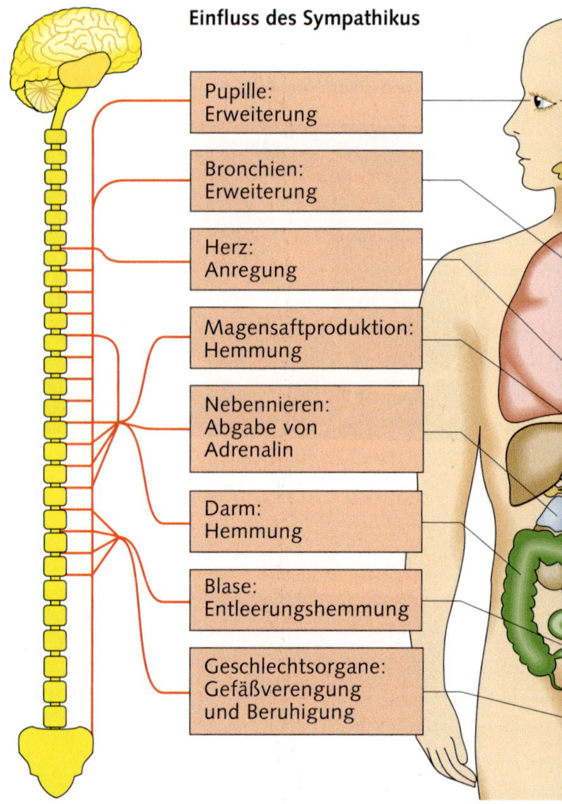

5. Das vegetative Nervensystem arbeitet zwar unwillkürlich, aber da es über das Gehirn gesteuert wird, gibt es doch gewisse Einflussmöglichkeiten.
a) Recherchiere, welche Körperfunktionen zum Beispiel durch mentales Training, durch autogenes Training, durch Yoga oder andere Übungsformen beeinflusst werden können.
b) Stellt einige Übungen in der Klasse vor. Wie könntet ihr geeignete Situationen schaffen, damit auch Entspannungsübungen funktionieren?

6. Eine Präsentation vor der Klasse wird unbewusst als „Gefahrensituation“ eingestuft. Beschreibe körperliche Reaktionen, die in solchen Situationen typischerweise auftreten. Erkläre sie mit den Wirkungen des vegetativen Nervensystems.

Fit für Leistung – durch den Sympathikus

Wir rennen, um noch schnell den Zug zu erreichen. Wir sind hellwach beim Volleyballspiel. In Gefahrensituationen handeln wir schnell und beherzt, ohne viel nachzudenken.
Auf diese Situationen stellt sich der Körper durch die Wirkung des **Sympathikus** ein. Das ist ein Teil des so genannten **vegetativen Nervensystems,** das ohne unseren Willen die Funktionen der inneren Organe steuert. Die Situationsbeurteilung erfolgt über das Großhirn und die gefühlsmäßige Bewertung durch das Zwischenhirn, das dann den einen oder anderen Teil des vegetativen Nervensystems aktiviert. Ist der Sympathikus aktiviert, sorgt er über eine Vielzahl von Nervensträngen, die seitlich aus dem Rückenmark austreten, dafür, dass das Herz schneller schlägt, der Blutdruck steigt und die Bronchien sich weiten. Die Schweißdrüsen nehmen schon einmal vorsorglich die Produktion auf und die Muskelspannung steigt. Die Verdauungsfunktionen werden vorübergehend eingestellt. Das Stresshormon ▸Adrenalin wird ausgeschüttet, um die Aktivierung des Körpers zu unterstützen und länger anhalten zu lassen. Daneben weiten sich die Pupillen, die Aufmerksamkeit steigt, aber das ruhige Nachdenken und Abwägen wird unterdrückt. All dies ermöglicht schnelle, mit körperlicher Anstrengung verbundene Aktivitäten.

Einfluss des Parasympathikus

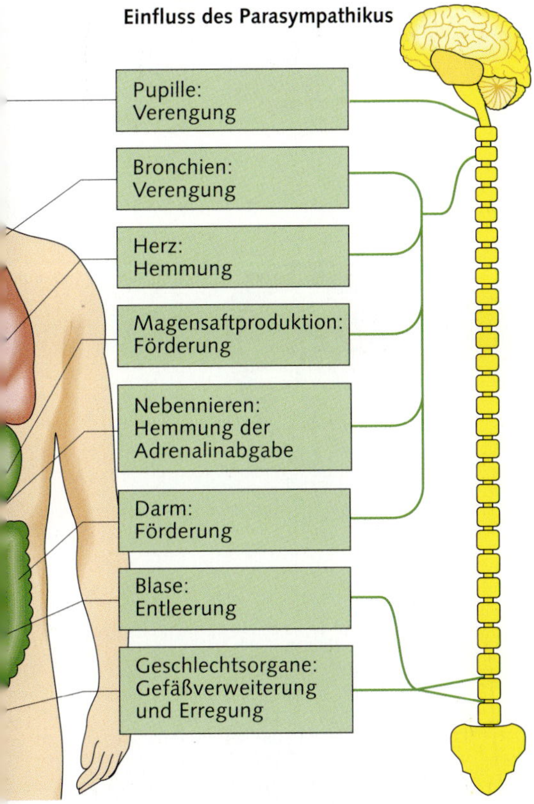

Erholung – durch den Parasympathikus

In der Ruhe wird der andere Teil des vegetativen Nervensystems aktiv. Der **Parasympathikus** ist der Gegenspieler des Sympathikus. Über andere Nervenstränge, die an wenigen Stellen das Rückenmark verlassen, erreicht er letztlich dieselben Organe und führt dort zu den entgegengesetzten Wirkungen. Magensaftproduktion und Darmbewegungen fördern die Verdauung. Blutdruck und Herzfrequenz sinken, die Bronchien und auch die Pupillen verengen sich. Der Körper erholt und regeneriert sich. Auch für ein ungestörtes Liebesleben ist jetzt die nötige Entspannung da.

Schädliches Gegen- oder harmonisches Zusammenspiel?

Nicht immer sind uns die Wirkungen des vegetativen Nervensystems angenehm. In ▸Stresssituationen wie bei einem Bewerbungsgespräch wird der Sympathikus aktiviert. Das Herz klopft, der Kopf wird rot und die Hände feucht. Aber anstatt wegzurennen oder andere körperliche Aktivitäten zu entfalten, sollen wir auf schwierige Fragen antworten – und haben plötzlich eine Denkblockade.
Wollen wir nach dem Mittagessen gleich weiterlernen, macht uns der Parasympathikus Probleme und stellt uns eher auf eine Ruhepause ein. Es kann auf die Dauer zu Verdauungsproblemen führen, wenn man sich zum Essen nicht die nötige Zeit nimmt.
Erst das harmonische Zusammenspiel von anregendem Sympathikus und entspannendem Parasympathikus sorgt für ein ausgewogenes Wohlbefinden zwischen Leistung und Ruhe.

1 Erwünschte (oben) und unerwünschte (unten) Wirkungen des vegetativen Nervensystems

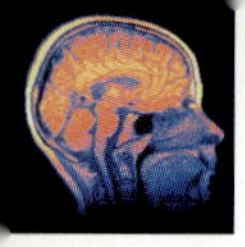

Die Chemie muss stimmen – das Hormonsystem

1. Das Thyroxin der Schilddrüse wirkt noch in einer Verdünnung von 1 : 500 000 000.
a) In wieviel Litern Wasser ist dann 1 g Thyroxin noch wirksam?
b) Welche Folgerung ziehst du aus dem Ergebnis der Aufgabe a)?

2. Erkläre anhand der nebenstehenden vereinfachten Darstellung die Informationsübertragung und Wirkung der Hormone.

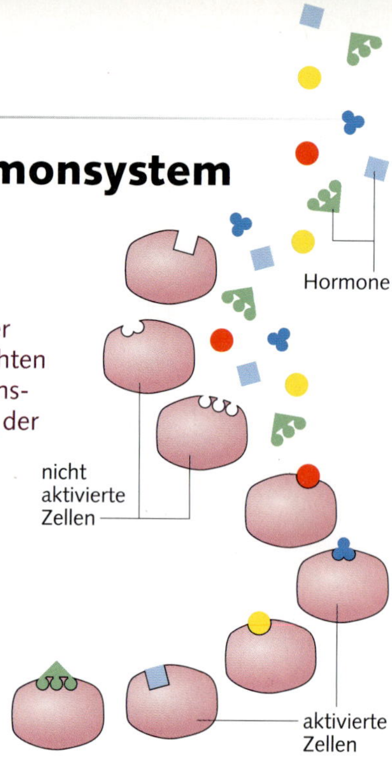

3. Bildet 7 Teams zu jeweils einer der unten aufgeführten Hormondrüsen. Jedes Team informiert sich über die Hormone, die von der jeweiligen Hormondrüse erzeugt werden sowie über deren Wirkungen.
Haltet über eure Ergebnisse einen Kurzvortrag. Gestaltet zur ▸Visualisierung eures Vortrages zum Beispiel eine Computerfolie.

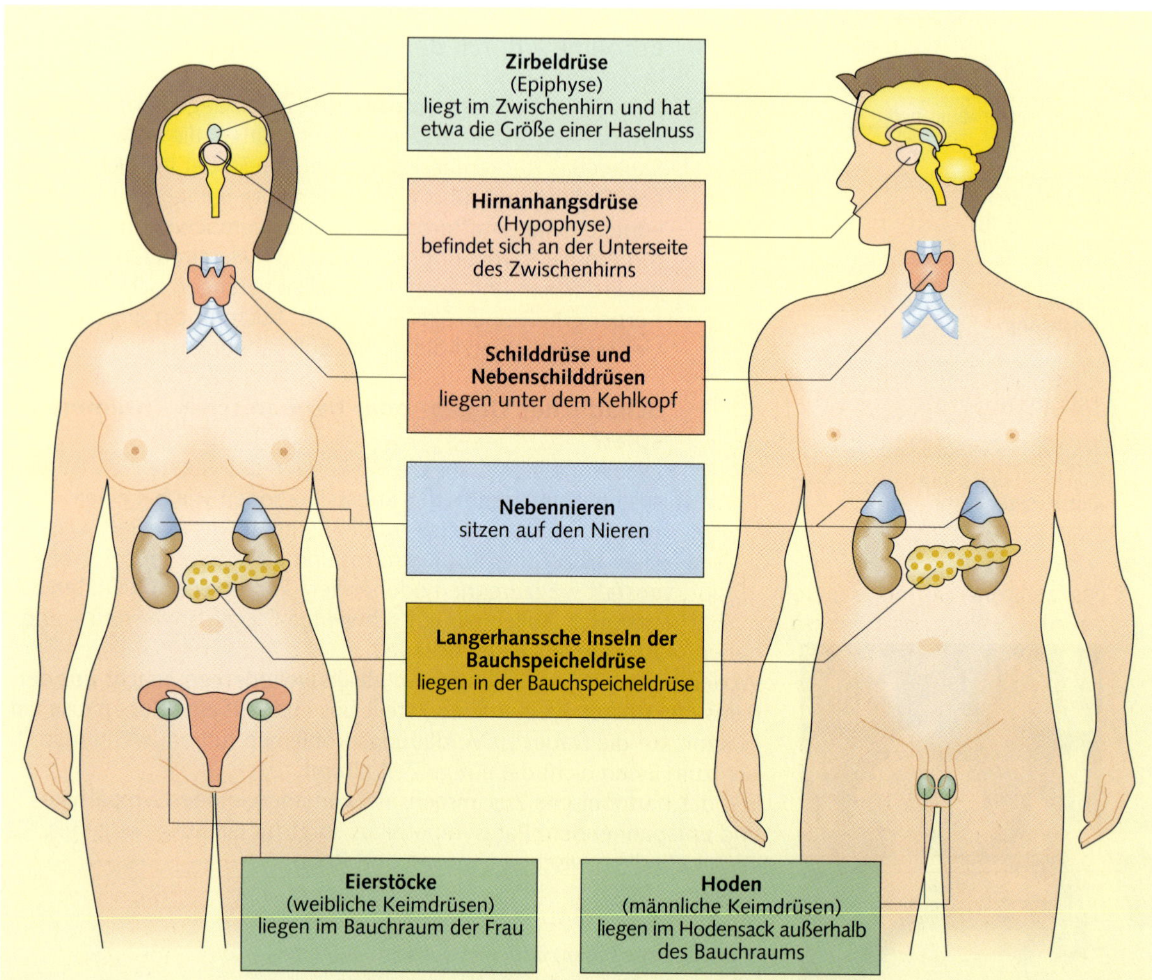

Was sind Hormone?

Hormone sind chemische **Botenstoffe,** die in kleinsten Mengen wirken. Unser Körper produziert sie in speziellen Drüsenzellen. Ein weiterer Teil von ihnen wird in Körpergeweben wie etwa der Magenschleimhaut gebildet, zum Beispiel zur Anregung der Magenbewegung. Ein anderer Teil entsteht in bestimmten Bereichen des Nervensystems, wie etwa im ▸Zwischenhirn. Hormone steuern Stoffwechselvorgänge. Sie beeinflussen das Körperwachstum und die Entwicklung. Sie haben auch Einfluss auf unser Gefühlsleben und können sowohl positive als auch negative Stimmungen hervorrufen. Sie können heilen oder auch krank machen.

Hormondrüsen

Die meisten Hormone werden in speziellen Organen gebildet, die ausschließlich der Hormonproduktion dienen. Solche **Hormondrüsen** sind zum Beispiel die erbsengroße Hirnanhangsdrüse, auch Hypophyse genannt, sowie die unterhalb des Kehlkopfes liegende Schilddrüse. Die Hormondrüsen geben die von ihnen gebildeten Hormone direkt ins Blut ab. Diese werden mit dem Blutstrom im ganzen Körper verteilt und gelangen so zu den einzelnen Organen. Trotz der vielen Botenstoffe entsteht kein Chaos im Körper, denn die Mengen der einzelnen Hormone sind aufeinander abgestimmt.

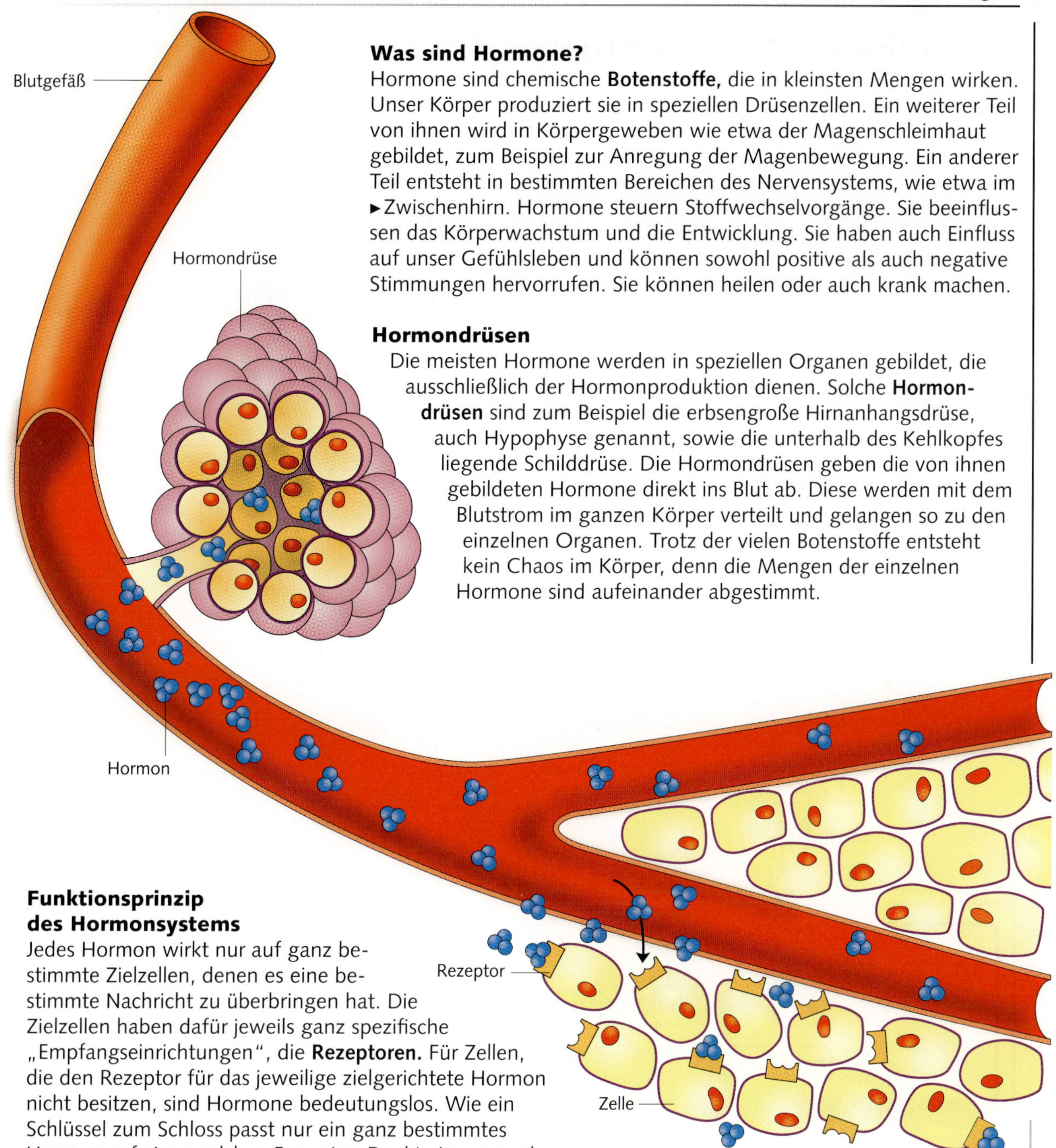

1 Funktionsprinzip des Hormonsystems

Funktionsprinzip des Hormonsystems

Jedes Hormon wirkt nur auf ganz bestimmte Zielzellen, denen es eine bestimmte Nachricht zu überbringen hat. Die Zielzellen haben dafür jeweils ganz spezifische „Empfangseinrichtungen", die **Rezeptoren.** Für Zellen, die den Rezeptor für das jeweilige zielgerichtete Hormon nicht besitzen, sind Hormone bedeutungslos. Wie ein Schlüssel zum Schloss passt nur ein ganz bestimmtes Hormon auf einen solchen Rezeptor. Dockt ein passendes Hormon an einem bestimmten Rezeptor an, so reagiert die Zielzelle darauf mit ihrer spezifischen Wirkung. Diesen Vorgang bezeichnet man als **Schlüssel-Schloss-Prinzip.**
Nach der Reaktion und erfolgreichen Wirkung im Körper wird durch einen Regelmechanismus der entsprechenden Hormondrüse die Hormonproduktion gemindert oder ganz einstellt. Solche ▸Regelmechanismen verhindern Störungen in dem empfindlichen Gleichgewicht der Hormone. Das Gleichgewicht sorgt dafür, dass die von den Hormonen verursachten Wirkungen nicht zu stark werden oder zu lange anhalten. Äußerlich besonders deutlich wird dies beim Wachstum der Kinder und Jugendlichen. So werden Wachstumshormone vor allem von der Hypophyse abgesondert. Die Höchstwerte werden in der ▸Pubertät und in der Zeit danach erreicht, in der das Wachstum beschleunigt stattfindet. Danach nimmt die Menge der Wachstumshormone wieder ab.

Hormone regeln den Stoffwechsel

1. Erläutere mithilfe der beiden Abbildungen die allgemeinen Funktionsprinzipien eines Regelkreises am Beispiel eines Aquariums.

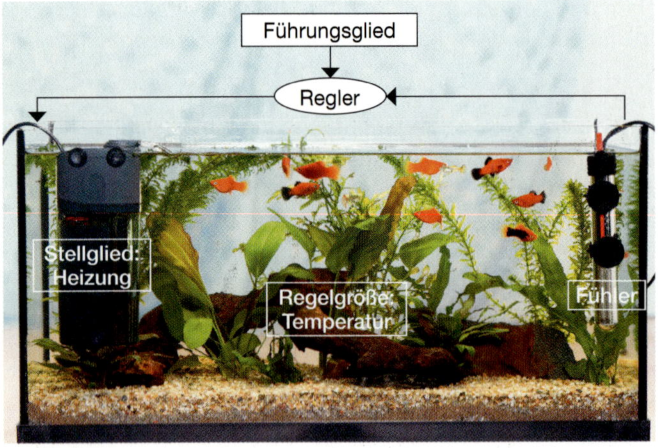

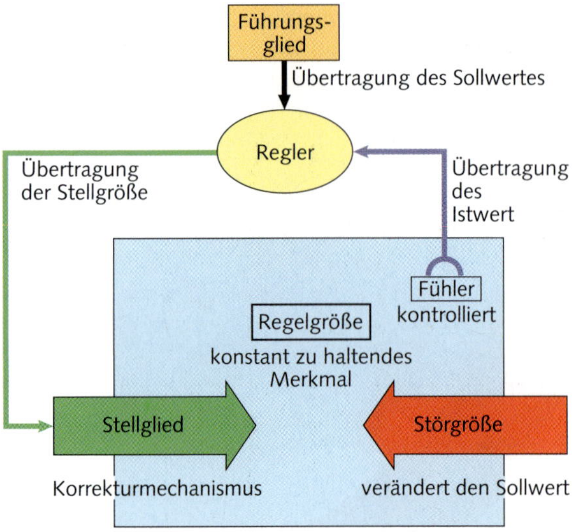

2. Erläutere das unten dargestellte Schema eines Regelkreises zur Regelung des ► Blutzuckergehaltes.

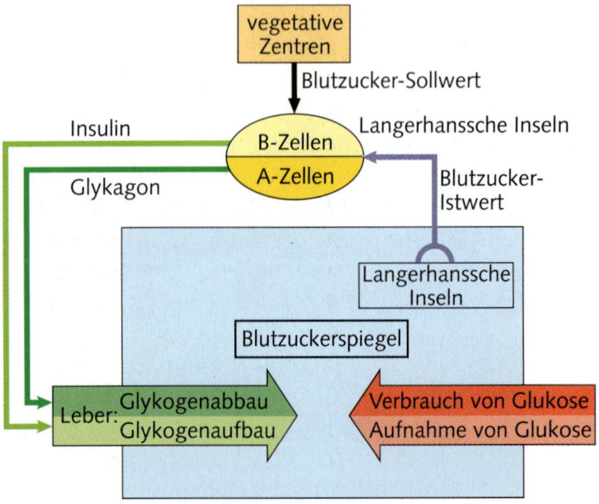

3. a) Ohne Rückkoppelung könnte unsere Körpertemperatur nicht reguliert werden. Begründe.
b) Stelle in einer Tabelle die Begriffe aus der Regeltechnik den entsprechenden Begriffen bei der Regelung des Thyroxingehaltes im Blut gegenüber.

4. Informiere dich über weitere Beispiele für Regelkreise bei biologischen, technischen und/oder physikalischen Sachverhalten und stelle sie in übersichtlicher Form gegenüber.

Regelkreise im menschlichen Organismus
Wichtige Stoffwechselvorgänge werden im menschlichen Organismus durch Hormone geregelt. Damit diese ihre gezielte Wirkung entfalten, muss stets eine genaue Menge davon im Blut vorhanden sein. Die Hormonkonzentrationen sind jedoch so gering, dass schon kleinste Abweichungen weitreichende gesundheitliche Folgen haben können. Daher ist eine Regelung für die Stimulation der Hormonausschüttung ins Blut oder eine Hemmung dieser Ausschüttung für jedes dieser Hormone vorhanden. Dieses System arbeitet als **Regelkreis.** Das Regelzentrum für die hormonelle Versorgung befindet sich im ► **Zentralnervensystem.**

Die Hypophyse

Eine übergeordnete Rolle unter den Hormondrüsen spielt die Hypophyse (Hirnanhangsdrüse). Sie liegt an der Unterseite des ▸Zwischenhirns (Hypothalamus), mit dem sie in enger Beziehung steht. Die Hypophyse produziert neben Wachstumshormonen, die direkt im Körper wirksam werden, auch **Steuerungshormone.** Das sind Botenstoffe, die die Tätigkeit anderer Hormondrüsen steuern.
Ausgelöst wird die Produktion von Steuerungshormonen durch Nervenimpulse: Kommen vom Nervensystem entsprechende Informationen, produziert ein Teil des Hypothalamus ▸Freisetzungshormone. Diese gelangen zur Hypophyse und bewirken, dass dort Steuerungshormone ins Blut abgegeben werden. Solche Hormone aktivieren dann die entsprechenden Hormondrüsen im Körper wie beispielsweise die männlichen und weiblichen ▸Keimdrüsen, die Nebennierenrinde, die ▸Langerhansschen Inseln in der Bauchspeicheldrüse oder die Schilddrüse.

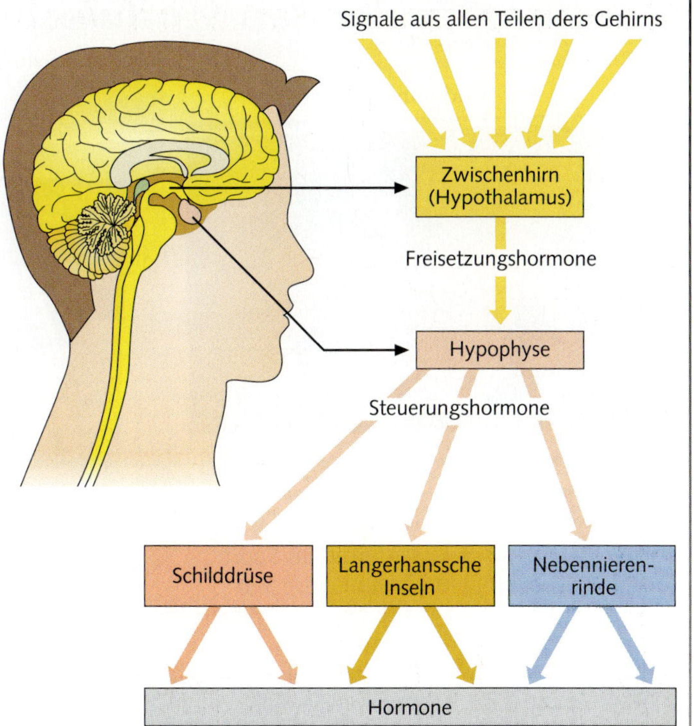

1 Aufgabe der Hypophyse bei der Hormonproduktion

Wirkungsweise der Schilddrüse

Am Beispiel der Schilddrüse lässt sich der Regelmechanismus der Körpertemperatur gut nachvollziehen. Im Blut ist immer eine bestimmte Menge des Hormons Thyroxin vorhanden. Mithilfe des Thyroxins wird der Energieumsatz des Körpers geregelt. Wenn wir frieren, gibt der Köper mehr Wärme an die Umgebung ab als er in der gleichen Zeit bilden kann. Dies hat Auswirkungen auf den Energieumsatz. Soll die Körpertemperatur weiterhin konstant bleiben, muss im Körper mehr Energie freigesetzt, und damit der Energieumsatz gesteigert werden. Diese Information wird durch Thyroxin übermittelt. Wenn die Köpertemperatur sinkt, bildet der Hypothalamus das Freisetzungshormon THR (Thyreotropin-Releasing-Hormon) und leitet es an die Hypophyse weiter. Die Hypophyse produziert daraufhin das Steuerungshormon TSH (Thyreoidea stimulierendes Hormon), das die Schilddrüse anregt, mehr Thyroxin zu produzieren. Durch die höhere Menge an Thyroxin im Blut wird der Stoffwechsel in den Zellen gesteigert. Vermehrt werden nun Nährstoffe unter Sauerstoffverbrauch abgebaut, wodurch die Körpertemperatur wieder steigt. Der erhöhte Thyroxinspiegel im Blut wirkt nun seinerseits wieder regelnd auf die Hypophyse ein. Wenn der vom Zwischenhirn und der Hypophyse gespeicherte Soll-Wert für Thyroxin überschritten ist, stoppt die Hypophyse die Produktion von TSH. Damit nimmt die Thyroxinabgabe der Schilddrüse wieder ab. Da das Hormon im Körper abgebaut wird, sinkt dann der Thyroxinspiegel langsam wieder. In diesem Gleichgewichtszustand spricht man dann von einem normalen Thyroxinspiegel im Blut.

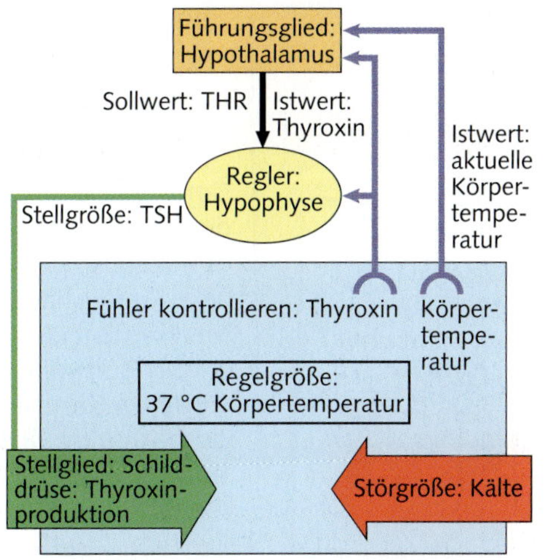

2 Stoffwechselregulation durch Thyroxin

Bei Jodmangel ist die Produktion von Thyroxin gestört. Denn das Hormon enthält als einen wichtigen Bestandteil Jod. Als Folge des Jodmangels beginnt die Schilddrüse sich zu vergrößern. Es entsteht ein Kropf, der im Lauf der Zeit zu ernsthaften Atem- und Schluckbeschwerden führen kann.

Hormone in der Anwendung

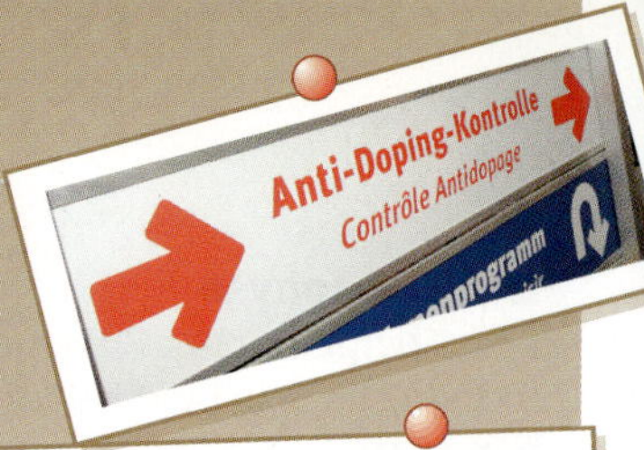

Bodybuilding

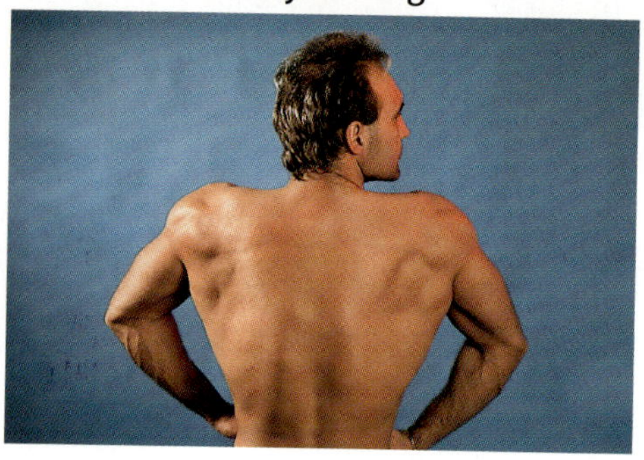

Die Muskelentwicklung bei Männern wird hauptsächlich auf die Wirkung der männlichen Sexualhormone zurückgeführt, vorwiegend auf das ▸Testosteron. Im Sport und beim Bodybuilding kann diese Wirkung durch Medikamente, die den Sexualhormonen sehr ähnlich sind, gezielt genutzt werden. Man nennt sie **Anabolika.** Diese haben jedoch schwere Nebenwirkungen. Sie fördern z. B. Leber- und Herzerkrankungen und führen bei Frauen zur Vermännlichung des Erscheinungsbildes.

Doping im Sport?

Als **Doping** bezeichnet man Maßnahmen zur Leistungssteigerung des Körpers beispielsweise durch chemische Substanzen.
Manche Leistungssportler greifen trotz Verbots auf solche Substanzen zurück. So ist das Medikament EPO einem Hormon sehr ähnlich, das die Bildung roter Blutkörperchen anregt. Daher wurde es zum Beispiel im Radsport illegalerweise für eine bessere Sauerstoffversorgung und damit verbunden für eine gesteigerte Energiegewinnung benutzt.
Doping ist mit hohen Risiken für die Gesundheit verbunden, da körpereigene Warnhinweise ausgeschaltet werden. Im Extremfall kann Doping tödlich enden.

1. Werden dem menschlichen Körper von außen Hormone zugeführt, kann dies positive, aber auch negative Folgen haben. Erläutere diese Aussage mithilfe der dargestellten oder weiterer Beispiele.

2. Weshalb werden Spitzensportler bei internationalen Wettkämpfen stichprobenartig zur Doping-Kontrolle gebeten? Erläutere.

Hormone in der Medizin: Cortison

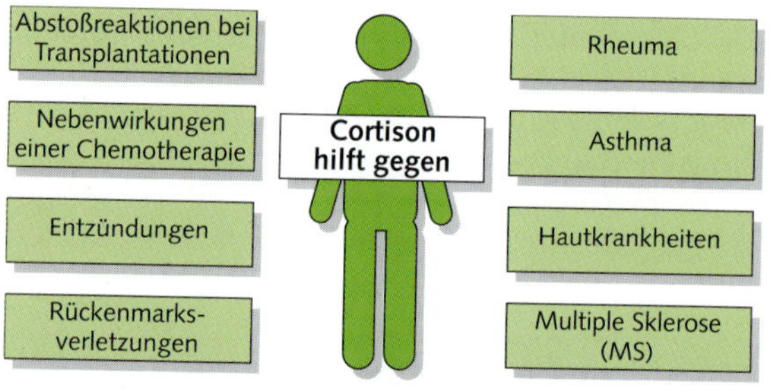

Cortisol ist ein Hormon der ▸Nebennierenrinde, das den Stoffwechsel beeinflusst. Außerdem unterdrückt es ▸allergische und entzündliche Reaktionen. Deshalb wird es häufig als Medikament eingesetzt. Als Medikament Cortison – Vorstufe des Cortisols – hat es aber auch unerwünschte Folgen wie ein aufgedunsenes Gesicht, Muskelschwäche, ▸Diabetes und Bluthochdruck. Bei einer Behandlung mit Cortison müssen daher die positiven und negativen Auswirkungen gegeneinander abgewogen werden.

Hormone in der Nutztierhaltung

In der Viehhaltung werden vielfältige Wachstums- und Leistungsförderer eingesetzt. Der Einsatz von synthetisch hergestellten Hormonen zur Leistungsförderung ist in der EU jedoch verboten. Wenn nämlich diese mit dem Fleisch in den menschlichen Körper gelangen, können sie dort das Zusammenspiel der körpereigenen Hormone stören.

Visualisierung von Sachverhalten

Visualisierung von Sachverhalten
Beim Vortragen komplizierter Sachverhalte ist es oft sinnvoll, diese durch Bilder oder grafische Darstellungen zu veranschaulichen.

Derartige Visualisierungen helfen wichtige Aussagen hervorzuheben. Zusammenhänge können so übersichtlich dargestellt, und Inhalte im Gedächtnis besser verankert werden.

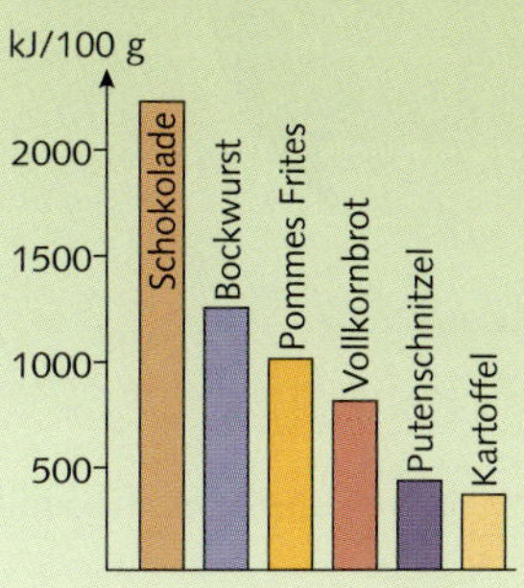

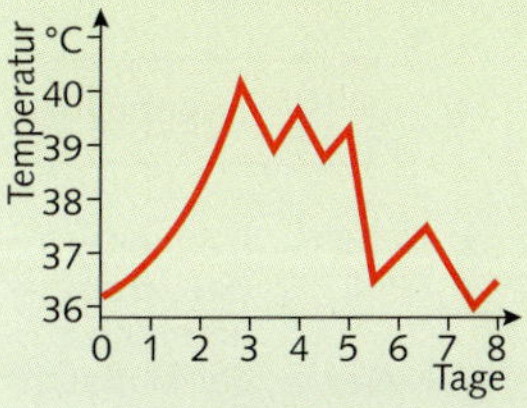

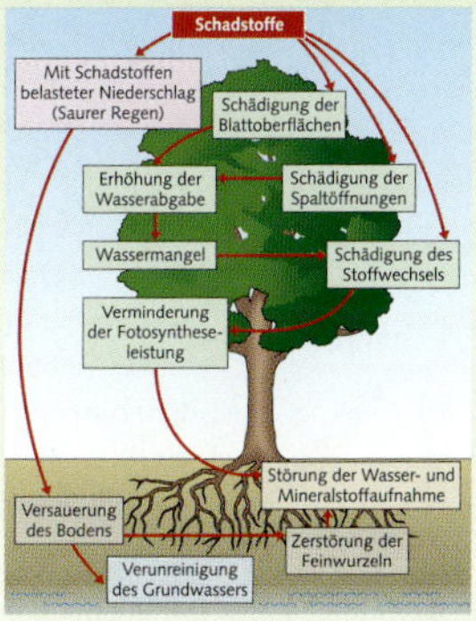

Es gibt viele Möglichkeiten der Visualisierung von Sachverhalten, zum Beispiel
- Säulendiagramme helfen, Zahlen vergleichend darzustellen
- Kurvendiagramme helfen, zeitliche und andere Abhängigkeiten darzustellen
- Kreisdiagramme können prozentuale Verteilungen zeigen
- Kreislaufdiagramme können die Beziehungen einzelner Stationen deutlich machen
- Baum- oder Organisationsdiagramme können Hierarchieebenen oder Abstammungen aufzeigen
- Pfeil- und Flussdiagramme können Zuordnungen oder Abläufe übersichtlich darstellen
- Mindmaps helfen Gedanken zu ordnen und Zusammenhänge darzustellen
- Tabellen helfen Texte oder Daten in Zeilen und Spalten gegliedert darzustellen
- Bilder (Fotos, Zeichnungen, Collagen, Karikaturen) veranschaulichen Inhalte, rufen Gefühle hervor oder können Denkanstöße geben
- Modelle können Funktionen oder Strukturen verdeutlichen
- Gegenstände oder Produkte zum Anfassen können sinnliche Eindrücke wecken

In Vorträgen können auch mehrere Formen der Darstellung miteinander kombiniert werden.

Gestaltungstipps
Alle Visualisierungsformen wirken am besten, wenn sie klar, übersichtlich und aussagekräftig sind.

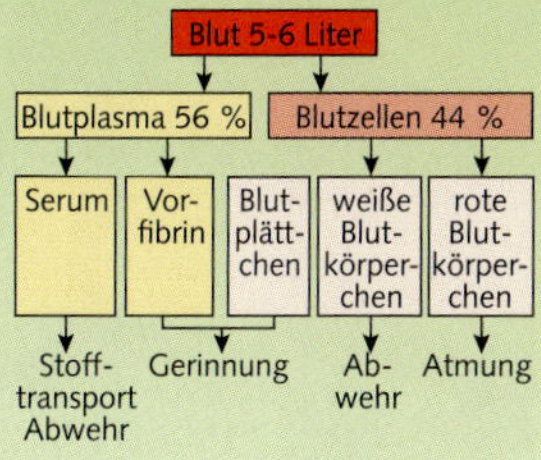

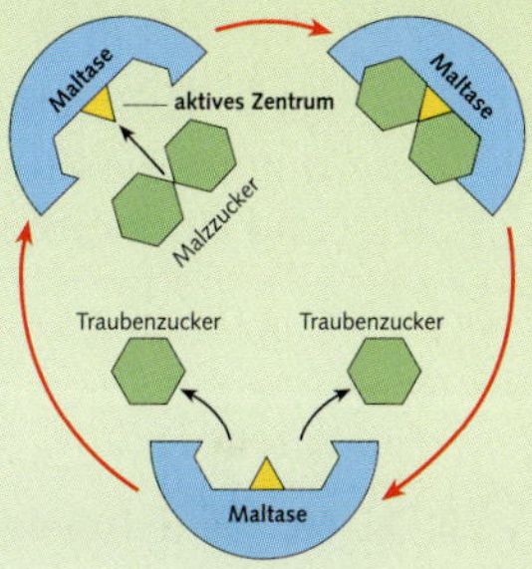

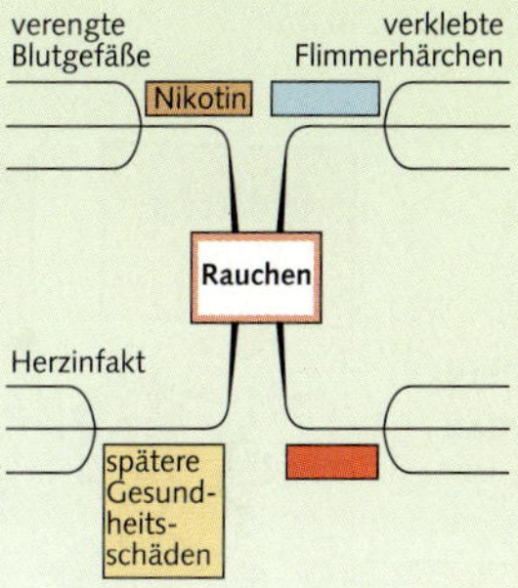

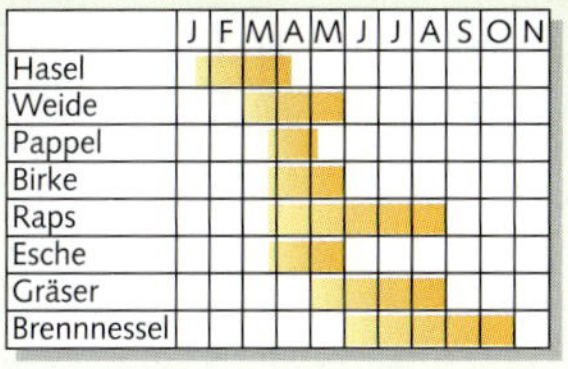

1. a) Bildet Teams und entscheidet euch für eine Möglichkeit, Sachverhalte wie nebenstehende zu visualisieren und begründet die gewählte Darstellungsform.
b) Stellt eure Ergebnisse vor und diskutiert in der Klasse, welche Möglichkeiten sich jeweils gut oder weniger gut eignen.

Welche Form der Visualisierung eignet sich für folgende Sachverhalte?
- Aufgaben unterschiedlicher Hormone
- Steuerung des Blutzuckerspiegels durch Hormone
- Bau einer Nervenzelle
- Ablauf einer Reflexhandlung
- Stressfaktoren für Menschen
- Funktion der Bandscheiben
- Entwicklung der Körpertemperatur bei Masern
- Verlauf einer Infektionskrankheit
- Prozentualer Anteil der häufigsten Todesursachen in Deutschland

Nerven- und Hormonsystem arbeiten zusammen

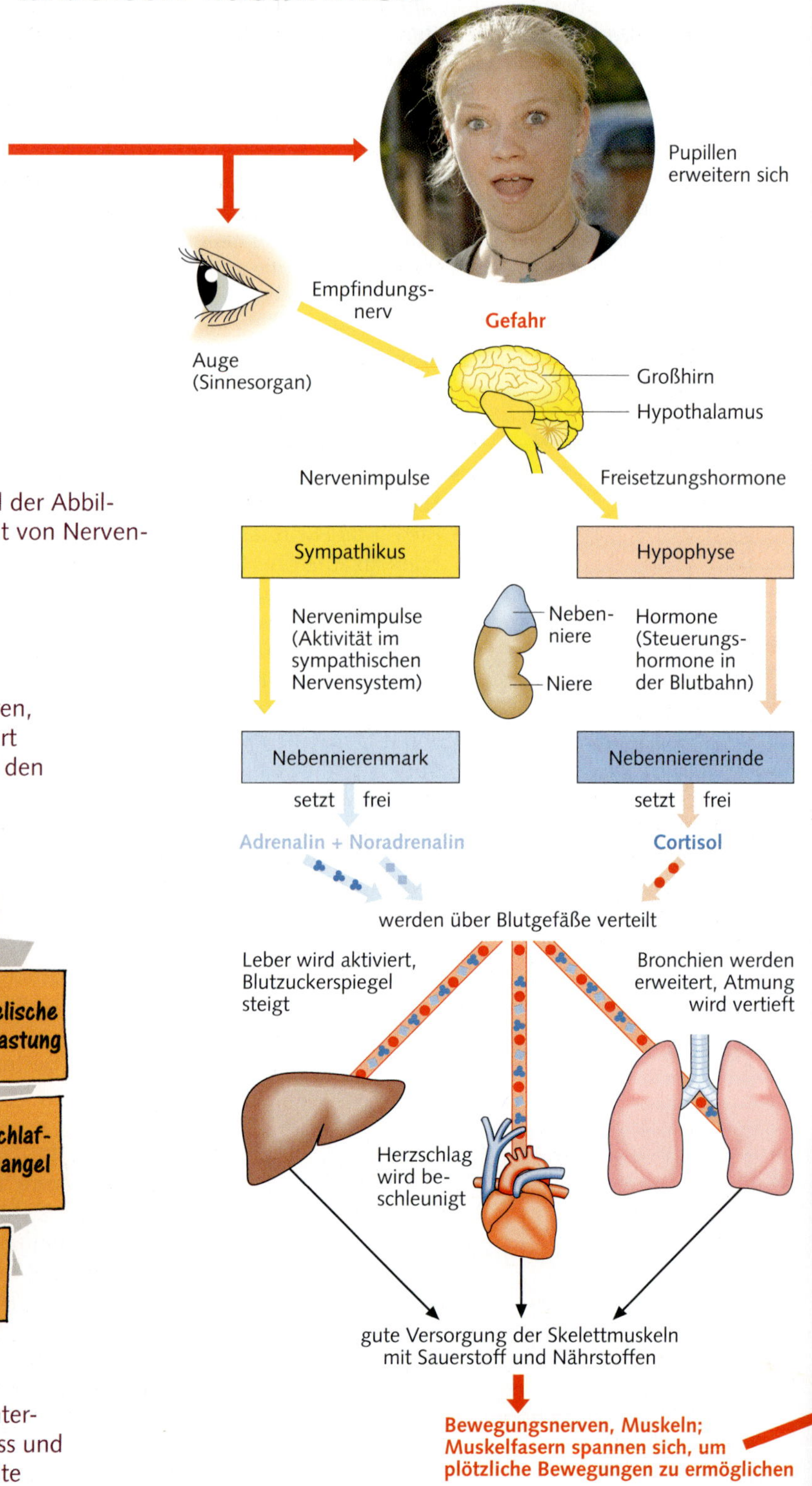

1. Beschreibe anhand der Abbildung 1 die Zusammenarbeit von Nerven- und Hormonsystem.

2. Nenne Beispiele für Stressoren, die in der Abbildung unten aufgeführt sind. Wie wirken sie sich negativ auf den Körper aus?

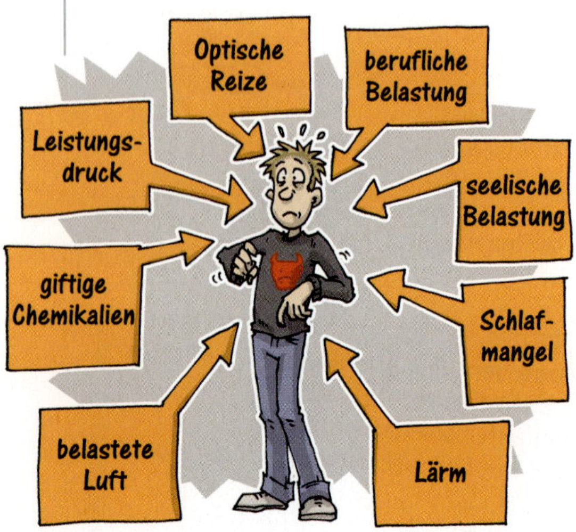

3. Recherchiere im Internet, was man unter Disstress und unter Eustress versteht. Halte dazu einen Kurzvortrag.

In einer lebensgefährlichen Situation

Eine Fußgängerin überquert gerade eine Straße und plötzlich fährt ein Auto auf sie zu, das sie vorher nicht wahrgenommen hat. Sie erkennt die Gefahr, erschrickt und reagiert ohne vorher zu überlegen sofort mit einem schnellen Sprung von der Fahrbahn. Dort bleibt sie erst einmal stehen und wird kreidebleich. Die Knie zittern, das Herz schlägt schneller und kräftiger, sie atmet tief und bekommt ein flaues Gefühl im Magen. Es dauert eine kurze Zeit, bis sie sich wieder beruhigt hat. Was geschah im Körper der Frau in dieser **Stresssituation,** die sie als gefährlich empfunden hatte?

Reaktionen in einer Stresssituation

Die Augen nehmen den ▸Reiz des heran fahrenden Autos auf. Diese Information wird in Form elektrischer Impulse in die ▸Großhirnrinde geleitet, mit dort gespeicherten ähnlichen Situationen verglichen und als „Gefahr" an den ▸Hypothalamus weitergeleitet. Dieser aktiviert über den ▸Sympathikus des vegetativen Nervensystems das **Nebennierenmark.** Es setzt die Hormone **Adrenalin** sowie **Noradrenalin** frei. Diese werden über das Blutgefäßsystem verteilt und entfalten im Körper ihre Wirkung.

Es gibt jedoch noch ein zweites Alarmsystem. Gleichzeitig mit der Aktivierung des Sympathikus schüttet das Gehirn nämlich selbst Hormone aus. Diese Freisetzungshormone wirken auf die ▸Hypophyse. Diese schüttet daraufhin ▸Steuerungshormone aus. Sie gelangen über die Blutbahnen zu den Nebennieren. Dort veranlassen sie die **Nebennierenrinde** zur Abgabe des „Aktivitätshormons" **Cortisol.** Dieses Hormon beeinflusst unter anderem den Kohlenhydrathaushalt, fördert den Anstieg des Blutzucker- und Blutfettspiegels sowie die Ausschüttung von roten Blutkörperchen.

Nach dem Schreck wird also über zwei unabhängige Wirkungsketten die Ausschüttung von Stresshormonen veranlasst. Diese wirken unter anderem auf die Leber, wodurch es zur Bildung von Glukose kommt, sodass der Blutzuckerspiegel steigt. Zudem werden Atmung und Blutkreislauf aktiviert. Der Stoffwechsel beschleunigt sich. Die Skelettmuskeln werden gut durchblutet und reagieren rasch und kräftig auf die Impulse der motorischen Nerven. Der ganze Körper ist auf Leistung eingestellt. Der rettende Sprung von der Fahrbahn gelingt.

Der Körper hat auf den Stress mit der Aktivierung seiner Alarmsysteme reagiert. So kann er mithilfe des vegetativen Nervensystems in Bruchteilen von Sekunden Höchstleistungen vollbringen. Die Wirkung der Stresshormone hält nach der Reaktion noch etwas länger an und ist als flaues Gefühl bemerkbar.

Nach dem Stress

Erst wenn nach dem Stress die Hormone wieder abgebaut sind, normalisieren sich in der Erholungsphase Kreislauf und Stoffwechsel. Dies ist ein sinnvoller biologischer Mechanismus. Wird jedoch ein Körper zu oft Stresssituationen wie Lärm, Hetze, Leistungsdruck, hoher Verantwortung oder Termindruck ausgesetzt und fehlen längere Erholungsphasen, wird er mit Hormonen überflutet. Die negativen gesundheitlichen Folgen sind unter anderem zunehmende Aggressivität, Magen- und Darmgeschwüre, Bluthochdruck oder sogar Herzinfarkt. Durch eine ausgeglichene Lebensführung kann man sich vor Dauerstress schützen. Dazu gehören zum Beispiel ausreichender Schlaf, regelmäßige Bewegung im Freien und eine richtige Zeitplanung.

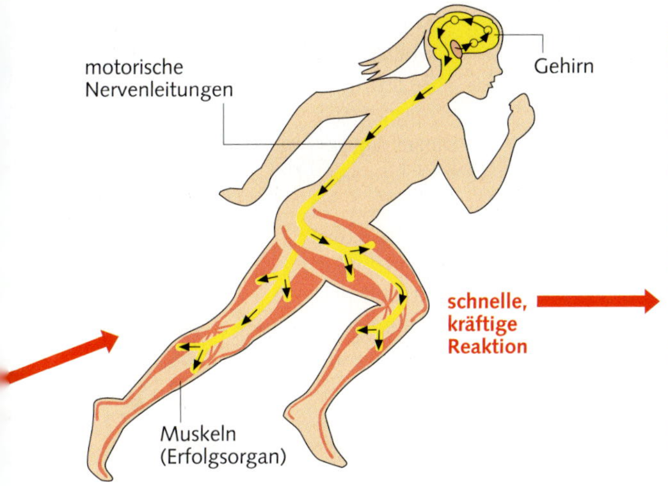

1 Zusammenarbeit von Nerven- und Hormonsystem in einer Stresssituation

Nervensystem
Sinnesorgane nehmen Reize auf. Diese veranlassen Sinneszellen, elektrische Nervenimpulse zu bilden. Sensorische Nerven leiten die Impulse ins Zentralnervensystem: ins Rückenmark und Gehirn. Dort findet die Verarbeitung statt. Bei Bedarf werden Reaktionen ausgelöst. Nun leiten motorische Nerven elektrische Impulse zu den Muskeln, die sich auf das Signal hin zusammenziehen – eine Bewegung erfolgt.

Nervenzellen
Eine Nervenzelle erhält Signale von anderen Nervenzellen, die mit ihr durch Synapsen an den Dendriten in Kontakt stehen. Chemische Überträgerstoffe können dann in der Nervenzelle elektrische Impulse auslösen. Diese laufen das Axon entlang und führen an den Synapsen zur nachfolgenden Nervenzelle wiederum zur Ausschüttung von Überträgerstoffen.

Überträgerstoffe an Synapsen
An den Synapsen erfolgt die Informationsübertragung zwischen Nervenzellen auf chemischem Wege. Dabei kommen je nach Nervenzelle unterschiedliche Überträgerstoffe zum Einsatz, die anregen, hemmen oder im Gehirn auch zu bestimmten Gefühlslagen führen können.
Daher sind die Synapsen Angriffspunkt von zahlreichen Medikamenten, aber auch von Drogen und Nervengiften.

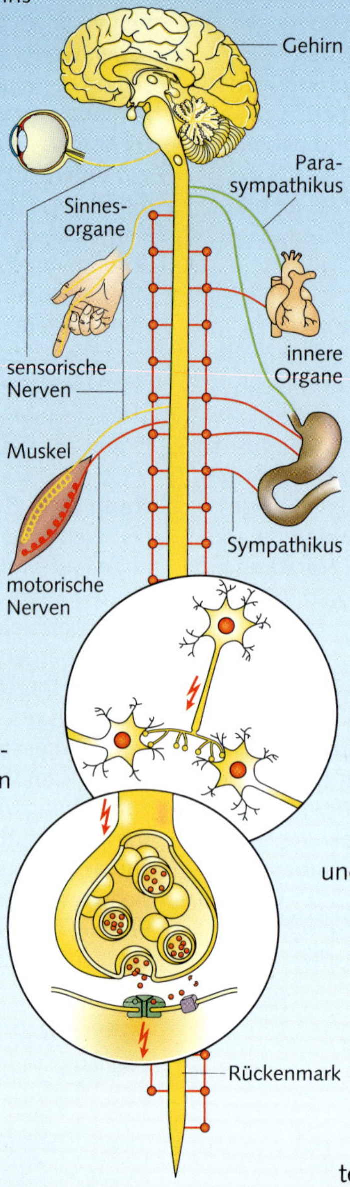

Gehirn und Rückenmark
Das Gehirn ist die übergeordnete Steuerzentrale für unser Verhalten. Die verschiedenen Gehirnbereiche wie Großhirn, Kleinhirn, Zwischenhirn, Mittelhirn und verlängertes Rückenmark erfüllen dabei jeweils bestimmte Funktionen.
Auch die linke und rechte Großhirnhälfte sind spezialisiert. Das Rückenmark verbindet das periphere Nervensystem mit dem Zentralnervensystem. Außerdem werden hier Reflexe ausgelöst.

Lernen
Die Verschaltungen durch Synapsen zwischen den Nervenzellen im Gehirn sind veränderbar. Das Verhalten kann sich so veränderten Bedingungen anpassen. Wir lernen.

Vegetatives Nervensystem
Das vegetative Nervensystem steuert ohne unseren Willen die Funktionen der inneren Organe. Dabei wirkt der Sympathikus in Situationen aktiver Leistung, der Parasympathikus bei der Verdauung und Erholung.

Hormonsystem
Hormondrüsen geben Hormone in geringsten Mengen ins Blut ab. Nur Zielzellen mit den passenden Rezeptoren reagieren.
Dieses Signalsystem ist langsamer, aber länger anhaltend als das des Nervensystems. Über das Gehirn und die Hirnanhangsdrüse (Hypophyse) arbeiten diese beiden Signalsysteme eng zusammen.

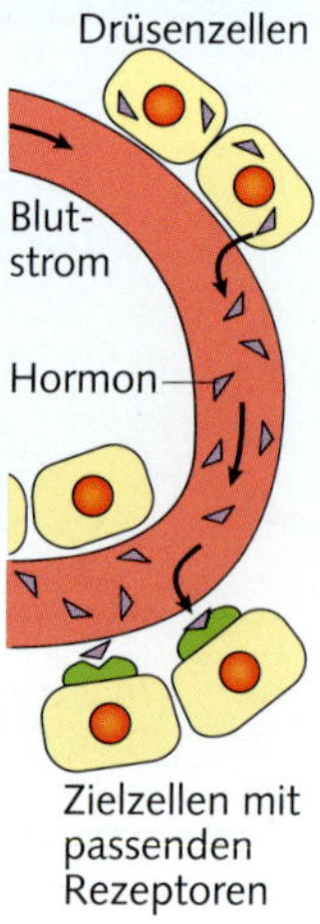

Steuern und Regeln
Als Steuern bezeichnet man das Auslösen einer Reaktion durch einen „Befehl" von „außen" oder „oben". Unter Regeln versteht man ein automatisches Auslösen einer Reaktion durch einen Rückkopplungsmechanismus.

Schlüssel-Schloss-Prinzip
Überträgerstoffe an Synapsen und Hormone wirken auf ihre Zielzellen, indem sie nach dem Schlüssel-Schloss-Prinzip an passende Rezeptoren andocken.

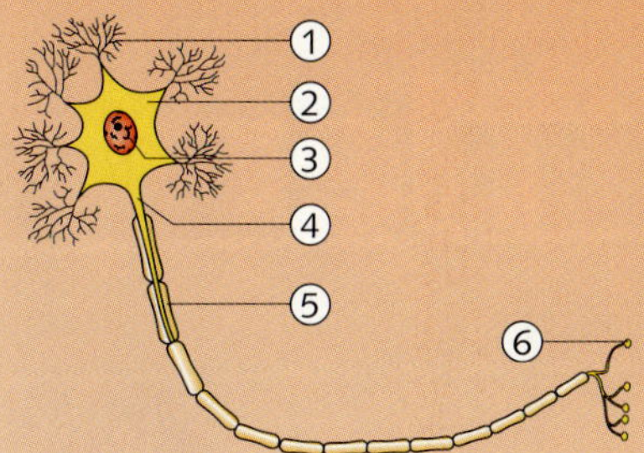

1. Benenne die mit Ziffern markierten Teile der Nervenzelle und beschreibe kurz ihre jeweiligen Funktionen.

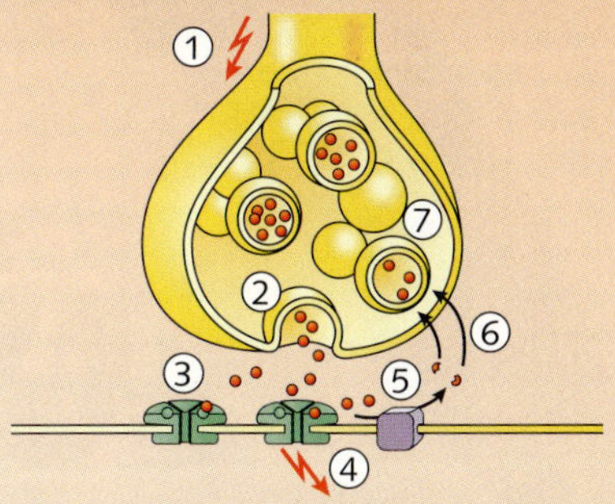

2. a) Beschrifte die in der Synapse gekennzeichneten Strukturen und Vorgänge.
b) Stelle den Vorgang der synaptischen Übertragung als „Animation" dar. Dies kann durch Auflegen mehrerer Tageslichtschreiberfolien geschehen oder als Abfolge von Computerfolien in einem Präsentationsprogramm. Natürlich könnt ihr auch ein Animationsprogramm benutzen.

3. Atropin, das Gift der Tollkirsche, führt zu Lähmungen, indem es sich auf die Rezeptoren an den Synapsen setzt und diese blockiert.
Welcher Mechanismus der synaptischen Übertragung ist dann gestört?

4. a) Recherchiere und berichte, wie Atropin, das Gift der Tollkirsche, medizinisch eingesetzt wird.
b) Die Tollkirsche heißt lateinisch „Atropa belladonna". Recherchiere die Bedeutung dieses Namens. Wie nutzten eitle Römerinnen das Gift?

5. Koffein verlängert die Wirkungsdauer des Stresshormons Adrenalin. Beschreibe die Wirkungen.

6. In welchen Pflanzen kommt Koffein vor und welche Genussmittel werden daraus hergestellt?

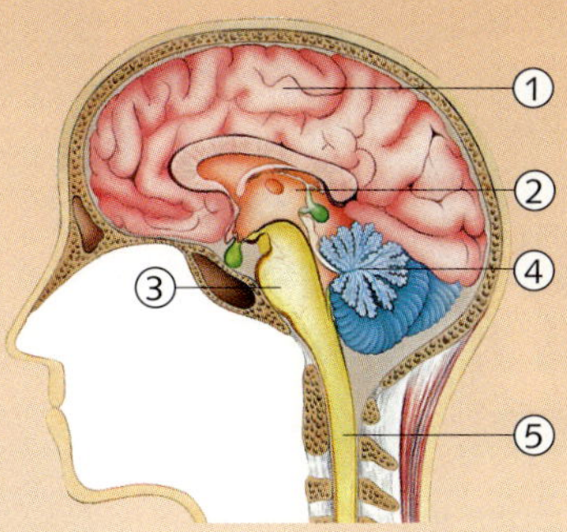

7. a) Benenne die gekennzeichneten Gehirnteile.
b) Ordne den Gehirnteilen folgende Funktionen richtig zu:
A: Feinsteuerung automatisierter Bewegungen
B: Atemreflex, Hustenreflex und andere Reflexe
C: bewusste Wahrnehmung, Denken, Gefühle, bewusste Bewegungssteuerung
D: Gefühle, Verbindung zum Hormonsystem
E: Zusammenschalten der Informationen aus verschiedenen Hirnregionen

8. Beim Berühren einer heißen Herdplatte werden Schmerzreize über Sinneszellen der Haut aufgenommen und führen reflexartig zum Wegziehen der Hand. Stelle den Reflex in Form eines Flussdiagramms dar. Beschreibe dazu die einzelnen Teilvorgänge stichwortartig und verbinde die Textelemente durch Pfeile.

9. a) Listet die Einflüsse auf, die eine dauerhafte Speicherung von Gelerntem im Langzeitgedächtnis fördern.
b) Stellt vor diesem Hintergrund in Form kleiner Sketche günstige und ungünstige Formen des Vokabellernens vor und lasst sie durch die Zuschauer kommentieren.

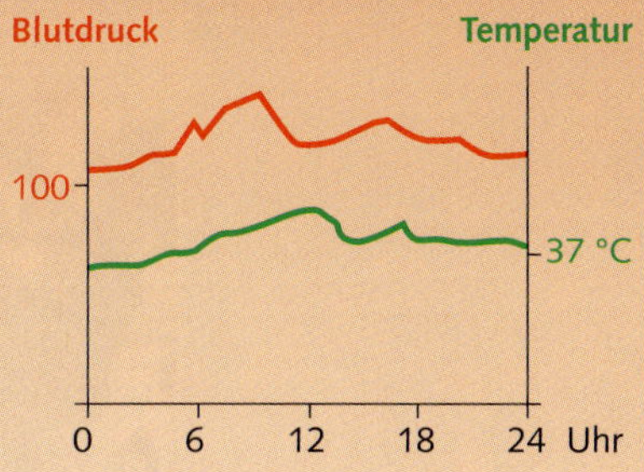

10. a) Beschreibe den dargestellten Tagesverlauf von Blutdruck und Körpertemperatur.
b) Wann ist der Sympathikus, wann der Parasympathikus besonders aktiv?
c) Wann sollte dieser Mensch schlafen, essen oder arbeiten, um mit seinem „Biorhythmus" im Einklang zu sein?

11. Recherchiere und berichte, welches Hormon den Tag-Nacht-Rhythmus steuert und welche Einflüsse den Rhythmus verändern können.

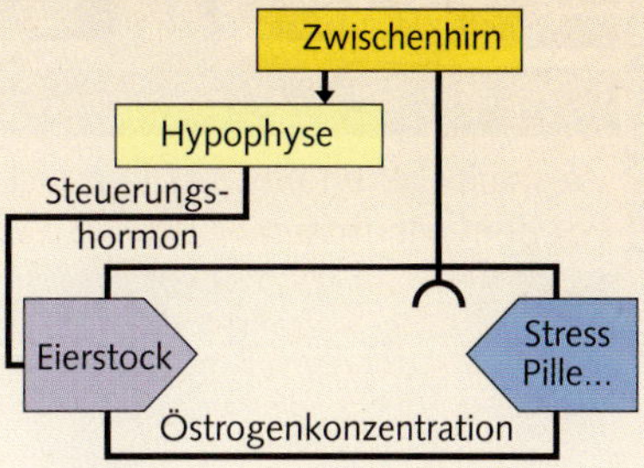

12. a) Stelle in einer Tabelle den allgemeinen Begriffen eines Regelkreises die oben genannten zur Regelung des Östrogenspiegels gegenüber.
b) Gehe näher auf mögliche Wirkungen von Störgrößen ein.

Verhalten bei Tier und Mensch

Welche Methoden gibt es, um das Verhalten von Tieren zu erforschen?

Weshalb fliehen diese Küken nicht vor dem Menschen?

Wie ist das Verhalten dieser Füchse zu deuten?

Was kann man versuchen, um besser lernen zu können?

Auf welche Weise können wir lernen, wie ein Schlüssel in das Schüsselloch passt?

Wie lässt sich das Verhalten des jungen Motorradfahrers erklären?

Verhaltensweisen bei Tieren

1. Viele Verhaltensforscher und Forscherinnen hatten Schimpansen bereits im Zoo beobachtet oder Verhaltensexperimente mit ihnen durchgeführt. Jane GOODALL forschte völlig anders. Beschreibe ihre Arbeitsweise anhand des Informationstextes.

2. Informiere dich über weitere berühmte Verhaltensforscher wie Konrad LORENZ, Nikolaas TINBERGEN, Karl RITTER VON FRISCH, Irenäus EIBL-EIBESFELDT oder Dian FOSSEY und deren Arbeitsfelder. Wähle einen Forscher aus und erstelle ein Kurzportrait.

3. a) Beschreibe die in den Abbildungen dargestellten Verhaltensweisen der Schimpansen.
b) Welche Handlungsbereitschaft und welcher Auslöser könnte zu dieser Verhaltensweise geführt haben?
c) Welche Verhaltensweise könnte als nächste erfolgen?

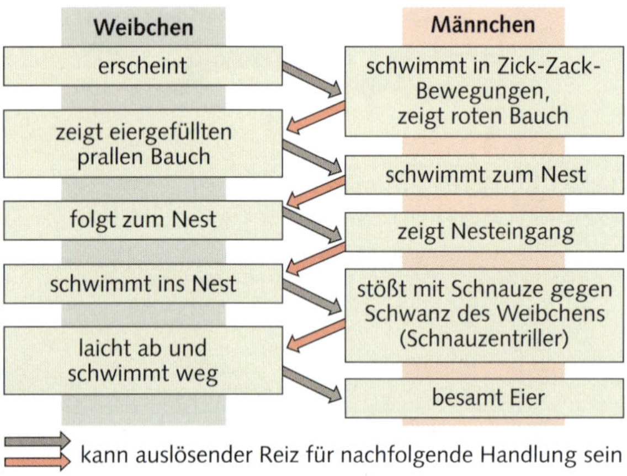

4. Informiere dich über die Lebensweise des Dreistachligen Stichlings. Erstelle einen Steckbrief.

5. Beschreibe die Handlungskette beim Fortpflanzungsverhalten des Stichlings.

Mit den Schimpansen auf du und du

Was wir heute über die Verhaltensweisen der Schimpansen wissen, haben wir zum großen Teil der langjährigen Forschungsarbeit von Jane GOODALL zu verdanken. Seit Anfang der 60-er Jahre erforscht sie im Gombe Nationalpark in Tansania das Leben der Schimpansen. Sie war den Schimpansen vertraut und wurde als Mitglied der Gruppe angesehen. So konnte sie die Tiere in ihrem alltäglichen Zusammenleben jederzeit beobachten. Sie protokollierte und fotografierte die unterschiedlichen Körperhaltungen und Bewegungen, die Schimpansen in bestimmten Situationen machen. Dazu gehört zum Beispiel die Suche nach Nahrung, die Aufzucht der Jungtiere oder die Begegnung mit Feinden. Sie kannte alle Gruppenmitglieder, gab ihnen Namen und versuchte sich mit ihnen zu verständigen. Sie zeichnete auf, welche Beziehungen zwischen den einzelnen Mitgliedern der Schimpansengruppe bestanden und mit welchen Körperhaltungen und Lauten sie untereinander kommunizieren. Ebenso ging sie der Frage nach, was die Tiere veranlasste, das jeweilige Verhalten zu zeigen.

1 Verhaltensforscherin Jane GOODALL

2 Verhalten bei Schimpansen

Was versteht man unter Verhalten?
Beobachtet man Tiere oder auch Menschen, kann man feststellen, dass sie je nach Situation typische Körperhaltungen einnehmen und Bewegungen machen. Bei Menschen und vielen Tieren kann man zusätzlich auch Formen der Mimik und Lautäußerungen beobachten. Solche beobachtbaren Aktivitäten und Körperreaktionen werden als Verhalten bezeichnet. Verhalten äußert sich bewusst oder unbewusst in bestimmten Situationen, um sich mitzuteilen oder um untereinander zu kommunizieren.

Nahrungssuche der Amsel
Häufig kann man beobachten, wie eine Amsel über den Boden hüpft, unvermittelt stehen bleibt, mit leicht geneigtem Kopf auf den Boden starrt und nach kurzer Zeit weiterhüpft. Die Amsel ist auf der Suche nach Nahrung. Innere Stimmungen wie Hunger, Durst oder der Fortpflanzungstrieb wirken auf das Verhalten. Auch äußere Einflüsse wie Tageszeit, Jahreszeit, Temperatur oder Klima beeinflussen die Bereitschaft eines Tieres, eine bestimmte Handlung auszuführen. Diese **Handlungsbereitschaft** ist Vorraussetzung dafür, dass eine Verhaltensweise ausgeführt wird. Außerdem beeinflusst sie, mit welcher Ausdauer sie stattfindet.

Hat die Amsel bei ihrer Nahrungssuche geeignete Nahrung erblickt, pickt sie rasch mit dem Schnabel zu und frisst. Der Anblick von Insekten, Larven oder Würmern wirkt bei der hungrigen Amsel als **Reiz.** Dieser Futterreiz wirkt auf einen „inneren", **a**ngeborenen **A**uslöse**m**echanismus, kurz **AAM** genannt. In Abhängigkeit von der vorhandenen Handlungsbereitschaft bewirkt dieser AAM, dass aus der Vielzahl der Umweltreize dieser Reiz die entsprechende Verhaltensweise auslöst: Die Amsel pickt nach dem Insekt. Reize, die jeweils nur eine bestimmte Verhaltensweise auslösen können, werden als **Schlüsselreize** bezeichnet.

Verhalten im Revier der Amsel
Amselmännchen grenzen zur Brutzeit ein bestimmtes Gebiet als ihr Revier ab, in dem sie sich aufhalten, nach Nahrung suchen und das sie gegen Feinde und Artgenossen verteidigen. Die Grenzen markieren die Revierbesitzer durch ihren Gesang. Nehmen andere Amselmännchen den Gesang wahr, wirkt dieser als Signal und sie bleiben meist dem Gebiet fern. Solche Signale, die von Artgenossen ausgehen und eine bestimmte Verhaltensweise bei den Artgenossen auslösen können, werden als **Auslöser** bezeichnet. Dringt ein fremdes Männchen in ein besetztes Revier ein, wirkt dieses fremde Männchen als Auslöser für den Revierbesitzer. Er versucht durch lautes Zetern und aggressives Anfliegen den Eindringling zu verjagen. Eine **Handlungskette** entsteht, wenn mehrere angeborene Verhaltensweisen aufeinanderfolgen. Dabei ist jede Verhaltensweise eines Kommunikationspartners ein Auslöser für die nächste Verhaltensweise des anderen Partners.

Angeborenes und erlerntes Verhalten
Solche Verhaltensweisen sind bei allen Amseln zu beobachten. Offensichtlich reagieren alle Individuen einer Art auf bestimmte Schlüsselreize in gleicher Weise, ohne die Reaktion vorher gelernt zu haben. Sie verhalten sich also **instinktiv.** Durch die individuelle Erfahrung oder sich verändernde äußere Einflüsse kann jedoch das Verhalten beeinflusst werden. Angeborenes und erworbenes Verhalten ergänzen sich also.

3 Ablauf des Verhaltens einer Amsel beim Fressen

Wie Tiere lernen

1. Berichte, welche unterschiedlichen Formen des Lernens du bei Tieren kennst. Erläutere die einzelnen Formen an Beispielen.

2. Viele Haustiere sind besonders lernfähig. Erkläre, wie du vorgehen würdest, wenn du einem Haustier etwas beibringen willst.

3. a) Was heißt Dressur? Gib eine Worterklärung.
b) Nutze beide Fotos und erkläre, wie die im Zirkus gezeigte Dressur erreichbar wird.
c) Nenne Beispiele für Dressurleistungen von Tieren, die für den Menschen von Nutzen sind.
d) Auch in der Natur werden Verhaltensweisen „belohnt". Stelle an einem Beispiel dar, wie sich dies auf die Angepasstheit von Tieren an neue Lebensräume auswirkt.

4. a) Informiere dich über einsichtiges Verhalten. Berichte.
b) Woran erkennt man an der linken Abbildung das einsichtige Verhalten des Orang-Utan?

5. Im Informationstext wird ein Versuch mit Eichhörnchen beschrieben. Erkläre, warum die Eichhörnchen in weiteren Versuchen nur noch Nüsse und keine anderen nussähnlichen Gegenstände mehr benagt haben.

Angeboren oder erlernt?
Um dies herauszufinden, zogen Verhaltensforscher junge Eichhörnchen isoliert von ihren Artgenossen auf. Die Jungtiere erhielten neun Wochen nur breiige Nahrung. Als die Tiere dann die erste Nuss bekamen, drehten sie diese mit den Vorderpfoten und versuchten sie zu benagen. Auch nussähnliche Tonkugeln wurden auf diese Weise benagt. Das Benagen nussgroßer Gegenstände ist Eichhörnchen offenbar angeboren. Brauchten die Eichhörnchen für ihre ersten Nüsse noch etwa 20 Minuten zum Öffnen, gelang es ihnen nach einigen „Nussknackversuchen" immer schneller, den Nusskern zu erreichen. Dabei entwickelte jedes Eichhörnchen seine eigene Technik. Sie hatten ihr Verhalten verändert und erlernt, auf welche Weise sie schnell an den Kern einer Haselnuss gelangen konnten. Das arttypische Verhalten der Eichhörnchen entsteht also im Zusammenspiel von angeborenem und erlerntem Verhalten.

1 Eichhörnchen und verschiedene Techniken, Nüsse zu knacken

Prägung

Entenküken sind Nestflüchter. Kurz nach dem Schlüpfen folgen die Küken allem, was sich in ihrer Nähe bewegt und Laute ähnlich denen einer Ente von sich gibt. Dies ist ihnen angeboren. Wie das dazugehörige Lebewesen jedoch aussieht, müssen sie lernen. Ist es nicht das Muttertier, sondern zum Beispiel ein Mensch oder ein Ball, der entsprechende Laute von sich gibt, folgen die Küken diesem „Muttertier" nach. Diese **Prägung** zum Nachfolgen ist ein spezieller Lernvorgang, der nur innerhalb einer kurzen Entwicklungsphase nach dem Schlüpfen stattfindet und der weder umkehrbar noch wiederholbar ist.

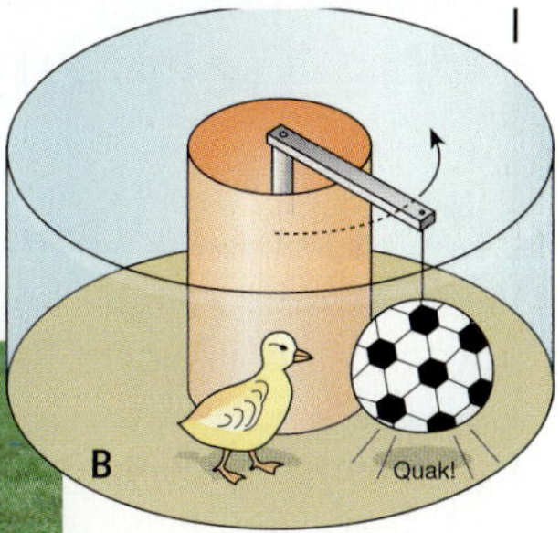

3 Entenküken ...
A ... *folgen Mutter,*
B ... *folgen einem Ball in einem Prägungsversuch*

Nachahmung

Wenn Entenküken dem Muttertier folgen, beobachten sie zum Beispiel, was ihre Mutter frisst. Anschließend fressen sie die gleiche Nahrung. So lernen sie durch **Nachahmung,** geeignetes Futter von ungeeignetem zu unterscheiden. Durch Nachahmung werden bestimmte Verhaltensweisen an die jeweiligen Nachkommen weitergegeben. Auf diese Weise entstehen Traditionen im Verhalten der Tierarten. Schimpansen lernen so in bestimmten Gegenden den Gebrauch von Ästchen, um nach Termiten zu angeln. Die meisten Singvögel erlernen durch Nachahmung ihren typischen Gesang.

4 Schimpanse lernt Werkzeug zum Termitenangeln zu gebrauchen

Lernen am Erfolg

Tiere erkunden und untersuchen ihre Umgebung. Neugierig und scheinbar furchtlos betrachten oder beriechen sie unbekannte Gegenstände und versuchen sie zu berühren. Dieses Erkundungs- und Neugierverhalten führt dazu, dass die Tiere durch Versuch und Irrtum Erfahrungen machen. Wird zum Beispiel ein Fuchs an bestimmten Stellen seines Lebensraumes gestört, lernt er, diese Stellen zu meiden. An Stellen, an denen er ausgiebig Nahrung findet, macht er positive Erfahrungen. Durch dieses **Lernen am Erfolg** wird er solche Stellen zur Nahrungssuche häufiger aufsuchen. Positive Erfahrungen verstärken ein bestimmtes Verhalten. Negative Erfahrungen dagegen können hemmend wirken. Tieren erschließen sich durch positive Erfahrungen neue Lebensräume, wenn sie zum Beispiel genug Nahrung finden und sich erfolgreich fortpflanzen können. Ein Beispiel dafür sind Füchse, die in Städten leben.

Spielen zum Lernen

Besonders bei jungen Säugetieren ist zu beobachten, dass sie miteinander spielen. Hierbei sammeln sie spielerisch Erfahrungen. So lernen junge Katzen bewegliche Gegenstände kennen, die sie nach einiger Zeit mit angeborenen Bewegungsabläufen „erbeuten".
Bei einem solchen Spielverhalten werden angeborene Verhaltensweisen eingeübt, miteinander kombiniert und mit bereits Erlerntem verbunden. Die Tiere erlernen Bewegungsabläufe und somit Verhaltensweisen, die für ihren Nahrungserwerb, die Verständigung mit Artgenossen, den Angriff oder die Flucht notwendig sein können.

Gewöhnung

Bestimmte Reize lösen bei Tieren eine angeborene Fluchtreaktion aus. Doch ansonsten scheue Greifvögel halten sich auch in Städten oder an Straßen auf. Diese Vögel haben gelernt, dass die Nähe von Menschen für sie keine negativen Folgen hat, sondern auch manche Vorteile bietet. Durch **Gewöhnung** an ursprünglich negative Reize und durch Lernen am Erfolg haben sie ihr Verhalten geändert.

5 Ein Turmfalke hat sich an Straßenlärm gewöhnt

Wie Tiere zusammenleben

1. Manche Tierarten leben nur während der Paarungszeit oder der Zeit der Jungenaufzucht in Gemeinschaft mit Artgenossen. Andere Tierarten leben ständig mit Artgenossen zusammen.

a) Nenne Beispiele für beide Gruppen.

b) Große Beutegreifer wie der Eisbär sind häufig Einzelgänger. Nenne weitere Beispiele und begründe.

2. a) Ordne die Abbildungen A–D den vier im Text beschriebenen Formen des Zusammenlebens zu.

b) Beschreibe anhand des Informationstextes in Stichworten die typischen Merkmale der vier Formen und nenne jeweils weitere Beispiele.

3. Beschreibe die Verhaltensweisen der in den Abbildungen auf der folgenden Seite dargestellten Berberaffen. Welche Funktionen könnten hinter den jeweiligen Verhaltensweisen stehen?

Wenn Tiere zusammenleben

In den meisten Lebensräumen leben viele Tierarten zusammen. Besonders an Wasserstellen kommen Vertreter der verschiedenen Tierarten zufällig zusammen. Sie haben keine Bindung zueinander. Die Tiere in solch einer **Aggregation** verhalten sich meist sehr vorsichtig und reagieren nervös auf Bewegungen oder Rufe von anderen Arten.

Im Gegensatz dazu leben bestimmte Tierarten mit Hunderten von Artgenossen in Schwärmen oder Herden zusammen. Es gibt kein Leittier. Die Tiere kennen sich untereinander nicht. Schwarmtiere leben in einem **offenen anonymen Verband** zusammen, der das einzelne Individuum weitgehend vor Feinden schützt.

Termiten und andere staatenbildende Insekten leben auch in sehr großen Verbänden und kennen sich untereinander nicht. Alle Mitglieder verbindet aber ein gemeinsames Gruppenmerkmal. Bei Termiten und Bienen ist es der Geruch. Diese Form des Zusammenlebens wird als **geschlossener anonymer Verband** bezeichnet. In diesem Verband steht das Überleben des Verbandes über dem Überleben des Individuums.

Im sozialen Verband

Viele Säugetierarten leben in Gruppen. Meist leben die Mitglieder von Geburt an zusammen und kennen sich „persönlich“. In einem solchen **individualisierten Verband** leben Männchen, Weibchen, Alte und Junge, Starke und Schwache, „Freunde“ und Rivalen. All diese verschiedenen „Persönlichkeiten“ müssen sich untereinander verständigen, wenn zum Beispiel Nahrung gesucht und aufgeteilt wird, Ruhe- oder Schlafplätze aufgesucht werden, die Fortpflanzungszeit beginnt oder Feinde drohen. Das einzelne Individuum hat somit bessere Überlebenschancen.

Verständigung bei Berberaffen

Die Berberaffen in Nordafrika und Gibraltar leben in Felslandschaften mit niedrigem Baumbewuchs. In dieser Gruppe nimmt jedes Mitglied eine bestimmte Position ein. In einer solchen **Rangordnung** gibt es Anführer: ein Leittier für die Weibchen und eines für die Männchen. Diese ranghöchsten Tiere sind meist die erfahrensten und stärksten. Die übrigen Mitglieder sind ihnen je nach Geschlecht in Abstufungen untergeordnet. Diese Abstufungen kann man an ihren Aufenthaltsorten feststellen. Ranghöhere bewegen sich tagsüber vorwiegend auf freien Bodenflächen, Rangniedere halten sich länger als die Hälfte des Tages zurückgezogen in Bäumen oder Felsnischen auf. Die Rangniedrigsten leben fast nur zurückgezogen in abgelegenen Bereichen.
Die Rangordnung kann man auch bei der Fellpflege und der damit verbundenen **sozialen Kontaktpflege** beobachten. Ranghöhere Tiere lassen sich häufig von Untergeordneten das Fell durchkämmen, während umgekehrt Rangniedere nur aus „Gnade“ von Höhergestellten gepflegt werden. Dies dient nicht nur zur Entfernung von Hautschuppen und Fellparasiten, sondern auch zur sozialen Kontaktpflege untereinander.
Die Anführer mit gepflegtem Fell versuchen stets, ihre Gruppe im Blick zu haben. Durch ihre Körperhaltung und ihren Gesichtsausdruck zeigen sie den Übrigen ihre Rangposition an. Sie zeigen **Imponierverhalten.** Sollte zum Beispiel an einer Futterstelle ein Mitglied die Rangfolge übersehen haben, kann es zu Streitigkeiten kommen. Mit erhobenem Kopf blickt der Ranghöhere den Gegner direkt an, hebt die Augenbrauen, öffnet „wie gähnend“ das Maul und zeigt dabei seine Zähne. Dieses **Drohverhalten** soll den Angreifer einschüchtern. Wirkt die Drohhaltung, wendet der Unterlegene mit ängstlichem Gesichtsausdruck den Blick vom Rivalen ab. Er wirft sich auf den Bauch oder wendet ihm als Zeichen seiner Unterwerfung sein Hinterteil zu. Der Unterlegene zeigt damit **Demutsverhalten.** Lässt sich jedoch der Rivale durch Drohen nicht einschüchtern, kann es zu einem lautstarken Beißkampf kommen.

Da die Rangordnung nicht starr festgelegt ist, muss jedes Gruppenmitglied seine Rangstellung behaupten. Dabei kann es zu Streitigkeiten kommen. Solch **aggressives Verhalten** untereinander ist teilweise von den Lebensbedingungen abhängig. Herrscht zum Beispiel Nahrungsmangel oder wird die Anzahl der Gruppenmitglieder in ihrem Lebensbereich zu groß, nehmen meist die aggressiven Verhaltensweisen zu.

D

1 Verhaltensweisen der Berberaffen. A *Imponierverhalten,* **B** *Drohverhalten,* **C** *Demutsverhalten,* **D** *Fellpflege (Grooming)*

Was können wir – wie lernen wir?

1. „Ach wie süß!" Menschen reagieren auf den Anblick von jungen Tieren oder Säuglingen mit Zuneigung. In der rechten Abbildung sind typische Merkmale des Kindchenschemas dargestellt.
a) Vergleiche die Darstellungen. Nenne die jeweiligen Merkmale und erläutere, was der Begriff Kindchenschema beschreibt.
b) Nenne weitere Beispiele von Comicfiguren und Plüschtieren und begründe deine Aussage.

2. a) Schildere die Eindrücke, die du beim Anblick der Säuglingsbilder hast. Welches Gefühl äußert der Säugling jeweils?
b) Was kann ein Säugling nach der Geburt? Beschreibe anhand des Informationstextes und nenne weitere Beispiele.

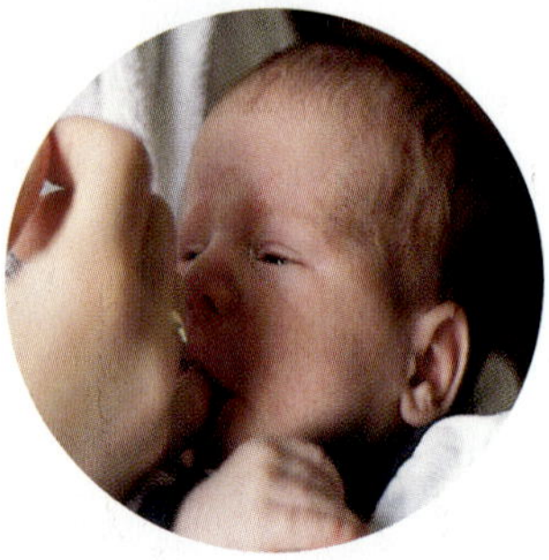

3. a) Auf welche Art und Weise können Kinder beim Puzzlespielen lernen? Berichte.
Tipp: Betrachte auch Abbildung 2 auf der folgenden Seite.

4. Die untere Grafik stellt die Ergebnisse von Experimenten zum mehrkanaligen Lernen dar. Interpretiere die Ergebnisse.

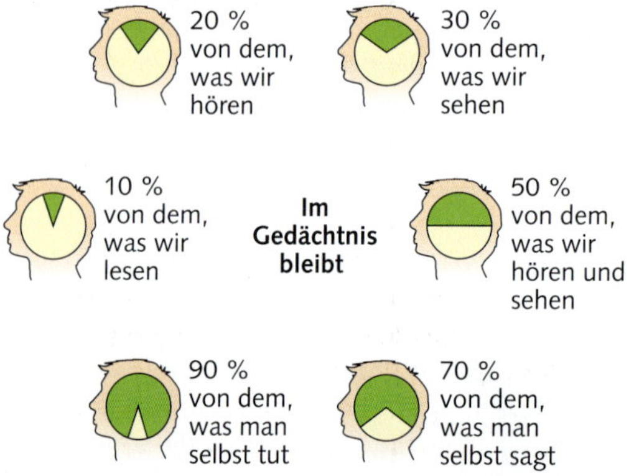

6. a) Beim Lernen ist die Lernumgebung wichtig. Nenne positive und negative Einflüsse beim Lernen.
b) Berichte, wie du erfolgreich Vokabeln lernst.
Vergleiche mit deinen Mitschülerinnen und Mitschülern.

5. Beschreibe die Abbildungen A–D zur Informationsspeicherung und Gedächtnisleistung anhand des Informationstextes.

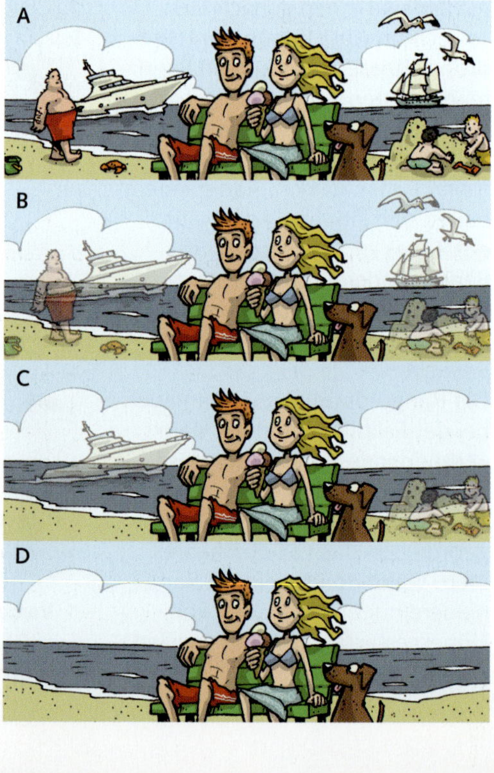

Angeborenes Verhalten

Menschen aller Kulturen lächeln, wenn sie Freude, Glück oder Zufriedenheit zum Ausdruck bringen.
Den Gesichtsausdruck beim Lächeln kann man auch bei taubblind geborenen Kindern beobachten, die nie etwas gehört oder gesehen haben. Lächeln ist also eine **angeborene Verhaltensweise.** Ebenso gehört die Mimik bei Trauer, Wut, Ablehnung, Aufmerksamkeit oder beim Flirten zu den angeborenen Verhaltensweisen.

1 Lächeln. A *Säugling;* **B** *Mädchen eines Naturvolkes;* **C** *Taubblind geborenes Mädchen;* **D** *Smiley als internationales Zeichen*

Bereits ein Säugling zeigt mit einem Lächeln seine Zufriedenheit. Den Wunsch nach Aufmerksamkeit und Zuwendung bekundet er durch Schreien, zum Beispiel, wenn er Hunger hat, sich unwohl oder verlassen fühlt. Dieses Schreiweinen hört meist sofort auf, wenn man den Säugling in die Arme nimmt und ihn anspricht. Offenbar gehört zum **Kontaktverhalten** eines Säuglings daher auch, Haut- und Blickkontakt zu seinen Bezugspersonen zu haben. In der Nähe dieser Personen fühlt er sich wohl und entwickelt ein Vertrauensverhältnis zu seiner Umwelt und seinen Bezugspersonen.
Legt man einen Säugling zum Stillen an die Brust, beginnt er zu saugen. Dieser Saugreflex wird ausgelöst, weil er die Erhebung der Brustwarze im Mund fühlt. Der Säugling macht auch dann Saugbewegungen, wenn er einen Finger oder Schnuller in seinem Mund spürt.
Berühren die Handflächen des Säuglings einen Gegenstand, umfasst er ihn sofort mit den Fingern. Dieser ▸ Greifreflex diente vermutlich bei den Vorfahren des Menschen zum Festklammern im Fell der Mutter. Solche ▸ Reflexe waren für das Überleben früher lebenswichtig.

Lernverhalten

Säuglinge erforschen ihre Umwelt und probieren den Umgang mit Gegenständen und Spielzeugen aus. Durch dieses angeborene Neugier- und Spielverhalten lernen sie viel. Um beim Puzzeln die Teile richtig legen zu können, reicht es nicht aus, sie anzusehen. Kinder schaffen es durch Versuch und Irrtum, ein Puzzle zusammenzulegen. Dieses **Lernen am Erfolg** wird häufig durch Lob belohnt.
Kinder beobachten Personen ihrer Umgebung genau. Durch **Nachahmung** lernen sie den Umgang mit Werkzeugen wie Malstiften oder Besteck. Manchmal stehen sie jedoch Situationen gegenüber, bei denen diese Lernformen nicht zum Erfolg führen. Bei technischen oder mathematischen Aufgaben müssen sie zunächst einen Lösungsweg überlegen, das Problem gliedern und Zusammenhänge herstellen. Bei diesem **Lernen durch Einsicht** zeigen Menschen ihre Fähigkeit, vorausschauend zu planen und zu handeln.
Was man lernt, muss ins Gedächtnis gelangen und dort im Gehirn gespeichert werden. Beim Lernen werden alle Sinnesorgane angesprochen. In der Schule werden hauptsächlich Augen, Ohren und Hände als „Eingangskanäle" zum Gehirn benutzt. Vokabeln zum Beispiel lassen sich unterschiedlich lernen. Je nach **Lerntyp** kann man sie besser behalten, wenn man sie gelesen, gehört oder geschrieben hat. Andere steigern ihren Lernerfolg, wenn sie Vokabeln aufschreiben und gleichzeitig hören. Dieses mehrkanalige Lernen bringt die Informationen auf verschiedenen Wegen zum Gehirn.

2 Formen des Lernens. A *Versuch und Irrtum;* **B** *Nachahmung*

Gedächtnisleistungen

Informationen, die auf uns einströmen, sind im Gehirn im Ultrakurzzeitgedächtnis für Sekundenbruchteile abrufbar. In der nächsten ▸ Gedächtnisstufe, dem Kurzzeitgedächtnis, bleiben die Inhalte für etwa 15 Sekunden gespeichert. Jetzt finden Verknüpfungen mit weiteren Gedächtnisinhalten statt. „Unwichtige" Informationen gehen verloren, „wichtige" Informationen werden ins Langzeitgedächtnis überführt. Daraus können sie je nach Bedeutung nach Stunden oder Tagen wieder verloren gehen oder aber lebenslang gespeichert bleiben. Regelmäßiges Üben und Wiederholen fördert das dauerhafte Speichern von Informationen.

Verhalten im Zusammenleben

1. a) Ordne die Abbildungen A–E aus dem Schulalltag den Begriffen Imponierverhalten, Wandkontaktverhalten, Drohverhalten, Individualdistanz, Revierverhalten zu und begründe deine Entscheidung.

b) Nenne weitere Beispiele für solche Verhaltensweisen. Erkläre und begründe.

2. Nenne mögliche Beispiele, um den Kreislauf der dargestellten Aggressionen zu unterbrechen. Erläutere, auf welche Weise die jeweilige Aggression beschwichtigt werden könnte und begründe.

3. Die meisten Verhaltensforscher und Psychologen sind der Meinung: „Jedem Menschen ist eine bestimmte Bereitschaft zu aggressivem Verhalten angeboren. Inwieweit sich diese Aggressivität äußert, hängt von den persönlichen Lebenserfahrungen ab".
Nimm Stellung zu dieser Aussage.

4. Erkläre die in der Abbildung dargestellte Form von aggressivem Verhalten.

a) Wie beurteilst du ein solches Verhalten?

b) Beschreibe Vorgehensweisen, wie man solche Verhaltensweisen vermeiden könnte.

c) Beschreibe Lösungsmöglichkeiten zur Beendigung solcher Konfliktsituationen und begründe deine Vorschläge.

5. Die Abbildung rechts zeigt eine Möglichkeit, wie man versuchen kann, Aggressionen, Wut und Frust abzubauen. Berichte, wie du versuchst, deine Aggressionen abzubauen oder mit aufkommenden Aggressionen umzugehen.

Individualdistanz und Wandkontaktverhalten

Der Mensch lebt im sozialen Kontakt mit seinen Mitmenschen. Dabei lassen sich typische Verhaltensweisen beobachten.

Treffen Einzelpersonen, die einander fremd sind, an Orten wie Fahrstühlen oder Haltestellen zusammen, sind sie meist bestrebt, einen bestimmten Abstand voneinander zu wahren. Wie beim „Fahrstuhleffekt" scheint jeder einen Raum um sich zu beanspruchen. Es wird die **Individualdistanz** eingehalten. Gleichzeitig vermeidet man weitgehend Blickkontakt und bevorzugt einen Steh- oder Sitzplatz in Wandnähe. Dieses **Wandkontaktverhalten** verleiht Sicherheit, da man keine Person hinter sich weiß. Solches Verhalten ist auch in Bussen, Straßenbahnen, Lokalen oder Klassenräumen zu beobachten. Im Umgang mit vertrauten Personen dagegen werden Individualdistanz und Wandkontaktverhalten aufgehoben.

1 Szenen aus dem Zusammenleben.
A *Fahrstuhleffekt;* **B** *Revierverhalten;* **C** *Gruppenbildung*

Besitzverhalten und Territorialverhalten

Schon bei Kleinkindern kann man beobachten, dass sie deutlich zwischen „mein" und „dein" unterscheiden und somit bestimmte Gegenstände als ihr „Eigentum" betrachten. Solche Besitzansprüche gehören zum Besitzverhalten des Menschen. Gruppen oder Familien an Badeplätzen halten zum Beispiel räumlichen Abstand voneinander. Gleichzeitig markieren viele ihren Platz durch Handtücher, Sonnenschirme oder Sandburgen. Damit drücken viele Menschen ihren Besitzanspruch auf ein bestimmtes Revier oder Territorium aus. Auch Abgrenzungen von Grundstücken durch Zäune, Hecken oder Mauern sind Zeichen für das **Territorialverhalten** des Menschen.

Rangordnung und Aggressionsverhalten

Beim Zusammenleben in Gruppen versuchen häufig einzelne Mitglieder, das Interesse der anderen auf sich zu ziehen. Sie wollen sich zum Beispiel durch besondere Kommentare, Diskussionsbeiträge, Talente, Kleidungsaccessoires oder Verhaltensweisen hervorheben. Sie nehmen in der Gruppe eine bestimmte soziale Stellung ein. Die **Rangordnung** gibt ihnen einen entsprechenden Platz innerhalb der Gemeinschaft.

Oft bewirken auch Geschlecht, körperliche Erscheinung und Alter eine Rangstellung. Durch seine individuellen Fähigkeiten muss jedes Mitglied der Gemeinschaft seine Rangstellung immer wieder beweisen. Gleichzeitig kann es in der Rangstellung auf- oder auch absteigen. Dabei kommt es oft zu Auseinandersetzungen zwischen den Mitgliedern. Solche Verhaltensweisen bezeichnet man als **Aggressionsverhalten.**

Eine Form aggressiven Verhaltens zeigt sich dann, wenn Menschen bewusst versuchen, zum Beispiel durch besondere Äußerlichkeiten wie Luxusgegenstände oder Kleidungsstücke aufzufallen. Manche wollen mit neuesten Trends oder „coolem" Verhalten die Aufmerksamkeit auf sich lenken. Durch solches **Imponierverhalten** wollen sie meist ihre Rangstellung demonstrieren oder aber eine hohe Rangposition vortäuschen.

Gruppenbildung

Haben Menschen in bestimmten Bereichen Gemeinsamkeiten wie gleiche Interessen, Nationalitäten oder Glaubenszugehörigkeit, schließen sie sich oft zu Gruppierungen zusammen. Andere finden sich zu Cliquen oder Fangemeinschaften zusammen und versuchen durch Fan- oder Statussymbole, Parolen oder besondere Verhaltensweisen ihre Zusammengehörigkeit zu zeigen. Eine solche **Gruppenbildung** kann auf Außenstehende einschüchternd und bedrohlich wirken. Dies ist besonders dann der Fall, wenn einzelne Gruppenmitglieder oder die ganze Gruppe andere Personen aufgrund eines bestimmten Merkmals wie Hautfarbe oder Religionszugehörigkeit hänseln, auslachen oder ausgrenzen. Ein solches Verhalten bezeichnet man als **Mobbing.**

Pinnwand

Erkenntnisse der Verhaltensforschung

Durch genaue Beobachtung, Hypothesenbildung und das Vergleichen der Ergebnisse mit Erkenntnissen anderer Forscher kann man Informationen über das Verhalten von Tierarten erhalten. **Hypothesen** können auch durch gezielte Experimente überprüft werden.

1. a) Betrachte die Bilder der Schlange und des Flusspferdes und beschreibe, was du siehst.
b) Welche Bedeutung könnte die jeweilige Verhaltensweise haben? Begründe deine Hypothese.
c) Recherchiere und überprüfe deine Aussagen mithilfe anderer Quellen. War deine Vermutung richtig?
d) Wie könnte ein Experiment eines Verhaltensforschers aussehen, wenn er die Richtigkeit seiner Vermutung nachweisen wollte?

Killerwal erfindet Möwen-Falle im Aquarium von Niagara Falls
Ein vier Jahre alter Orca wurde dabei beobachtet, wie er bereits zerkauten Fisch auf die Wasseroberfläche spuckte. Anschließend legte er sich unter Wasser auf die Lauer. Als eine Möwe die Fischbrocken fressen wollte, schnappte der Wal zu und fraß die Möwe. – Nach einigen Monaten zeigten in dem Aquarium auch andere Mitglieder der Walgruppe dieses Verhalten.

2. Wie könnte sich dieses Verhalten der Orcas in dem Aquarium entwickelt haben? Stelle Vermutungen auf und begründe deine Aussage.

Der **Verhaltensforscher** Irenäus EIBL-EIBESFELDT hat für seine Forschungsreisen rund um die Welt besonders das Verhalten von Naturvölkern beobachtet und gefilmt. Dabei verwendete er ein Winkelobjektiv, mit dem man „90° um die Ecke" filmen konnte. Anhand solcher Filmaufnahmen konnte er Verhaltensweisen von Menschen unterschiedlicher Völker und Kulturen dokumentieren und miteinander vergleichen.

3. a) Informiere dich über die Biografie von Irenäus EIBL-EIBESFELDT und erstelle einen Bericht über seine Forschungsergebnisse in der Verhaltenslehre.
b) Nenne Gründe, warum Irenäus EIBL-EIBESFELDT bei seinen Filmaufnahmen ein speziell entwickeltes 90°-Winkel-Objektiv verwendet hat.

Verhalten

Als Verhalten bezeichnet man die Gesamtheit aller Bewegungen, Körperhaltungen und Lautäußerungen eines Tieres oder eines Menschen. Das Verhalten setzt sich aus angeborenen und erlernten Anteilen zusammen.

Verhalten bei Tieren

Das angeborene Verhalten kann durch die Handlungsbereitschaft beeinflusst werden. Schlüsselreize können auf einen angeborenen Auslösemechanismus (AAM) wirken und eine bestimmte Verhaltensweise auslösen. Tiere können durch Prägung, Erfolg, Nachahmung und Gewöhnung lernen. Diese Lernformen werden auch miteinander kombiniert.

Durch Lernen passen Tiere ihr Verhalten den Gegebenheiten der Umwelt an.
Tiere leben gelegentlich oder dauerhaft mit Artgenossen zusammen und verständigen sich miteinander durch ihr Verhalten. Leben Tiere in sozialen Verbänden zusammen, gibt es meist eine Rangordnung, die weitgehend durch Imponierverhalten, Demutsverhalten und Drohverhalten geregelt wird.

Verhalten des Menschen

Zum angeborenen Verhalten des Menschen gehören Saug- und Greifreflex, Schreiweinen und Lächeln. Der Mensch lernt sein Leben lang. Mehrkanaliges Lernen über möglichst alle Sinnesorgane erleichtert die Speicherung des Gelernten im Langzeitgedächtnis.
Auch im Zusammenleben von Menschen zeigen sich Verhaltensweisen wie Individualdistanz, Wandkontakt-, Besitz- und Territorialverhalten. In Gemeinschaften herrscht, wie bei den Tieren, meist eine Rangordnung, in der man Aggressionsverhalten wie Imponierverhalten beobachten kann. Mensch können Aggressionen weitgehend steuern und ohne Einsatz körperlicher Gewalt abbauen.

1. Was gehört zum Verhalten eines Menschen oder Tieres? Finde Zutreffendes heraus und begründe deine Antworten:
a) alle erkennbaren Bewegungen
b) die Körpergestalt
c) die Körperhaltung
d) die Lautäußerungen
e) Reizbarkeit

2. Ordne die Teilaussagen korrekt an.
Ablauf einer angeborenen Verhaltensweise:
a) Das Tier nimmt einen Schlüsselreiz wahr.
b) Eine bestimmte Verhaltensweise kann ausgelöst werden.
c) Das Tier zeigt Handlungsbereitschaft.
d) Der Reiz wirkt auf einen angeborenen Auslösemechanismus.
e) Das Tier sucht nach einem Reiz.

3. Verfasse einen Vortrag zum Thema „Lernen bei Tieren“, in dem das nebenstehende Bild vorkommen könnte. Beschreibe Versuche, mit denen diese Art des Lernens nachgewiesen werden könnte.

4. Nenne Beispiele für angeborenes und erlerntes Verhalten bei Tieren.

5. Auf welche Weise kann man dem Neugierverhalten und dem Kontaktbedürfnis eines Säuglings entgegenkommen? Zähle Beispiele auf.

6. Die Merkmale in der Gesichtsmimik der Zeichen A–C zeigen ein bestimmtes Verhalten und lösen beim Betrachter bestimmte Gefühle und Empfindungen aus.

A

B

C

a) Welchen Eindruck vermitteln die Zeichen?
b) Welche Merkmale der Mimik sind typisch für den jeweiligen Gefühlsausdruck?
c) Auch die Haltung des Körpers kann ein bestimmtes Verhalten ausdrücken und beim Betrachter Gefühle und Empfindungen auslösen. Nenne Beispiele.

7. Beobachte Mitschülerinnen und Mitschüler in der Schule. Beschreibe für jede der folgenden Verhaltensweisen ein Beispiel.
- Wandkontaktverhalten
- Besitzverhalten
- Territorialverhalten
- Imponierverhalten
- Formen von Aggressionsverhalten

Sexualität und Partnerschaft

Liebe, Sex und Partnerschaft – alles das Gleiche und gleich alles?

Alles neu – alles anders? Was verändert sich, wenn ich erwachsen werde?

Peinlich? Verklemmt? Sprachlos? – Warum fällt es so schwer, über Gefühle zu sprechen?

Manche kriegen Kinder, ohne es zu wollen. Andere wollen Kinder, kriegen aber keine. Woran liegt das und was kann man da tun?

Ganz privat oder doch ganz offen? Wie gehe ich mit Sexualität um?

otal hormongesteuert? Was genau teuern die Hormone denn da?

Pubertät – mehr als nur körperliche Veränderung

1. a) Beschreibe kurz die beiden Fotos links. Was ist jeweils dargestellt? Worin unterscheiden sich die beiden Situationen?
b) Was könnten die Personen jeweils gerade denken? Mache Vorschläge und begründe kurz.
c) Wie dieses Beispiel zeigt, denken junge Erwachsene ganz anders als Kinder – auch wenn sich die Situationen auf den ersten Blick vielleicht ähneln mögen. Erläutere weitere Beispiele, die diese Behauptung stützen.

2. Die Bilder zeigen, wie sich das Leben von der Kindheit bis zum Erwachsenenalter verändert. Stichpunkte, die hier oft genannt werden, sind „Freiheit" und „Verantwortung".
a) Wie unterscheidet sich das Leben eines Erwachsenen in Bezug auf Freiheit und Verantwortung von dem eines Kindes? Erläutere an Beispielen.
b) Gibt es weitere Stichworte, die für ganz besondere Veränderungen stehen, die das Erwachsenwerden mit sich bringt? Nenne und erläutere einige.

3. Jeder erlebt die Zeit des Erwachsenwerdens anders. Höhen und Tiefen der Stimmung können oft schnell und häufig wechseln. Dies kann man oft nur schwer in Worte fassen - vielleicht fällt es leichter, sich durch eine Collage, ein Gedicht oder ein Bild auszudrücken. Das hat auch ein Mädchen getan, dessen Bild links abgebildet ist.
a) Beschreibe und deute das Bild. Was glaubst du, was das Mädchen ausdrücken wollte und wie hat sie es dargestellt?
b) Was hältst du von dieser Sicht? Ist sie typisch für die Pubertät? Begründe deine Meinung.
c) Wie würdest du die Pubertät abbilden? Beschreibe deine Idee oder setze sie um. Erläutere, warum du dich entschieden hast, die Pubertät so darzustellen.

Mehr als Sex

Was passiert in der Pubertät? Fragt man Jugendliche kurz vor oder nach dem Beginn ihrer Pubertät, kreisen die Antworten hauptsächlich um die körperliche Entwicklung, um „Hormone", „Sex haben" und „Kinder kriegen können". Und es stimmt ja: Wir werden geschlechtsreif, und das bringt viele Veränderungen mit sich. Geschlechtsorgane nehmen ihre Tätigkeiten auf, Haare sprießen an bis dahin haarlosen Stellen, die Stimme verändert sich, Körperform und Körpergröße lassen uns bald erwachsen erscheinen.
Wer aber die Pubertät durchläuft, dem wird klar, dass es um mehr als um körperliche Veränderungen geht: Pubertät findet auch im Kopf statt.

Das neue Denken

Kinder denken auf einfachen Wegen. Bewegungsabläufe oder etwa eine Sprache lernen sie schnell, aber z. B. eine unübersichtliche Situation im Straßenverkehr zu erfassen, fällt Kindern schwerer als Jugendlichen oder Erwachsenen. Das gilt auch für die Einschätzung dessen, was andere Menschen empfinden. Kinder können sich zwar an einfache Umgangsregeln halten, aber sie können weniger gut abschätzen, welche Auswirkungen das eigene Tun auf die Gefühle der Mitmenschen haben könnte.

Verantwortung

Wer erwachsen wird, übernimmt mehr und mehr die Verantwortung. Egal, ob es sich um die eigene Ausbildung und berufliche Laufbahn, die Teilnahme am Straßenverkehr oder um eine partnerschaftliche Beziehung handelt, in allen Fällen geht das nur gut, wenn wir bereit und fähig sind, Verantwortung zu übernehmen.
Auch wenn man nicht gleich eine Familie gründen will, muss man sich in einer Beziehung der Verantwortung bewusst sein, die man nicht länger nur für sich, sondern eben auch für den Partner und das gemeinsame Leben übernimmt. Kinder können das noch nicht – von Erwachsenen wird es nicht nur erwartet, es ist fast lebenswichtig für sie.

1 Verantwortung. A *Partnerschaft;* **B** *Straßenverkehr;* **C** *Familie*

Streifzug

Baustelle im Kopf

Hirnforscher haben entdeckt, dass sich das menschliche ▸Gehirn im Laufe der Pubertät verändert. Es besteht aus Nervenzellen, die miteinander verknüpft sind. Bei Neugeborenen gibt es zunächst nur wenige Verknüpfungen. Allerdings kommen zum Beispiel mit jeder gelernten Bewegung und jedem gelernten Wort neue hinzu. In den Verknüpfungen ist das Gelernte gespeichert und je mehr wir lernen, umso komplexer wird das Nervennetz im Kopf. In der Pubertät bildet das Gehirn dann verstärkt eine fettähnliche Substanz, das Myelin. Damit umhüllte Nervenzellen arbeiten bis zu 30-mal schneller als solche ohne Myelin. So können Erwachsenengehirne komplexe Situationen schneller und besser verarbeiten. Doch das Myelin erschwert das Knüpfen neuer Verbindungen. Neue Bewegungen, etwa beim Musizieren, oder neue Wörter zu lernen, etwa Vokabeln, wird daher zum harten Kampf. Auch die Gefühle kann der Umbau des Gehirns beeinflussen: Wut und Resignation können sich schnell mit Euphorie und Freude abwechseln. Solche Stimmungsschwankungen sind typisch für die Pubertät.

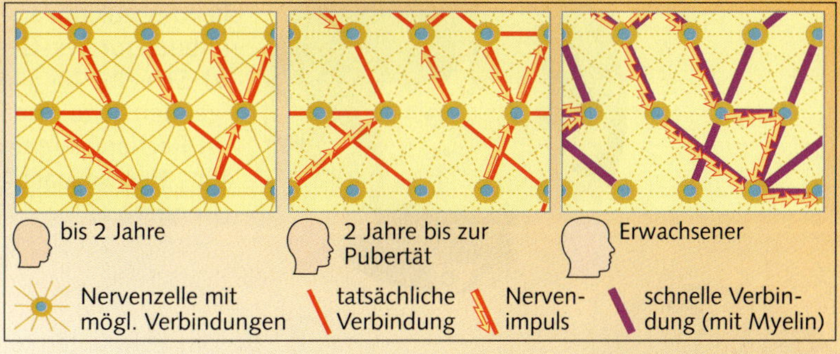

Formen der Partnerschaft

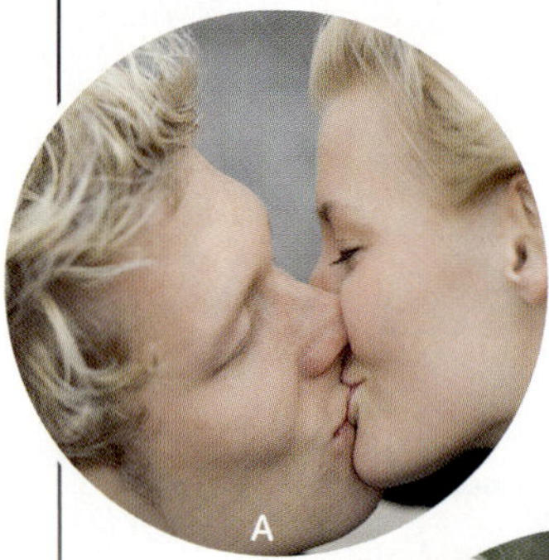

1. Betrachte die Bildreihe.

a) Was ist auf den einzelnen Bildern (A–E) zu sehen und was soll damit dargestellt werden? Erläutere jeweils kurz.

b) Mit welchen Reaktionen müssten die einzelnen Paare rechnen, wenn sie sich in eurer Schule so verhalten würden?

2. Setzt euch in Gruppen zusammen und vergleicht, was ihr zu Aufgabe 1 geschrieben habt im Hinblick darauf, ob die einzelnen Erläuterungen wertneutral formuliert sind. Wem ist es am besten gelungen, wertneutrale Erläuterungen zu formulieren?

3. Sexualität ist ein sehr intimes Thema. Hier kann es leicht dazu kommen, dass Menschen sich verletzt oder beleidigt fühlen.

a) Mache Vorschläge dafür, welche Regeln alle im Unterricht zum Thema Sexualität einhalten sollten. Begründe jeweils kurz.

b) Einigt euch in der Klasse auf eine überschaubare Anzahl verbindlicher Klassenregeln, die im folgenden Unterricht beachtet werden sollten.

4. Wer sich angemessen über Sexualität unterhalten möchte, benötigt dazu ein entsprechendes Vokabular. Schreibe ein kleines „Wörterbuch für Sex-Gespräche".

a) Schreibe für alle Fachbegriffe der folgenden Seite eine kurze Erklärung.

b) Recherchiere und ergänze die Erklärungen für „Transsexualität", „Coming-out" und „Gender".

5. Das Foto unten rechts auf der folgenden Seite wurde beim Christopher Street Day aufgenommen.

a) Informiere dich über den Christopher Street Day, die Veranstalter, Ziele und die Geschichte und erstelle eine kurze Zusammenfassung.

b) Wie würdest du solche „Events" bewerten? Begründe deine Meinung.

c) Vielleicht bist du bei deinen Recherchen zu a) auch auf Begriffe und Formulierungen gestoßen, die du nicht oder nicht ganz verstanden hast. Nenne einige und stelle Fragen dazu. Versucht in der Klasse, die Fragen zu beantworten.

Formen der Partnerschaft

Streicheln, küssen, kuscheln – bestimmt hast du auch Vorstellungen davon, wie und mit wem du gerne „sexuellen" Kontakt haben möchtest – und wie und mit wem nicht. Im Laufe der Pubertät entwickelt sich das Bedürfnis, andere Menschen zu lieben, und zwar anders zu lieben als bisher die Eltern, die Geschwister oder die besten Freunde. Die Vorstellung davon, wie diese Liebe aussehen könnte, man spricht auch von der **sexuellen Neigung,** kann bei den einzelnen Menschen sehr unterschiedlich sein. Auch kann sie sich im Laufe der Zeit durchaus ändern.

Auch wenn die meisten Menschen Sexualkontakte eher zu Partnern des anderen Geschlechtes suchen – man spricht von **Heterosexualität** – ihre Vorstellungen davon werden im Detail mit Sicherheit sehr unterschiedlich sein.
Gerade deswegen machen manche Menschen gerne Scherze über andere und über deren vermeintliche sexuelle Neigung. „Katja liebt Felix" rufen sich schon Kindergartenkinder zu. „Ist doch alles nur Spaß!". Doch derartige „Späße" können schnell verletzend werden, denn Sexualität wird in aller Regel als besonders intim empfunden, als reine Privatsache, in die sich andere nicht ungefragt einmischen sollten.

Und was ist, wenn Katja sich später in Friederike oder Felicitas verliebt und nicht in Frank oder Felix? Die Wahrscheinlichkeit dazu ist gar nicht so gering, denn man geht davon aus, dass sich bis zu zehn Prozent der Bevölkerung eher oder ausschließlich zu Partnern desselben Geschlechtes hingezogen fühlen. Man spricht hier von **Homosexualität.** Manche Menschen können sich auch sexuelle Kontakte zu Partnern beiderlei Geschlechts vorstellen. Sie sind **bisexuell.**

Vielfalt statt Norm – durch Toleranz erst toll

Welches Geschlecht, welche Größe oder welches Gewicht darf man höchstens haben, um noch sexuell attraktiv zu sein? Welche Rolle spielt die Religion beim Sex? Welche „Praktiken" machen Spaß? Diese und ähnliche Fragen werden sehr unterschiedlich beantwortet. Die Sexualität des Menschen folgt keiner Norm. Begriffe wie „normal" und „abnormal" sind daher fehl am Platze. Sie können keine Argumente für oder gegen bestimmte sexuelle Neigungen sein.
Manche Leute lehnen Menschen mit bestimmten sexuellen Neigungen dennoch ab und diskriminieren sie. Sich zu seinen Neigungen zu bekennen, erfordert daher viel Mut. Sie jedoch dauerhaft zu verbergen, ist nicht nur anstrengend und frustrierend, sondern kann sogar krank machen.

In der Europäischen Union gibt es Richtlinien, die die **Gleichbehandlung** aller Menschen, unabhängig von ihrer sexuellen Ausrichtung sicherstellen sollen. Auch in Deutschland wurden entsprechende Gesetze erlassen. Lebensgemeinschaften von gleichgeschlechtlichen Partnern, die so genannte Homo-Ehe, sind der heterosexuellen Ehe in vielen Bereichen gleichgestellt. So wird eine Gleichbehandlung und **Toleranz** gegenüber allen Menschen angestrebt.

Grenzen hat diese Toleranz jedoch dort, wo die Rechte anderer berührt werden: Wer andere sexuell belästigt oder ihnen Gewalt antut, kann dieses nicht mit seinem Recht auf "sexuelle Entfaltung" rechtfertigen. Daher dürfen Erwachsene Kinder nicht zu sexuellen Handlungen missbrauchen.
Ob Gesetz oder nicht, ob in der Schule oder anderswo: Vernünftig über Sexualität zu reden kann nur gelingen, wenn man respektvoll und tolerant miteinander umgeht.

1 Partnerschaft. *So oder so* **A** *heterosexuelles Paar bei der Hochzeit;* **B** *homosexuelles Paar am Christopher Street Day*

Hormone steuern die Pubertät

1. a) Erläutere die Steuerung der Pubertät durch Hormone. Zeige für eines der beiden Geschlechter, welche Organe und Hormone beteiligt sind, wie und wo diese jeweils wirken und wie eine Regulierung des Hormonspiegels erfolgt.
b) Welche im Text beschriebenen Details fehlen in der Abbildung? Erläutere kurz und mache Vorschläge, wie man die Abbildung sinnvoll ergänzen könnte, sodass der ▸Regelkreis erkennbar wird.

2. Informiere dich darüber, was Hormone sind und nach welchen Prinzipien das Hormonsystem arbeitet. Mache dir Notizen und erläutere. Nutze, wenn möglich, geeignete Abbildungen zur Unterstützung.

3. Finde mehr über die Rolle der Hormone beim ▸Doping heraus. Internetsuchstichworte sind zum Beispiel „Doping", „Testosteron", „Androgene" und Kombinationen davon. Fasse das Wesentliche zusammen und gehe dabei besonders auf die Wirkung der Hormone und die mit Hormondoping verbundenen Risiken ein.

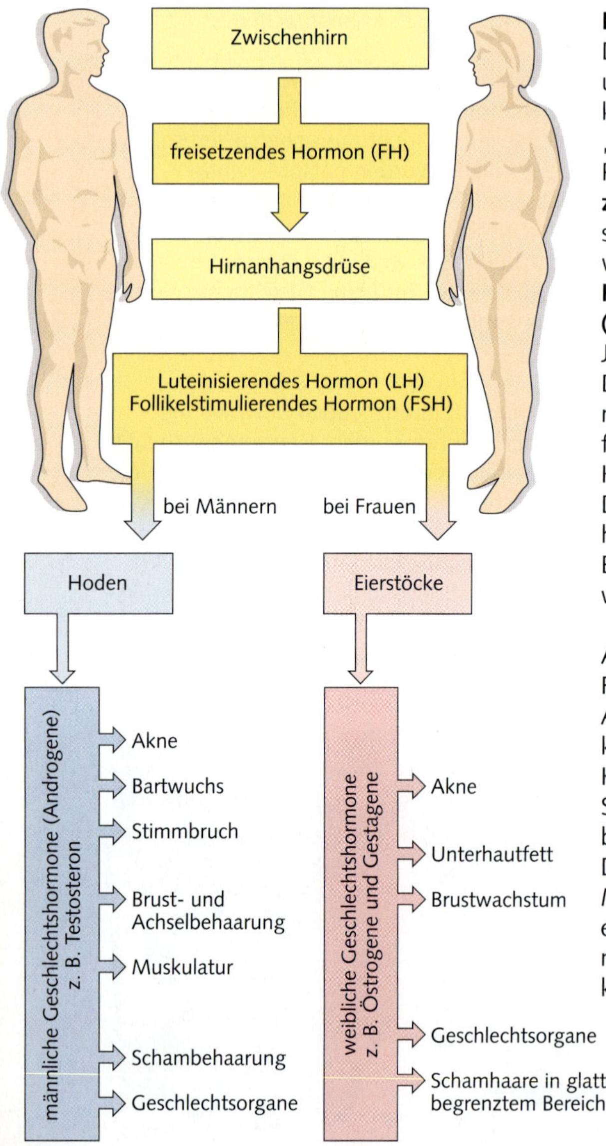

1 **Hormonelle Steuerung der Sexualentwicklung**

Ein Auslöser – viele Wirkungen
Der Zeitpunkt, zu dem die Pubertät beginnt, ist individuell unterschiedlich. Die Gründe dafür sind weitgehend unbekannt, aber man weiß, dass das Gehirn sozusagen den „Startschuss" gibt. Das ▸Zwischenhirn löst zu Beginn der Pubertät die Produktion von Hormonen aus, die man **Freisetzende Hormone (FH)** nennt. Denn diese ▸Hormone veranlassen die Hirnanhangsdrüse, die man auch ▸Hypophyse nennt, weitere Hormone freizusetzen. Sowohl das **Luteinisierende Hormon (LH)** als auch das **Follikelstimulierende Hormon (FSH)** wirken auf die Keimdrüsen. Dies sind die Hoden der Jungen und die Eierstöcke der Mädchen.
Die Hoden der Jungen bilden nun männliche Geschlechtshormone, die **Androgene.** Eines davon ist das Testosteron. Es fördert zum Beispiel den Wuchs von Bart und anderen Körperhaaren, den Muskelaufbau und die ▸Spermienbildung. Die Eierstöcke der Mädchen schütten weibliche Geschlechtshormone wie die **Östrogene** und **Gestagene** aus. Sie lassen Eizellen heranreifen, Scheide, Gebärmutter und Brüste wachsen.

Auch die ▸Nebennierenrinde schüttet unter dem Einfluss von FSH und LH Geschlechtshormone aus und zwar sowohl Androgene als auch Östrogene und Gestagene. Daher kommen Geschlechtshormone in geringen Mengen auch im Körper des jeweils anderen Geschlechts vor. So wird die Scham- und Achselbehaarung bei Frauen von Testosteron bewirkt.
Das Zwischenhirn erhält laufend Rückmeldungen über das Mischungsverhältnis aller genannten Hormone und reguliert es laufend nach. Durch Krankheiten oder Medikamentenmissbrauch kann diese Regulation gestört werden. Dann können sich die Geschlechtsmerkmale falsch entwickeln oder Krankheiten entstehen.
So unterschiedlich Beginn, Verlauf und Gefühle während der Pubertät auch sind, die Regulationsmechanismen, die dabei ablaufen, sind bei allen Menschen gleich.

Bau und Funktion der weiblichen Geschlechtsorgane

1. Laut nebenstehendem Zeitungsartikel wissen Frauen oft zu wenig über den eigenen Körper.
a) Würdest du dieser Behauptung zustimmen? Begründe deine Aussage.
b) Frauen sollten ihren Körper, insbesondere ihre Geschlechtsorgane und deren Funktion besser kennen. Das meinen zumindest sowohl die Autorin des Artikels als auch die zitierte Beraterin. Nenne Gründe, die aus deiner Sicht für diese Forderung sprechen.
c) Überlegt euch in Gruppen, woher man an entsprechende Informationen kommen könnte. Nennt verschiedene Quellen. Was spricht jeweils dafür, was dagegen, sich gerade bei dieser Stelle zu informieren?

2. Stelle Namen, Lage, Bau und Funktionen der einzelnen weiblichen Geschlechtsorgane in einer übersichtlichen Tabelle zusammen.

Der eigene Körper oft unbekannt

Frauenärzte, Lehrer, Sozialarbeiter, Berater und viele Eltern vermuten schon lange, dass Mädchen und junge Frauen zu wenig über ihren Körper wissen – vor allem im Bezug auf die Sexualorgane. Das zumindest legt eine Umfrage nahe, die im Auftrag unserer Zeitung durchgeführt wurde.
„Wir sehen hier jede Woche junge Frauen, die zwar schon über einschlägige sexuelle Erfahrungen verfügen, über das, was dabei im Einzelnen abläuft, aber so gut wie nichts wissen.“ so eine Beraterin von Pro Familia, die sich über das Ergebnis der Umfrage nicht wundert.
„Sex ist in fast allen Medien eine Art Dauerbrenner – aber echte Informationen dazu sucht man oft vergeblich. Woher sollen es die jungen Frauen denn erfahren, wenn es ihnen keiner verrät?“ so die Expertin weiter.
Egal, ob es um eigene die Gesundheit, die tägliche Hygiene oder um mehr Spaß am Sex geht – Frau sollte ihren eigenen Körper kennen.

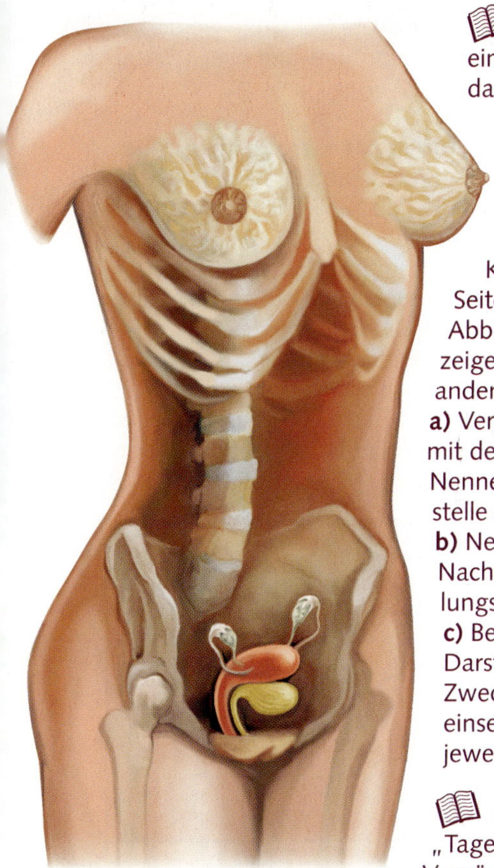

3. Stelle die hormonelle Regulation des Menstruationszyklus in einem Diagramm ähnlich der Abbildung von der Vorseite dar. Nutze dazu die Informationen der folgenden Seiten.

4. Die Abbildung zeigt die Lage der weiblichen Geschlechtsorgane im Körper. Auf der folgenden Seite findest du weitere Abbildungen, die dasselbe zeigen, jedoch auf eine ganz andere Art.
a) Vergleiche diese Abbildung mit denen auf der Folgeseite. Nenne Gemeinsamkeiten und stelle die Unterschiede heraus.
b) Nenne jeweils Vor- und Nachteile der beiden Darstellungsformen.
c) Bewerte beide Arten der Darstellung. Zu welchem Zweck könnte man sie jeweils einsetzen und wozu sind sie jeweils weniger geeignet?

6. Schreibe eine Art „Tagebuch“, in dem du die Vorgänge, die zur Monatsblutung der Frau führen, notierst.

5. Hersteller von Hygieneartikeln oder Verhütunsgsmitteln sowie öffentliche Stellen wie die BzgA (Bundeszentrale für gesundheitliche Aufklärung) bieten Informationsbroschüren zum Thema „Geschlechtsorgane“ an.
a) Stellt zunächst Kriterien zur Bewertung derartiger Broschüren auf. Erstellt in der Klasse eine möglichst umfassende Liste.
b) Besorgt euch verschiedene Broschüren. Viele bekommt ihr kostenlos zum Beispiel in Apotheken und Arztpraxen oder ihr könnt sie im Internet herunterladen.
c) Analysiert und bewertet die Broschüren im Hinblick auf die von euch aufgestellten Kriterien.
d) Erstellt eine Übersicht zu den verschiedenen Broschüren. Nennt jeweils den Herausgeber, Kritikpunkte (positive und negative) und eine abschließende Bewertung, zu welchem Zweck sich die jeweilige Broschüre eignet.

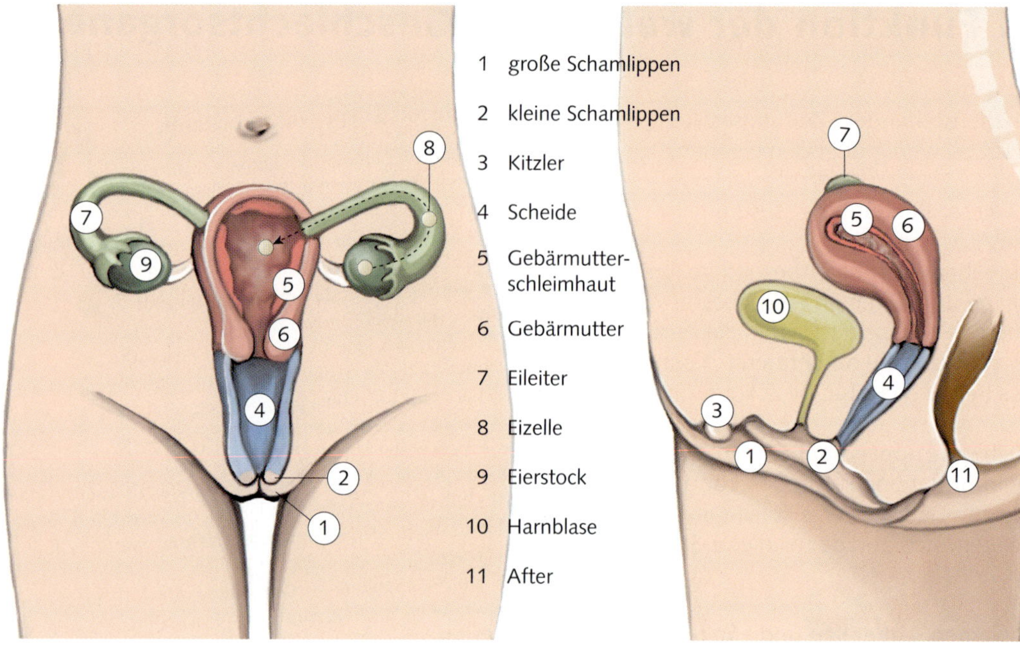

1 Geschlechtsorgane der Frau *(Schema)*

Geschlechtsorgane der Frau

Geschlechtsorgane sind Organe, die der Fortpflanzung dienen. Sie sind schon bei der Geburt vorhanden, aber erst während der Pubertät entwickeln sie sich weiter und werden funktionsfähig. Das sichtbare Zeichen dafür ist bei Mädchen das Einsetzen der Regelblutung, der **Menstruation.** Die Vorgänge, die dazu führen, spielen sich im Inneren des Körpers ab.

Die **großen Schamlippen** sind die einzigen Geschlechtsorgane der Frau, die von außen sichtbar sind. Sie bedecken die **kleinen Schamlippen,** die wiederum den Kitzler umschließen. Der **Kitzler,** den man auch die Klitoris nennt, ist mit mehreren Tausend Sinneszellen besetzt und reagiert empfindlich auf Berührungen. Auch die Harnröhre endet zwischen den kleinen Schamlippen. Dahinter befindet sich der Eingang zur **Scheide.**

Die Scheide ist eine etwa 10 cm lange Röhre. Sie führt zur **Gebärmutter,** in der sich während der ▸Schwangerschaft das Kind entwickelt.

Mehrere hunderttausend **Eizellen** lagern unreif und in einer Art Ruheposition in den beiden **Eierstöcken,** die über die **Eileiter** mit der Gebärmutter verbunden sind. Erst in der Pubertät kommen die Vorgänge in Gang, die etwa einmal im Monat eine Eizelle aktivieren, sie heranreifen und durch die Eileiter in die Gebärmutter gelangen lassen. Diese Vorgänge werden durch das Zusammenspiel mehrerer Hormone und ihrer Wirkungen reguliert.

Hormonelle Regulation des Menstruationszyklus

Das Wort Zyklus kommt aus dem Lateinischen und bedeutet Kreislauf. Denn die Vorgänge, die schließlich zur Menstruationsblutung führen, wiederholen sich etwa alle 28 Tage. Dabei ist die einsetzende Blutung eher das Ende als der Anfang dieser Vorgänge. Dennoch wird der erste Tag der Monatsblutung als erster Tag des Zyklus bezeichnet. Denn etwa zu dieser Zeit erwacht eine der Eizellen in einem der beiden Eierstöcke aus ihrer Ruhe und setzt ihren Reifungsprozess fort. Ausgelöst wird dies durch das Follikelstimulierende Hormon (FSH), welches kurz zuvor von der ▸Hirnanhangs-

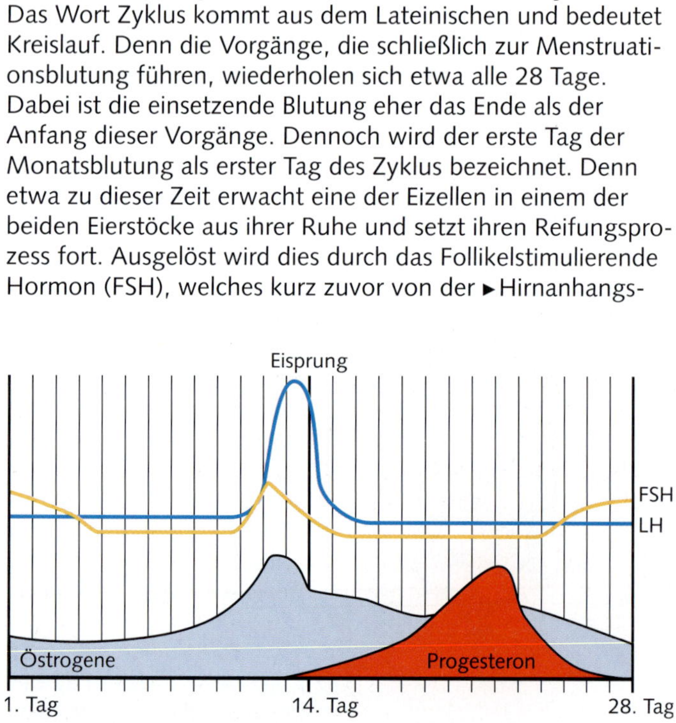

2 Hormonspiegel einiger Hormone im Verlauf des Zyklus

drüse ausgeschüttet wurde. Durch das Zusammenspiel weiterer Hormone wird sichergestellt, dass jeweils nur eine Eizelle heranreift. Diese beginnt zu wachsen und um sie herum bilden sich durch Teilung kleinere Zellen, die schließlich ein Bläschen bilden. Dieser **Follikel** enthält neben der Eizelle auch etwas Flüssigkeit. Er schüttet seinerseits Östrogene aus. Diese Hormone geben eine Rückmeldung über den begonnenen Reifungsprozess an die Hirnanhangsdrüse, die daraufhin weniger FSH produziert. Der wachsende Follikel wandert im Laufe der nächsten 10 bis 14 Tage an den Rand des Eierstockes. Kurz bevor der Follikel ganz ausgereift ist, produziert er besonders große Mengen an Östrogenen. Diese bewirken zum einen ein Heranwachsen der Gebärmutterschleimhaut, zum anderen veranlassen sie die Hirnanhangsdrüse, große Mengen des Luteinisierenden Hormons (LH) zu bilden.
Etwa am 14. Tag des Zyklus lässt der stark gestiegene LH-Spiegel den reifen Follikel aufplatzen und die Eizelle wird zusammen mit der Follikelflüssigkeit in den Eileiter gespült. Dies nennt man den **Eisprung.** Viele Frauen spüren ihn als so genannten Mittelschmerz, etwa in der zeitlichen Mitte zwischen zwei Monatsblutungen.
Der Rest des Follikels verkümmert zum so genannten **Gelbkörper** und schüttet dabei ein Hormon aus, das man Gelbkörperhormon oder Progesteron nennt. Progesteron signalisiert, dass der Eisprung erfolgt ist. In der Hirnanhangsdrüse bremst es die weitere Produktion von LH und FSH, sodass zunächst keine weiteren Follikel heranreifen. In der Gebärmutter bewirkt es das Wachstum vieler Blutgefäße in die durch die vorherige Östrogenausschüttung verdickte Schleimhaut.
Wird die Eizelle auf ihrem Weg durch den Eileiter von einem Spermium befruchtet, findet sie in der Gebärmutter optimale Bedingungen für die Einnistung vor. Dort beginnt sie dann, weitere Hormone auszuschütten, die den Beginn der ▸Schwangerschaft signalisieren.
Die Eizelle ist jedoch nur etwa 12 bis 24 Stunden nach dem Eisprung befruchtungsfähig. Bleibt sie unbefruchtet, verkümmert sie und stirbt schließlich ab. Dann bleibt auch die Bildung der Schwangerschaftshormone aus. Progesteron-, Östrogen- und LH-Spiegel normalisieren sich ebenfalls wieder.
Die Blutgefäße in der verdickten Gebärmutterschleimhaut bilden sich zurück, die Schleimhaut selbst wird abgestoßen. Zusammen mit ein wenig Blut wird sie durch die Scheide nach außen abgegeben. Die Monatsblutung oder **Menstruation** beginnt. Gleichzeitig sendet das Gehirn schon wieder Signale, die zur erneuten FSH-Ausschüttung und damit zum Heranreifen eines weiteren Follikels führen. Der Kreislauf beginnt von Neuem.

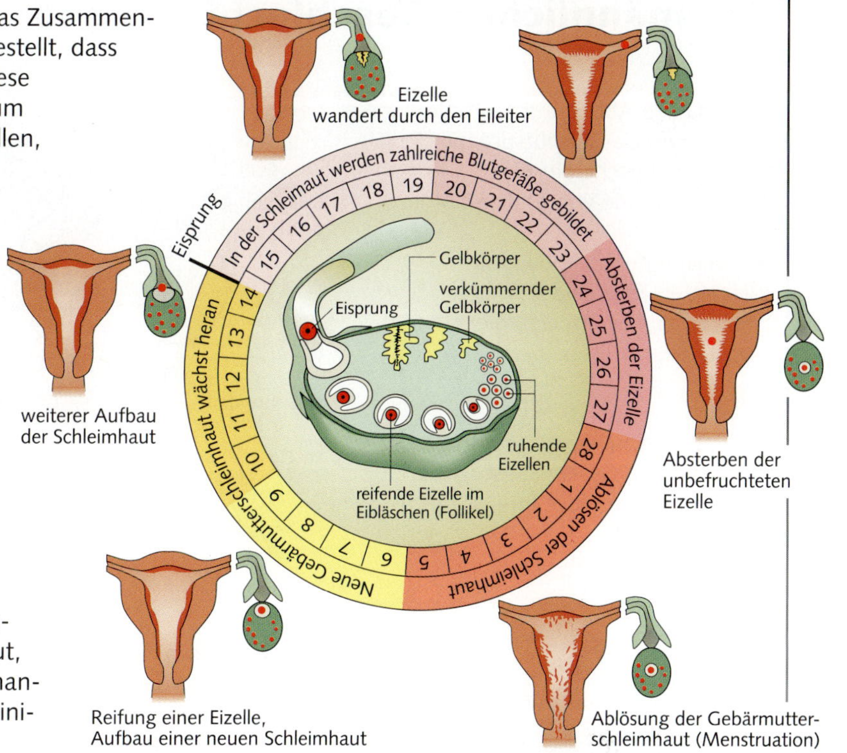

3 Vorgänge während des Menstruationszyklus

Manchmal schmerzhaft und zu Beginn oft unregelmäßig

Die hormonelle Steuerung des Menstruationszyklus muss sich zunächst einpendeln. Gerade zu Beginn der Pubertät kann der Zyklus unregelmäßig sein. Die Dauer zwischen zwei Menstruationen, der Verlauf und die Stärke der Blutungen können schwanken. Daher muss auch nicht jede ausbleibende Regelblutung ein Zeichen für eine Schwangerschaft sein.
Auch kann es durch die stark schwankenden Hormonspiegel zu Stimmungsschwankungen und durch die Vorgänge in den Eileitern und der Gebärmutter zu unangenehmen Gefühlen oder sogar Schmerzen kommen.
All dies ist zunächst kein Grund zur Sorge, sondern völlig normal. Bei starken oder lang anhaltenden Problemen sollte allerdings ein Arzt besucht werden.

Die männlichen Geschlechtsorgane

1. Die Abbildung zeigt die männlichen Geschlechtsorgane.
a) Was unterscheidet Geschlechtsorgane von anderen Organen?
b) Welche der in Abbildung genannten Teile sind kein bzw. gehören zu keinem Geschlechtsorgan? Begründe.

2. Beschreibe Lage und Bau der gezeigten Geschlechtsorgane des Mannes und liste ihre Funktionen auf.

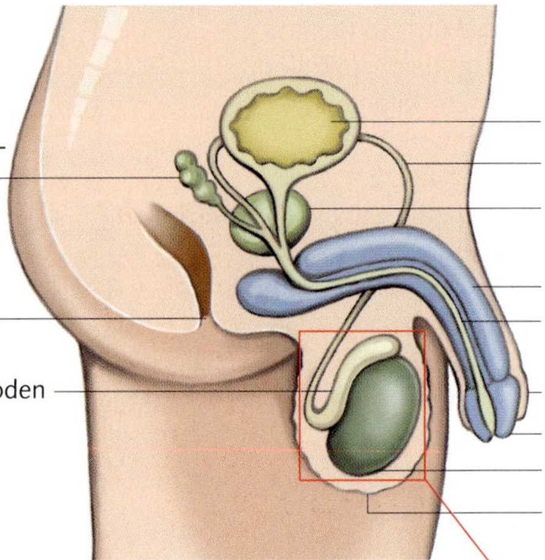

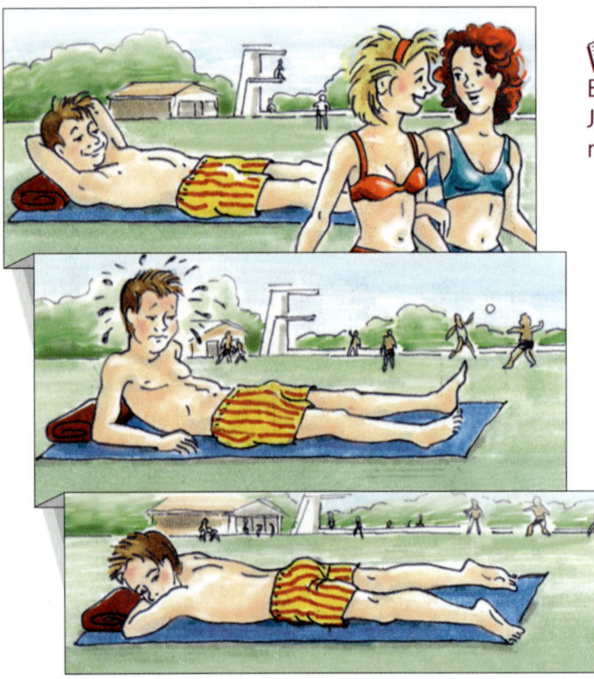

3. a) Beschreibe und erkläre das in der Bildreihe dargestellte Problem, mit dem sich Jungen in der Pubertät auseinandersetzen müssen. Verwende eine neutrale Sprache.

4. So wie die Eizellen der Frau sind die Spermien die ▸Keimzellen des Mannes. Erläutere die Funktion, die die Keimzellen im Organismus haben. Weshalb ist ihre genetische Besonderheit die Voraussetzung dafür, dass die Keimzellen diese Funktion erfüllen können?

5. Beschreibe die Steuerung der Spermienbildung und -reifung. Nutze dazu die nebenstehende Abbildung. Schlage aber auch im Buch nach, woher die Hormone ▸LH und ▸FSH kommen und über welchen Mechanismus ihre Bildung gesteuert wird.

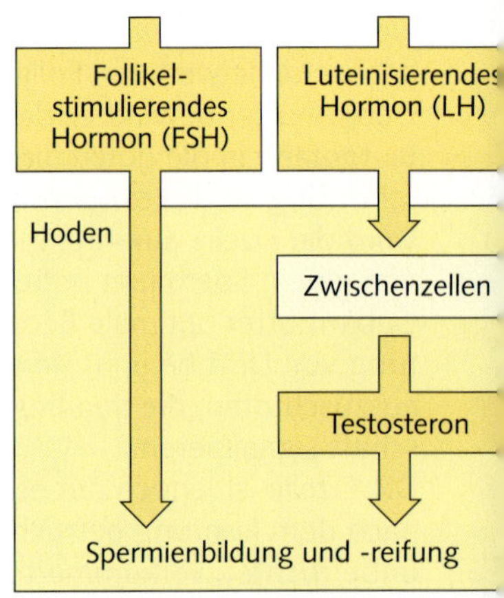

6. Recherchiere die Antworten auf folgende Fragen und fasse sie kurz zusammen.
a) Warum ist die früher verbreitete Bezeichnung „Samen" für Spermien irreführend und warum sollte sie nicht mehr verwendet werden?
b) Wie lange sind Spermien unter welchen Bedingungen überlebensfähig?

7. Recherchiere, was man unter Geschlechtskrankheiten versteht. Welche Geschlechtskrankheiten bekommen besonders Männer, und wie können sie sich schützen?

Vom Jungen zum Mann

Im Unterschied zu den weiblichen liegen die männlichen Geschlechtsorgane nicht alle versteckt in der Bauchhöhle. So kann jeder Junge ihre Entwicklung während der Pubertät unmittelbar mitverfolgen. **Penis** und **Hodensack** wachsen und scheinen eine Art „Eigenleben" zu entwickeln. Durch Wärme, Druck, den Anblick oder allein durch das Denken an eine attraktive Frau, oft aber auch ohne jeden erkennbaren Grund, kommt es zur so genannten **Erektion.** Dann versteift sich der Penis, richtet sich auf und wird größer, weil sich die Schwellkörper, das sind schwammartige Gewebe in seinem Inneren, mit Blut füllen und sich dadurch vergrößern und verfestigen. Dies zählt zu den natürlichen Funktionen des Penis, denn nur im versteiften Zustand kann er während des Geschlechtsverkehrs in die Scheide einer Frau eindringen. Nichtsdestotrotz kann eine ungewollte Erektion irritierend und unangenehm sein.

Spermienerguss

Spermien sind die männlichen ►Keimzellen. Sie entstehen in den **Hoden.** Sie bestehen aus Kopf, Mittelstück und einem Schwanzfaden, mit dem sie sich in Flüssigkeiten fortbewegen können. Beim Geschlechtsverkehr, wenn sich ein Mann selbst befriedigt, gelegentlich aber auch ohne sein Zutun im Schlaf, werden Spermien zusammen mit verschiedenen Flüssigkeiten, die von der **Bläschen-** und der **Vorsteherdrüse** abgegeben werden, aus dem Penis herausgeschleudert. Man nennt dies Spermienerguss oder **Ejakulation.** Sie wird durch das Zwischenhirn über Nervenverbindungen, also nicht über Hormone, ausgelöst. Eine Ejakulation kann, muss aber nicht mit einem ►Orgasmus verbunden sein.

Die Flüssigkeit mit den Spermien ist das **Sperma.** Bei einem Spermienerguss fließen etwa zwei bis sechs Milliliter Sperma, die jeweils 20 bis 150 Millionen Spermien enthalten können.

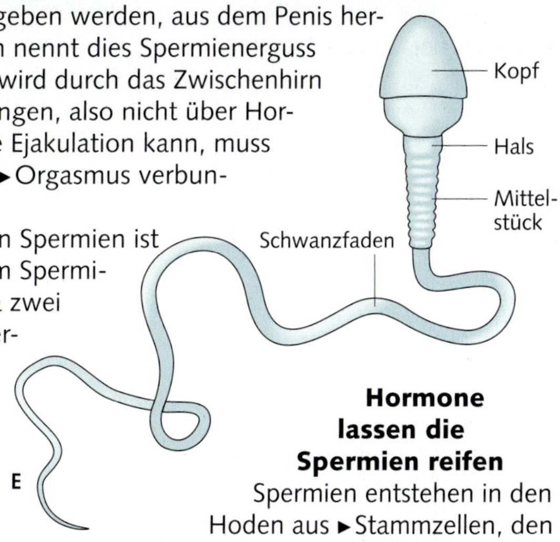

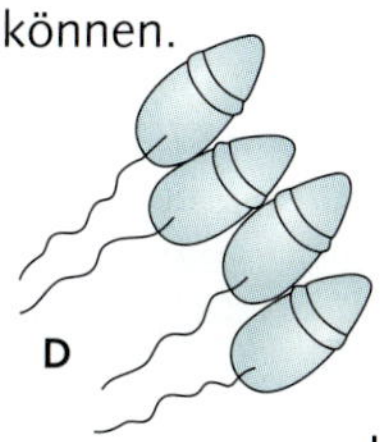

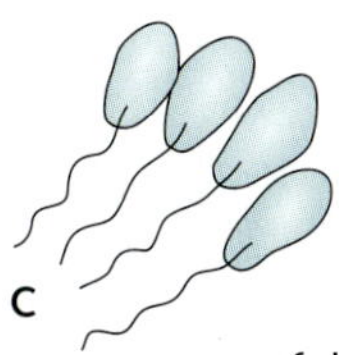

Hormone lassen die Spermien reifen

Spermien entstehen in den Hoden aus ►Stammzellen, den Spermienmutterzellen. Die Hoden sind in einzelne Hodenläppchen unterteilt, in denen jeweils stark gewundene Hodenkanälchen liegen. Über die Hormone ►FSH (Follikelstimulierendes Hormon) und ►LH (Luteinisierendes Hormon) angeregt, findet hier die Bildung und Reifung der Spermien statt. Dabei wirkt FSH direkt auf die unreifen Spermien, während LH auf die so genannten Zwischenzellen wirkt. Sie befinden sich ebenfalls in den Hoden und bilden dann das männliche Keimdrüsenhormon Testosteron. Dieses fördert ebenfalls die Reifung der Spermien. Die noch unreifen Spermien gelangen von den Hoden über die Hodenkanälchen in die Nebenhoden, wo sie weiter ausreifen und bis zur nächsten Ejakulation gespeichert werden.

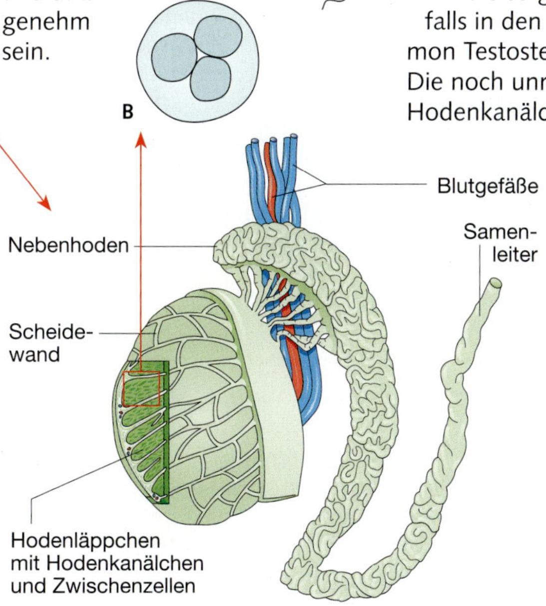

1 Bildung der Spermien. A *Bau der Hoden;* **B–D** *Spermienreifung;* **E** *reifes Spermium*

Störungen der Spermienbildung

Spermien sind sehr empfindlich gegenüber hohen Temperaturen. Bereits bei der normalen Körpertemperatur können sie sich nicht optimal entwickeln. Die Spermienproduktion und -lagerung erfolgt deshalb außerhalb des Bauchraumes im Hodensack. Enge Hosen drücken den Hodensack an den Körper und können so zu einer ungünstigen Temperatur der Hoden beitragen. Wenn die Hoden durch Schläge oder Quetschungen verletzt werden, können ebenfalls missgebildete Spermien entstehen. Auch Drogen wie Alkohol oder verschiedene Medikamente sowie Stress wirken sich auf die Spermienbildung negativ aus. Im Extremfall kann ein Mann dadurch unfruchtbar werden.

Von Petting bis Porno – kleines Sex-Lexikon

Exhibitionisten werden dadurch erregt, dass sie ihre Geschlechtsteile vor anderen Menschen entblößen. Geschieht dies ohne deren Zustimmung, kann es in Deutschland als Ordnungswidrigkeit oder Straftat geahndet werden.

Fetischisten sind Menschen, die bestimmte Gegenstände, ihre so genannten Fetische, als Auslöser für sexuelle Lust benötigen. Beispiele können etwa Lederstiefel, Uniformen oder Handschuhe sein. Ein Fetisch kann zur Sucht werden und dann das ganze Leben des Betroffenen kontrollieren.

Masochisten werden sexuell erregt, indem sie sich körperlich oder seelisch quälen lassen.

Masturbieren oder **onanieren** bezeichnen die Stimulation der Sexualorgane mit den Händen oder geeigneten Gegenständen. Dies wird oft zur **Selbstbefriedigung** eingesetzt, kann aber auch an oder von anderen Menschen durchgeführt werden. Aus biologischer und medizinischer Sicht ist dies unproblematisch.

Orgasmus nennt man den Höhepunkt des sexuellen Lustgefühls. Er tritt nicht einfach plötzlich auf, vielmehr kann die Erregung im Laufe sexueller Handlungen immer weiter ansteigen und sich schließlich im Orgasmus entladen. Auch wenn sich das Gefühl von Mal zu Mal und von Mensch zu Mensch sehr unterscheiden kann, so wird der Orgasmus in aller Regel als sehr angenehm empfunden.

Porno

Nicht freigegeben unter **18** Jahren gemäß § 7 JÖSchG FSK

Porno ist ein Kurzwort für Pornografie und beschreibt die Darstellung menschlicher Sexualität mit dem Ziel, den Betrachter sexuell zu erregen. Heute sind damit in der Regel Pornofilme gemeint. Pornofilme sind in vielerlei Hinsicht problematisch:

- Die gezeigten „Praktiken" sind fast immer stark übertrieben, sie sind Phantasieprodukte, die eher die Zuschauer als die Beteiligten befriedigen.
- Sie können teils mit extremer Gewalt verbunden sein.
- Die Rolle der Frau beschränkt sich (zumindest in heterosexuellen Pornos) meist darauf, sich dem Mann oder den Männern hinzugeben, bis hin zur gezielten Demütigung oder sogar Vergewaltigung.
- Wer oft Pornos schaut, kann süchtig danach werden, braucht immer mehr und immer härtere Filme.
- Sehr häufig prägen Pornos auch das eigene Sexualleben. Manche möchten das nachstellen, was sie im Porno gesehen haben. Das gilt insbesondere für Jugendliche, die wenig eigene Erfahrungen haben und nicht wissen, dass Pornodarstellungen meist völlig unrealistisch sind.

Pädophilie wird gelegentlich verharmlosend mit „Kinderliebe" übersetzt, bezeichnet jedoch den Wunsch, Sexualität in erster Linie mit Kindern auszuleben. Mit „Liebe" hat ein solcher sexueller Missbrauch aber nichts zu tun.

Petting bedeutet zwar im Englischen einfach nur „streicheln", wird als Begriff bei uns in Deutschland aber für all diejenigen Sexualpraktiken verwendet, bei denen der Geschlechtsverkehr ausbleibt. Erotisches Streicheln gehört dazu, aber auch Küssen, Liebkosen oder auch die erotische Massage.

Prostituierte sind Frauen oder Männer, die Sex gegen Bezahlung anbieten. Problematisch ist dies oft, weil die Prostituierten in einem zu starken Abhängigkeitsverhältnis zu ihren Kunden oder Zuhältern stehen. Zur Prostitution gezwungen zu werden, bedeutet eine schwere Verletzung der ▸Menschenwürde.

Sadisten befriedigt es, andere körperlich oder seelisch zu quälen.

1. Sexualität kann schöne und liebevolle Seiten haben, aber sie kann auch problematisch und abstoßend sein. Dies ist immer dann der Fall, wenn Zwang oder Gewalt im Spiel sind. Dennoch gibt es bei den genannten Erscheinungsformen der Sexualität durchaus Unterschiede – manche sind generell problematischer als andere. Bewerte die genannten Erscheinungsformen jeweils kurz in dieser Hinsicht und begründe deine Bewertungen.

2. Experten meinen, Jugendliche sollten die Sexualität eher selbst entdecken als nachmachen.

a) Erläutere die Problematik von Pornofilmen.
b) Nimm Stellung zu dieser Expertenmeinung.
c) Diskutiert die Altersfreigabe von Pornofilmen (18 Jahre). Sammelt Pro- und Contra-argumente.

AIDS – eine Krankheit, viele Gesichter

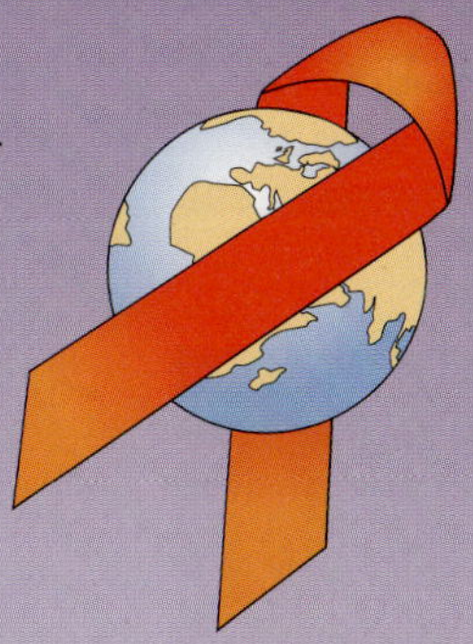

Die erworbene Immunschwächekrankheit ▸AIDS ist bei Weitem nicht die einzige, wohl aber die derzeit bedrohlichste Krankheit, die unter anderem durch Geschlechtsverkehr übertragen werden kann. Die Krankheit wird durch das HI-Virus (HIV) ausgelöst. Weltweit sind über 30 Millionen Menschen infiziert, jedes Jahr kommen über zwei bis vier Millionen neu dazu und über zwei Millionen sterben an AIDS. Eine Heilung oder Impfung ist derzeit nicht möglich. AIDS und die anderen Geschlechtskrankheiten sind ein globales und sehr vielschichtiges Problem. Zu den folgenden Teilbereichen könnt ihr zum Beispiel eine Ausstellung oder ein ▸Gruppenpuzzle durchführen und euch so gegenseitig die wichtigsten ▸Informationen präsentieren.

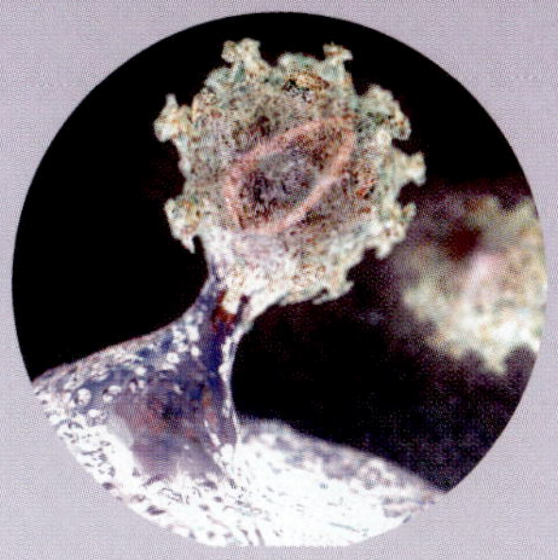

1. Medizinischer Hintergrund
Informiert euch über die Funktionsweise des ▸Immunsystems und darüber, wie es durch das ▸HI-Virus beeinträchtigt wird. Wie wird diese unheilbare Krankheit behandelt? Erstellt ein Plakat oder eine Folie, auf der die Zusammenhänge möglichst übersichtlich und verständlich ▸visualisiert werden.

2. Ansteckung und Schutz
Beim Geschlechtsverkehr kann man sich mit dem HI-Virus infizieren, wenn man sich nicht mit Kondomen schützt. Gibt es andere Ansteckungswege? Wieso gibt es Kleinkinder mit AIDS? Was sind „Risikogruppen" und warum gibt es keinen Grund zur Sorglosigkeit, wenn man keiner angehört?
Tragt die Antworten auf diese und ähnliche Fragen zusammen und erläutert sie.

3. Kampagnen gegen AIDS
Mit zahlreichen Kampagnen wird versucht, auf AIDS aufmerksam zu machen. Sie sollen über Risiken und Schutzmaßnahmen aufklären, aber auch deutlich machen, wie wichtig es ist, diese immer einzuhalten. Dazu werden zum Beispiel Plakate aufgehängt und Werbefilme gezeigt oder Broschüren verteilt und Internetseiten angeboten. Sammelt solche Materialien. Überlegt euch Kriterien für eine gute Kampagne und bewertet die gefundenen Materialien danach.

4. AIDS ist mehr als nur AIDS
Mit dem HI-Virus Infizierte oder an AIDS Erkrankte leiden nicht nur körperlich. Sie sehen sich vielen weiteren psychischen und sozialen Problemen ausgesetzt. Einige werden in dem Film „Philadelphia" mit Tom Hanks aufgegriffen. Ähnliche Schicksale werden auch in Büchern oder im Internet vorgestellt. Sammelt Berichte und Informationen zur Ausgrenzung von mit HIV infizierten Menschen. Stellt einige Berichte und die darin thematisierten Probleme der Betroffenen vor.

5. Geschlechtskrankheiten
AIDS ist nicht die einzige ▸Infektionskrankheit, die beim Geschlechtsverkehr übertragen werden kann. Sammelt Informationen zu so genannten „Geschlechtskrankheiten" und stellt sie vor. Neben einer Übersicht über die Namen der verschiedenen Krankheiten solltet ihr jeweils die Symptome, Erreger, Ansteckungs-, Behandlungs- und Schutzmöglichkeiten vorstellen.
Gestaltet Steckbriefe, Plakate oder eine Infobroschüre, beispielsweise mit dem Titel „Sex – Zu Risiken und Nebenwirkungen ...".

Schwangerschaft und Geburt

1. Erläutere anhand der Bilder A bis E, was bei der Befruchtung und in der frühen Keimesentwicklung geschieht.

Monat	1.	2.	3.	4.	5.	6.	7.	8.	9.	10.
Körpergewicht in g	6	12	41	175	500	800	1300	2300	2900	3500
Körperlänge in cm	1	4	9	16	25	30	35	40	45	51
Sexualorgane			●·····	······	······	······	······	······	······	······
Kopf	●·····	······	······	······	······	······	——	——	——	——
Lunge		●·····	······	······	······	······	——	——	——	——
Herz	●·····	······	······	··——	——	——	——	——	——	——
Gehirn		●·····	······	······	······	······	——	——	——	——
Gliedmaßen	●·····	······	······	······	······	——	——	——	——	——

●······ Beginn der Entwicklung und weiteren Ausprägung
—— voll entwickelt vorliegende Organe

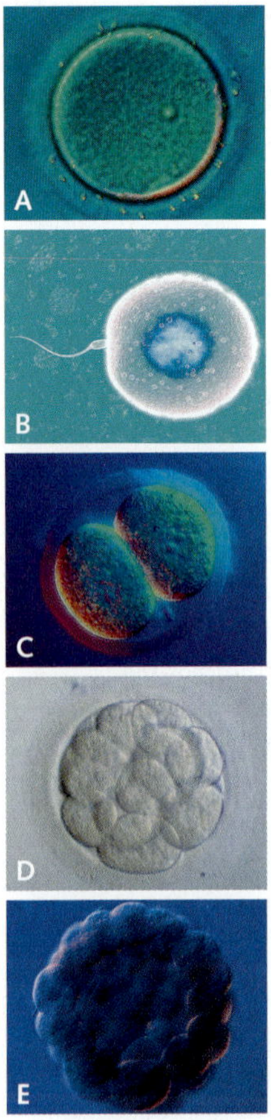

2. „Schwanger oder nicht schwanger?"
a) Nenne Anzeichen einer Schwangerschaft. Befrage dazu Eltern, Freunde oder Bekannte.
b) Erkläre die Funktionsweise eines Schwangerschaftstests.

3. a) Dies ist das Ultraschallbild eines Kindes. Beschreibe, was du auf dem Bild erkennen kannst.
b) Gib mithilfe der Tabelle und des Maßstabes das ungefähre Alter des Kindes an. Begründe die Altersangabe.
c) Heute haben Frühgeborene ungefähr ab dem 7. Monat schon eine gute Chance, zu überleben. Nenne die möglicherweise auftretenden Probleme, wenn ein Kind bereits nach 5 Monaten geboren wird.

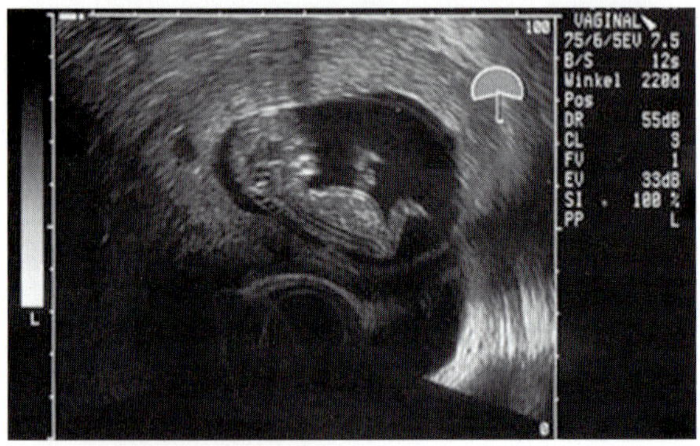

2 cm

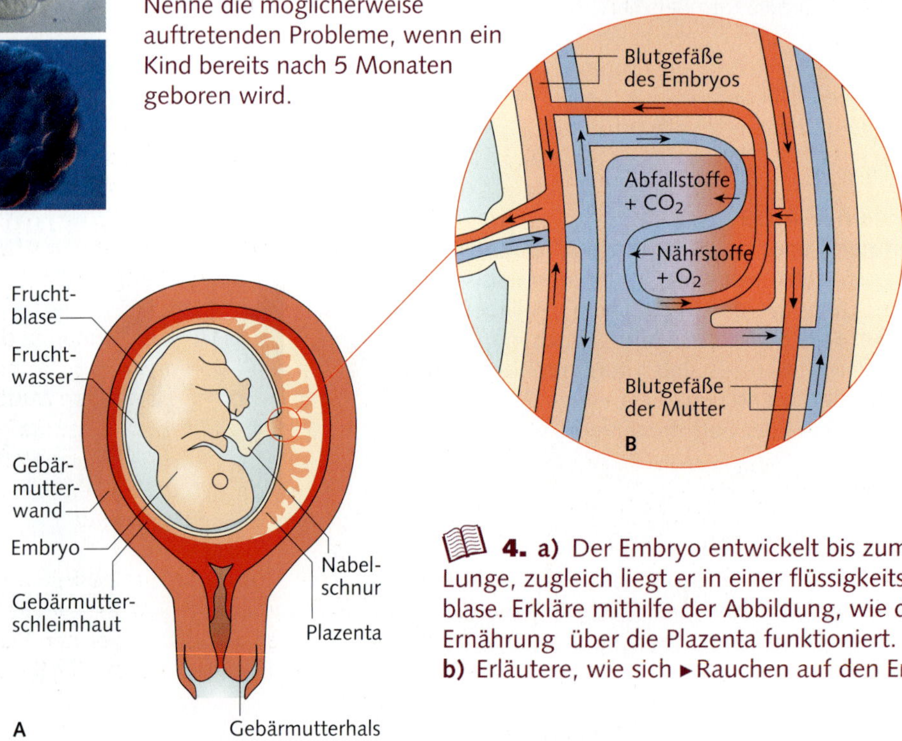

4. a) Der Embryo entwickelt bis zum 7. Monat eine Lunge, zugleich liegt er in einer flüssigkeitsgefüllten Fruchtblase. Erkläre mithilfe der Abbildung, wie die Atmung und Ernährung über die Plazenta funktioniert.
b) Erläutere, wie sich ▸Rauchen auf den Embryo auswirkt.

Befruchtung und Einnistung

Viele Paare wünschen sich ein Kind und freuen sich über die ersten Anzeichen einer Schwangerschaft, vor allem wenn die Regelblutung ausbleibt und der Schwangerschaftstest positiv ausfällt.

Ein Kind kann entstehen, wenn beim Geschlechtsverkehr Spermien des Mannes über die Scheide und die Gebärmutter in den Eileiter gelangen und dort auf eine reife Eizelle treffen. Um die Zeit des Eisprungs ist der Schleimpfropf, der sonst den Gebärmutterhals verschließt, dünnflüssiger, sodass die Spermien leichter aus der Scheide in die Gebärmutter vordringen können. Obwohl bei einem Spermienerguss bis zu 200 Millionen Spermien abgegeben werden, gelingt es nur dem schnellsten Spermium, mit dem Kopf die Zellhaut der Eizelle zu durchdringen. Dies ist der Moment der **Befruchtung.** Die Eihülle wird danach sofort für andere Spermien undurchdringlich. Anschließend verschmelzen die Zellkerne von Ei- und Spermienzelle. Ihre Erbanlagen kommen in einem Zellkern zusammen. Nach etwa einem Tag beginnt sich die befruchtete Eizelle zu teilen. Während weiterer ▸Zellteilungen im Eileiter entsteht zunächst ein Zellhaufen, der sich weiter zum Bläschenkeim entwickelt. Er enthält einen flüssigkeitsgefüllten Hohlraum und unterschiedliche Zellen, aus denen sich später die Organe des Embryos entwickeln.

Dieser Bläschenkeim wird von Flimmerhärchen durch den Eileiter zur Gebärmutterschleimhaut transportiert, wo er sich festsetzt. Dabei wachsen Zellen des Keims, die Zotten, in die Gebärmutterschleimhaut ein. Dies ist die **Einnistung,** mit der die **Schwangerschaft** beginnt.

Zwillinge

Manchmal reifen zwei Eizellen gleichzeitig heran und werden von zwei Spermien befruchtet. So entstehen zweieiige **Zwillinge,** die unterschiedliches Erbgut besitzen und nicht mehr Ähnlichkeiten aufweisen als andere Geschwister. Seltener entstehen eineiige Zwillinge, die aus nur einer befruchteten Eizelle entstehen. Nach der ersten Teilung trennen sich die beiden Tochterzellen und entwickeln sich getrennt weiter. Die eineiigen Zwillinge besitzen identisches Erbgut, sodass sie sich oft zum Verwechseln ähnlich sehen.

Schwangerschaft und Keimesentwicklung

Das wachsende Kind wird in den ersten acht Wochen **Embryo** genannt. Der Embryo ist zwar noch klein und leicht, aber nach etwa acht Wochen sind bereits alle Organe angelegt. Von nun an wird das heranwachsende Kind **Fetus** genannt.

Nach 12 Wochen ist der Fetus ungefähr 9 cm groß und deutlich als menschliches Wesen zu erkennen. Allerdings macht der Kopf fast die Hälfte des Fetus aus. Man sieht bereits Augen, Ohren, Nase und Mund. Der Fetus hat ausgeformte Finger und Zehen mit Nägeln. Das Geschlecht ist erkennbar. All diese Entwicklungen bemerkt die Frau nicht.

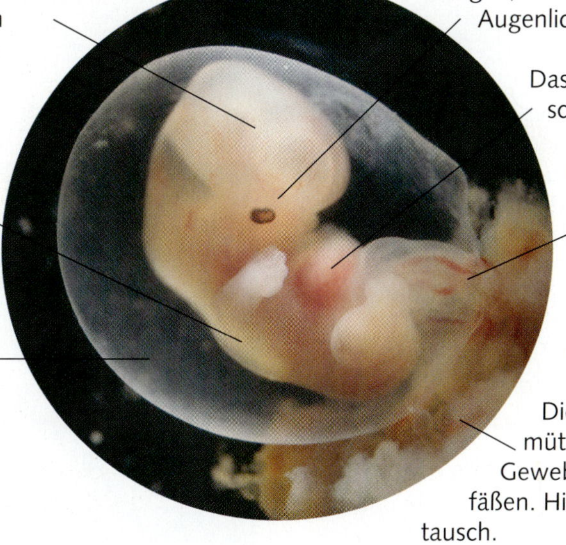

1 Embryo (6. Woche)

Der Fetus wächst jetzt sehr schnell und ist zu Beginn des fünften Monats etwa 16 cm groß und 150 g schwer. Die Organe und Muskeln entwickeln sich weiter. Der Fetus ist vorübergehend behaart. Dies lässt sich mit der ▸ Evolution des Menschen erklären.

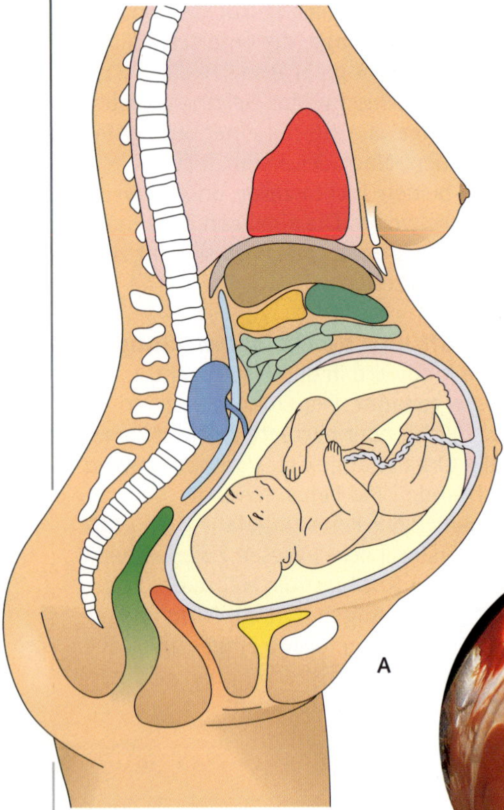

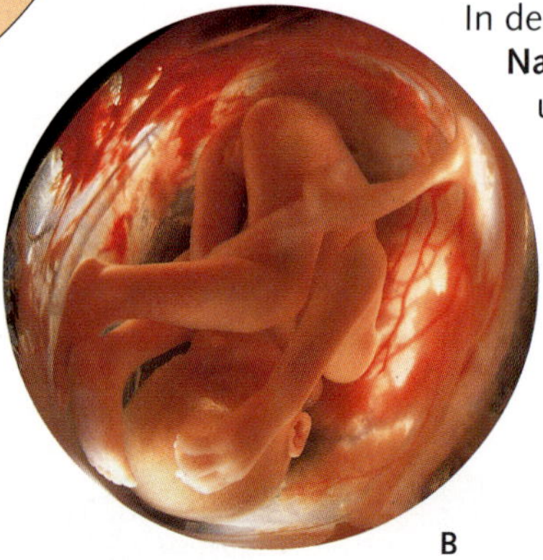

2 Fetus.
A *im Körper der Mutter (Schema);*
B *im 5. Monat*

Der Körper wird bald mit einer weißen Fettschicht, der so genannten Käseschmiere überzogen. Diese schützt die Haut vor dem Fruchtwasser. Meist kann die Mutter ab dem 5. Monat Kindsbewegungen wahrnehmen. Der Fetus reagiert auf Reize wie Musik oder menschliche Stimmen.
Nach dem 6. Monat ist die Organentwicklung mit Ausnahme der Sexualorgane weitgehend abgeschlossen. Daher hat ein Kind ab dem 7. Monat gute Überlebenschancen, wenn es zu einer Frühgeburt kommt.

Im 8. und 9. Monat wachsen und reifen die Organe aus, und der Fetus nimmt weiter an Größe und Gewicht zu, wodurch das Leben für die Mutter anstrengender wird. Viele Organe der Mutter werden zusammengedrückt, Atemnot und Harndrang können die Folge sein. Am Ende des neunten Monats hat sich der Fetus normalerweise mit dem Kopf nach unten gedreht. Nach durchschnittlich 270 Tagen ist der Fetus zur Geburt bereit.

Die Geburt

Zu Beginn des Geburtsvorgangs, der **Eröffnungsphase,** setzen **Wehen** ein, die durch das Zusammenziehen und Entspannen der Muskeln in der Gebärmutterwand entstehen. Sie verursachen Schmerzen. Die Wehen drücken das Kind immer tiefer in das Becken. Dadurch weitet sich der Muttermund schrittweise, die **Fruchtblase** platzt und das Fruchtwasser läuft über die Scheide ab.
In der darauffolgenden **Austreibungsphase** wird das Kind mit Presswehen aus der Gebärmutter in die Scheide und dann ans Tageslicht gebracht. Zunächst erscheint der Kopf im Scheidenausgang, dann folgt der übrige Körper. Meistens helfen in dieser Phase eine Hebamme oder ein Arzt, indem das Kind vorsichtig gedreht und gezogen wird. Das Kind atmet sofort selbstständig, sodass nun die Nabelschnur durchtrennt werden kann.
In der dritten Phase, der so genannten **Nachgeburtsphase,** werden die Plazenta und die leere Fruchtblase ausgestoßen. Aus dem Fetus ist ein **Säugling** geworden, der auf die Pflege von Mutter und Vater angewiesen ist.

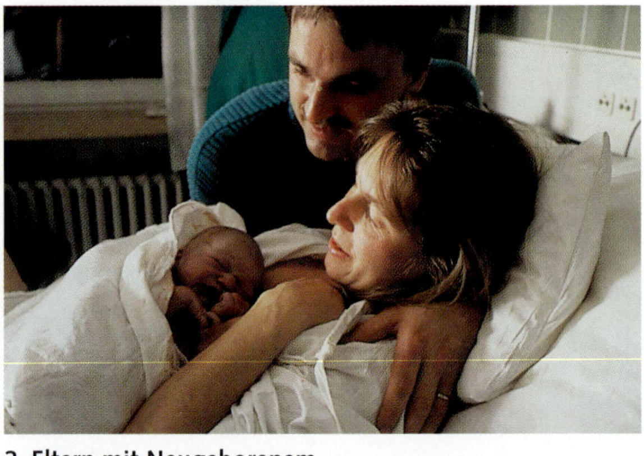

3 Eltern mit Neugeborenem

Gesundheit für Mutter und Kind

Ernährung

Mutter und Kind benötigen eine gesunde, vitamin- und mineralstoffreiche Ernährung, zum Beispiel mit frischem Obst, Salaten, Gemüse, Milch- und Vollkornprodukten. Schwangere sollten nur wenig Koffein, das beispielsweise in Kaffee und Cola enthalten ist, zu sich nehmen, da es das Risiko für Fehlgeburten erhöhen kann. Bei Genuss von rohem Fleisch oder Rohmilchkäsesorten besteht die Gefahr einer bakteriellen Infektion, die dem Kind massiv schaden kann.

Alkohol

Der Embryo kann Alkohol kaum abbauen. Deshalb sollten Schwangere auf Alkohol verzichten. Er kann, besonders in den ersten drei Schwangerschaftsmonaten, zu schweren körperlichen und geistigen Entwicklungsschäden beim Kind führen.

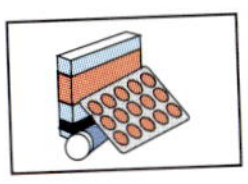

Medikamente

Medikamente sollten nur in Notfällen und nach Absprache mit dem Arzt eingenommen werden. Dies gilt auch für frei verkäufliche Medikamente wie Kopfschmerz-, Schlaf- oder Abführtabletten.

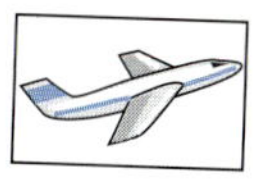

Reisen

Lange Reisen, besonders exotische Fernziele, können eine Schwangere aufgrund der langen Anreise, der Temperaturunterschiede und der ungewohnten Speisen sehr belasten. Es ist in jedem Fall wichtig, auf einen ausreichenden Impfschutz und hygienische Verhältnisse zu achten.

Stress

Stress kann im Extremfall zu einer Minderversorgung mit Sauerstoff oder Nährstoffen führen und das Risiko einer Früh- oder Fehlgeburt erhöhen. Es ist also wichtig, auf genügend Erholungszeiten und Entspannungsphasen zu achten.

1. Eine Frau hat eine Flugreise nach Südamerika geplant, als sie feststellt, dass sie schwanger ist. Stelle die Probleme dar, die bei einer solchen Tour entstehen könnten. Erläutere.

2. Wie kann der Vater zu einer gesunden Entwicklung des ungeborenen Kindes beitragen?

Sport

Spazierengehen, Fahrradfahren oder Wassergymnastik sind für die Schwangere gute Möglichkeiten, sich in Bewegung zu halten und das Kind reichlich mit Sauerstoff zu versorgen. Sportarten wie Reiten oder Handballspielen, die mit Stößen und Erschütterungen verbunden sind, oder Leistungssport sind gefährlich. Auch Tauchen kann den Embryo bzw. Fetus schädigen.

Rauchen

▸ Nikotin ist ein Nervengift und verengt die Blutgefäße der Schwangeren. Der Embryo wird dadurch schlechter mit Sauerstoff versorgt. Kinder von Raucherinnen haben häufig ein geringeres Geburtsgewicht und neigen zu Entwicklungsstörungen.

Wir wollen (noch) kein Kind

1. a) Mache Vorschläge, was in den Denkblasen stehen könnte.
b) Viele Paare verhüten nicht beim „ersten Mal“, also beim ersten Geschlechtsverkehr. Nenne Gründe für dieses Verhalten.
c) „Verhütung ist Frauensache, sie bekommen schließlich die Kinder.“ Nimm zu dieser Aussage Stellung.

2. a) Nenne Möglichkeiten, wo man Kondome kaufen kann und zu welchem Preis.
b) Welche Kriterien können beim Kauf von Kondomen eine Rolle spielen?

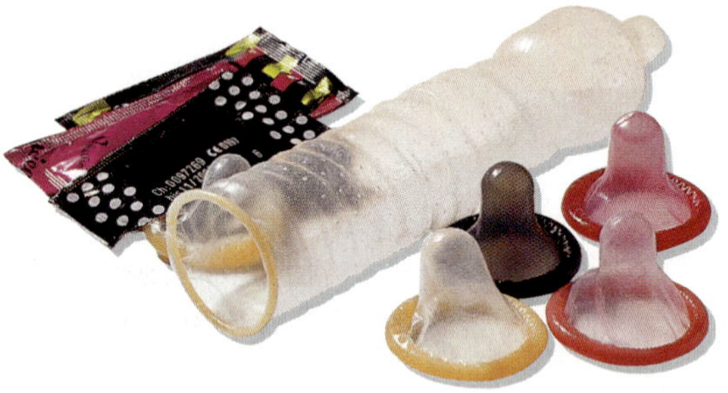

3. a) Zeige mithilfe eines Modells, wie man ein Kondom richtig anwendet. Worauf muss man bei der Benutzung besonders achten? Wie entsorgt man Kondome nach der Benutzung?
b) Schreibe eine gut verständliche Gebrauchsanweisung für Kondome.

4. Je nach Lebenssituation nutzen Paare unterschiedliche Verhütungsmethoden.
a) Benenne Kriterien, die bei der Wahl eines Verhütungsmittels von Bedeutung sind.
b) Gib an, welche Kriterien für die Wahl des Verhütungsmittels bei den Fällen A und B vermutlich besonders wichtig waren.
c) Zu welchem Verhütungsmittel würdest du im Fall C raten? Begründe.

Fall A: Ein junges Ehepaar, seit 5 Jahren verheiratet, hat sich mit einer Krankengymnastikpraxis selbstständig gemacht. Die Frau nimmt die Pille.

Fall B: Ein Paar hat bereits drei Kinder und möchte auf keinen Fall weitere Kinder. Die Frau hat sich die Spirale einsetzen lassen.

Fall C: Thorben, 21, ist zur Zeit solo und hat manchmal für kurze Zeit eine Freundin.

5. Ein junges Paar, beide sind 18, diskutiert über Verhütung. Sie möchte, dass er Kondome benutzt, er wünscht, dass sie die Pille nimmt. Bereitet mithilfe von Stichwortkarten ein Rollenspiel vor, bei dem die jeweiligen Vorteile und Nachteile der Verhütungsmittel deutlich werden, und führt es dann vor. Achtet darauf, dass ihr gegenseitig auf die Argumente eingeht.

Verhütungsmethoden

Die Frage nach der geeigneten Methode zur Empfängnisverhütung stellt sich für alle, die noch kein Kind haben möchten. Wichtig ist dabei, sich über die Sicherheit der Verhütungsmethode und über eventuelle Nebenwirkungen zu informieren. Auch mit der Anwendung des Verhütungsmittels muss man sich vertraut machen. Dies muss rechtzeitig vor dem „ersten Mal" geschehen.

Zwar gibt es immer noch viele Paare, die sich auf das „Aufpassen" verlassen. Hierbei zieht der Mann das Glied vor der ▸Ejakulation, dem Spermienerguss, aus der Scheide. Da jedoch schon vor dem Spermienerguss etwas Sperma aus der Harn-Spermienröhre austreten kann, ist dies keine Methode zur Empfängnisverhütung. Manche vertrauen dennoch darauf, dass beim ersten Mal schon nichts passieren wird. Oft sind die Paare aber auch nur unsicher und haben Angst, über Verhütung zu sprechen.

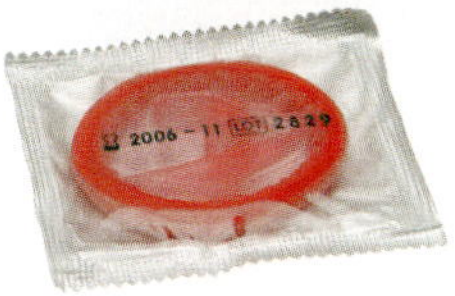

Diaphragma

Beim Diaphragma handelt es sich um eine Gummikappe, die vor dem Geschlechtsverkehr über den Gebärmuttermund gelegt wird und das Eindringen von Spermien verhindert. Da die Handhabung nicht einfach ist, ist es eine relativ unsichere Methode.

Kondome

Das Kondom oder auch Präservativ besteht aus einer gummiartigen Substanz, in der Regel Latex. Es wird vor dem Geschlechtsverkehr über das steife Glied des Mannes gezogen und verhindert so, dass Sperma in die Scheide gelangt. Wendet man das Kondom mit etwas Übung vorschriftsmäßig an, ist es ein sicheres Verhütungsmittel. Das Kondom darf nie zusammen mit fett- oder ölhaltigen Substanzen wie zum Beispiel Cremes verwendet werden, da das Gummi dann durchlässig wird. Das Kondom schützt auch als einziges Verhütungsmittel vor Geschlechtskrankheiten und ▸AIDS, was besonders bei wechselnden Partnerschaften von großer Bedeutung ist.

Anti-Baby-Pille

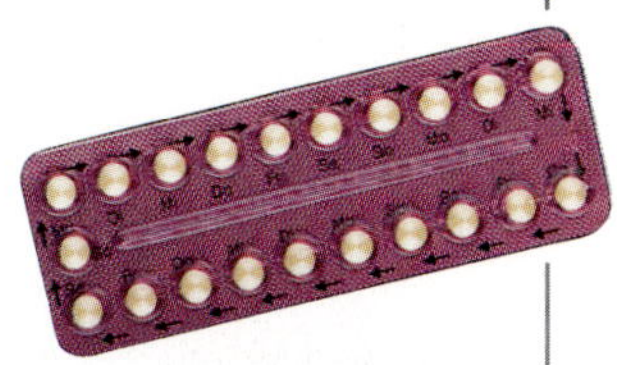

Die Anti-Baby-Pille enthält ▸Hormone, die den weiblichen Eisprung verhindern. So kann keine Befruchtung stattfinden. Zusätzlich wird die Gebärmutterschleimhaut nur unvollständig aufgebaut, sodass sich kein Ei einnisten kann. Die Pille muss von der Ärztin oder dem Arzt verschrieben und pro Zyklus 21 oder 22 Tage lang täglich eingenommen werden. Danach setzt in der einwöchigen Pause die Regelblutung ein. Bei richtiger Anwendung schützt sie vom ersten Tag an sehr zuverlässig. Allerdings löst die Pille durch den Eingriff in den Hormonhaushalt häufig Nebenwirkungen wie beispielsweise Zwischenblutungen und Gewichtszunahme aus. Bei Raucherinnen erhöht sie die Thrombosegefahr.

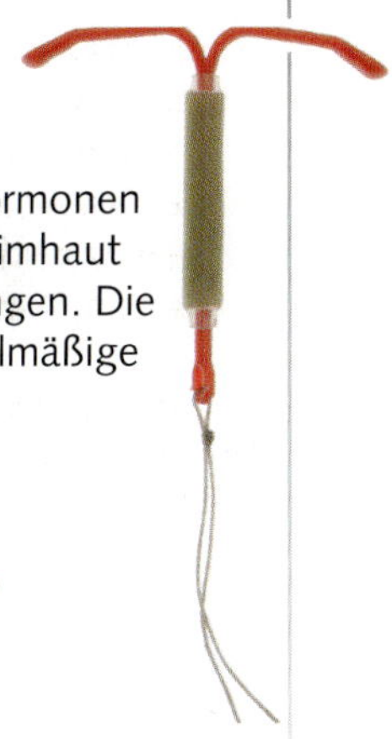

Hormonspirale

Die Hormonspirale besteht aus Kunststoff und ist mit Hormonen gefüllt. Sie verhindert den Aufbau der Gebärmutterschleimhaut und macht es den Spermien schwer, zur Eizelle vorzudringen. Die Verhütungssicherheit ist sehr hoch, doch können unregelmäßige Blutungen oder Kopfschmerzen auftreten.

Chemische Verhütungsmittel

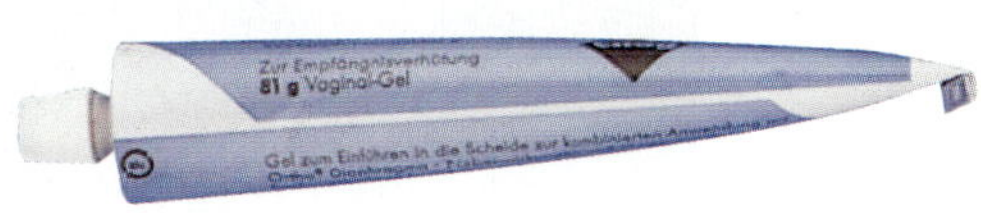

Verschiedene Gels, Cremes, Zäpfchen oder Sprays werden kurz vor dem Geschlechtsverkehr in die Scheide eingeführt und töten Spermien ab. Sie verhüten nur sehr unsicher und sollten daher nur in Kombination zum Beispiel mit einem Diaphragma angewendet werden.

Natürliche Verhütungsmethoden

Durch tägliche Messung der Körpertemperatur und weitere Beobachtungen werden die fruchtbaren und unfruchtbaren Tage einer Frau bestimmt. Dabei können kleine Computer helfen, die beispielsweise das Aufzeichnen und Auswerten der Temperatur übernehmen. Diese Methoden setzen einen regelmäßigen Zyklus und viel Disziplin in der Anwendung voraus. Für Jugendliche sind sie unsicher und daher ungeeignet.

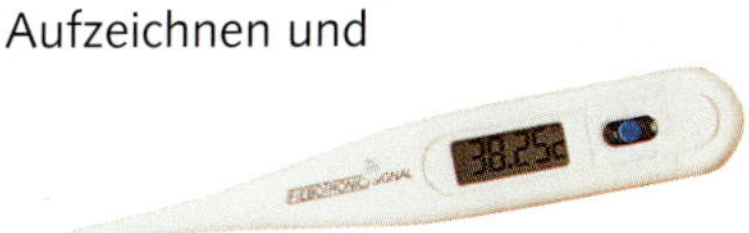

Schwanger – was nun?

1. Julia ist schwanger, und Tom ist der Vater des Kindes.
a) Betrachte die beiden Fotos und mache Vorschläge, was Julia und Tom jeweils denken könnten. Begründe kurz.
b) Erläutere, wie sich das Leben von Jugendlichen verändert, wenn sie Eltern werden.
c) Beschreibe und bewerte Möglichkeiten, wie Tom und Julia mit ihrer Situation umgehen könnten.

2. Eine Freundin vertraut dir an, dass sie ungewollt schwanger ist und nicht weiß, was sie tun soll. Versuche sie davon zu überzeugen, zu einer professionellen Beratung zu gehen. Nenne deine Argumente.

3. a) Informiere dich über Schwangerschaftsberatungsstellen in deiner Umgebung und nenne Adressen. Gib an, woher deine Informationen stammen.
b) Es gibt verschiedene Möglichkeiten der Beratung, vom direkten Gespräch über die telefonische bis zur E-Mail-Beratung. Informiere dich über diese Beratungsarten und nenne die jeweiligen Vor- und Nachteile.

4. a) Recherchiere Möglichkeiten der Pränataldiagnostik und stelle sie in einer Mindmap dar.
b) Eine Frau berichtet: „Mein Arzt hat bei einer Ultraschalluntersuchung meines Kindes einen recht großen Kopfumfang festgestellt und auch ein erweitertes Nierenbecken, was bei Jungen aber öfter vorkommen kann. Der große Kopf beunruhigt mich schon. Soll ich eine Fruchtwasseruntersuchung durchführen lassen?"
Nenne Argumente, die für oder gegen eine Fruchtwasseruntersuchung sprechen.

5. Erläutere, was mit dem Plakat ausgedrückt werden soll.

Julia, 17 Jahre, hat nach Durchführung eines Schwangerschaftstests die Gewissheit: sie ist schwanger. Sie verspürt eine gewisse Freude, hat zugleich aber auch Angst vor der Zukunft. „Jetzt schon Mutter werden, wo ich doch gerade die Ausbildung begonnen habe? Wer soll das alles bezahlen? Wie wird mein Freund reagieren? Was werden bloß meine Eltern sagen?" Solche und viele andere Fragen entstehen oft, wenn es zu einer ungewollten Schwangerschaft gekommen ist.

Die Schwangerschaftskonfliktberatung

Erste Ansprechpartner für Fragen können neben dem Partner Eltern, Freunde oder Lehrer sein. Es gibt außerdem anerkannte Beratungsstellen, an die sich schwangere Frauen und ihre Partner mit ihren Fragen und Problemen wenden können. Die Beratungen sind kostenlos und auf Wunsch anonym.

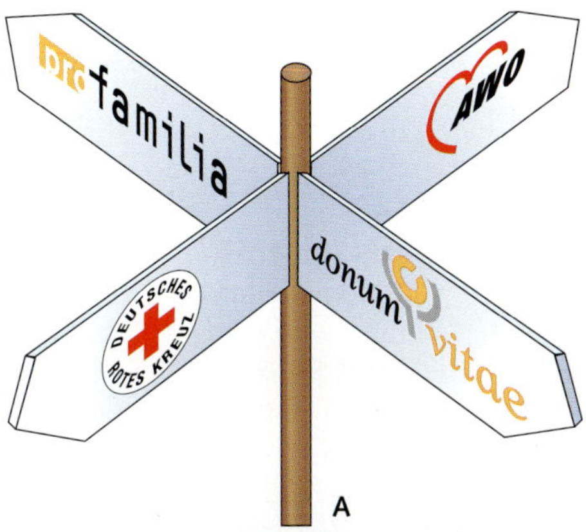

1 Schwangerschaftsberatung.
A *mögliche Ansprechpartner;* **B** *Beratungsgespräch*

Das Ziel der so genannten **Schwangerschaftskonfliktberatung** liegt darin, ungeborenes Leben zu schützen und deutlich zu machen, dass das Ungeborene ein eigenes Recht auf Leben hat. Im Hinblick darauf zeigen Berater und Beraterinnen Paaren in schwierigen Situationen Möglichkeiten auf, wie sie ihr Leben mit dem Kind gestalten könnten.

Die Beratungsstellen informieren beispielsweise über Durchsetzung rechtlicher Ansprüche, über finanzielle Unterstützungsmöglichkeiten wie das Mutterschafts- und Elterngeld sowie über mögliche Hilfen bei der Wohnungssuche oder der Kinderbetreuung.

Aber die Beratung ist ergebnisoffen und die Schwangere wird nicht dazu gedrängt, das Kind auf jeden Fall auszutragen. Kann sich die Schwangere ein Leben mit dem Kind überhaupt nicht vorstellen, bekommt sie Informationen über andere Möglichkeiten, wie die Unterbringung des Kindes in einer Pflegefamilie, die Freigabe zur Adoption oder zum Schwangerschaftsabbruch.

Die endgültige Entscheidung über die Fortsetzung der Schwangerschaft oder einen Abbruch liegt bei der Schwangeren. Unabhängig von ihrer Entscheidung kann die Schwangere auch weiterhin die Hilfe eines Beraters oder einer Beraterin in Anspruch nehmen.

Der Schwangerschaftsabbruch

In Deutschland ist ein Schwangerschaftsabbruch, auch Abtreibung genannt, nach § 218 des Strafgesetzbuches grundsätzlich rechtswidrig, er bleibt aber unter bestimmten Bedingungen straffrei.

Erwägt eine Schwangere nach Feststellung der Schwangerschaft durch einen Arzt oder eine Ärztin einen Abbruch, muss sie sich von einer anerkannten Beratungsstelle mindestens drei Tage vor dem Eingriff beraten lassen. Sie hat so in jedem Fall eine gewisse Bedenkzeit. Die Betroffene erhält eine Bescheinigung als Beratungsnachweis, mit der sie zu einem Arzt oder einer Ärztin gehen kann. Diese können dann den Schwangerschaftsabbruch entweder medikamentös oder durch einen operativen Eingriff vornehmen. Zwischen Befruchtung und Abbruch dürfen allerdings nicht mehr als zwölf Wochen vergangen sein. Bei unter 16-Jährigen verlangen die Frauenärztinnen oder -ärzte in der Regel eine schriftliche Einverständniserklärung zum Schwangerschaftsabbruch zumindest eines Elternteils. In seltenen Fällen ist ein Schwangerschaftsabbruch nicht rechtswidrig, beispielsweise nach einer Vergewaltigung oder wenn der körperliche oder seelische Zustand der Frau durch die Schwangerschaft schwerwiegend beeinträchtigt ist.

Vorsorgeuntersuchungen

Die meisten Schwangerschaften verlaufen normal, und ein gesundes Kind kommt zur Welt. Trotzdem sorgen sich werdende Eltern oft um die Gesundheit des Kindes. Die Schwangere wird im Rahmen der Schwangerenvorsorge regelmäßig untersucht, ihr Gewicht wird kontrolliert, und es werden verschiedene Blut- und Urinanalysen durchgeführt.
Mit Methoden der **Pränataldiagnostik (PND)** wird das Kind vor der Geburt untersucht.

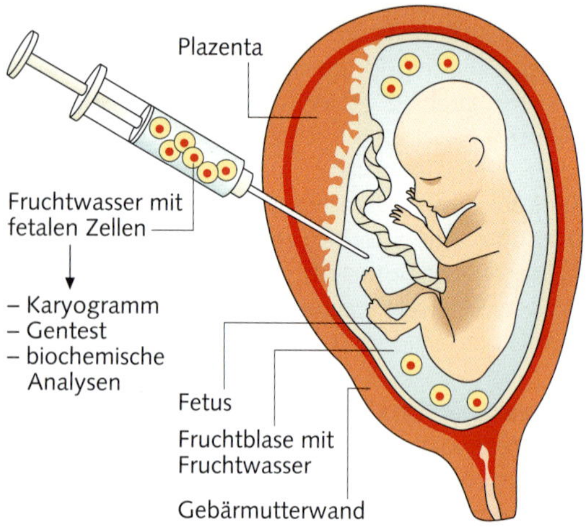

2 Fruchtwasseruntersuchung

Ultraschalluntersuchung

Eine sehr wichtige und häufig angewendete, zugleich risikolose Methode der PND ist die Ultraschalluntersuchung. Diese erlaubt einen Blick auf den Fetus in der Fruchtblase. Man erhält Hinweise auf mögliche Wachstumsstörungen oder Fehlbildungen der Wirbelsäule, der Gliedmaßen oder anderer Organe. Dies kann Anlass zu weiteren Untersuchungen geben.

Fruchtwasseruntersuchung

Die Fruchtwasseruntersuchung wird bei Auffälligkeiten im Ultraschall, bei Frauen über 35 Jahren oder, wenn in der Familie ▸ Erbkrankheiten vorkommen, empfohlen. Bei der Fruchtwasseruntersuchung wird eine Hohlnadel durch die Bauchdecke und die Gebärmutter in die Fruchtblase geführt und eine kleine Menge Fruchtwasser abgesaugt. Die darin enthaltenen Zellen des Fetus werden zunächst vermehrt und anschließend auf ▸ Trisomie 21 und andere Chromosomenstörungen untersucht.
Durch ▸ **Gendiagnosen**, bei denen DNA-Abschnitte genauer untersucht werden, können zudem einige Erbkrankheiten festgestellt werden.
Biochemische Analysen des Fruchtwassers können Hinweise auf Stoffwechselerkrankungen geben.
Die Fruchtwasseruntersuchung ist nicht ganz risikolos, da es in seltenen Fällen zu einer Fehlgeburt kommen kann. Problematisch ist auch, dass mithilfe der Untersuchungsergebnisse aller Methoden der PND grundsätzlich nur Wahrscheinlichkeiten angegeben werden können, ob ein gesundes oder krankes Kind geboren wird. Aufgrund einer solchen Wahrscheinlichkeit müssen Eltern entscheiden, ob sie glauben, mit einem kranken oder behinderten Kind leben zu können oder einen Schwangerschaftsabbruch vornehmen lassen wollen. Dabei sind Ausprägung einer Krankheit und Entwicklung des Kindes kaum vorhersehbar. Erschwert wird die Entscheidung auch dadurch, dass viele Diagnoseverfahren erst im zweiten Schwangerschaftsdrittel durchgeführt werden können, bei der die Mutter das Kind bereits fühlt.

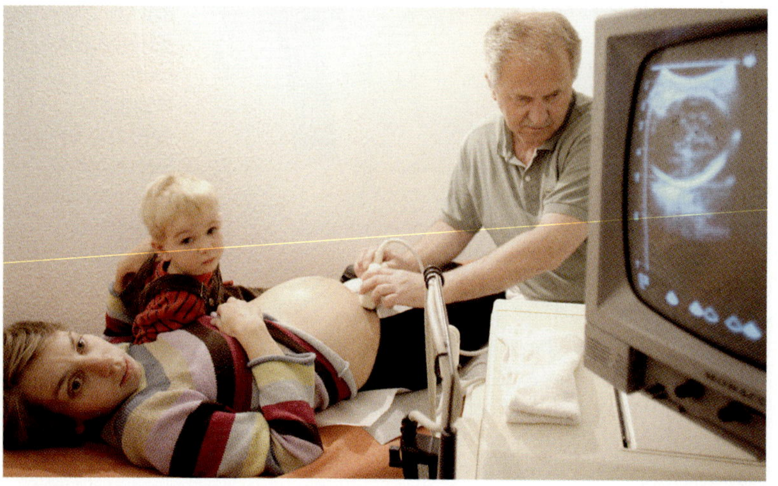

1 Ultraschalluntersuchung

Welche Untersuchungsmöglichkeiten der PND genutzt werden, muss jedes Paar, jede Schwangere unter Berücksichtigung der persönlichen Konsequenzen entscheiden. Denn einerseits können PND-Ergebnisse therapeutische Maßnahmen bis hin zu einer vorgeburtlichen Operation einleiten, andererseits könnte ein Schwangerschaftsabbruch in

Über Werte diskutieren

Methode

Ob wir etwas „richtig" oder „falsch" finden, sagt uns oft unser **Gewissen.** Es gibt aber auch Situationen, in denen es nur schlechte, aber keine gute Lösung gibt – egal, was wir tun, es scheint falsch zu sein. Man spricht dann von einem **Dilemma.**
Dann sollte man darüber nachdenken, warum wir etwas „gut" oder „schlecht", „richtig" oder „falsch" finden. Hinter einer solchen Beurteilung stehen Vorstellungen über **Werte,** die wir uns im Laufe unseres Lebens aneignen. Dabei spielen Erziehung, Gesellschaft und Religion maßgebliche Rollen.
Werte können im Besitz etwa von Geld, Land oder sonstigen Dingen bestehen, aber auch in Vorstellungen und Gefühlen wie Liebe, Freundschaft, Achtung des Eigentums oder der ▸Würde des Menschen.

Ausgehend von **Grundwerten,** die die meisten Mitglieder einer Gesellschaft teilen, entwickeln sich Regeln und **Normen.** Sie erleichtern es uns in konkreten Situationen, die „richtige" Entscheidung zu treffen. So geht die Regel „Du sollst nicht stehlen!" auf den Wert „Achtung des Eigentums" zurück. Dilemmasituationen sind deswegen problematisch, weil Werte miteinander in **Konflikt** stehen: Um den einen Wert zu respektieren, muss man den anderen missachten. Oft löst sich das Dilemma aber auch auf, weil der eine Wert eindeutig höherrangig ist als der andere. Dies wäre etwa der Fall, wenn man stehlen müsste, um ein Menschenleben zu retten: Der Wert eines Menschenlebens ist weit höher anzusiedeln als der Wert der Achtung vor dem Eigentum.

Zum Beispiel: Cindy
Cindy ist 20 Jahre alt und arbeitet als Hilfskraft in einer Imbissbude. Sie verdient gerade genug zum Überleben. Eines Tages lernt sie einen Mann kennen, der im Auftrag einer ausländischen Firma junge Frauen sucht, die Embryonen für ein Forschungsprojekt spenden würden. Bei Interesse würde Cindy zweimal im Jahr zu der Firma reisen, sich künstlich befruchten lassen und die entstehenden Embryonen spenden. Neben dem zweiwöchigen „bezahlten Urlaub" würde Cindy pro Embryo 5000 Euro „verdienen".

Ablauf einer Dilemmadiskussion

Erste Zuordnung
Formuliert das Dilemma als „Ja-Nein-Frage", die sich in der Situation stellt. Ordnet Euch jeweils einer der beiden Alternativen zu. Es entstehen zwei Gruppen.

Gruppeninterne Diskussion
Diskutiert innerhalb der Gruppen über die Hintergründe der Zuordnung.
– Warum habt ihr euch so entschieden?
– Auf welche Wertvorstellung gehen eure Entscheidungen zurück?
– Welche Werte konkurrieren, ist einer höherrangiger als der andere?
– Handelt es sich um Grundwerte oder könnte man über die Werte unterschiedlicher Meinung sein?
– Gibt es weitere Argumente für die unterschiedlichen Standpunkte?
– Welche Argumente könnte die „Gegenseite" bringen und wie könnte man diese entkräften?

Diskussion im Plenum
Tauscht Argumente, Wertvorstellungen und Standpunkte zwischen den Gruppen aus. Bleibt dabei sachlich und bedenkt, dass es bei einem Dilemma keine einfache, eindeutig richtige oder falsche Lösung gibt.

Zweite Zuordnung
Ordnet euch nun erneut einer der beiden Alternativen zu. Wie viele haben ihre Meinung geändert? Haltet als Ergebnis das abschließende Meinungsbild, die Hauptargumente der Gruppen und vor allem die Gewichtung der dahinter stehenden Werte fest. Falls sich neue Alternativen ergeben haben, haltet sie ebenfalls fest.

1. Was ist „Menschenwürde" und was muss man tun, um sie beanspruchen zu können? Recherchiere und berichte.

2. Diskutiert Cindys „Dilemma" unter der Annahme, dass sich das Forschungsprojekt mit der Herstellung
a) einer Anti-Aging-Hautcreme,
b) einer Medizin zur Heilung von Krebs bei Kindern befasst.

Wenn kein Kind kommen will

Ungewollt kinderlos zu sein, ist für viele Paare eine große Belastung, unter der sie sehr leiden. Was aber kann man tun, wenn trotz längeren „Probierens" kein Kind kommen will?
Die Ursachen dafür können sehr unterschiedlich sein und sowohl beim Mann als auch bei der Frau liegen. Oft enthält beispielsweise das Sperma des Mannes zu wenige oder zu unbewegliche Spermien. Bei Frauen kann es zu Störungen bei der von ▸Hormonen gesteuerten Reifung der Eizellen oder bei deren Wanderung durch den Eileiter kommen.
Fast ebenso vielfältig wie die Ursachen der Kinderlosigkeit sind, sind auch die Methoden der **Reproduktionsmedizin.** Das ist ein Zweig der Medizin, der sich damit befasst, den Kinderwunsch zu erfüllen.
Manchmal reicht es schon, wenn ein Arzt den Zeitpunkt des Eisprunges bestimmt und dann das Sperma direkt in die Gebärmutter oder sogar in den Eileiter überträgt. Eine solche **Insemination** ist ein relativ geringer Eingriff in die natürlichen Abläufe.
Demgegenüber stellt die **In-vitro-Fertilisation (IVF)** schon einen schwereren Eingriff dar. Sie ist mit großen Belastungen vor allem für die betroffenen Frauen, aber auch für deren Partner verbunden. Dabei muss sich die Frau zunächst einer Hormonbehandlung unterziehen, damit mehrere Eizellen gleichzeitig heranreifen. Diese werden ihr dann im Rahmen einer Operation entnommen. Im Labor werden später Spermien und Eizellen in einer speziellen Nährlösung zusammengebracht. Die Eizellen werden nun befruchtet und beginnen sich zu teilen. Die so entstehenden Embryonen werden in die Gebärmutter der Frau eingesetzt, wo sie sich zu Kindern entwickeln können.
Etwa 50% der Paare, die sich für diese Methode entscheiden, bekommen schließlich ein Kind. Dafür sind aber mitunter viele Versuche notwendig. Und genau wie bei einer auf natürlichem Wege entstandenen Schwangerschaft gilt auch hier: Je älter die Mutter, umso geringer die Chance auf Erfolg.
Manche sehen die IVF kritisch, zum Beispiel weil meist mehr als ein Embryo in die Gebärmutter eingesetzt wird. So erhöht man die Chance, dass sich wenigstens ein Embryo auch einnistet. Nisten sich allerdings mehrere Embryonen ein, kommt es zu ungewollten Mehrlingsschwangerschaften. Diese sind ein besonderes Risiko für Mutter und Kinder. In Deutschland dürfen daher bei jedem Versuch höchstens drei Eizellen befruchtet und eingepflanzt werden. Ob ein, zwei oder drei Embryos eingesetzt werden sollen, muss das Paar aber selbst entscheiden.
Manche Paare entscheiden sich wegen all dieser Belastungen und wegen der mäßigen Erfolgsaussichten bewusst gegen die IVF oder ähnliche Methoden.
Wenn der Wunsch nach eigenen Kindern dauerhaft unerfüllt bleibt, kann man sich zum Beispiel um eine **Adoption** bemühen. Kein einfacher Weg, der aber nach Ansicht von Betroffenen einer „biologischen Elternschaft" am Ende in nichts nachstehen muss.

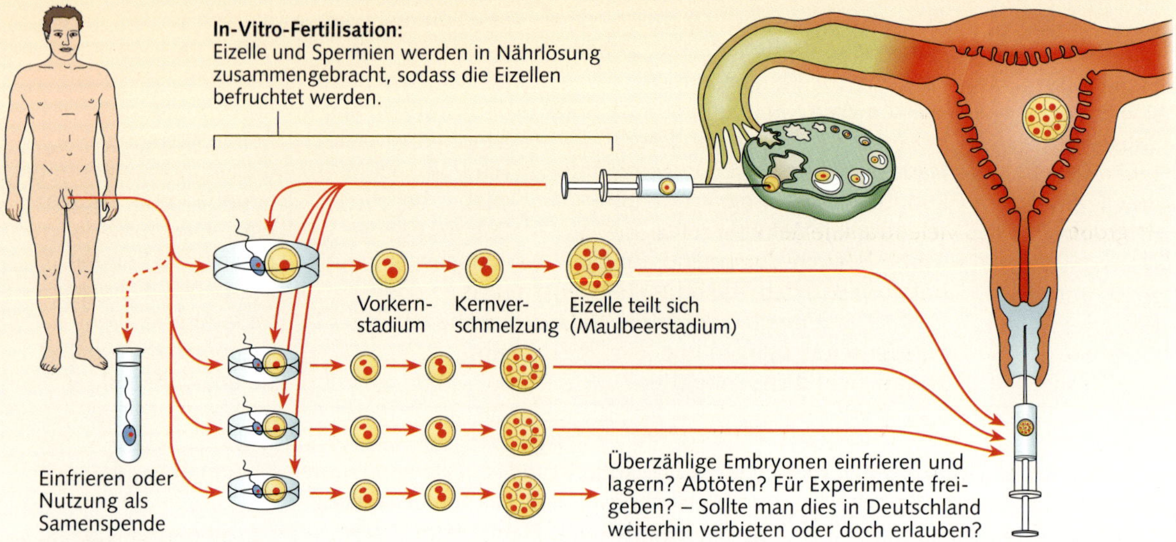

1 **Ablauf einer In-vitro-Fertilisation (IVF)**

Experimente ohne Tabu?

1. Informiere dich über verschiedene Möglichkeiten, Stammzellen zu gewinnen. Stelle Vor- und Nachteile heraus und berichte kurz.

2. Recherchiert Argumente pro und contra Präimplantationsdiagnostik (PID) und führt ein ▸Streitgespräch.

3. Auch wenn die Verfahren kompliziert und für den Laien unverständlich sind, sollte man sich mit Themen wie „Embryonale Stammzellen" oder „Präimplantationsdiagnostik" auseinandersetzen. Würdest du dieser Aussage zustimmen? Begründe.

4. „Alles hat zwei Seiten", das meint, dass beide Seiten wie etwa bei einer Medaille gleichwertig sind, sich also Vor- und Nachteile die Waage halten. Stelle die folgenden Verfahren kurz vor und nimm Stellung dazu, ob das Sprichwort von den „zwei Seiten einer Medaille" hier angebracht ist.

a) Gewinnung embryonaler Stammzellen für die Forschung
b) Pränataldiagnostik
c) Präimplantationsdiagnostik
d) Keimbahntherapie

Stammzellen

Für die medizinische Forschung sind ▸Stammzellen ein Hoffnungsträger. Man hofft, in Zukunft mit ihrer Hilfe viele Krankheiten behandeln zu können. Die für diese Forschung vielversprechendsten Stammzellen lassen sich aus ▸Embryonen gewinnen. Die Embryonen werden dabei getötet. In vielen Ländern nutzt man als Stammzelllieferanten Embryonen, die bei der ▸In-vitro-Fertilisation übrig geblieben sind. In Deutschland ist dies verboten und sogar die Einfuhr embryonaler Stammzellen aus dem Ausland ist durch Auflagen strikt begrenzt. Kritiker fürchten nämlich, dass die Reproduktionsmediziner so noch dazu ermuntert werden könnten, möglichst viele „überschüssige" Embryonen für die Forschung zu erzeugen. Viele Forscher kritisieren diese Regelung hingegen und verlagern ihre Labors ins Ausland, wo sie ihre Forschungen weniger durch Gesetze behindert sehen. Sie verweisen zudem auf das große Leid, das viele Krankheiten über die Betroffenen bringen und das sie durch ihre Forschungen mit Stammzellen zu lindern hoffen.
Mit diesen und ähnlichen Widersprüchen befasst sich unter anderem die Zentrale Ethikkommission, ein von der Bundesärztekammer eingesetztes Expertenteam. Im Hinblick auf die Stammzellen kommen diese Experten zu dem Schluss, dass weniger die Forschung an als vielmehr die Gewinnung von Stammzellen problematisch sein kann.

Präimplantationsdiagnostik (PID)

Präimplantationsdiagnostik bedeutet soviel wie „Untersuchung vor der Einsetzung". Gemeint sind Untersuchungen, die man an in-vitro gezeugten Embryonen durchführt, bevor sie in die Gebärmutter eingesetzt werden. Meist geht es um genetische Untersuchungen: Ohne ihm zu schaden, entnimmt man einem Embryo 2–3 Tage nach der Befruchtung eine Zelle und untersucht sie.
Sind bei einem Paar Erbkrankheiten ausgeprägt, so kann ein PID-Verfahren klären, welche der bei der IVF erzeugten Embryonen Träger der Krankheit sind und welche nicht. Vom Ergebnis hängt dann ab, ob der Embryo eingepflanzt oder abgetötet wird.
Kritiker halten vor allem diese ▸Selektion, also **Auswahl bestimmter Embryonen,** für unangebracht, da jeder Mensch ein Recht auf Leben habe. Zudem sei es möglich, dass man sich irgendwann seine „Wunschkinder" vor der Schwangerschaft aussuchen könne. Das halten Befürworter der PID für Unsinn. Sie betonen, dass die PID Leid verhindert, das etwa das Austragen eines behinderten Kindes mit sich brächte. Sie verweisen dabei auch auf den § 218, der die Abtreibung behinderter Kinder ohnehin straffrei stellt. Warum also nicht schon vorher feststellen, ob eine Behinderung vorliegt oder nicht?

Keimbahntherapie

Theoretisch könnte man sogar die ▸Keimzellen eines Menschen so verändern, dass er seine Erbkrankheiten oder auch sonstige unerwünschte Eigenschaften nicht weitervererben kann. Derzeit gibt es jedoch kein solches Verfahren. Und in Deutschland sind bereits alle Versuche verboten, es zu entwickeln.

Jeder sollte eine begründete Meinung zu diesen Themen haben. Als Bürger wählen wir Politiker, die Gesetze erlassen und solche Verfahren erlauben oder verbieten.

Zukunft = Familie? Formen des Zusammenlebens

„Ich möchte gerne Kinder haben. Aber auch mein Beruf ist mir wichtig. Beides geht nur, wenn sich der Vater mit um die Familie kümmert."
Insa, 15 Jahre

„Männer müssen arbeiten gehen und Geld ranschaffen. Wenn du als Mann einen auf Familie machst, denken doch alle, du wärst ein Looser!"
Sven, 16 Jahre

1. a) Beschreibe die Abbildungen oben. Was ist zu sehen? Welche Aussage steckt dahinter?
b) Nimm Stellung dazu. Ist dies eine realistische Darstellung der Gedanken junger Erwachsener?
c) Welche Probleme könnten bezüglich einer gemeinsamen Zukunftsplanung auf Insa und Sven zukommen und wie können sie diese entschärfen?

2. Informiere dich über die Idee der Mehrgenerationenhäuser.
a) Fasse kurz zusammen, was ein Mehrgenerationenhaus ist.
b) Welche Vorteile bietet es Kindern, Eltern und Senioren jeweils?

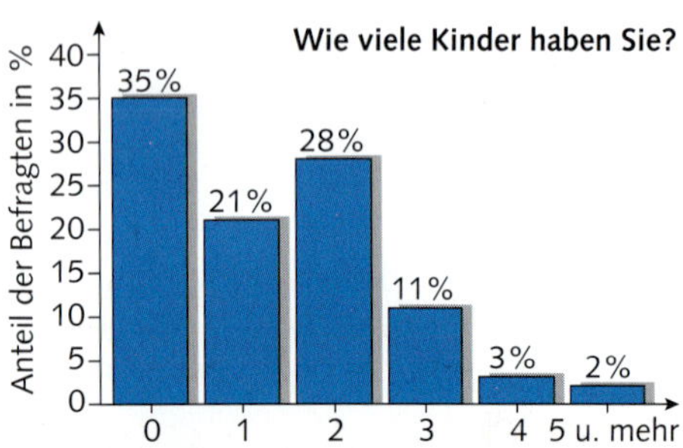

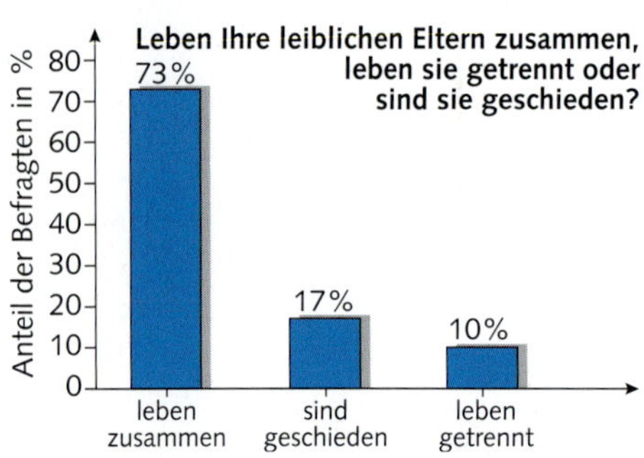

3. a) Beschreibe die Aussagen der beiden Diagramme über die Umfrageergebnisse.
b) Beurteile, inwieweit die Ergebnisse einerseits dem oben gezeigten Familienbild entsprechen, andererseits aber auch andere Realitäten zeigen.
c) Sammele Vermutungen über die Gründe für unterschiedliche Kinderzahlen und Lebensverhältnisse. Erstelle zum Beispiel eine Mindmap.

4. a) Entwerft eine Umfrage zum Thema „Zukunft = Familie?", in der ihr Mitschülerinnen und Mitschüler mit Fragebögen anonym zu deren Zukunftsplänen befragt. Fragt zum Beispiel, wie viele Kinder jemand haben möchte, ob vorher geheiratet werden soll, wie wichtig die berufliche Karriere ist usw. Denkt euch eigene Fragen aus, erstellt und verteilt die Fragebögen und wertet sie aus.
b) Sucht im Internet nach Statistiken oder Umfragen zu diesem oder ähnlichen Themen. Druckt die interessantesten aus und stellt sie vor.

Ehe und Familie – im Umbruch

„Die Ehe ist immer noch die Lebensform erster Wahl, vor allem, wenn es darum geht, Kinder zu bekommen und groß zu ziehen." So stellte es das Statistische Bundesamt 2008 fest: die Kinder werden meist geboren, während ihre Eltern verheiratet sind.
Aber es ist ein Wandel festzustellen. Immer mehr Familien entscheiden sich gegen die „klassische" Rollenverteilung, in der der Vater arbeitet und die Mutter allein die Kinder groß zieht. In 85 % aller Ehen mit Kindern unter 15 Jahren arbeitet die Mutter mindestens Teilzeit, in 20 % sogar Vollzeit. Mütter verzichten heute weniger als früher auf die eigene Karriere. Und Väter, die heute mehr als früher am Familienleben teilhaben möchten, stoßen dabei in der Arbeitswelt auf wenig Verständnis.

Andere Formen des Zusammenlebens

Auch wenn die Ehe noch lange kein „Auslaufmodell" zu sein scheint, sind andere Formen des Zusammenlebens auf dem Vormarsch. **Alleinerziehende** und **Patchworkfamilien,** bei denen ein oder beide Partner vorhandene Kinder mit in die neue Beziehung bringen, haben zugenommen. Daneben gibt es viele, die gewollt oder ungewollt kinderlos bleiben. Sie leben oft als **Singles,** bilden für einen begrenzten Zeitraum eine **Lebensgemeinschaft** oder sind verheiratet.

Das Problem der Kinderlosigkeit

In Deutschland liegt die durchschnittliche Kinderzahl pro Frau heute bei etwa 1,3. Rund ein Viertel der Frauen, die zwischen 40 und 60 Jahren alt sind, haben keine Kinder. Gründe sind zum Beispiel die schwierige Vereinbarkeit von Kindern und Berufsleben oder die hohen Kosten, die Kinder verursachen. Wenn Frauen durchschnittlich weniger als zwei Kinder bekommen, nimmt die Bevölkerung ab. Problematisch ist dies auch, weil auf diese Weise der Anteil der „Alten" steigt, die zudem dank der modernen Medizin immer älter werden, während immer weniger „Junge" nachkommen. Da es vorwiegend Menschen zwischen 16 und 66 Jahren sind, die arbeiten gehen, Geld verdienen und Steuern und Sozialabgaben wie die Rentenbeiträge zahlen, ist dies ein wachsendes Problem. Nur wenn wieder mehr Menschen Kinder bekommen, wird unser Sozialsystem auch in Zukunft noch funktionieren. Eine kinder- und familienfreundlichere Gesellschaft ist also letztlich im Interesse aller. Ehen und Familien werden deshalb zum Beispiel durch Steuervorteile gefördert und die Vereinbarkeit von Familie und Beruf soll etwa durch preiswerte Betreuungsangebote und flexiblere Arbeitszeiten verbessert werden.

Streifzug

Familie im Wandel der Zeit

1 Großfamilie

Das Wort Familie kommt aus dem Lateinischen. Die „Familia" war der Hausstand eines Mannes, also neben seiner Ehefrau und den Kindern auch alle Sklaven, Helfer und sogar das Vieh.
Bis vor gut 200 Jahren gehörten auch bei uns alle Bewohner eines Haushalts zu einer **„großen Hausfamilie"**. Auf einem Bauernhof waren das neben den Großeltern, Eltern und Kindern auch Mägde und Knechte (Hilfsarbeiter) sowie häufig noch unverheiratete Angehörige. Sie alle bildeten eine Hausgemeinschaft und teilten sich anfallende Arbeiten im Haus, Stall oder auf dem Feld.
Mit der Industrialisierung lebten immer mehr Menschen in der Stadt in kleinen Wohnungen. Vor ungefähr 150 Jahren hatte sich der Familienbegriff so weit gewandelt, dass man hierunter nur noch die beiden Eltern mit ihren Kindern verstand. Der Vater ging arbeiten, während sich die Mutter um die durchschnittlich 3 Kinder kümmerte. **Bürgerliche Kleinfamilie** nannte man das.
Heute sind die Familien meist nicht nur kleiner, immer häufiger versuchen auch beide Eltern, **Familie und Beruf** miteinander zu vereinbaren. Dazu sind sie vor allem auf Angebote angewiesen, ihre Kinder außerhalb der eigenen Familie betreuen zu lassen.

2 Kindertagesstätte

Die Entwicklung des Menschen

1. Erläutere die Abbildung. Ordne den einzelnen Bildern die dazu passenden Begriffe aus dem Text zu.

2. Bewerte die Abbildung. Findest du die Darstellung als Weg, die gezeigten Phasen und die einzelnen Fotos passend? Begründe deine Wertung und mache Vorschläge, wie man die Entwicklung des Menschen noch darstellen könnte.

3. Erstelle eine Tabelle, in die du für die vier Lebensphasen jeweils die typischen Entwicklungen einträgst. Unterscheide zwischen körperlichen und geistigen Entwicklungen sowie solchen, die die Lebensumstände und die Verantwortung betreffen.

4. a) Befragt Menschen in unterschiedlichen Lebensphasen, also Kinder, Jugendliche und Erwachsene dazu, wie sie ihre jetzige Lebensphase charakterisieren würden. Fragt auch, wie sie sich zukünftige Phasen vorstellen und welche Erinnerungen sie an vergangene Phasen haben.
b) Wertet die Ergebnisse im Hinblick auf folgende Fragen aus.
- Gibt es typische Antworten zu einzelnen Phasen, die immer wieder auftauchen und wie lauten diese?
- Ist das, was Menschen über zukünftige Phasen sagen, vergleichbar mit dem, was Menschen sagen, die diese Phasen schon erreicht haben? Welche Unterschiede gibt es zwischen Erwartungen und den späteren Empfindungen?
- Ist die Erinnerung an frühere Phasen vergleichbar mit der Empfindung, die die Menschen haben, die aktuell in dieser Phase sind?

c) Gestaltet mit den Ergebnissen eine Ausstellung oder eine Broschüre "Lebensweg".

Lebensweg eines Menschen
So unterschiedlich die Menschen und ihre Leben auch sind, wir alle teilen den Start- und den Endpunkt des Lebens sowie die Tatsache, dass wir auf unserem Weg nicht stehen bleiben oder umkehren können. Jeder Mensch beginnt seine Existenz im Moment der Befruchtung einer Eizelle, die daraufhin anfängt, sich wieder und wieder zu teilen und dadurch ein ▸ **Embryo** und schließlich ein Fetus wird. Nach ungefähr neun Monaten verlassen wir den Körper der Mutter, verleben einige weitgehend unselbstständige Jahre als **Kind,** bevor uns ein ziemlich radikaler Wechsel widerfährt. Während wir als **Jugendliche** die Jahre der ▸ Pubertät durchlaufen, erfahren unser Körper und unser Geist deutliche Veränderungen. Schließlich werden wir zu **Erwachsenen**, können nun selber Kinder haben und finden uns vorübergehend auf dem

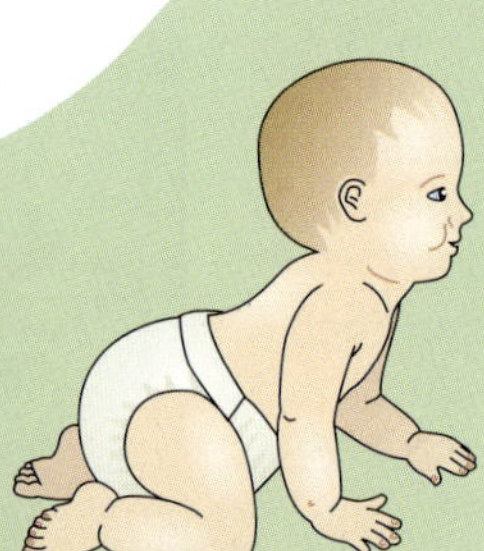

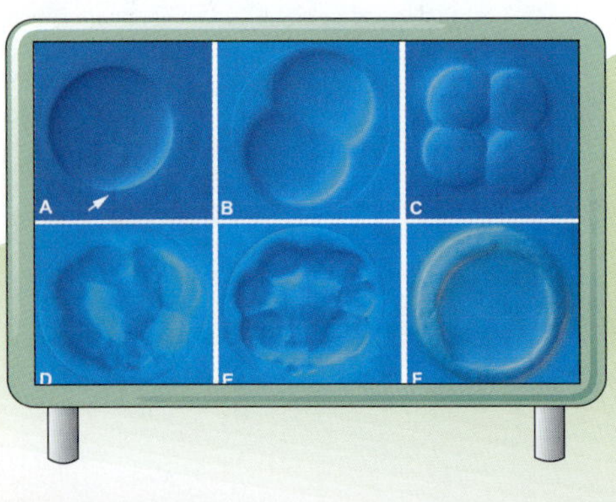

Höhepunkt unserer körperlichen Leistungsfähigkeit wieder. Doch schon beginnt der Zerfall des Körpers. Auch wenn uns noch viele aufregende, schöne und bisweilen anstrengende Jahre erwarten, so wird den meisten spätestens jetzt klar, dass die Reise dem Endpunkt entgegen steuert: dem Tod, der am Ende jeden Lebens steht.
Die vier Lebensphasen, vom Embryo über das Kind und den Jugendlichen bis zum Erwachsenen, sind ebenso biologisch vorgegeben wie der Tod, der das Leben beendet.

Lebensphasen und Sozialisation

Innerhalb der von der Natur vorgegebenen Lebensphasen, gibt es oft viele kleinere Lebensabschnitte. So schicken wir unsere Kinder irgendwann zur Schule, sie müssen eine Ausbildung machen oder studieren, bevor sie ins Erwerbsleben eintreten, um vielleicht irgendwann einmal Rentner zu werden. Welche Lebensabschnitte jemand durchläuft, wann sie beginnen und wie sie jeweils charakterisiert sind, hängt dabei von der jeweiligen Kultur oder Gesellschaft ab und nicht von der Biologie seines Körpers. Die Sozialisation des Menschen hat also ebenso starken Einfluss auf seinen Lebensweg wie die Natur.

Typisch: Fähigkeiten und Bedürfnisse

Je nach Lebensphase und -abschnitt haben Menschen unterschiedliche Fähigkeiten und Bedürfnisse. Ein kleines Kind wünscht sich eine andere Welt als seine Eltern. Die Vorstellungen seiner Großeltern oder der kinderlosen Nachbarn werden wiederum anders aussehen.
Eine Gesellschaft als Ganzes kann nur funktionieren, wenn sie einen Ausgleich zwischen diesen verschiedenen Bedürfnissen schafft und auf Menschen jeden Alters Rücksicht nimmt. Das kann gelingen, wenn sie allen Menschen die Gelegenheit gibt, sich gemäß ihrer Fähigkeiten einzubringen, wertgeschätzt zu werden und sich weder überfordert noch allein gelassen zu fühlen.

1 „Lebensweg" eines Menschen

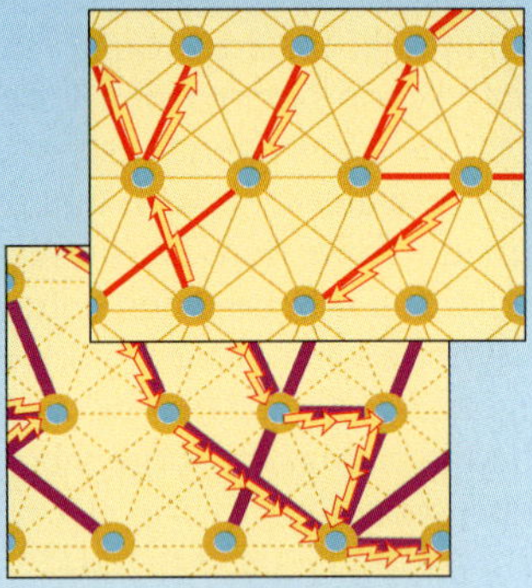

Umbau von Körper und Geist
Zwischen Kindheit und Erwachsenenalter liegt die Pubertät. Geschlechtsorgane, Gehirn und der restliche Körper entwickeln sich. Dann können wir Kinder bekommen und Verantwortung tragen.

Vielfalt und Toleranz
In und nach der Pubertät zeigt sich auch, dass Sexualität etwas sehr Individuelles und Intimes ist. Dieser Vielfalt begegnet man am besten mit gegenseitigem Respekt und Toleranz.

Hormone – chemische Botenstoffe
Hormone steuern die Entwicklung. Sie sind auch an der Regelung geschlechtsspezifischer Vorgänge beteiligt, etwa der Ausprägung der sekundären Geschlechtsmerkmale, der Reifung der Spermien oder dem Ablauf des weiblichen Zyklus.

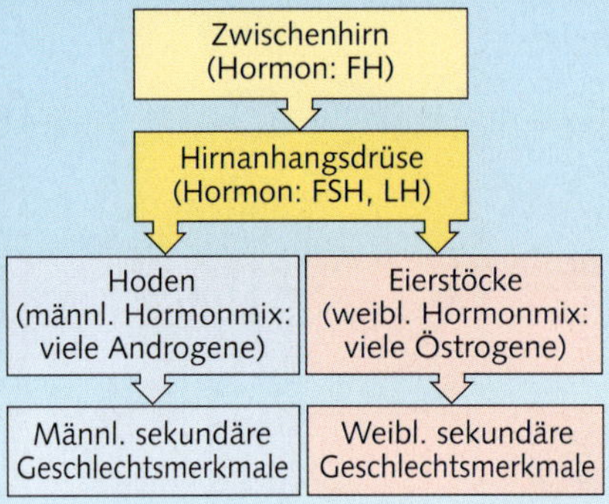

Geschlechtsspezifischer Mix
Das Freisetzende Hormon (FH), das Luteinisierende Hormon (LH), das Follikelstimulierende Hormon (FSH) sowie die oft als Geschlechtshormone bezeichneten Androgene und Östrogene finden sich sowohl im männlichen als auch im weiblichen Körper, allerdings in unterschiedlichen Mengenverhältnissen.

Wie ein Kind entsteht.
Aus einer von einem Spermium befruchteten Eizelle kann sich zunächst ein Embryo entwickeln, aus dem während der Schwangerschaft schließlich ein Kind wird.

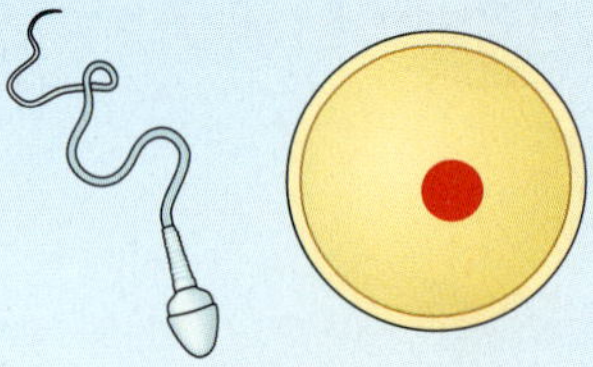

Schwangerschaftskonfliktberatung
Kommt es zu einer ungewollten Schwangerschaft, muss sich eine Frau informieren und beraten lassen, bevor sie entscheidet, was geschehen soll und ob sie gegebenenfalls eine Abtreibung wünscht.

Schwangerschaftsverhütung
Viele Paare wollen (noch) kein Kind und verhüten deshalb. Man sollte Vor- und Nachteile der verschiedenen Methoden kennen, sie nach eigenen Bedürfnissen gewichten und dann die passende Methode auswählen. Nur Kondome schützen zudem vor Geschlechtskrankheiten und AIDS.

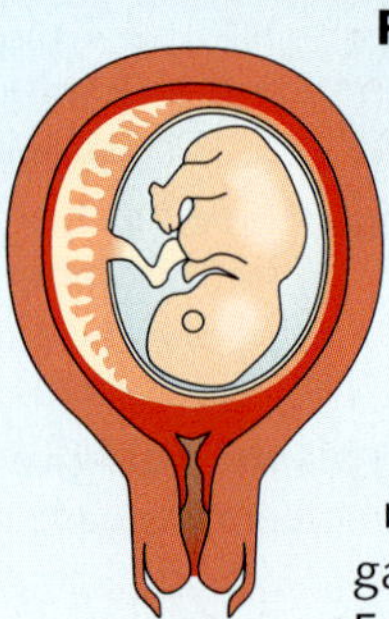

Reproduktionsmedizin
Die In-vitro-Fertilisation (IVF) erfüllt vielen Paaren den Kinderwunsch, die auf natürliche Weise keine Kinder bekommen. Manche finden es bedenklich, dass dabei bisweilen mehr Embryonen erzeugt als ausgetragen werden. Gesetze regeln daher den Umgang mit Embryonen. Embryonen sind zum einen Forschungsobjekte, z. B. als Stammzelllieferanten, zum anderen menschliche Wesen, die vor Missbrauch geschützt werden müssen.

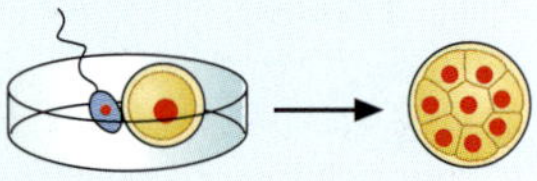

Lebensphasen
Wir entwickeln uns individuell verschieden, die vier Lebensphasen Embryo, Kind, Jugendlicher und Erwachsener sind aber biologisch vorgegeben und bei allen Menschen zu finden. Wie einzelne Lebensabschnitte aussehen, ist von der Gesellschaft abhängig. In Deutschland entscheiden sich derzeit zu wenig Menschen, Kinder zu bekommen. Das bringt Probleme mit sich.

1. Beschreibe je einen „typischen Tag“ im Leben eines Kindes, eines Jugendlichen und eines Erwachsenen.

2. Unter dem Stichwort „Gender Mainstreaming“ findest du im Internet zahlreiche Beispiele sowohl für gelungene als auch für fragwürdige Maßnahmen im Sinne einer Gleichstellung beider Geschlechter. Recherchiere und beachte dabei die Hinweise zur kritischen Nutzung der Informationsquelle Internet. Stelle ein Beispiel in Form eines kurzen Vortrages vor. Nenne dabei auch deine Quelle und versuche, ihre Verlässlichkeit abzuschätzen.

3. Erstelle einen „Zykluskalender“, in den du für die Tage des Zyklus stichpunktartig aufschreibst, was in Sachen Hormone, Eizellen, Gebärmutter usw. im Körper passiert. Wenn es sich anbietet, kannst du Tage zusammenfassen. Beginne mit dem Tag, an dem die Menstruationsblutung einsetzt.

4. Stelle die einzelnen Phasen der Schwangerschaft von der Befruchtung bis zur Geburt zusammen. Recherchiere möglichst für jeden Abschnitt die wichtigsten Fakten sowie eine passende Abbildung. Stelle alles zu einer Broschüre „Wie ein Kind entsteht“ zusammen.

5. Skizziere, inwieweit Frauen bereits während der Schwangerschaft auf das ungeborene Kind Rücksicht nehmen sollten. Wähle eine geeignete Darstellungsform (zum Beispiel Text, Collage, Zeichnung mit Piktogrammen).

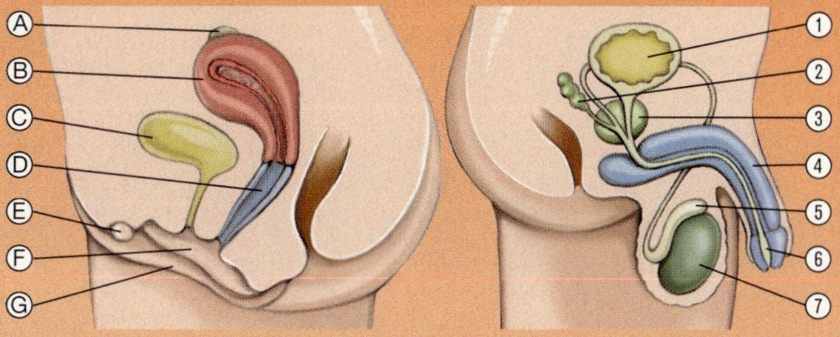

6. Ordne den Buchstaben und Ziffern in den Abbildungen die richtigen Fachbegriffe zu.

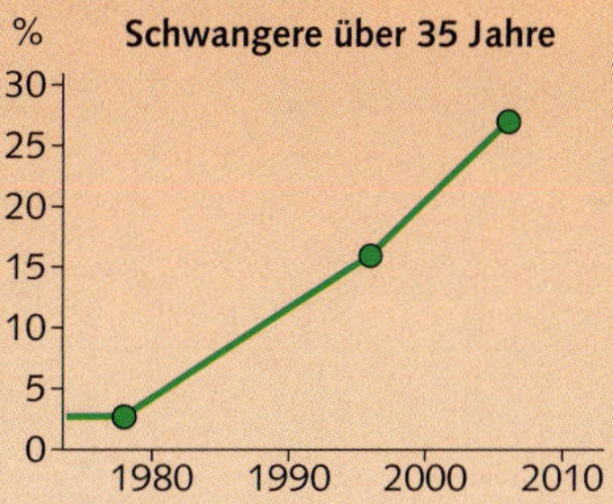

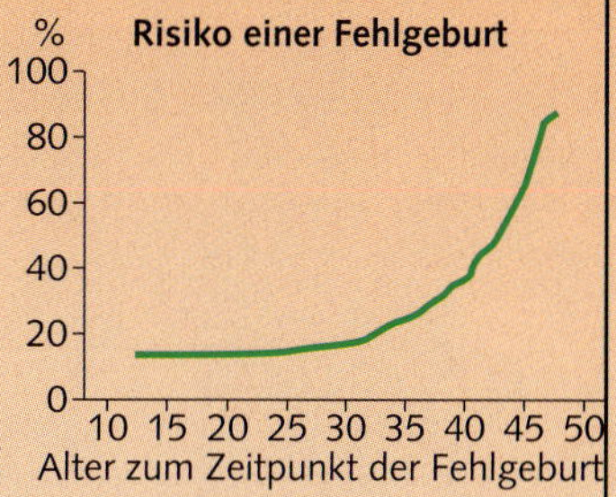

7. a) Erörtere die Aussagen der Grafiken zunächst einzeln.
b) Stelle dann den Zusammenhang her und ziehe aus den dargestellten Informationen eine Schlussfolgerung.

8. a) Recherchiere den Text des Songs „Jein“ von „Fettes Brot“. Welche Beispiele für „Zwickmühlen“ werden genannt?
b) Erläutere, was man unter einem Dilemma versteht – inwieweit ist es mit den „Zwickmühlen“ im Lied vergleichbar?
c) Frauen, die ungewollt schwanger werden, finden sich häufig in einer Dilemmasituation wieder. Erläutere.

9. a) Finde mehr über den „Generationenvertrag“ heraus und erkläre diesen Begriff kurz.
b) Erläutere vor diesem Hintergrund, warum die Unlust Erwachsener, Kinder zu bekommen, ein Problem ist.

Was kann ich tun, um möglichste fit und gesund zu bleiben?

Gesundheit des Menschen

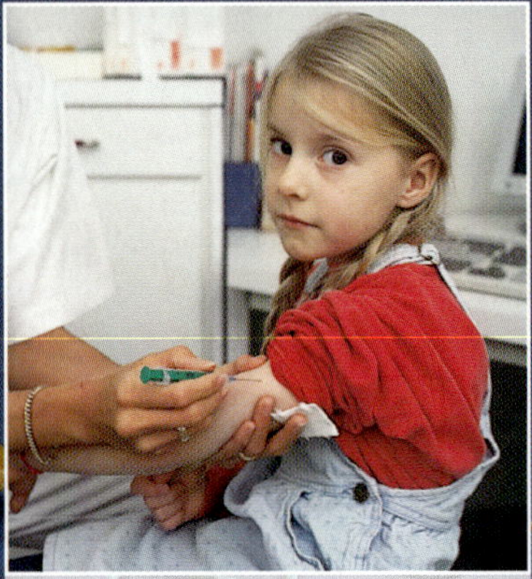
Wer sollte sich wogegen impfen lassen?

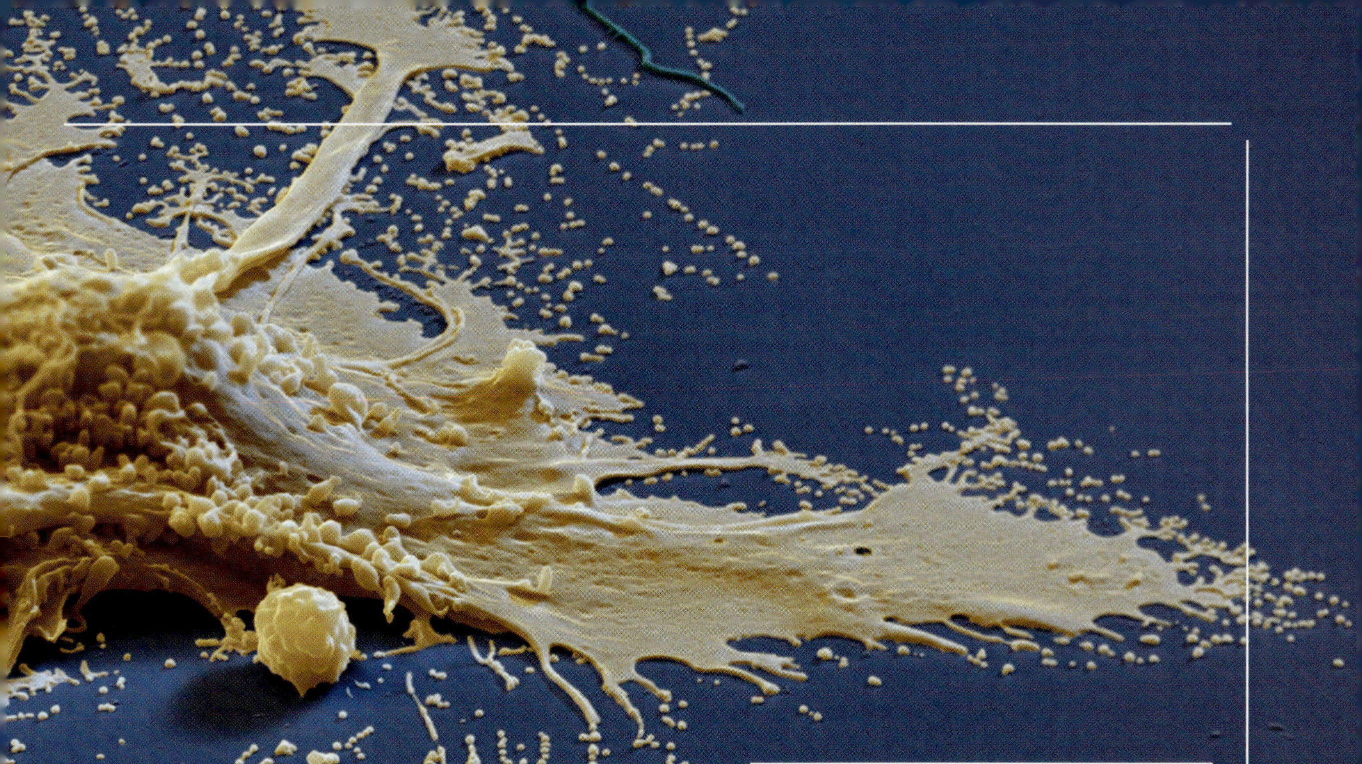

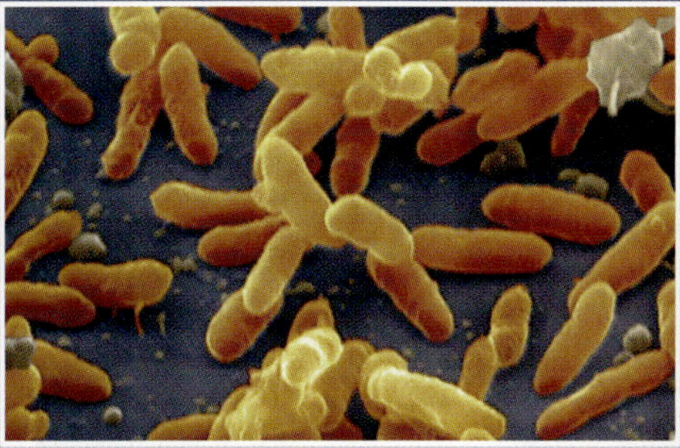

Was sind Infektionskrankheiten und wodurch werden sie verursacht?

Wie wirken Drogen auf unseren Körper?

Welche Tipps können uns helfen, im Urlaub gesund zu bleiben?

Gesund oder krank?

Definition von Gesundheit durch die Weltgesundheitsorganisation WHO (World Health Organization)

„Gesundheit ist ein Zustand vollkommenen körperlichen, geistigen und sozialen Wohlbefindens und nicht allein das Fehlen von Krankheit und Gebrechen."
(„Health is a state of complete physical, mental and social wellbeing and not merely the absence of disease or infirmity.")

1. a) Formuliere mit eigenen Worten, wie die WHO Gesundheit definiert.
b) Ist Liebeskummer eine Krankheit? Formuliere Argumente für deinen Standpunkt.

2. Die Abbildung zeigt die Gewinnerin der Bronzemedaille bei den Paralympics 2008. Diskutiert in der Klasse über die Situation der Sportlerin und stellt einen Bezug zur WHO-Definition von Gesundheit her.

3. a) Beschreibt Situationen, in denen ihr euch richtig wohl fühlt.
b) Führt zu diesem Thema eine Umfrage durch. Notiert die Antworten und ordnet sie thematisch.
c) Formuliert auf der Grundlage der Umfrageergebnisse eine allgemeingültige Aussage, wann sich Menschen wohl fühlen.

4. a) Erläutere an Beispielen, wie sich die in der Abbildung 1 dargestellten Faktoren positiv oder negativ auf die Gesundheit des Menschen auswirken können.
b) Welche Bedeutung haben diese Faktoren für dich und dein eigenes Wohlbefinden?

Erfahrungsbericht einer Krebspatientin am Ende der Chemotherapie:

„Meine Chemotherapie habe ich nun fast geschafft und während dieser Zeit sogar einen Umzug hinter mich gebracht. Natürlich nicht ohne ganz viel Hilfe, aber auch ich habe meinen Teil dazu beigetragen. Ich genieße immer die Tage ohne Beschwerden und kann mich nun auch auf meiner neuen Terrasse und in meinem neuen Garten richtig schön entspannen. Ohne Haare durch die Welt zu laufen, kostet anfangs Überwindung, doch mein Selbstbewusstsein ist dadurch nur noch stärker geworden."

5. Beschreibe die Stimmungslage der Krebspatientin. Wie würde sie ihren Zustand wohl einschätzen – gesund oder krank? Begründe deine Einschätzung.

Gehandicapt

Die abgebildete Reiterin Bettina Eistel besitzt keine Arme. Sie ist von Geburt an „gehandicapt", wie sie selbst sagt. Trotz ihrer Behinderung hat sie im Reiten viele Meistertitel und bei den Paralympics 2008 die Bronzemedaille gewonnen. Ist sie gesund oder krank?

Eine schwierige Grenzziehung

„Bin ich gesund? Ist das normal, wie ich mich fühle? Bin ich krank?" Diese Fragen können in vielen Fällen klar beantwortet werden – immer dann, wenn eine ärztliche Untersuchung einen objektiven Befund ermittelt, zum Beispiel einen Knochenbruch oder eine Infektion.

Sehr viel öfter jedoch ist die Trennlinie zwischen gesund und krank nicht eindeutig. Gehören Liebeskummer oder Alterserscheinungen zu den Krankheiten? Welches Verhalten gilt als gesund, welches als krank? Ab wann gelten Messwerte, zum Beispiel vom Blutbild, einer Blutuntersuchung, als gesundheitlich bedenklich? Die Frage, ob sich jemand gesund oder krank fühlt, kann letztlich nur der betroffene Mensch selbst beurteilen.

Gesundheit umfasst den ganzen Menschen

Gesundheit ist mehr als nur die Abwesenheit von Krankheit. Sie umfasst das körperliche, seelische und soziale Wohlbefinden. Gesund ist ein Mensch, wenn er sich sowohl mit seinem Körper als auch seiner Seele, seinen Mitmenschen und seiner Umwelt im Einklang fühlt. Diese Bereiche stehen untereinander in einer Wechselbeziehung. So führen seelische Probleme häufig zu körperlichen Krankheitsbildern.

Verantwortung für die eigene Gesundheit

Die meisten Gesundheitsrisiken verursacht jeder Mensch selbst, etwa durch seine Verhaltensweisen oder Essgewohnheiten. Aber auch die Umwelt, in der wir leben oder unsere Beziehungen zu anderen Menschen beeinflussen unser Wohlbefinden. Für die eigene Gesundheit trägt jeder Mensch also eine besondere persönliche Verantwortung. Eine wichtige Rolle spielt in diesem Zusammenhang die Gesundheitsvorsorge. Dazu gehören zum Beispiel regelmäßige ärztliche Untersuchungen und Impfungen, aber auch eine positive Einstellung zum eigenen Körper.

1 Zahlreiche Faktoren wirken sich auf die Gesundheit des Menschen aus.

Infektionskrankheiten

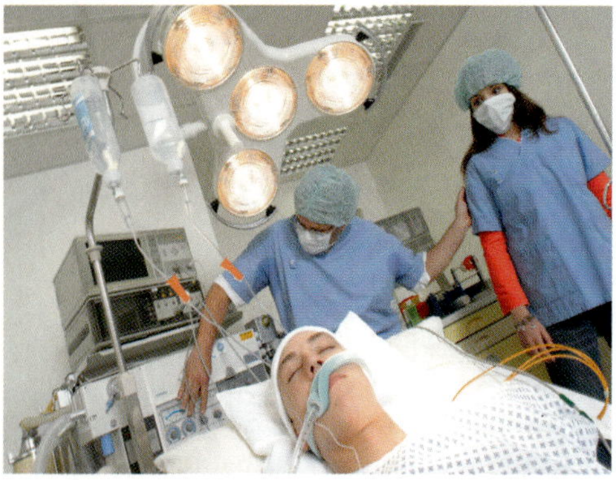

1. Beschreibe den Verlauf einer Infektionskrankheit. Teile den Verlauf dabei in mehrere Phasen ein.

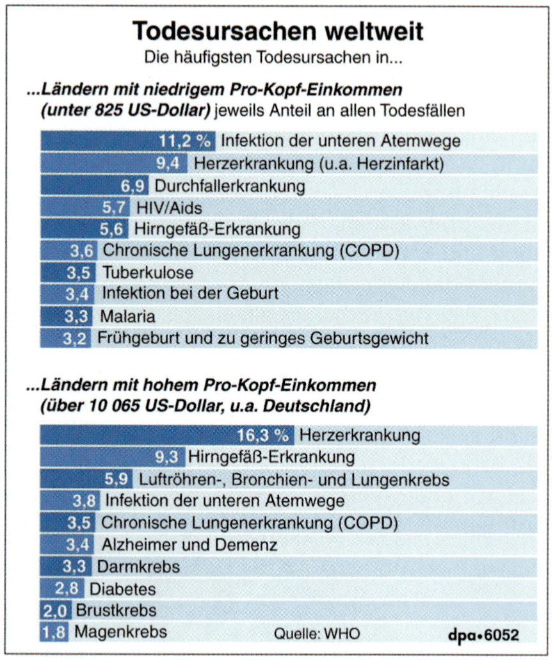

2. In Krankenhäusern müssen auch Besucher manchmal Schutzkleidung anlegen. Begründe.

3. Welche Erregertypen unterscheidet man? Ordne jedem Erregertyp eine von ihm ausgelöste Infektionskrankheit zu.

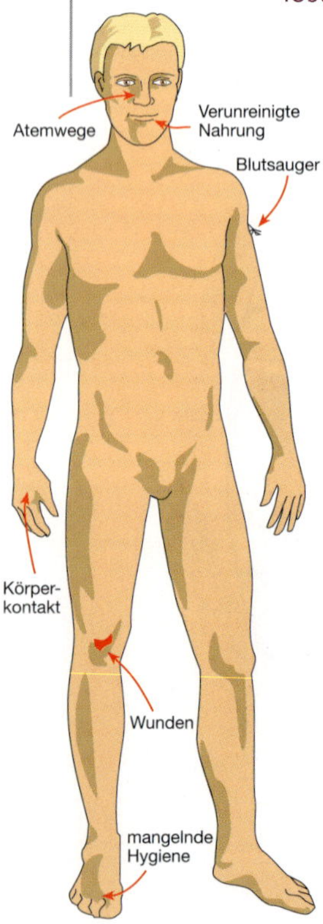

4. **a)** Beschreibe mithilfe der Abbildung, wie Krankheitserreger in den Körper gelangen können.
b) Mache zu jedem Beispiel Vorschläge, wie man sich vor einer entsprechenden Infektion schützen kann.

5. **a)** Vergleiche die Todesursachen in Ländern mit niedrigem und hohem Pro-Kopf-Einkommen. Beschreibe auffällige Unterschiede.
b) Erläutere die Ursachen für diese Unterschiede.

6. **a)** Im Kampf gegen die Infektionskrankheiten haben sich in der Vergangenheit zahlreiche Ärzte und Forscher hervorgetan. Drei von ihnen sind Louis PASTEUR, Robert KOCH und Emil VON BEHRING. Recherchiere, durch welche Entdeckungen sie bekannt geworden sind, und erstelle von einem dieser Forscher eine Kurzbiografie.
b) Nenne aktuelle Nobelpreisträger auf diesem Gebiet und stelle ihre Forschungsschwerpunkte vor.

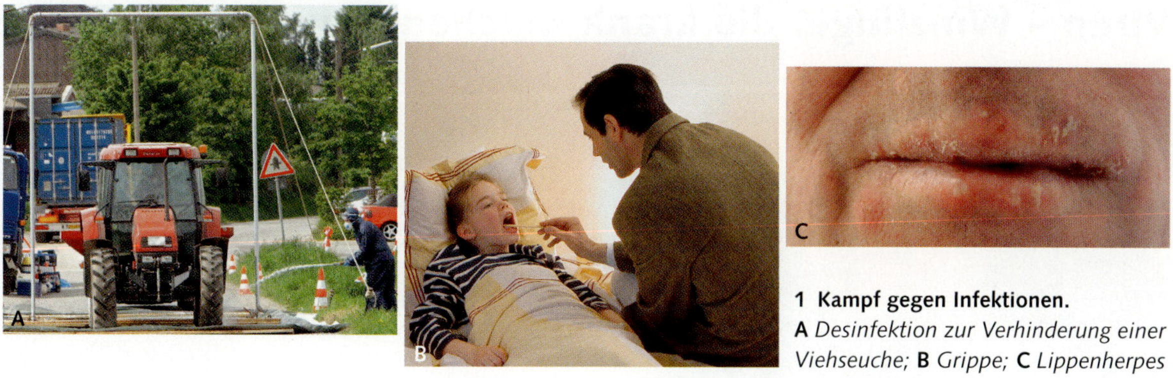

1 Kampf gegen Infektionen.
A *Desinfektion zur Verhinderung einer Viehseuche;* **B** *Grippe;* **C** *Lippenherpes*

Es kann jeden treffen

Unsere Umwelt ist voller mikroskopisch kleiner Organismen, die mit dem bloßen Auge nicht zu erkennen sind. Die meisten sind für den Menschen ungefährlich, einige wenige jedoch sind Verursacher von Krankheiten.
Solche **Krankheitserreger** gelangen auf unterschiedlichen Wegen in den Körper. Sie werden mit der Nahrung aufgenommen oder dringen über die Atemwege, über Wunden oder durch Körperkontakte häufig aufgrund mangelnder Hygiene in den Körper ein. In anderen Fällen übertragen Tiere die Erreger auf den Menschen.
Bei den Krankheitserregern handelt es sich überwiegend um ▸**Bakterien** und ▸**Viren.** Aber auch **Hautpilze** und tierische ▸**Parasiten** wie Bandwürmer oder Zecken können Krankheiten auslösen.

Am Anfang steht die Infektion

Wenn Krankheitserreger in den Körper eingedrungen sind, sagt man, dass sich jemand „infiziert" hat. Die **Infektion** ist somit die erste Phase aller Infektionskrankheiten. Da viele dieser Krankheiten von Mensch zu Mensch übertragbar sind, spricht man auch von ansteckenden oder übertragbaren Krankheiten.

Die Erkrankung nimmt ihren Lauf

In den meisten Fällen bemerkt ein Betroffener gar nicht, dass er sich infiziert hat, da die natürlichen Schutzeinrichtungen des Körpers die Eindringlinge sofort vernichten. Gelingt diese Abwehrarbeit nicht, beginnen sich die Krankheitserreger im Körper zu vermehren. Es vergeht dann noch eine gewisse Zeit, bis die Krankheit ausbricht. Diesen Zeitraum nennt man **Inkubationszeit.** Sie kann Stunden, Tage, Monate oder sogar Jahre betragen.
Mit dem **Ausbruch der Krankheit** treten typische Symptome auf, beispielsweise Fieber, Appetitlosigkeit, Kopf- und Gliederschmerzen und allgemeine Schwäche. Meistens schafft es das nun aktivierte körpereigene ▸**Immunsystem,** möglicherweise unterstützt durch Medikamente, die Erreger nach wenigen Tagen unschädlich zu machen. In einigen Fällen bleibt der Mensch jedoch dauerhaft krank. Man spricht dann von einer chronischen Erkrankung. Im schlimmsten Fall endet eine Infektion, zum Beispiel mit dem ▸HI-Virus, tödlich.

Die Genesung unterstützen

Bei einer schweren Infektionserkrankung wie beispielsweise der Grippe sollte man unbedingt einen Arzt zu Rate ziehen. Er entscheidet, ob Medikamente zum Einsatz kommen, oder ob die Selbstheilungskräfte des Körpers mit der Infektion alleine fertig werden. Einfache Verhaltensregeln können die **Genesung** unterstützen. Bettruhe und Schonung entlasten den Organismus, frische Luft im Krankenzimmer und reichlich Trinken unterstützen das Abwehrsystem. Bewährte Hausmittel wie kalte Wadenwickel oder kalte Waschlappen auf der Stirn senken das Fieber.

Epidemien

Wenn große Teile der Bevölkerung von einer Infektion betroffen sind, spricht man von einer **Seuche** oder Epidemie. Pest- und Pockenepidemien sind bekannte Beispiele aus früheren Jahrhunderten. Ihnen fielen Millionen Menschen zum Opfer.
Dank moderner Medizin sind diese Krankheiten heute weitgehend unter Kontrolle. Vor allem durch den gezielten Einsatz von ▸**Antibiotika** und durch vorbeugende ▸**Impfungen** können Masseninfektionen meist vermieden werden. Dennoch treten in einigen Entwicklungsländern Krankheiten wie Typhus und Cholera heute noch als Seuchen auf – häufig bedingt durch verunreinigtes Trinkwasser, mangelhafte Hygiene oder fehlende ärztliche Versorgung. Weltweit gehören die Infektionskrankheiten deshalb immer noch zu den häufigsten Todesursachen.

Viren – Winzlinge, die krank machen können

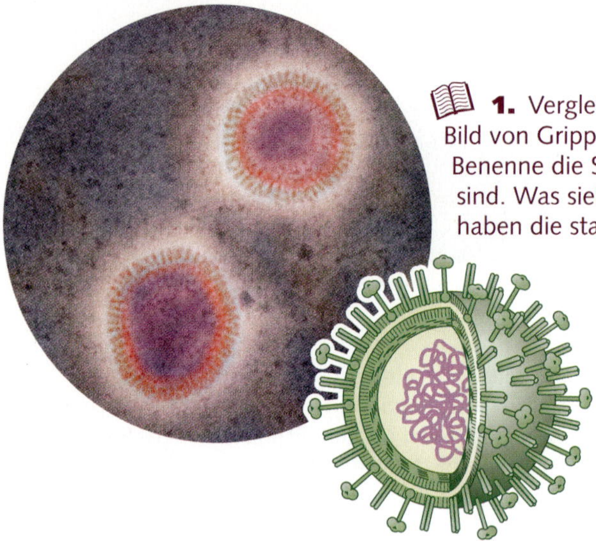

1. Vergleiche das ▸elektronenmikroskopische Bild von Grippeviren mit der Schemazeichnung. Benenne die Strukturen, die auf dem Foto erkennbar sind. Was sieht man hier nicht? Welche Funktion haben die stachelförmigen Fortsätze?

2. Beschreibe mithilfe der Abbildung 1B und des Informationstextes den Verlauf einer Maserner-krankung.

3. Wertet in Partnerarbeit die Abbildung 2 auf der gegenüberliegenden Seite aus und trefft vergleichende Aussagen zur Größe von Viren, ▸Bakterien und Körperzellen.

4. Überlegt, ob es sich bei Viren um Lebewesen handelt, und begründet eure Aussage.
Tipp: Die Kennzeichen des Lebendigen können euch bei euren Überlegungen helfen.

5. a) Listet Infektionskrankheiten auf, die durch Viren hervorgerufen werden.
b) Sucht euch aus dieser Liste drei Beispiele aus, die ihr nach der Methode des ▸Gruppenpuzzles weiter bearbeitet.

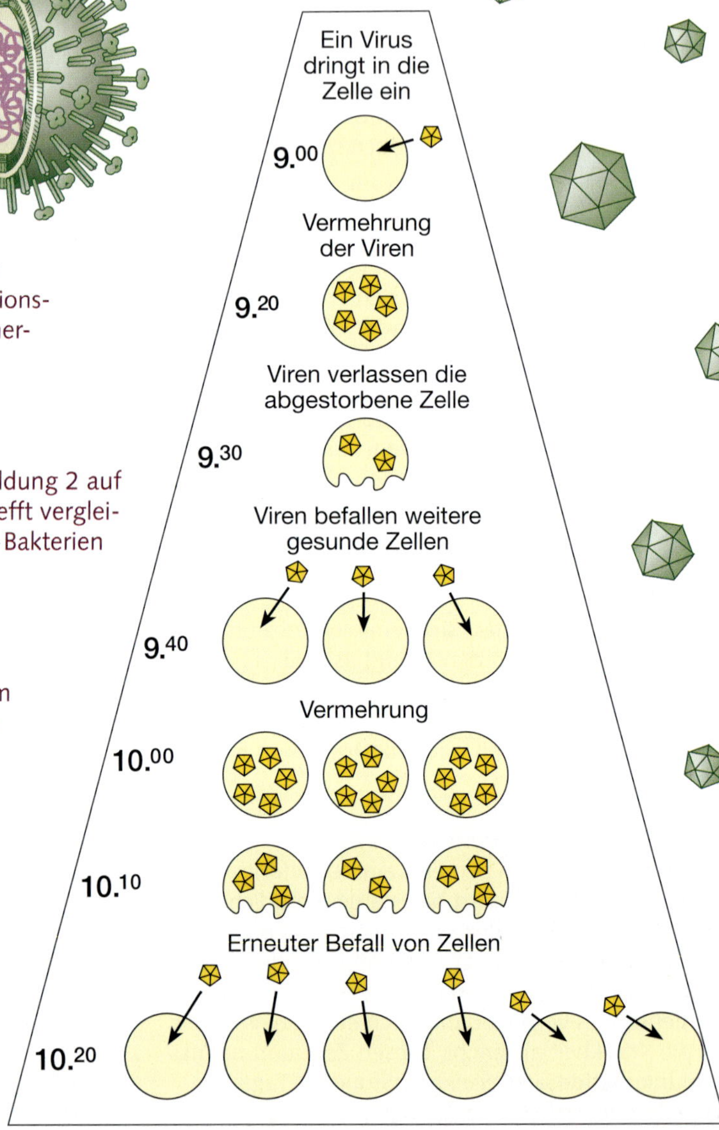

6. Erläutere mithilfe dieser Abbildung, wie sich Viren im Körper massenhaft vermehren können.

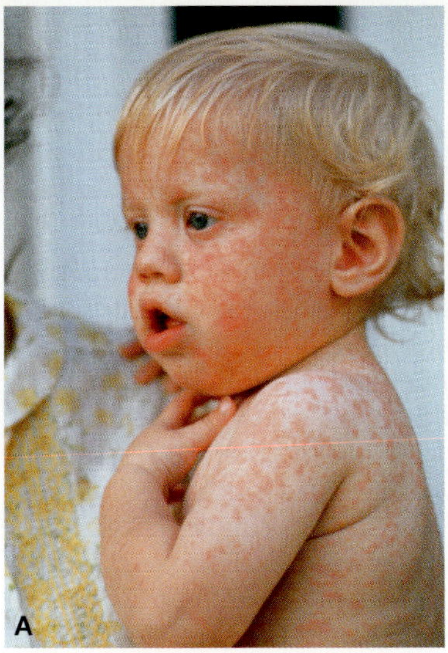

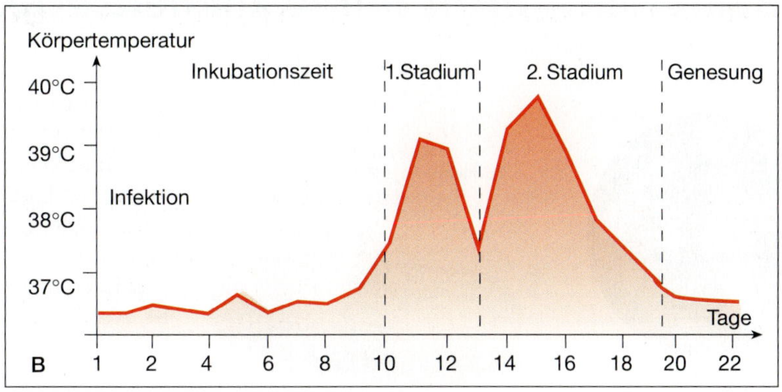

1 **Masern. A** *Hautausschlag;* **B** *Verlauf*

Masern – eine harmlose Kinderkrankheit?

Masern werden häufig als harmlose Kinderkrankheit betrachtet. Damit unterschätzt man ihre möglichen lebensgefährlichen Folgen. Meist stecken sich Kinder mit dem Erreger, einem **Virus,** gegenseitig an. Nach ca. 10 Tagen ▸Inkubationszeit zeigen sich erste harmlose Symptome wie Schnupfen und Husten. Weißliche Flecken auf der Wangenschleimhaut und Fieber sind typische Anzeichen des Krankheitsausbruches. Nach 3 bis 5 Tagen geht die Krankheit in das 2. Stadium über. Die Viren haben sich inzwischen stark vermehrt. Das Fieber steigt oft bis 40 °C. Die Erkrankten fühlen sich elend und entwickeln einen roten Hautausschlag. Ist das Immunsystem in der Lage, die Viren erfolgreich zu bekämpfen, verschwinden alle Symptome ein bis zwei Wochen nach Ausbruch der Krankheit.
Bei geschwächten Kindern kann es jedoch zu Folgeerkrankungen wie Mittelohr- und Lungenentzündung oder einer lebensgefährlichen Hirnhautentzündung kommen. Dieses Risiko lässt sich durch eine rechtzeitige ▸Impfung vermindern. Weltweit sank dadurch die Zahl der Todesfälle von rund 400 000 im Jahr 2000 auf unter 40 000 im Jahr 2006.

Viren – Vermehrung und Wirkung

Viren verursachen nicht nur Masern, sondern auch viele andere Infektionskrankheiten, beispielsweise Kinderlähmung (Polio), Grippe, Herpes, Windpocken, Röteln, Hepatitis (Gelbsucht), Mumps, Tollwut und ▸AIDS. Viren sind wesentlich kleiner als ▸Bakterien und erreichen kaum einmal $\frac{1}{10000}$ mm. Erst durch die Erfindung des ▸Elektronenmikroskopes konnte ihr Aufbau sichtbar gemacht werden. Er ist bei allen Viren trotz unterschiedlicher äußerer Gestalt im Wesentlichen gleich: Eine Eiweißhülle schützt das Erbmaterial (▸DNA oder ▸RNA) im Inneren. Viren bestehen nicht aus Zellen, so dass sie weder einen eigenen Stoffwechsel besitzen, noch sich selbst vermehren oder wachsen können.

Zur Vermehrung sind Viren auf **Wirtszellen** angewiesen, zum Beispiel Bakterienzellen oder Zellen von Menschen, Tieren und Pflanzen. Der Virus dringt in die Wirtszelle ein und verändert den Stoffwechsel so, dass diese Zelle in kürzester Zeit viele neue Viren produziert. Schließlich platzt die Wirtszelle. Die neuen Viren werden freigesetzt und können weitere Wirtszellen befallen. Es gibt derzeit noch keine Medikamente, die Viren beseitigen können. Mit virenhemmenden Mitteln kann man jedoch die Dauer der Erkrankung verkürzen. Einen sicheren Schutz stellen nur Impfungen dar.

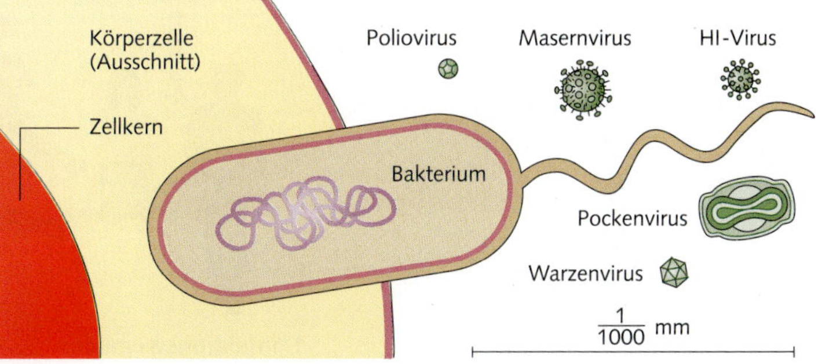

2 Größenvergleich Viren – Bakterium – Körperzelle

Bakterien – nicht nur Krankheitserreger

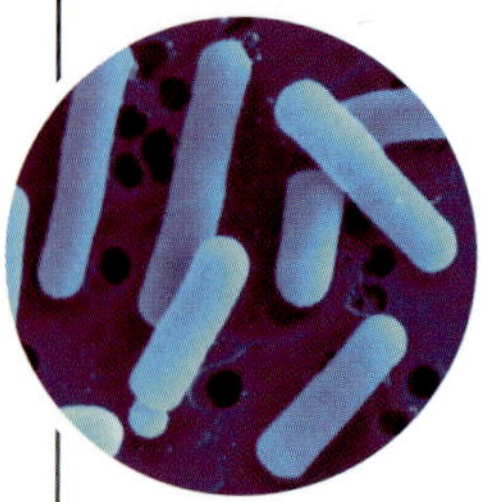

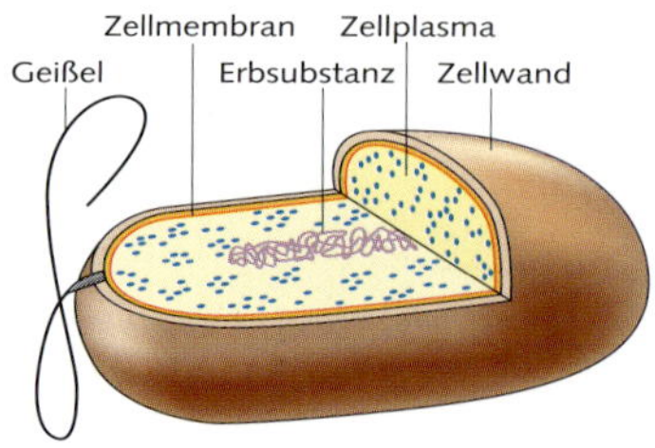

1. a) In Jogurt und anderen Sauermilchprodukten sind Milchsäurebakterien (Lactobazillen und Streptokokken) enthalten. Gib einen Tropfen des wässrigen Überstandes von stichfestem Jogurt auf einen Objektträger und lege ein Deckgläschen darauf. Betrachte das Präparat unter dem Mikroskop bei mindestens 400facher Vergrößerung.
b) Welche Bakterienarten erkennst du? Lactobazillen sind stäbchenförmig, Streptokokken sind rund und hängen meist kettenartig zusammen. Zeichne.

2. Die Abbildungen zeigen eine elektronenmikroskopische Aufnahme von Salmonellenbakterien und das Schema einer Bakterienzelle.
Vergleiche Bakterienzellen mit ▸Viren. Halte Gemeinsamkeiten und Unterschiede fest.

3. a) Listet Infektionskrankheiten auf, die durch Bakterien hervorgerufen werden.
b) Sucht euch aus dieser Liste drei Beispiele aus, die ihr nach der Methode des ▸Gruppenpuzzles weiter bearbeitet.

4. Betrachte die Abbildung 1 und formuliere mögliche Infektionswege einer Salmonellose sowie entsprechende Vorbeugungsmaßnahmen.

5. a) Wie viele Bakterienzellen können sich aus einer einzigen Zelle im Laufe von 12 Stunden entwickeln? Entnimm dem Informatonstext die entsprechenden Angaben und berechne mit dem Taschenrechner.
b) Stelle den Wachstumsvorgang in Abhängigkeit von der Zeit grafisch dar. Wie nennt man eine solche mathematische Funktion?

Salmonellen vergiften Lebensmittel

Jährlich erkranken bei uns besonders in den heißen Sommermonaten zahlreiche Menschen an einer **Lebensmittelvergiftung.** In den meisten Fällen wird eine solche Erkrankung von bestimmten Bakterien hervorgerufen, den **Salmonellen.** Nach dem Verzehr von befallenen Lebensmitteln dauert die ▸Inkubationszeit wenige Stunden. Als erste Symptome treten Übelkeit, Kopfschmerzen, Erbrechen und Durchfall auf. Gewöhnlich lassen die Beschwerden nach wenigen Tagen nach. Bei einem geschwächten Organismus kann eine solche Infektion auch zum Tode führen. Eine Salmonellose ist eine Infektionskrankheit, die der Arzt dem Gesundheitsamt melden muss.

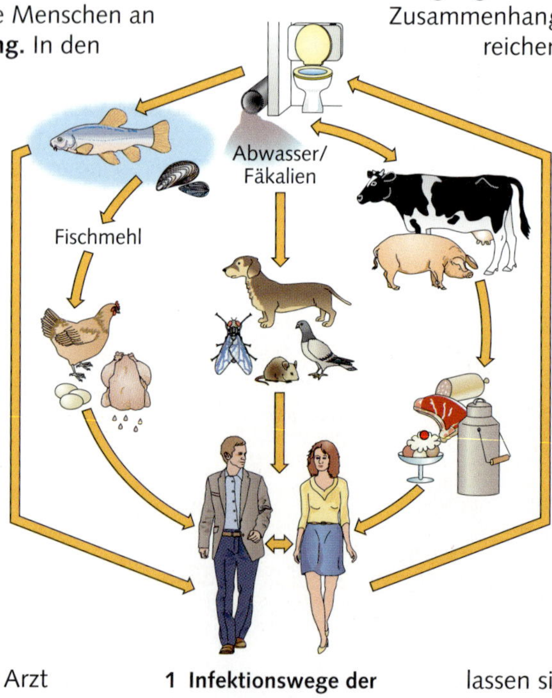

1 Infektionswege der Salmonellenbakterien

Vielfältige Infektionswege

Die Übertragung von Salmonellen erfolgt häufig im Zusammenhang mit wasser- und eiweißreichen Lebensmitteln tierischer Herkunft. Dazu gehören nicht ausreichend erhitzte Eier- und Milchspeisen, Fleisch und Wurstwaren sowie Feinkostsalate und Majonäse. Nach dem Verzehr setzen die Bakterien in Magen und Darm Giftstoffe (Toxine) frei, die deren Schleimhäute angreifen und die genannten Symptome hervorrufen.

Salmonellen vermehren sich vor allem bei sommerlichen Temperaturen sehr rasch. Sie überleben aber auch in tiefgefrorenen Lebensmitteln und lassen sich nur durch Abkochen und Durchgaren abtöten.

Kugel-Bakterien

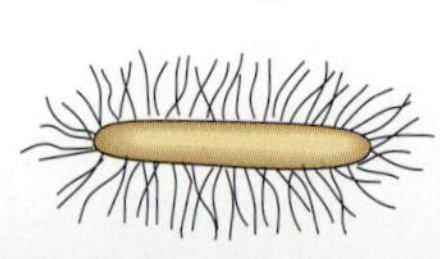

begeißeltes Stäbchen-Bakterium

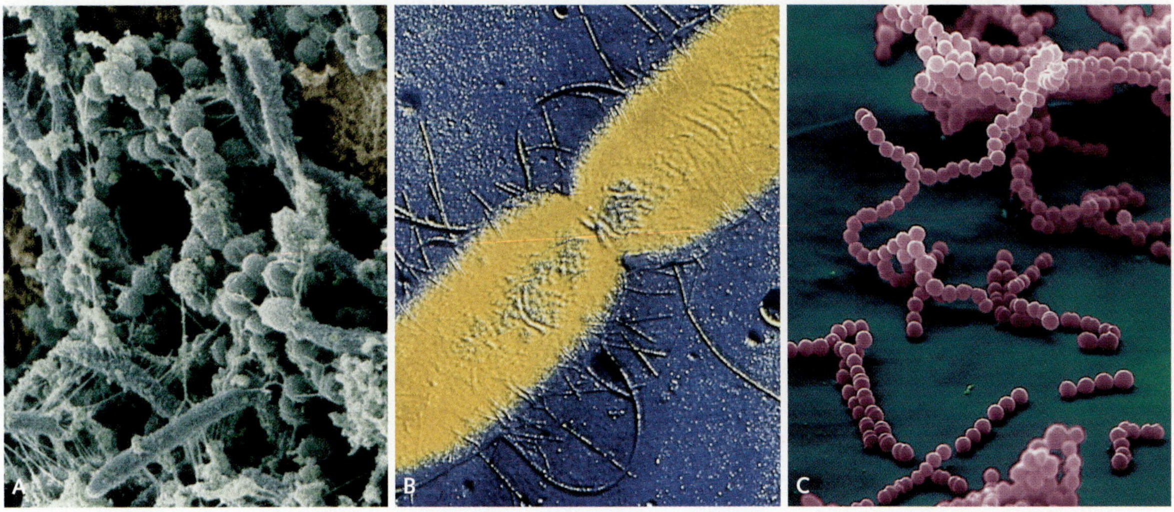

2 Bakterien besiedeln den Menschen. A *Bakterien im Zahnbelag;* **B** *Darmbakterium bei der Teilung;* **C** *Eitererregende Kugelbakterien (Streptokokken)*

Bakterien sind überall

Nahezu überall auf der Erde findet man Bakterien: in der Luft, im Boden, im Wasser. Mit jedem Gegenstand, den wir anfassen, mit allem, was wir verzehren, mit jedem Atemzug kommen wir mit Bakterien in Berührung.
Bakterien zählen zu den **Mikroorganismen.** Sie sind etwa $\frac{1}{1000}$ mm groß und sehr unterschiedlich geformt. Es gibt Stäbchen-, Kugel-, Komma- oder Schraubenformen. Auf einem Nährboden gezüchtet vermehren sich Bakterien sehr rasch und bilden sichtbare Kolonien.

Lebensfeindlich – lebensfördernd

Die meisten Bakterien sind für Menschen, Tiere und Pflanzen harmlos. Im Naturhaushalt erfüllen sie eine äußerst wichtige Rolle. So zersetzen Bakterien beispielsweise organisches Material wie abgestorbene Pflanzenteile. In den Wurzeln von Schmetterlingsblütengewächsen leben Bakterien, die den Stickstoff der Bodenluft für die Ernährung der Pflanzen nutzbar machen.
Milchsäurebakterien erzeugen Jogurt, Quark und Sauerkraut, Essigbakterien wandeln Wein in Essig um. Beim Menschen siedeln zahlreiche Bakterien auf der Haut und in den Schleimhäuten und schützen vor Krankheitserregern. Auch im Darm leben bestimmte Bakterien, die man unter dem Begriff Darmflora zusammenfasst. Sie unterstützen dort die Verdauung.

3 Bakterienkolonien auf einem Nährboden

Als Erster erkannte der französische Bakterienforscher Louis PASTEUR, dass bestimmte Bakterien Krankheiten bei Mensch und Tier verursachen können. Neben der Salmonellose zählen dazu Scharlach, Tuberkulose, Keuchhusten, Lungenentzündung und Pest. Auch Karies wird durch Bakterien verursacht.

Der Feinbau einer Bakterienzelle

Alle Bakterien zeigen einen gemeinsamen Bauplan, der nur mit einem ▸Elektronenmikroskop sichtbar wird. Nach außen hin wird ein Bakterium von einer festen Zellwand begrenzt. Diese ist bei manchen Arten von einer Schleimschicht oder Kapsel umgeben. Nach innen folgt auf die Zellwand eine Zellmembran. Die Erbsubstanz liegt frei im Zellplasma. Sie steuert die Vorgänge in der Zelle. Viele Bakterien verfügen über fadenförmige Fortsätze, die Geißeln, mit denen sie sich fortbewegen können.

Rasante Vermehrung

Bakterien vermehren sich durch Zellteilung. Unter optimalen Bedingungen verdoppelt sich ihre Anzahl alle 20 bis 30 Minuten. Manche Bakterien können als Sporen ungünstige Umweltbedingungen oft jahrelang überleben. Mithilfe von ▸Antibiotika kann man die Teilung der Bakterienzellen unterbinden. Dies spielt bei der Bekämpfung von Krankheitserregern eine wichtige Rolle.

Komma-Bakterium

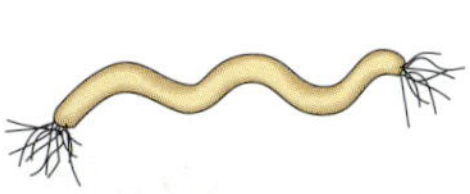

begeißeltes Schrauben-Bakterium

Streifzug

Antibiotika

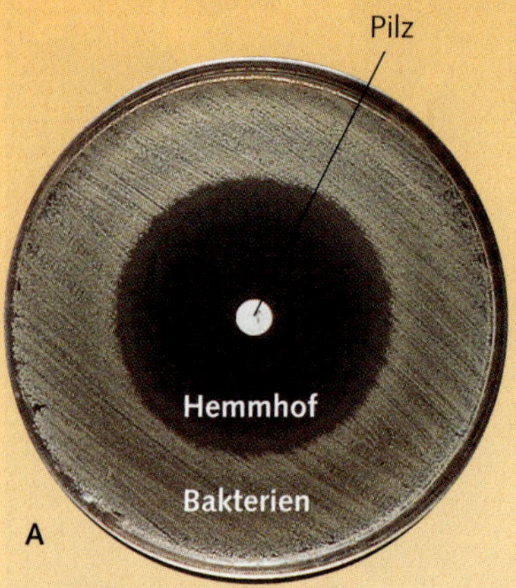

Große Entdeckungen werden oft durch Zufall gemacht. So war es auch im Jahre 1928, als der schottische Bakterienforscher Alexander FLEMING (1881 bis 1955) sein Labor aufräumte. Dabei fiel ihm ein Glasschälchen in die Hand, in dem er vor einiger Zeit Bakterien auf einem speziellen Nährboden gezüchtet hatte. Er wollte die Kulturschale schon wegwerfen, weil sie verschimmelt war, da bemerkte er etwas Sonderbares: In der Nähe der Schimmelpilze wuchsen keine Bakterien! Sollte der Schimmelpilz etwa einen Stoff abgeben, der das Wachstum der Bakterien hemmt oder diese sogar abtötet?

Bei dem Schimmelpilz in der Kulturschale handelte es sich um einen **Pinselschimmel** mit einem verzweigten Fadengeflecht und langen Reihen aus blaugrünen Sporen an den Enden. Diesen Schimmelpilz züchtete FLEMING in einer speziellen Nährlösung für Bakterien und Pilze. Wenn Bakterien mit dieser Lösung in Kontakt gebracht wurden, hörten sie auf zu wachsen. Damit war nachgewiesen, dass der Schimmelpilz einen Stoff erzeugt, der die Vermehrung von Bakterien hemmt. Diesen Stoff nannte FLEMING **Penicillin** nach dem wissenschaftlichen Namen Penicillium für den Schimmelpilz. 1940 gelang es, Penicillin in größeren Mengen rein herzustellen. Wenige Jahre später konnten bereits viele Patienten, die an einer Bakterieninfektion wie Tuberkulose, Diphtherie, Wundstarrkrampf oder bestimmten Geschlechtskrankheiten litten, durch Medikamente geheilt werden, die Penicillin als Wirkstoff enthielten. FLEMING erhielt für seine Entdeckung 1945 den Nobelpreis für Medizin.

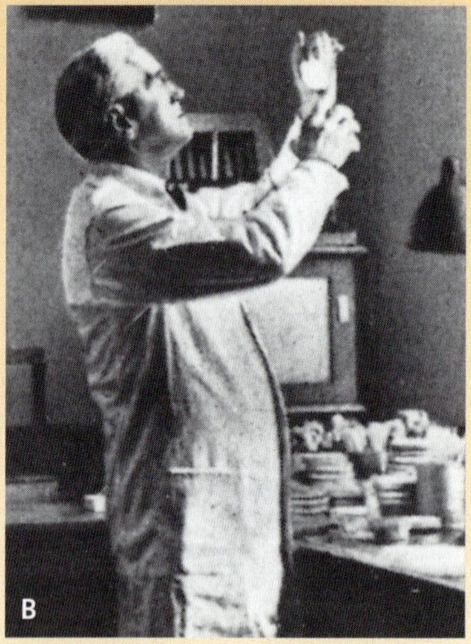

1 Penicillin. A *Kulturschale: Wirkung von Penicillin auf Bakterien;* **B** *der Entdecker FLEMING;* **C** *Penicillium-Pilz*

Penicillin ist nicht der einzige Bakterien tötende Stoff. Heute versteht man unter **Antibiotika** eine Vielzahl solcher Stoffe. Sie schädigen nur Bakterienzellen, auf menschliche Zellen haben sie meist keine oder nur geringe Auswirkungen. Allerdings dürfen Antibiotika nur nach ärztlicher Verschreibung und unter gewissenhafter Beachtung der Einnahmevorschriften genommen werden, weil sie z. B. auch die nützlichen Bakterien in unserem Dickdarm schädigen.
In jüngerer Zeit verstärkt sich ein weiteres Problem. Es treten immer häufiger Bakterien auf, die durch Antibiotika nicht mehr angegriffen werden – sie sind ▸**resistent.** Die zunehmende Resistenz zwingt die Forscher dazu, immer neue Antibiotika zu entwickeln. Heute kann man Antibiotika komplett chemisch herstellen oder halbsynthetisch, indem man einen aus der Natur gewonnenen Stoff chemisch weiter behandelt.

Einige Anwendungsbereiche von Antibiotika stehen in der Kritik. So werden in der Tierhaltung Antibiotika als Futterzusatz eingesetzt, um Infektionen vorzubeugen und damit Leistung und Wachstum der Tiere zu steigern. Diese Praxis ist in der EU seit 2006 verboten – aus Sorge, resistente Bakterien könnten über tierische Nahrungsmittel den Menschen erreichen. Vergleichbare Bedenken gibt es auch im Bereich des Pflanzenschutzes, wo mit Antibiotika bakterielle Erkrankungen (z. B. Feuerbrand) bekämpft werden. Ebenso umstritten ist der Einsatz von Antibiotika zur „Markierung" von Genen in der ▸Gentechnik. Um zu überprüfen, ob Pflanzenzellen ein neues Gen angenommen haben, wird dieses Gen mit einem Antibiotikaresistenz-Gen aus einem Bakterium gekoppelt. Bringt man die behandelten Zellen nun mit dem betreffenden Antibiotikum zusammen, sterben alle Zellen ab, die das neue gekoppelte Gen nicht übernommen haben. Auch hier besteht die Sorge, dass es zur unkontrollierten Ausbreitung von Antibiotikaresistenz-Genen kommt.

1. Bewerte den unterschiedlichen Einsatz von Antibiotika kritisch. Stelle dem Nutzen die Risiken gegenüber.

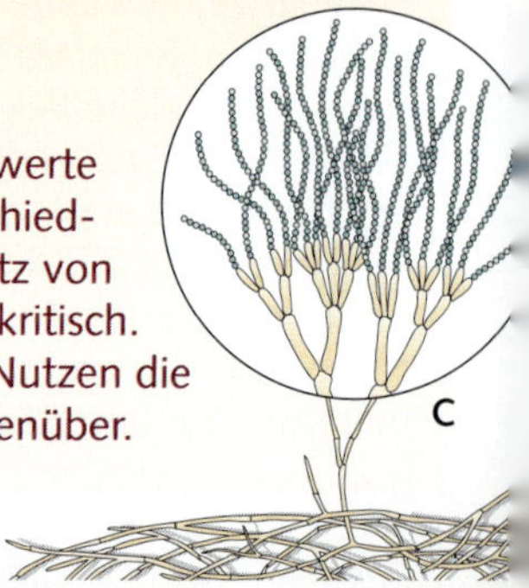

Tierische Krankheitsüberträger und -erreger

Malaria

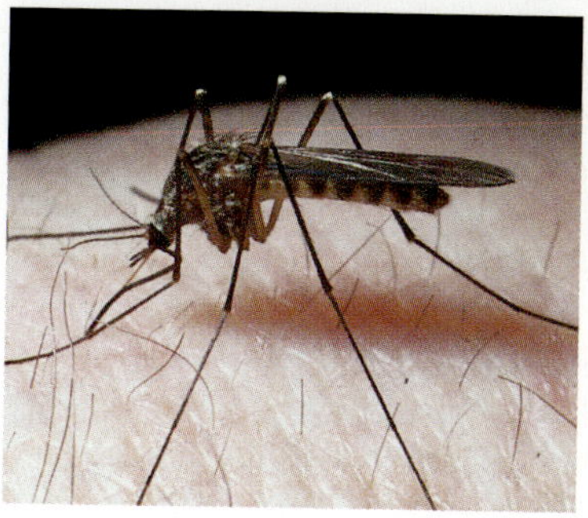

Überträger/Erreger: Überträger dieser gefährlichen Infektionskrankheit ist die in den Tropen und Subtropen verbreitete Anopheles-Mücke. Beim Stich dieser Mücke gelangen die Erreger, kleinste Einzeller, in das menschliche Blut.
Krankheitsbild: Die Erreger vermehren sich zunächst in der Leber und befallen dann die roten Blutkörperchen. Es kommt zu Fieberschüben, die ohne ärztliche Behandlung zum Tod führen können.
Vorbeugung/Behandlung: Neben vorbeugenden Medikamenten schützen Mückennetze, Insektenschutzmittel und entsprechende Kleidung.

Kopflaus

Überträger/Erreger: Kopfläuse leben als Parasiten im Bereich des Kopfes, wo sie sich an den Haaren festklammern und Blut saugen. Sie werden durch direkten Kontakt oder über Textilien (z. B. Jacken, Mützen, Kopfkissen) übertragen. Die Weibchen „kitten" 50 – 80 Eier (Nissen) an die Haare, aus denen in etwa 18 Tagen der Nachwuchs schlüpft. Unter schlechten hygienischen Bedingungen, besonders in den Tropen, können Kopfläuse Fleckfieberbakterien übertragen.
Krankheitsbild: Läusebefall führt zu heftigem Juckreiz. Durch Kratzen entzündet sich die Kopfhaut.
Vorbeugung/Behandlung: Bei Befall werden die Haare mit einem Mittel behandelt, das Läuse und Nissen abtötet. Fleckfieber heilt unter Behandlung mit Antibiotika aus.

Zecken

Überträger/Erreger: Zur Familie der Zecken gehört der 2 bis 5 mm große Holzbock. Er kann beim Blutsaugen sowohl Bakterien als auch Viren übertragen.
Krankheitsbild: Die Viren verursachen eine gefährliche Hirnhautentzündung, genannt FSME (Frühsommer-Meningoenzephalitis). Die Bakterien rufen Borreliose hervor. Zuerst rötet sich die Einstichstelle, später kann es zu Entzündungen oder Nervenlähmungen kommen.
Vorbeugung/Behandlung: Hat sich eine Zecke in die Haut gebohrt, sollte man sie umgehend mit Hilfe einer Pinzette herausziehen. Gegen die FSME-Viren kann man sich impfen lassen, gegen die Borreliose-Bakterien gibt es keine Vorsorge. Eine ärztliche Behandlung mit Antibiotika ist notwendig.

Parasiten leben in oder am Körper von Menschen, Tieren oder Pflanzen.
Wirt ist ein Lebewesen, in oder an dessen Körper ein Parasit lebt.

1. Zecken können zwei verschiedene Krankheiten hervorrufen. Sammelt dazu weitere Informationen und gestaltet ein Plakat.

Fuchsbandwurm

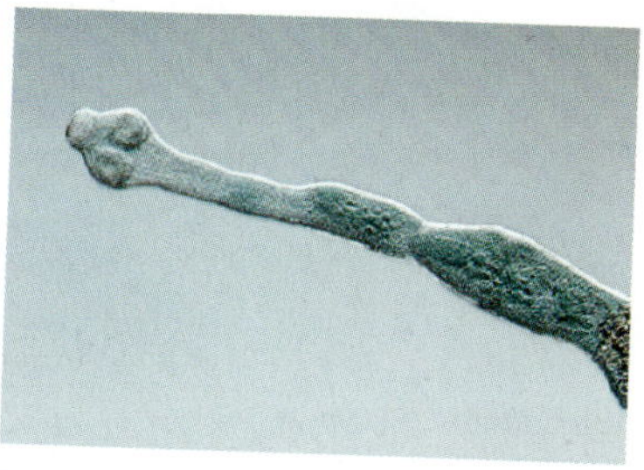

Erreger: Der 1 – 5 mm große Fuchsbandwurm lebt im Darm von Füchsen, Katzen und Hunden (Endwirt). Seine Eier gelangen im Kot nach außen und kommen u.a. über Waldbeeren und Pilze in den Darm von Mäusen, aber auch von Menschen (Zwischenwirt).
Krankheitsbild: Die geschlüpften Larven setzen sich in Leber, Lunge und Gehirn fest und bilden eine Vielzahl von Bläschen (Finnen), die das umgebende Gewebe zerstören.
Vorbeugung/Behandlung: Pilze, bodennahe Beeren und Früchte nur gekocht verzehren. Beim Umgang mit Katzen und Hunden auf Hygiene achten.

Stark in der Abwehr – das Immunsystem

1. a) Gestaltet zur Arbeitsweise des Immun-systems auf der Grundlage von Abbildung 1 ein Plakat oder eine Computerfolie. In der Legende sollen alle Zelltypen des Abwehrsystems und ihre Aufgaben aufgelistet sein.
b) Nutzt eure Darstellung als Grundlage für einen Kurzvortrag.

2. Bringe die Abbildung 2 mit der Arbeit des Immunsystems in einen Zusammenhang und entwickel dazu eine Tabelle.

3. Erläutere unter Verwendung der Abbildung 4 die Wirkung der Immunisierung.

4. Menschen, die nach einer Transplantation mit einem Organ eines anderen Menschen leben, müssen Medikamente zur Unterdrückung des Immunsystems nehmen. Begründe diese Maßnahme. Welche Risiken entstehen für den Patienten?

5. Beschreibe Lebensgewohnheiten, die das Immunsystem positiv oder negativ beeinflussen können.

Krankheitserreger gibt es überall

Im Alltag sind die Menschen überall Krankheitserregern ausgesetzt: Wenn zum Beispiel jemand neben uns niest, wenn wir eine Türklinke anfassen oder ungewaschenes Obst essen. Unser Körper würde solche Angriffe auf die Gesundheit nur wenige Stunden überleben, gäbe es nicht eine leistungsfähige Abwehr, die die meisten Krankheitserreger erfolgreich bekämpft.

Die erste Abwehrkette

Die gesunde Haut gehört zu den ersten Barrieren, die den Menschen vor Infektionen schützen. Ihre Hornschicht und der Säureschutzmantel, der sich aus den Ausscheidungen der Schweiß- und Talgdrüsen bildet, wehren Krankheitserreger ab. Die gleiche Funktion erfüllen die Schleimhäute, der Speichel, die Tränenflüssigkeit, die Salzsäure im Magen und die körpereigenen Bakterien im Darm.

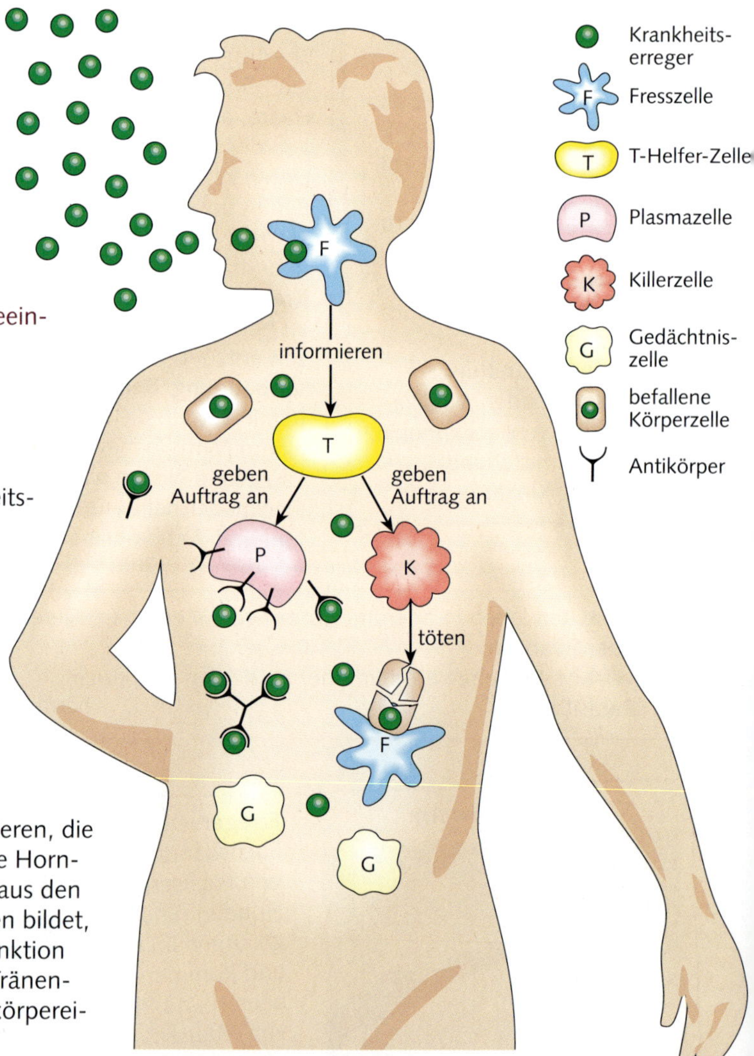

1 Funktion des Immunsystems (Schema)

Dennoch gelingt es schädlichen ▸Bakterien, ▸Viren und Pilzen immer wieder, diese Barrieren zu überwinden.

Das Immunsystem greift ein

Dort, wo Erreger in den Körper eindringen können, beginnt das Immunsystem mit seiner Arbeit. Es sind im Wesentlichen die **weißen Blutkörperchen,** die diese Aufgabe als Abwehrzellen übernehmen. Sie entstehen fortwährend neu im **Knochenmark** der Röhrenknochen und gelangen mit dem Blut und der Lymphe an alle Stellen des Körpers. In den **Lymphknoten,** zum Beispiel in den Mandeln oder unter den Achseln, befinden sich besonders viele dieser Abwehrzellen. Wir unterscheiden mehrere Arten von weißen Blutkörperchen: Fresszellen, Killerzellen, Plasmazellen, T-Helfer-Zellen und Gedächtniszellen.

Überall im Körper können **Fresszellen** eingedrungene Erreger aufnehmen und verdauen. Die Fresszellen haben im **Thymus,** einem kleinen Organ unter dem Brustbein, „gelernt", zwischen körpereigenen und fremden Zellen zu unterscheiden. Sie erkennen die Erreger an körperfremden Molekülen, den **Antigenen,** die an der Außenseite von Bakterien und Viren sitzen, und vernichten die Erreger daraufhin. In der Milz befinden sich immer Fresszellen in Reserve.

Manchmal gelingt es den fremden Zellen trotz dieser Abwehr, weiter in den Körper einzudringen und sich dort zu vermehren. Dann informieren die Fresszellen mithilfe von Antigen-Bruchstücken der verdauten Erreger andere Zellen im Blut, die **T-Helfer-Zellen.** Diese Zellen informieren die **Plasmazellen,** die spezifische **Antikörper** bilden können, welche gegen die jeweiligen Erreger gerichtet sind. Diese Antikörper sind in der Lage, sich mit den Antigenen auf der Oberfläche der Erreger zu verbinden. Dies führt zu einer Verklumpung der Eindringlinge. Die verklumpten Zellverbände werden schließlich von Fresszellen beseitigt.

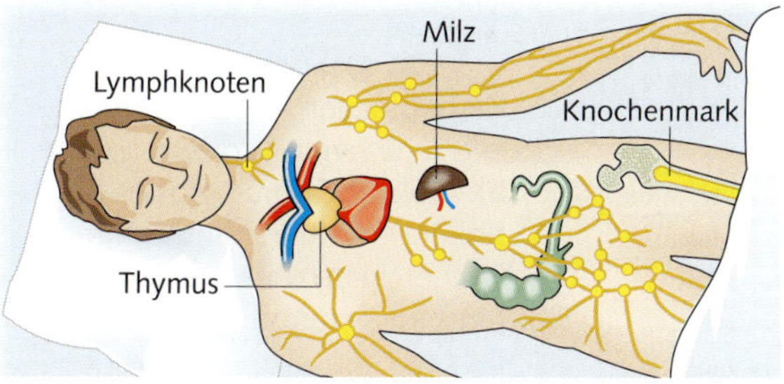

2 Organe des Immunsystems

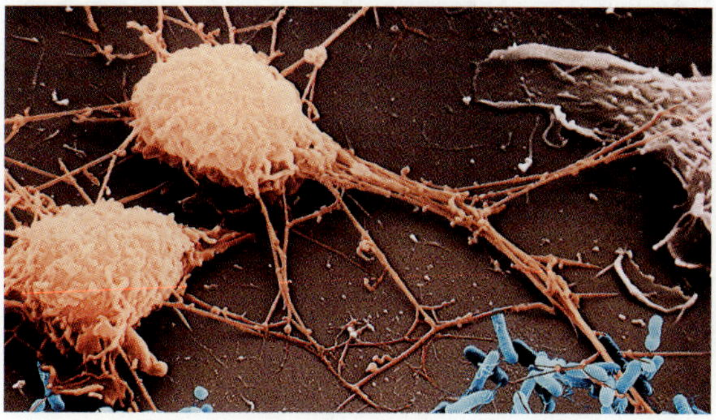

3 Fresszellen (orange) vernichten Bakterien (blau)

Weiter alarmieren die T-Helfer-Zellen die **Killerzellen.** Diese suchen nach Körperzellen, die bereits von Erregern befallen sind und töten sie ab, sodass sich die Erreger in den befallenen Zellen nicht weiter vermehren können. Auch diese Reste vernichten die Fresszellen.

Immunisierung

Während das Abwehrsystem arbeitet, bilden sich die **Gedächtniszellen.** Das sind Zellen, die sich nach dem Kontakt mit einem bestimmten Antigen zu langlebigen Zellen entwickeln. Sie können noch Jahre später bei einem erneuten Kontakt mit demselben Erregertyp sofort aktiv werden und in großen Mengen Antikörper produzieren, so dass die Infektionskrankheit erst gar nicht erneut ausbricht. Auf diese Weise wird der Mensch im Verlaufe seines Lebens gegen verschiedene Erreger **immun.**

Jeder Mensch kann selbst dazu beitragen, das Immunsystem bei seiner Aufgabe zu unterstützen. Man weiß heute, dass vor allem während des Schlafes die Abwehrzellen aktiv sind. Deshalb ist ausreichender Schlaf besonders wichtig. Vitaminreiche Ernährung unterstützt das Abwehrsystem ebenso wie regelmäßige sportliche Bewegung. Das Immunsystem ist aber auch abhängig von unserem psychischen Befinden. Negativer Stress führt häufiger zu Erkrankungen.

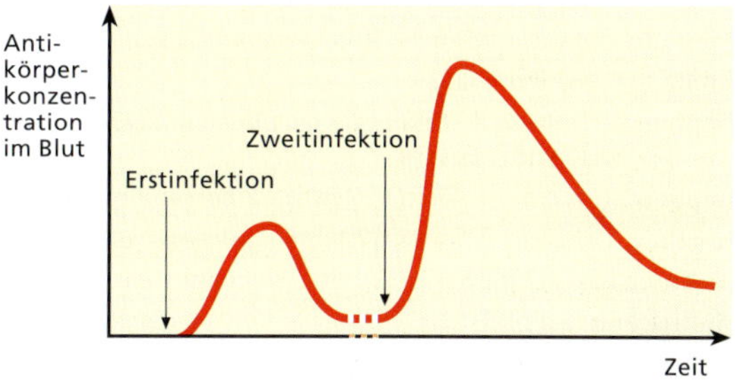

4 Konzentration von Antikörpern bei Infektionen

Impfen kann Leben retten

1. Sieh in deinem Impfpass nach, welche Impfungen durchgeführt wurden. Vergleiche die Eintragungen im Impfpass mit den Angaben des Impfkalenders.
Welche Konsequenzen können sich für dich ergeben?

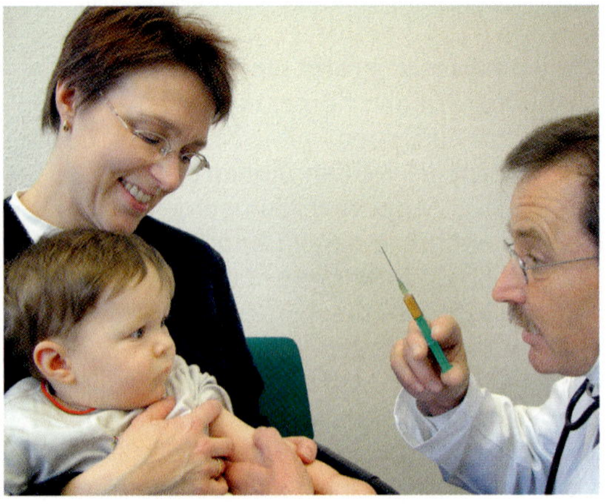

2. Vergleiche Schutzimpfung und Heilimpfung. Stelle die Gemeinsamkeiten und Unterschiede tabellarisch gegenüber.

WORLD HEALTH ORGANIZATION
ORGANISATION MONDIALE DE LA SANTÉ
WELTGESUNDHEITSORGANISATION

INTERNATIONAL CERTIFICATES OF VACCINATION
CERTIFICATS INTERNATIONAUX DE VACCINATION
INTERNATIONALE BESCHEINIGUNGEN ÜBER IMPFUNGEN UND IMPFBUCH
gemäß § 16 Bundes-Seuchengesetz
with / avec / mit
Emergency Certificate / Certificat pour urgence / Ausweis für den Notfall

3. Welche Impfungen sollten vor Antritt einer Fernreise durchgeführt werden? Recherchiere und begründe die Empfehlungen.

4. a) Sammelt Informationen über die Rötelninfektion. Haltet einen Kurzvortrag.
b) Bewertet die Aussage: „Für die Röteln-Schutzimpfung gibt es eine besondere Verantwortung."

Impfkalender
Empfehlungen der Ständigen Impfkommission (STIKO)

Impfungen	Empfohlenes Impfalter
1. Impfung – Pneumokokken (Lungenentzündung, Hirnhautentzündung, Mittelohrentzündung)	2 Monate
1. Impfung – Diphtherie, Tetanus, Keuchhusten, Polio (Kinderlähmung), Hepatitis B (Gelbsucht), Haemophilus influenza Typ b (HiB; Hirnhautentzündung, Kehldeckelentzündung)	2 Monate
2. Impfung – Pneumokokken	3 Monate
2. Impfung – Diphtherie, Tetanus, Keuchhusten, Polio, Hepatitis B, HiB	3 Monate
3. Impfung – Pneumokokken	4 Monate
3. Impfung – Diphtherie, Tetanus, Keuchhusten, Polio, Hepatitis B, HiB	4 Monate
1. Impfung – Masern, Mumps, Röteln, Windpocken	11–14 Monate
4. Impfung – Pneumokokken	11–14 Monate
4. Impfung – Diphtherie, Tetanus, Keuchhusten, Polio, Hepatitis B, HiB	11–14 Monate
1. Impfung – Meningokokken C (Hirnhautentzündung)	12–23 Monate
2. Impfung – Masern, Mumps, Röteln	15–23 Monate
1. Auffrischung – Diphtherie, Tetanus, Keuchhusten	5–6 Jahre
1. Auffrischung – Polio	9–17 Jahre
2. Auffrischung – Diphtherie, Tetanus, Keuchhusten	9–17 Jahre
Grundimmunisierung gegen humane Papillomaviren für alle Mädchen (u. a. Gebärmutterhalskrebs)	12–17 Jahre

Deutlich weniger Impfungen

NIEDERSACHSEN. Die Ärzteschaft zeigt sich besorgt über die abnehmende Zahl von Impfungen unter Kindern, Jugendlichen und Erwachsenen. Eine Impfrate von nur wenig über 70 Prozent bei den wichtigen Impfungen gegen Masern, Mumps und Röteln und von nur 30 bis 40 Prozent bei allen zur Verfügung stehenden Impfungen sei nicht akzeptabel, sagte der Prä[illegible]dent der Ärztek[illegible]

5. a) Formuliere die Kernaussagen des Zeitungsartikels in eigenen Worten.
b) Welche Gründe gibt es für die sinkende Zahl von Impfungen? Recherchiere unter den Stichworten „Impfmoral" und „Impfmüdigkeit".

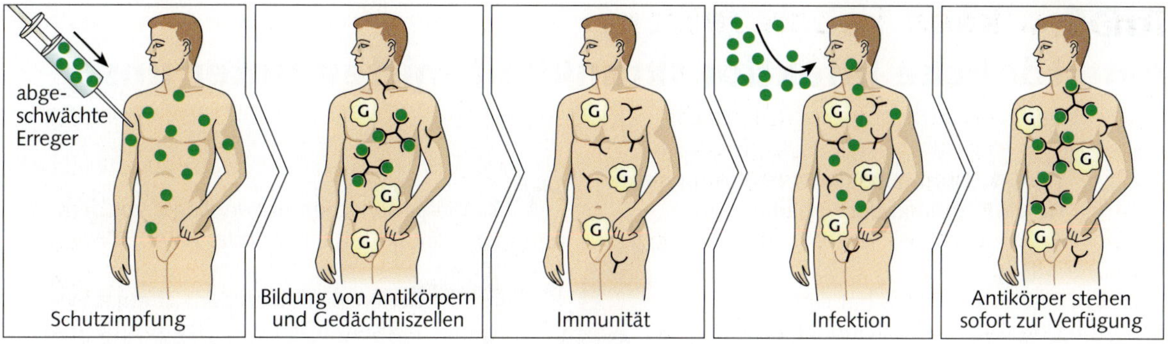

1 Schutzimpfung (Aktive Immunisierung)

Impfungen unterstützen die Körperabwehr
Viele Infektionskrankheiten, die früher oft tödlich verliefen, haben ihren Schrecken heute fast verloren. Diese Entwicklung ist vor allem auf den Einsatz von Impfungen zurückzuführen. Deren Wirkungsweise ist mit dem ▸Immunsystem verbunden. Viele Infektionskrankheiten kann man für einen langen Zeitraum kein zweites Mal bekommen, weil das Immunsystem im Verlaufe der Erstinfektion spezifische ▸Antikörper und ▸Gedächtniszellen gebildet hat. Diese können bei einer erneuten Infektion mit den gleichen Erregern sofort mit der Abwehr beginnen. Bei Impfungen greift man auf diese Fähigkeit des Körpers zurück.

Aktive Immunisierung
Eine Reihe von Impfungen sollte bereits im Säuglingsalter erfolgen, z. B. die Impfung gegen Wundstarrkrampf (Tetanus). Dabei nimmt das Kind Tetanus-Erreger auf, die vorher so abgeschwächt wurden, dass es zu keiner ernsthaften Erkrankung kommt. Diese regen das Abwehrsystem an, Antikörper und Gedächtniszellen zu bilden. So hat der Körper einen Langzeitschutz gegen die Krankheit, er ist immun. Diese Impfung nennt man **Schutzimpfung** oder aktive Immunisierung. Um die Immunität aufrecht zu erhalten, muss in regelmäßigen Abständen eine Auffrischungsimpfung erfolgen.

Passive Immunisierung
Ist ein Mensch an einer Infektion erkrankt, und das Immunsystem wird mit den Erregern nicht fertig, hilft möglicherweise eine andere Form der Impfung. Dabei müssen gleich die passenden Antikörper gespritzt werden, um das Immunsystem kurzfristig und gezielt zu unterstützen. Man gewinnt diese Antikörper, indem man Haustiere mit abgeschwächten Erregern der betreffenden Infektionskrankheit impft, ihnen nach einiger Zeit Blut entnimmt und die dann gebildeten Antikörper herausfiltert und dem Patienten verabreicht.
Eine solche Impfung nennt man **Heilimpfung** oder passive Immunisierung. Sie wirkt nur drei bis vier Wochen, kann aber im Notfall Leben retten.

Impfung gegen Röteln – eine besondere Verantwortung
Bei Röteln handelt es sich um eine Virusinfektion, die eine lebenslange Immunität hinterlässt. Erkrankt jedoch eine schwangere Frau, die nicht immun ist, können die Viren auf den Embryo übertragen werden. Schwere Schädigungen des Kindes wie Herzmissbildung, Blindheit und Taubheit können die Folge sein. Deswegen wird jedes Mädchen im Alter von ca. 11 Jahren untersucht, ob es Antikörper gegen Röteln im Blut hat. Sollte das nicht der Fall sein, ist eine Röteln-Schutzimpfung notwendig.

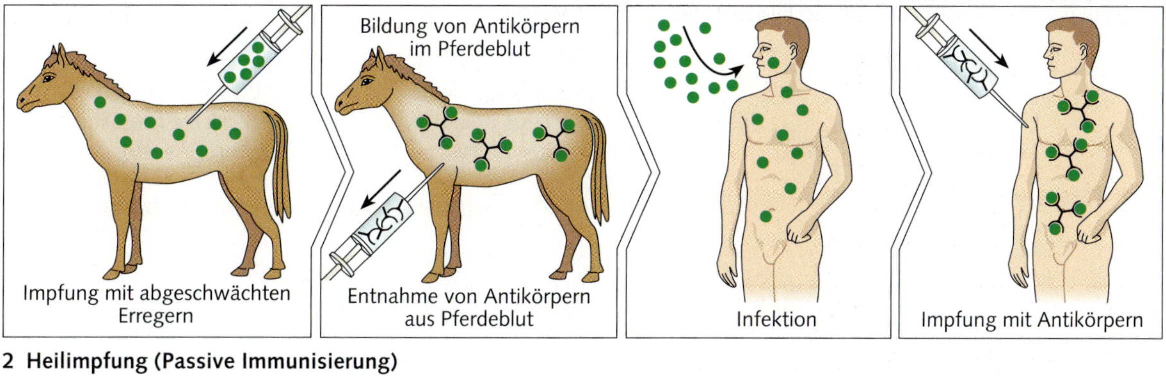

2 Heilimpfung (Passive Immunisierung)

AIDS – eine tödliche Infektionskrankheit mitten unter uns

1. Beschreibe die Vermehrung des HI-Virus anhand der Abbildung 2B.

2. Viele Menschen haben Angst vor dem direkten Kontakt mit einem oder einer HIV-Infizierten.
Führt ein Rollenspiel durch zum Thema: Ein Mitglied unserer Clique ist HIV-positiv – wie gehe ich mit der Situation um?

3. Diese rote Schleife hat eine wichtige Bedeutung. Wie ist dieses Symbol entstanden? Recherchiere.

4. Erläutere, wie man sich vor einer Infektion mit HIV schützen kann.

5. Erläutere, wie sich die Zahl der HIV-Infektionen in Deutschland in den letzten Jahren entwickelt hat.
Welche Hintergründe vermutest du für diese Entwicklung?

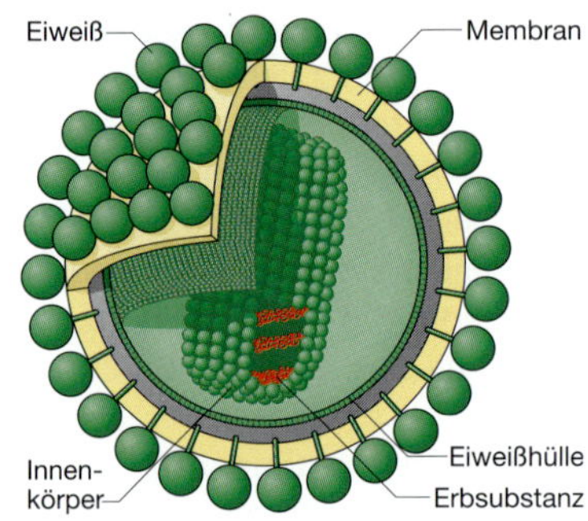

1 HI-Virus

Was verbirgt sich hinter AIDS und HIV?

AIDS ist eine tödliche Infektionskrankheit. Die Abkürzung steht für **A**quired **I**mmuno**d**eficiency **S**yndrome. Dahinter verbirgt sich eine erworbene Immunschwäche des Menschen, die durch **HI-Viren** (**H**umane **I**mmunodeficiency **V**irus) hervorgerufen wird. Das geschwächte Immunsystem kann sich nicht mehr gegen Krankheitserreger zur Wehr setzen. Daher setzt sich das Krankheitsbild von AIDS aus Symptomen verschiedener Krankheiten zusammen. Infizierte sind häufig abgemagert, geschwächt und leiden unter Lungenentzündung. Inzwischen ist bekannt, dass die Krankheit auf der ganzen Welt vorkommt und alle Menschen betreffen kann. Die Übertragung des HI-Virus erfolgt fast ausschließlich durch ungeschützten Geschlechtsverkehr, bei dem ein Partner bereits durch das Virus infiziert ist.

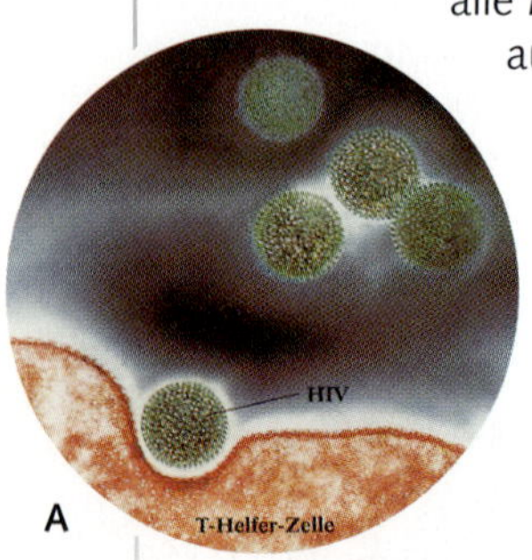

A

Beginn der Infektion

Zunächst gelangt das Virus über Körperflüssigkeiten eines Infizierten, wie Blut, Spermien- oder Scheidenflüssigkeit, in den Körper eines Nichtinfizierten. Dort befällt es die ▸T-Helferzellen des Immunsystems, die bei der Immunabwehr eine wichtige Doppelrolle erfüllen. T-Helferzellen aktivieren zum einen die ▸Killerzellen, damit diese die befallene Zellen vernichten, zum anderen regen sie die ▸Plasmazellen zur Produktion von Antikörpern gegen Eindringlinge an. Das Virus schleust sein Erbgut in die T-Helferzellen ein. Diese beginnen daraufhin mit der Produktion neuer Viren, anstatt diese erfolgreich zu bekämpfen. Die Zahl der T-Helferzellen nimmt dabei immer mehr ab, bis das Immunsystem stark geschwächt ist.

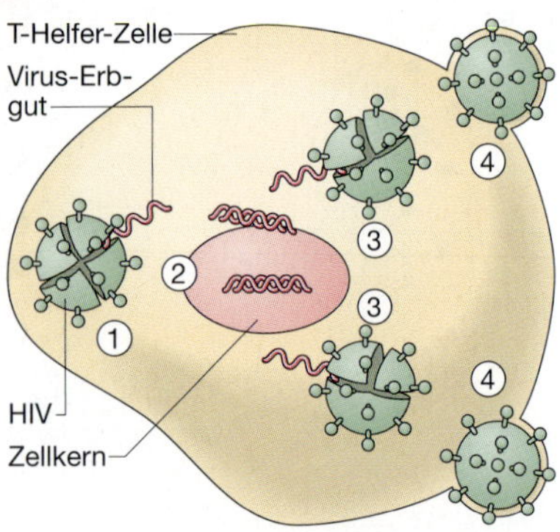

B

2 AIDS. A *Infektion;* **B** *Viren-Vermehrung in einer T-Helferzelle:*
① HIV zerfällt und setzt sein Erbgut frei,
② im Zellkern wird neues HIV-Erbgut gebildet, ③ neue HI-Viren entstehen, ④ HI-Viren werden freigesetzt

Der HIV-Test

Da die Infektion selbst meist nicht bemerkt wird, und die Krankheit zunächst keine erkennbaren Symptome verursacht, kann eine Infektion mit HI-Viren jahrelang unerkannt bleiben. Im Laufe von 2–4 Monaten nach der Infektion bildet das Immunsystem zwar Antikörper, diese schaffen es jedoch nicht, die HI-Viren unschädlich zu machen. Denn das Virus verändert sich sehr schnell. Allerdings lassen sich die Antikörper über einen sogenannten HIV-Test im Blut nachweisen. Sind Anti-körper im Blut vorhanden, ist das Ergebnis „HIV-positiv", und der Betroffene muss davon ausgehen, irgendwann an AIDS zu erkranken.
Die Gewissheit infiziert zu sein, führt dazu, dass die Betroffenen ständig mit der Angst vor den Folgen der tödlichen Entwicklung der Krankheit leben. Außerdem haben sie häufig Probleme im Umgang mit anderen Menschen, wenn bekannt wird, dass sie HIV-infiziert sind. Aus Angst vor einer Ansteckung brechen manche den Kontakt zu den Betroffenen ab. Andere Betroffene verlieren ihre Arbeitsstelle.

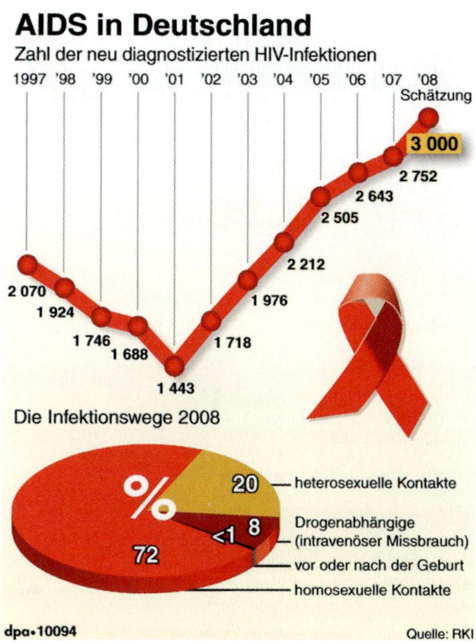

3 Entwicklung der Anzahl der Neuinfektionen mit HIV

Stadien der Krankheit AIDS

Wenn sich die Viren im Körper so stark vermehren, dass die Krankheit ausbricht, treten zunächst Fieber, Durchfall, Gewichtsverlust und Lymphknotenschwellungen auf. Man spricht auch vom Vorstadium der Krankheit.
Im Laufe der Zeit vermehren sich die Viren immer mehr, bis das Immunsystem zusammenbricht. Der Körper kann auch sonst harmlose Erreger nicht mehr abwehren. Viele Betroffene leiden unter Lungenentzündung, Pilzbefall der Organe, verschiedenen Krebserkrankungen und Erkrankungen des Gehirns.
Dieses Stadium wird als Vollbild der Krankheit bezeichnet. Es führt immer zum Tod.

4 Symptome von AIDS

Medikamente

Es gibt heute noch keine Medikamente, die gegen die tödlich endende Krankheit wirksam eingesetzt werden können. Allerdings helfen einige dadurch, dass sie die Vermehrung der Viren verlangsamen und Schmerzen im Endstadium der Krankheit lindern können. Aber diese Medikamente sind sehr teuer und haben häufig schwere Nebenwirkungen.

Schutz vor Ansteckung

Da es gegenwärtig weder eine Heilung noch einen wirksamen Impfstoff gegen die Immunschwächekrankheit gibt, bleibt zur Vermeidung einer Ansteckung als einziger Schutz nur der geschützte Geschlechtsverkehr mit einem Kondom. Dies ist besonders bei wechselnden Partnern wichtig.
Im Rahmen von Erste-Hilfe-Maßnahmen müssen bei der Behandlung von blutenden Verletzungen immer Einweghandschuhe getragen werden.
Auch der verantwortungsbewusste Umgang mit der Krankheit und eine ausführliche Aufklärung können bewirken, dass die Zahl der Neuinfektionen weltweit in den nächsten Jahren zurückgeht.
Allerdings zeigt die Entwicklung der Zahl der Neuinfektionen in Deutschland, dass die Vorbeugung noch immer nicht ernst genug genommen wird.

HIV und AIDS

1. Schaut euch die verschiedenen Situationen auf den Comiczeichnungen an. In welchen gibt es ein Ansteckungsrisiko, in welchen Situationen gibt es kein Ansteckungsrisiko? Begründet eure Aussagen.

2. Recherchiert im Internet nach Plakaten zum Thema AIDS. Stellt die Plakate in eurer Klasse vor und beurteilt sie in Hinblick auf ihre Aussagekraft und Gestaltung.

3. Wertet die nebenstehende Karte aus.
Stellt Vermutungen an, warum HIV-Infektionen in den verschiedenen Gebieten unterschiedlich stark verbreitet sind. Wie kann man es erreichen, dass die Zahl der HIV-Infizierten verringert wird?
Tipp: Bedenkt sowohl die Rolle von Mann und Frau als auch gesellschaftspolitische und religiöse Hintergründe in den verschiedenen Ausbreitungsgebieten.

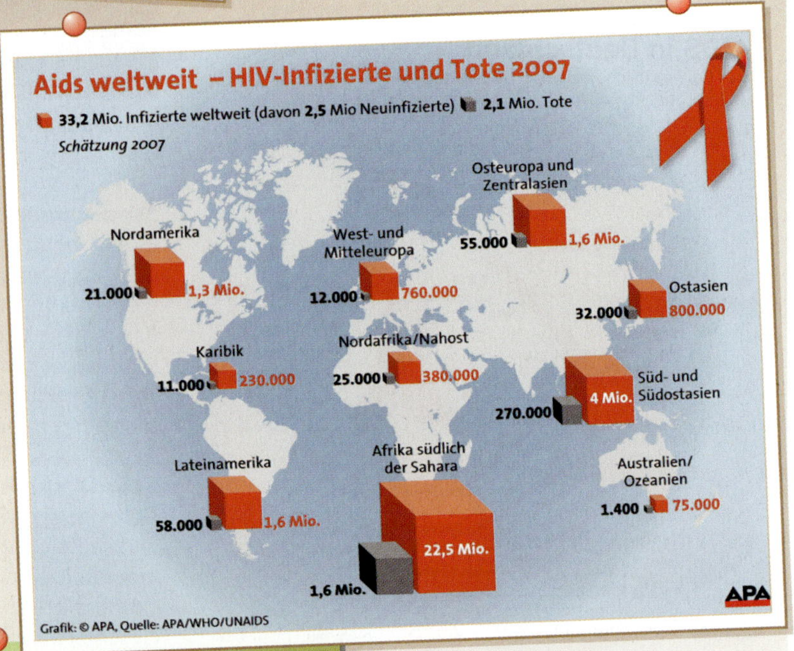

Schon gewusst, dass ...

- ... bislang mehr als 20 Millionen Menschen an AIDS gestorben sind?
- ... sich täglich 14 000 Menschen neu mit dem HI-Virus infizieren, das sind 600 pro Stunde, 10 pro Minute, alle 6 Sekunden einer?
- ... es in Deutschland ca. 63 000 Menschen gibt, die sich mit dem HI-Virus angesteckt haben?
- ... in Deutschland jährlich ca. 600 Menschen an den Folgen einer HIV-Infektion sterben?

Infektionskrankheiten auf Weltreise

1. Erstelle einen Steckbrief für eine der häufigsten Krankheiten, die während oder nach einer Reise auftreten können.

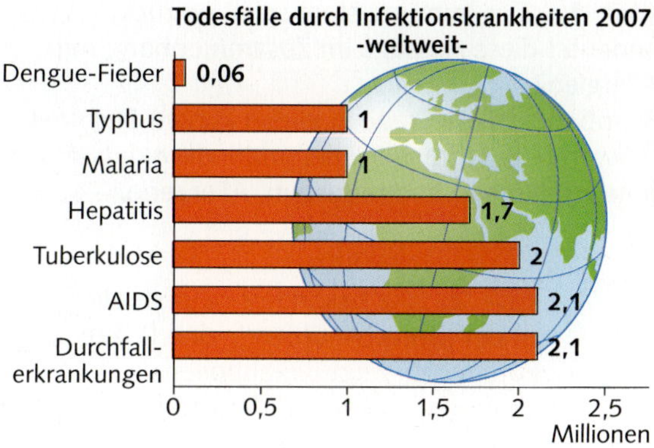

2. Beschreibe den in der Grafik dargestellten Sachverhalt. Wie kannst du dich bei Reisen vor diesen Krankheiten schützen?

Krankheitserreger reisen mit

Ferien – und ab in den Urlaub. Leider kommt jeder fünfte Tropenreisende krank von der Reise zurück. Die Gefahr, sich in seinem Urlaubsland mit einer Krankheit zu infizieren, ist groß. Allerdings kann man sich vor der Reise über gesundheitliche Risiken im Urlaubsland informieren und durch entsprechende Vorsichtsmaßnahmen das Risiko einer Ansteckung deutlich verringern.

Die häufigsten Reiseerkrankungen

Malaria, Gelbfieber und Dengue-Fieber sind Krankheiten, die durch Mücken übertragen werden. Malaria ist die am weitesten verbreitete Tropenkrankheit. Jährlich sterben in Malariagebieten mehr als eine Million Menschen – vorwiegend Kinder – an den Folgen der Krankheit. Auch die Zahl der Erkrankungen an Dengue-Fieber ist in den letzten Jahrzehnten dramatisch angestiegen.
Verunreinigtes Wasser oder verunreinigte Nahrung können die Ursache für die Ausbreitung verschiedenster Krankheiten sein. Cholera und Typhus sind schwere bakterielle Darmerkrankungen, die starkes Erbrechen und Durchfall zur Folge haben, die zum Tod des Infizierten führen können.
Der Verzehr von Muscheln, Eis und Salaten kann eine Infektion mit dem Hepatitis A-Virus zur Folge haben. Eine weitere große Gruppe bilden die Erkrankungen, die durch Blut oder Körperflüssigkeiten, zum Beispiel beim Geschlechtsverkehr, übertragen werden. Hierzu gehören ▸AIDS und Hepatitis B. Hepatitis B-Viren schädigen die Leber, was zu einer chronischen Erkrankung führen kann.

Neu auftretende Erreger

Immer wieder treten neue Erreger auf, die weitere schwere Krankheiten verursachen, wie die durch Viren übertragbare Lungenkrankheit SARS oder die Krankheit Ebola, die zu 90% tödlich endet. Andere Krankheitserreger können sich so verändern, dass sie auch für den Menschen gefährlich werden, beispielsweise das H5N1-Virus, der Auslöser der Vogelgrippe.

Gesundheitstipps

- Erkundige dich vor dem Urlaub über Impfmöglichkeiten und Notfallmedikamente.
- Trinke niemals Wasser aus der Leitung oder aus stehenden Gewässern und putze deine Zähne mit abgefülltem Wasser aus Flaschen.
- Verzichte auf Eiswürfel und Speiseeis.
- Verzichte auf Salat, rohes Gemüse oder Obst, außer du kannst es selbst schälen.
- Verzehre nur gekochte oder gebratene Speisen.
- Vermeide den Verzehr von Speisen an Imbissständen oder an Garküchen.
- Achte beim Geschlechtsverkehr auf Schutz durch Kondome.
- Lass dich nicht piercen oder tätowieren. Durch verschmutzte Geräte können Krankheitserreger übertragen werden.

Allergien – wenn das Immunsystem verrückt spielt

1. „Das Immunsystem spielt verrückt". Was bedeutet diese Aussage im Zusammenhang mit Allergien?
Beantworte diese Frage in einem kurzen Sachtext. Verwende Begriffe wie Überempfindlichkeitsreaktion, Antikörper, Immunsystem, Allergene.

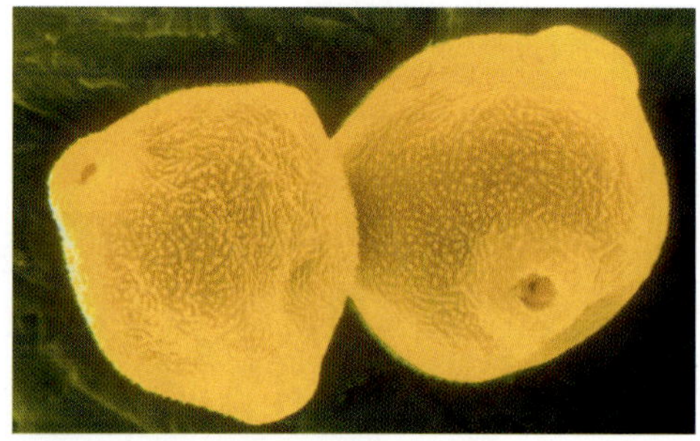

2. Eine besonders häufige allergische Reaktion ist der „Heuschnupfen", eine Pollenallergie. Das Foto rechts zeigt Birkenpollen.
a) Beschreibe den Verlauf einer Pollenallergie.
b) Was kann man gegen eine Pollenallergie tun? Stelle einige Tipps für Pollenallergiker zusammen.

3. Nenne mögliche Gründe für eine Zunahme der allergischen Erkrankungen in den letzten Jahren.

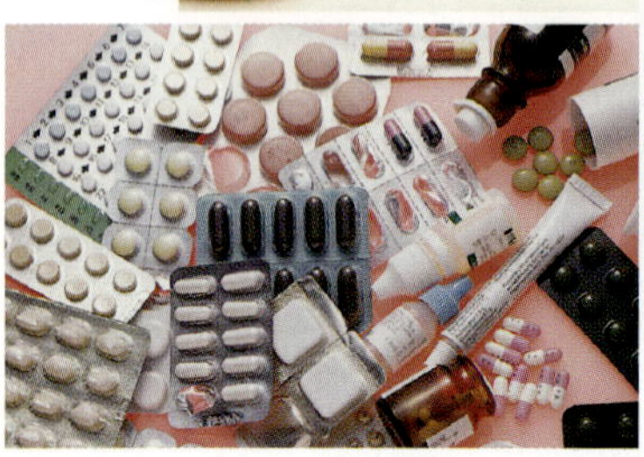

4. Führt eine Umfrage zum Thema „Allergien" durch.
a) Erstellt eine Liste, in der die Nennungen nach Häufigkeit sortiert werden.
b) Befragt betroffene Schüler und Schülerinnen, was sie gegen ihre Allergie tun.

5. Die Abbildungen zeigen mögliche Auslöser von Allergien.
a) Recherchiert im Internet. Beschreibt die allergischen Reaktionen, die durch sie verursacht werden können.
b) Stellt die Ergebnisse in Kurzvorträgen dar.

6. Die Hausstaubmilbenallergie ist nach der Pollenallergie die zweithäufigste allergische Reaktion in Deutschland. Das Foto zeigt eine elektronenmikroskopische Aufnahme einer Hausstaubmilbe.
a) Informiert euch über die Lebensweise der Haus-staubmilben, über Ursachen der Allergie, Symptome und vorbeugende Maßnahmen für Allergiker.
b) Verfasst einen Ratgeber für Menschen, die unter einer Hausstaubmilbenallergie leiden. Recherchiert auch im Internet.

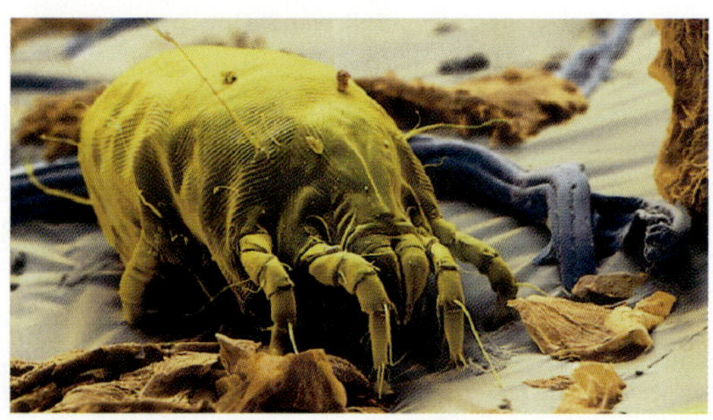

Heuschnupfen – eine häufige allergische Reaktion

Viele Menschen freuen sich auf Frühling, Sommer, Wärme und blühende Pflanzen. Nicht so diejenigen, die unter einer Pollenallergie leiden, die auch Heuschnupfen genannt wird. Von Februar bis August, wenn sich Blütenstaub von Bäumen, Gräsern und einigen anderen Blütenpflanzen in der Luft befindet, zeigen Pollenallergiker heftige Reaktionen. Ihr Körper reagiert mit Niesen, einer laufenden oder verstopften Nase und juckenden, tränenden Augen.

Was ist eine Allergie?

Bei einem gesunden Menschen werden körperfremde Stoffe, die in den Körper eindringen, vom ▸Immunsystem erkannt. Es bildet ▸**Antikörper,** mit deren Hilfe solche Stoffe unschädlich gemacht werden. Bei Allergikern liegt jedoch eine Fehlreaktion des Immunsystems vor. Harmlose Stoffe wie beispielsweise Pollen, Tierhaare oder bestimmte Lebensmittel lösen eine Abwehrreaktion aus. Der Körper reagiert überempfindlich auf Allergie auslösenden Stoffe, die **Allergene.**

Verlauf einer Allergie

Die ▸Plasmazellen des Blutes stellen beim ersten Kontakt mit dem Allergen, zum Beispiel Blütenpollen, Antikörper her, die sich auf Mastzellen, einer bestimmten Form von weißen Blutkörperchen, festsetzen. Solche Zellen befinden sich zum Beispiel im Gewebe der Nasenschleimhaut. Sie sind an der Heilung von Entzündungsprozessen beteiligt. Der Körper ist jetzt **sensibilisiert.**
Bei weiteren Kontakten mit demselben Allergen verbindet sich das Allergen mit den Antikörpern auf den Mastzellen. Diese schütten daraufhin das ▸Hormon **Histamin** aus.

1 Birkenpollen als Allergieauslöser

Histamin bewirkt ein Anschwellen der Schleimhäute, die Absonderung von Schleim und die Verengung der Luftröhre und der Bronchien. Dies sind Symptome einer allergischen Reaktion. Andere allergische Reaktionen wie die Tierhaarallergie können Hautrötungen, Ausschläge oder Wassereinlagerungen in der Haut bewirken.

Hilfe bei Allergien

Ein Arzt kann anhand eines Tests erkennen, welches Allergen die allergische Reaktion auslöst.
Beim Prick-Test beispielsweise werden verschiedene Allergene durch einen kleinen Stich in die Haut eingebracht. Nach zehn bis zwanzig Minuten bilden sich Rötungen oder Quaddeln dort, wo eine allergische Reaktion entsteht. Es gibt aber auch die Möglichkeit, einen Bluttest durchzuführen.
Nun erfolgt meist eine Behandlung mit kleinsten Mengen des Allergens, die **Hyposensibilisierung.** Durch diese Behandlung wird dem Körper das Allergen mehrfach angeboten, sodass die Überreaktion des Immunsystems langsam nachlässt.
Bei bestimmten Allergien kann auch die Vermeidung des Allergens eine Besserung bewirken.

Zunahme von allergischen Reaktionen

Inzwischen ist durch Zahlen aus mehreren Ländern belegt, dass es heute mehr Allergien gibt als früher. Die Gründe sind jedoch noch nicht ausreichend erforscht. Ungesunde Ernährung, übertriebene Hygiene und zunehmende Umweltverschmutzung sind mögliche Ursachen.

2 Kettenreaktion beim Kontakt mit Blütenpollen

Diabetes – die Zuckerkrankheit

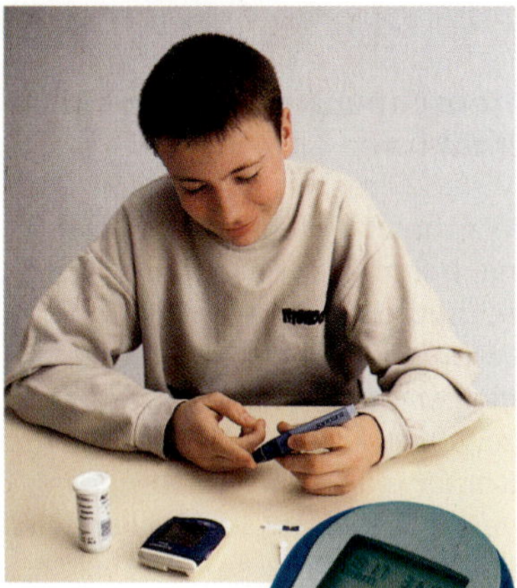

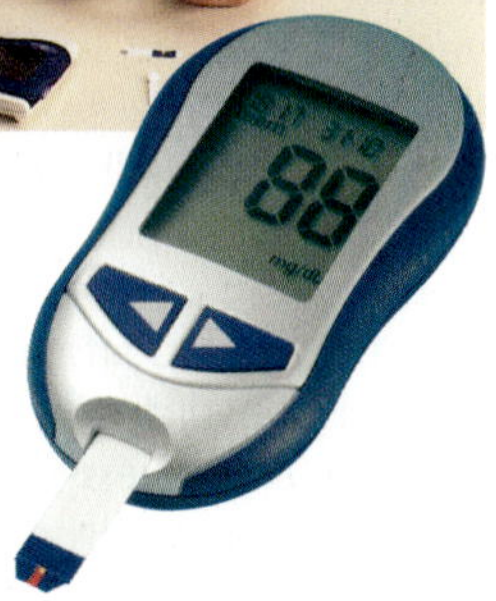

1. Viele Menschen leiden unter der Zuckerkrankheit. Die wissenschaftliche Bezeichnung für diese Stoffwechselstörung lautet Diabetes mellitus. Frei übersetzt heißt das „honigsüßer Durchfluss".
Erklärt, woher die Bezeichnung für diese Krankheit kommt.

2. Diabetes kommt hauptsächlich in zwei Formen vor, Typ I und Typ II.
a) Recherchiere Ursachen, Symptome, Behandlungsmöglichkeiten und Häufigkeit in der Bevölkerung von beiden Formen.
b) Eine Form der Zuckerkrankheit wird auch als Zivilisationskrankheit bezeichnet. Auf welchen Typ trifft diese Bezeichnung zu? Begründe deine Entscheidung.

3. Erkundigt euch, wie ein Jugenddiabetiker mit seiner Krankheit umgeht, um ein möglichst normales Leben zu führen. Notiert, worauf er achten muss.

4. Listet in einem Supermarkt Lebensmittel auf, die für Diabetiker angeboten werden. Was bedeuten die Hinweise, die ihr auf den Verpackungen findet?

5. Bei der Steuerung des Blutzuckerspiegels spielen zwei Hormone eine entscheidende Rolle.
a) Benenne diese Hormone.
b) Erkläre mithilfe des Textes und der Abbildungen auf der Informationsseite die jeweilige Steuerungsfunktion.

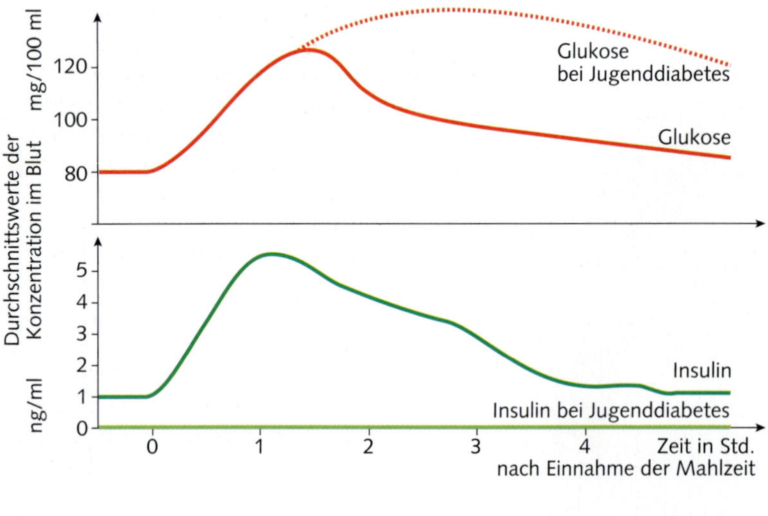

6. Die nebenstehende Abbildung zeigt den Zucker- und Insulingehalt im Blut eines gesunden Menschen und eines Jugenddiabetikers nach einer Mahlzeit.
a) Beschreibe den Verlauf des Blutzuckerspiegels vor, während und nach einer Mahlzeit. Vergleiche ihn mit dem eines Jugenddiabetikers.
b) Vergleiche den Kurvenverlauf des Insulingehalts mit dem des Blutzuckerspiegels bei einem gesunden Menschen.
c) Erkläre nun, wie es zu den unterschiedlichen Verläufen des Blutzuckerspiegels kommt.

Hormone steuern den Blutzuckerspiegel

Energie, die wir für die Muskeltätigkeit und andere Lebensvorgänge benötigen, erhält unser Körper aus dem Blut. Nach einer kohlenhydrathaltigen Mahlzeit transportiert das Blut vermehrt Glukose zu allen Organen. Bei einem gesunden Menschen liegt der **Blutzuckerspiegel** normalerweise bei 80 bis 120 mg Glukose in 100 ml Blut. Zwei ▸Hormone, **Insulin** und **Glukagon,** regeln die Blutzuckerkonzentration. Diese Hormone werden in den Langerhansschen Inseln, bestimmten Zellgruppen in der Wand der Bauchspeicheldrüse, produziert. Unter dem Mikroskop kann man A-Zellen und B-Zellen unterscheiden.
Bei erhöhter Konzentration von Glukose im Blut, beispielsweise nach einer kohlenhydrathaltigen Mahlzeit, geben die B-Zellen das Hormon Insulin ab. Dadurch wird Glukose verstärkt von den Körperzellen aus dem Blut aufgenommen. Das Insulin regt außerdem Leber- und Muskelzellen an, Glukose in den Speicherstoff **Glykogen** umzuwandeln. Insulin senkt also den Blutzuckerspiegel.
Nimmt die Konzentration von Glukose im Blut ab, weil wir lange nichts gegessen haben, geben die A-Zellen der Langerhansschen Inseln das Hormon Glukagon ab. Es sorgt dafür, dass in Leber- und Muskelzellen gespeichertes Glykogen in Traubenzucker zurückverwandelt wird. Glukagon lässt den Blutzuckerspiegel wieder ansteigen.

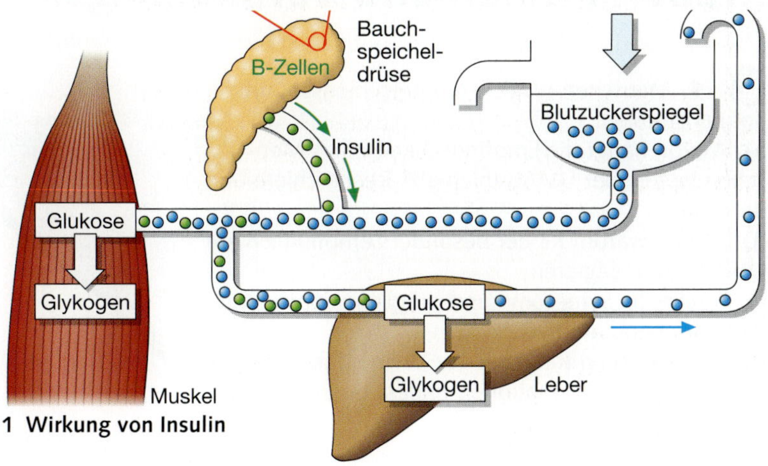

1 Wirkung von Insulin

Gestörter Regelmechanismus

Bei Menschen mit **Diabetes,** der so genannten **Zuckerkrankheit,** ist diese hormonelle Steuerung des Blutzuckerspiegels gestört. Die B-Zellen der Langerhansschen Inseln produzieren zu wenig oder gar kein Insulin, sodass Glukose nicht von den Körperzellen aufgenommen und auch nicht in Glykogen umgewandelt werden kann. Dadurch steigt die Blutzuckerkonzentration. Bei einem Wert von über 180 mg in 100 ml Blut geht Glukose in den Harn über und ist dort nachweisbar.

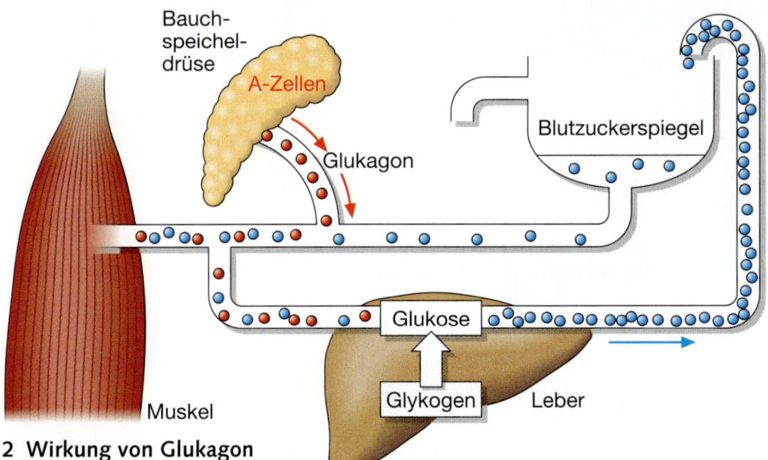

2 Wirkung von Glukagon

Formen des Diabetes

Diabetes ist eine Stoffwechselerkrankung, die in zwei Formen vorkommt. Die erste Form, **Typ I,** entsteht meist bei Kindern und Jugendlichen und wird Jugenddiabetes genannt. Sie ist bis jetzt nicht heilbar. Diabetiker müssen lebenslang Insulin spritzen.
Die häufigere Form, **Typ II,** tritt in erster Linie bei älteren Menschen auf. Da neben einer erblichen Veranlagung hier die Ursachen meist auf falscher Ernährung und Bewegungsmangel beruhen, zählt diese Form des Diabetes zu den **Zivilisationserkrankungen**. Auch Jugendliche können aufgrund von falscher Ernährung am Typ II erkranken.

Symptome und Maßnahmen

Diabetiker leiden oft unter starkem Durst und trinken sehr viel. Durch die übermäßige Ausscheidung geht dem Körper Glukose als Energiequelle verloren. Als Ersatz wird Fettgewebe und zum Teil auch Körpereiweiß als Energiequelle verwendet. Es kommt zu Leistungsschwäche und Abmagerung.
Die Einhaltung einer speziellen **Diät** ist für Diabetiker notwendig, um leistungsfähig zu bleiben. Viele Diabetiker müssen zudem Insulin spritzen.

Krebs – Risiken und Vorbeugungsmöglichkeiten

1. Menschen reagieren unterschiedlich auf Sonnenstrahlen.

a) Wovon hängt die Empfindlichkeit eines Menschen gegenüber UV-Strahlen ab? Recherchiere und berichte.

b) Erkläre, warum Kinder besonders empfindlich auf UV-Strahlen reagieren.

c) Beschreibe Symptome und mögliche Spätfolgen eines Sonnenbrandes.

d) Verfasse einen Ratgeber zur Vermeidung von Sonnenbrand. Informationen findest du im Internet.

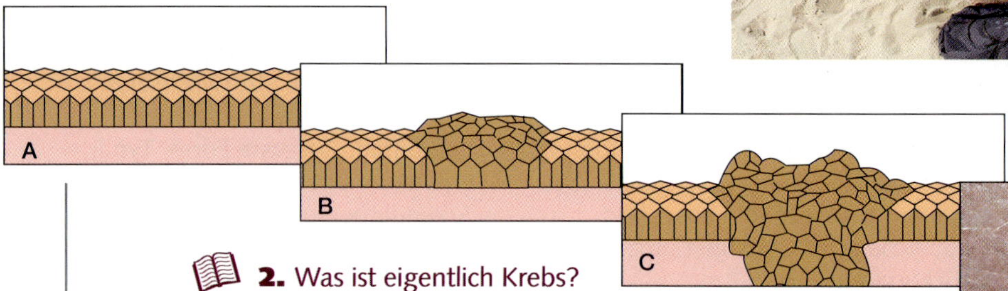

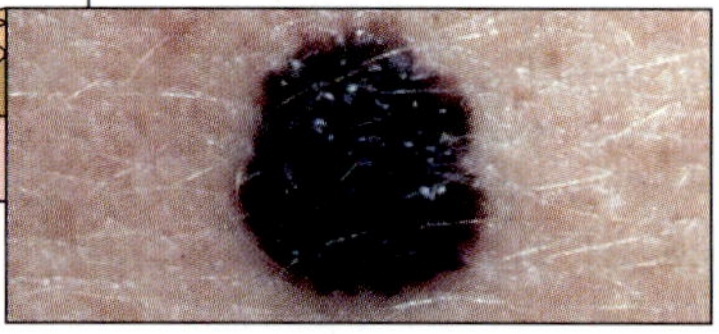

2. Was ist eigentlich Krebs? Beantworte diese Frage mit eigenen Worten in einem kurzen Text. Die Abbildungen zur Entstehung von Hautkrebs helfen dir.

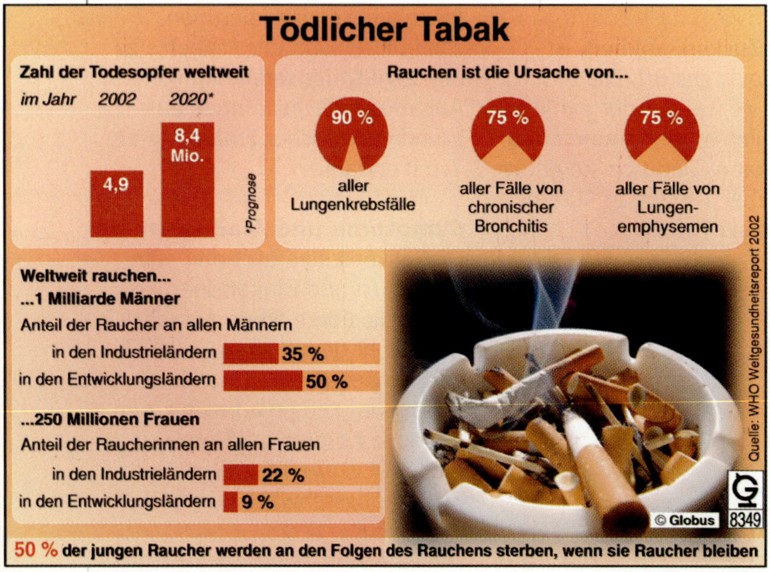

3. Für die Entstehung einer Krebserkrankung gibt es bekannte Risikofaktoren.

a) Listet Risikofaktoren auf, die die Entstehung von Krebszellen in unterschiedlichen Organen fördern können.

b) Krebsforscher haben inzwischen Kenntnisse über Vorbeugungsmaßnahmen gewonnen. Verknüpft in einem Kurzreferat die Risikofaktoren mit möglichen Maßnahmen des einzelnen Menschen zur Krebsvorbeugung.

4. Tabakrauch gilt als Risikofaktor bei der Entstehung von Krebserkrankungen.
Werte die oben dargestellten Diagramme aus und stelle die Informationen in Form eines Textes dar.

Was ist eigentlich Krebs?

Im Normalfall werden Zellteilungen in allen Geweben des Körpers vom Gesamtorganismus kontrolliert. Bei Zellen, in denen die Erbinformation durch ▸Mutationen verändert wurde, kann eine unkontrollierte Zellvermehrung stattfinden. Die Zellen spezialisieren sich dann nicht mehr und bilden innerhalb des Gewebes eine Geschwulst, die auch **Tumor** genannt wird. Man unterscheidet gutartige und bösartige Tumore.

Gutartige Tumore sind nicht lebensbedrohend, da sie nicht in benachbartes Gewebe eindringen und sich nicht im Körper ausbreiten.

Bösartige Tumore, auch als **Krebs** bezeichnet, breiten sich im umliegenden Gewebe aus und zerstören dieses. Einzelne Krebszellen können über Lymph- und Blutgefäße an andere Stellen des Körpers transportiert werden und dort Tochtergeschwülste, so genannte **Metastasen,** bilden. Somit können alle Organe von Krebs befallen werden. Nach Herz- und Kreislauferkrankungen ist Krebs in den Industrieländern heute die häufigste Todesursache.

Risikofaktoren

Krebs kann verschiedene Ursachen haben. Zahlreiche Krebs auslösende, sogenannte **karzinogene Stoffe,** sind in Tabakrauch oder in Auto- und Industrieabgasen enthalten. Einige Zusatzstoffe in Lebensmitteln, bestimmte Pilzgifte in verschimmelten Nahrungsmitteln und Alkohol können ebenfalls Krebs verursachen. Auch beim Grillen entstehen Krebs auslösende Stoffe. Röntgenstrahlen, UV-Strahlung, radioaktive Strahlung und bestimmte Viren werden ebenso für Krebs verantwortlich gemacht. Auch ▸Stress kann das Krebsrisiko erhöhen. Wissenschaftler haben im Erbgut Gene gefunden, die Krebs auslösen können. Werden diese ▸DNA-Abschnitte aktiviert, kann es zur Krebsbildung kommen.

1 Risikofaktoren

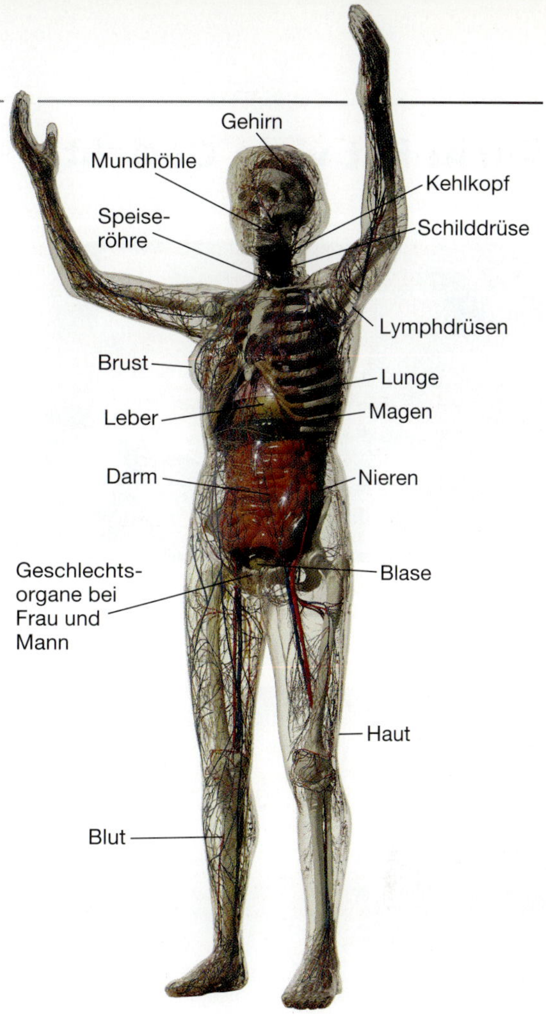

2 Tumoranfällige Organe

Chancen durch Früherkennung und Vorbeugung

Wird die Krebserkrankung im frühen Stadium erkannt, ist eine Heilung oft möglich. Im fortgeschrittenen Stadium kann die Krankheit durch die Behandlung mit Medikamenten oder Bestrahlung begrenzt werden. Gegen die Entstehung von Gebärmutterhalskrebs, der durch Papillomviren hervorgerufen wird, gibt es eine ▸Impfung. Sie wird für Mädchen von 12 bis 17 Jahren empfohlen. Regelmäßige **Vorsorgeuntersuchungen** tragen zur frühen Erkennung der Krankheit bei. Bei Veränderungen des eigenen Körpers, beispielsweise der Veränderung eines Muttermals oder dauerhaften Schmerzen, sollte so schnell wie möglich ein Arzt aufgesucht werden.

Vorbeugende Maßnahmen sind wichtig. Dazu gehört eine gesunde Lebensführung, um die Einwirkung karzinogener Stoffe auf den Körper möglichst gering zu halten.

Sucht hat viele Gesichter

1. Erstellt eine Mindmap zum Thema Sucht und Drogen.

2. Es gibt unterschiedliche Arten von Sucht.
a) Betrachte die Bilder und erläutere, um welche Art von Sucht es sich jeweils handelt.
b) Liste weitere Suchtarten auf.

3. Nenne mögliche Gründe, Drogen „auszuprobieren". Nimm dazu Stellung.

4. Informiere dich über eine Art von Sucht und stelle die Ergebnisse in einer geeigneten Präsentation vor.
Nutze unterschiedliche Quellen, auch Drogen- oder Suchtberatungsstellen. Folgende Gesichtspunkte kannst du beachten: Geschichte der Droge, Herstellung, Gefahren, Langzeitschäden und strafrechtliche Folgen, Ursachen der Sucht, Hilfen, Therapiemöglichkeiten und Alternativen zum Suchtverhalten.

5. Erläutere, was man unter den Begriffen „Gewöhnung", „körperliche Abhängigkeit" und „psychische Abhängigkeit" versteht.

6. Beschreibe die Spirale einer Abhängigkeit. An welcher Stelle und auf welche Weise könnte eingegriffen werden?

Was ist „Sucht"?

Sucht ist die krankhafte Abhängigkeit eines Menschen von einem Stoff wie Alkohol oder Heroin oder die zwanghafte Ausübung eines Verhaltens. Man unterscheidet deshalb zwischen stoffabhängigen und stoffunabhängigen Süchten. Bei betroffenen Menschen besteht ständig das Verlangen nach erneuter Einnahme des Stoffes oder einer Wiederholung des Verhaltens, um ein Lustgefühl zu erreichen oder Unlustgefühle zu vermeiden. Die meisten Suchtmittel führen zu **physischer,** das heißt **körperlicher Abhängigkeit.** Wird das Suchtverhalten nicht ausgeübt, reagiert der Körper mit Entzugserscheinungen. Bei der **psychischen,** das heißt **seelischen Abhängigkeit,** kann das innere Gleichgewicht nur noch mithilfe des Stoffes oder des Verhaltens erreicht werden.

Wenn Verhaltensweisen zur Sucht werden

Menschen können auch ohne die Einnahme von Drogen suchtkrank sein. Die Sucht äußert sich hier in bestimmten Verhaltensweisen, die schwerwiegende soziale Folgen haben oder die Gesundheit schädigen können.
So kann das Spielen von **Computerspielen** zur Sucht werden. Die Spiele sind so angelegt, dass sich in den Gedanken des Spielers bald alles um die Fortführung der Spiele dreht.

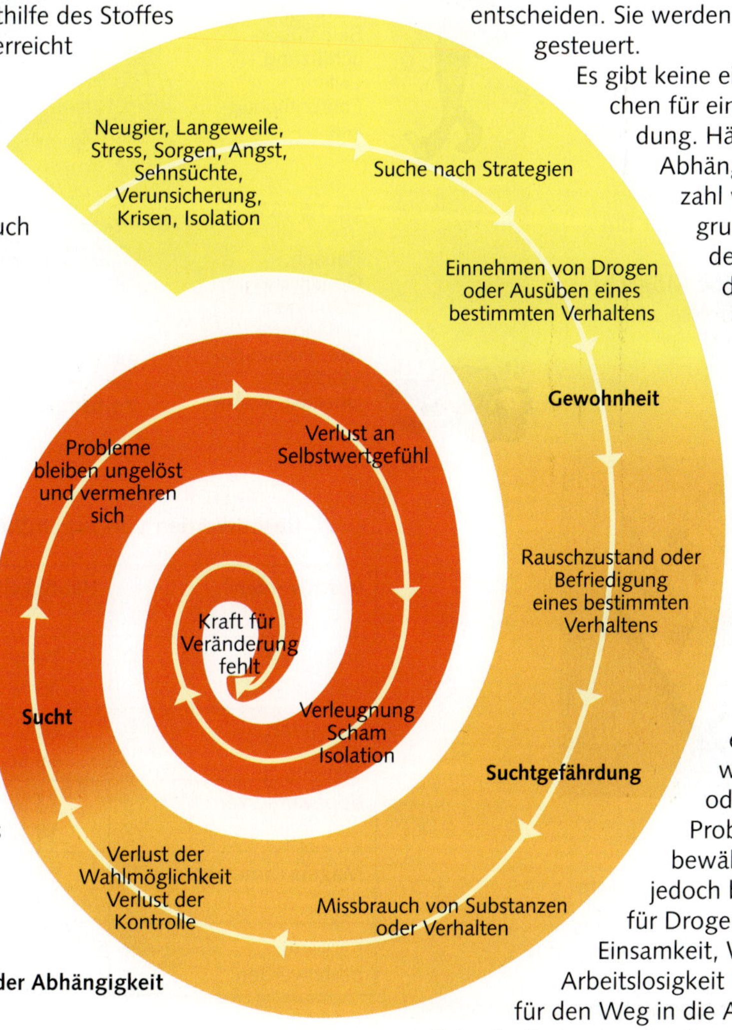

1 Spirale der Abhängigkeit

Kaufsucht oder **Glücksspiele,** die mit dem Einsatz von Geld verbunden sind, können in eine Spirale der Verschuldung führen, wodurch langfristig das Leben des Betroffenen und das seiner Familie verändert oder sogar zerstört wird.

Essstörungen wie **Magersucht** und **Bulimie,** die Ess- und Brechsucht, können ernsthafte gesundheitliche Schäden zur Folge haben und sogar zum Tod führen.

Man spricht spätestens dann von süchtigem Verhalten, wenn die Betroffenen den Großteil ihrer Freizeit mit diesem krankhaften Verhalten verbringen und darüber Familie, Freunde, Schule oder Beruf vernachlässigen.

Sucht bedeutet Verlust der Freiheit

Menschen, die körperlich oder psychisch von Suchtmitteln abhängig sind oder zwanghaftes Verhalten ausüben, können nicht mehr frei über sich selbst entscheiden. Sie werden durch ihre Sucht gesteuert.
Es gibt keine eindeutigen Anzeichen für eine Suchtgefährdung. Häufig liegt einer Abhängigkeit eine Vielzahl von Ursachen zugrunde, welches mit der Persönlichkeit des Betroffenen, dem sozialen Umfeld und der Verfügbarkeit von Drogen zusammenhängt. Bei Jugendlichen ist es oft die Neugier, die zum ersten Drogenkonsum verleitet.
Menschen, die passiv und unselbstständig sind, ein geringes Selbstwertgefühl haben oder Konflikte bzw. Probleme nur schwer bewältigen können, sind jedoch besonders anfällig für Drogen. Aber auch Einsamkeit, Wut, Angst oder Arbeitslosigkeit können Ursachen für den Weg in die Abhängigkeit sein.
Beim Auftreten von bestimmten Gefahrensignalen sollten Eltern oder Betroffene selbst eine Sucht- oder Drogenberatungsstelle aufsuchen. Dort erhalten sie vielfältige Unterstützung und Hilfe auch im Hinblick auf notwendige Therapien.

Legal – und deshalb harmlos?

1. Beschreibe, was man unter legalen Drogen versteht.

2. Führt ein Projekt zum Thema Alkohol und Alkoholismus durch. Beschäftigt euch mit verschiedenen Aspekten des Alkohols. Folgende Leitfragen können helfen:
- Wie wirkt Alkohol?
- Wie viel Alkohol ist in unterschiedlichen alkoholischen Getränken enthalten?
- Wann und warum wird Alkohol getrunken?
- Wie wird Alkohol in der Werbung dargestellt?
- Was ist Alkoholismus und welche Folgen kann er für die Betroffenen haben?

Wählt unterschiedliche Möglichkeiten, um die Ergebnisse zu ▸visualisieren.

bis 0,5 ‰

entspannt, redselig, leichte Gehstörungen und Konzentrationsschwäche

bis 0,5–1,5 ‰

Gleichgewichtsstörungen, Selbstüberschätzung, Lallen, Fahruntüchtigkeit

bis 1,5–3 ‰

Rausch, Gedächtnisstörungen, verlängerte Reaktionszeit, Müdigkeit, Übelkeit, Koma

Info

Nach Informationen der Techniker-Krankenkasse (TK) stieg zwischen 2007 und 2008 die Zahl der durch Alkoholmissbrauch verursachten Klinikaufenthalte von Kindern unter 15 Jahren von 177 auf 214. Wenn man diese Angabe einer Kasse auf alle Versicherten hochrechnet, kommt man bundesweit insgesamt auf knapp 2400 Fälle von akutem Alkoholrausch in dieser Altersgruppe. Bei den unter 18-Jährigen weisen die TK-Zahlen einen Anstieg der Klinikeinweisungen um 174 auf 1765 aus; das entspricht einer Gesamtzahl von fast 20000 minderjährigen „Komasäufern", die 2008 im Krankenhaus landeten. *dpa*

3. Stelle die Zahlen des Zeitungsartikels grafisch dar.

4. Auf Zigarettenschachteln muss auf die Gefahren des Zigarettenrauchs hingewiesen werden.

a) Welche Warnhinweise stehen auf den Schachteln und welchen biologischen Hintergrund haben sie?

b) Formuliert weitere Warnhinweise, die auf Zigarettenschachteln stehen könnten.

Beschwerden von Jugendlichen im Alltag

Beschwerden		Häufigkeit	Medikamenteneinnahme
Müdigkeit	♀	79 %	2 %
	♂	69 %	2 %
Nervosität	♀	64 %	2 %
	♂	60 %	2 %
Kopfschmerzen	♀	73 %	20 %
	♂	58 %	12 %
Magenschmerzen	♀	57 %	6 %
	♂	42 %	3 %
Kreislaufbeschwerden	♀	51 %	8 %
	♂	26 %	2 %

5. a) Werte die Ergebnisse der oben dargestellten Umfrage aus. Welche Schlüsse ziehst du daraus?

b) Beschreibe Alternativen, die es zur Einnahme von Medikamenten gegen die aufgelisteten Beschwerden gibt.

1 Fußball „genießen" – so oder so?

Prost!?

Bei vielen Anlässen nehmen wir alkoholische Getränke zu uns. Sie gehören ebenso wie Zigaretten, Kaffee, Tee und bestimmte Medikamente zu den legalen Drogen. Ihr Besitz, Konsum oder Handel ist nicht per Gesetz verboten. Trotzdem greifen auch solche Drogen in den Stoffwechsel ein und beeinflussen so Wahrnehmungen, Stimmungen und Gefühle eines Menschen. Auch legale Drogen können zu schweren Gesundheitsstörungen führen.
Alkohol ist ein Zellgift, das über die Schleimhäute des Mundes, des Magens und des Dünndarms ins Blut aufgenommen und zu allen Organen transportiert wird. Daher kommt es an vielen Stellen des Körpers bei häufigem oder stetem Missbrauch von Alkohol zu ernsten Schädigungen.
Besonders empfindlich reagieren die ▸Nervenzellen. Taubheitsgefühle und Empfindungsstörungen können auftreten. Schon bei einem leichten Rausch können Entfernungen nicht mehr richtig eingeschätzt werden, das Blickfeld ist eingeschränkt und die Konzentration lässt nach. Im Straßenverkehr kann das für alle Beteiligten gefährlich werden. Im Jahr 2008 geschahen 19% der Verkehrsunfälle mit Todesfolge unter Alkoholeinfluss. Auch zahlreiche Straftaten werden im betrunkenen Zustand verübt.

Innere Organe wie Magen, Bauchspeicheldrüse und Leber sind durch Alkoholkonsum gefährdet. Da die Leber für den Alkoholabbau zuständig ist, werden Leberzellen bei längerem Alkoholmissbrauch geschädigt. Die Folge sind Erkrankungen der Leber und schließlich ein Versagen der Leberfunktion. Volltrunkenheit kann zu Bewusstlosigkeit und einer Alkoholvergiftung führen. Wird Alkohol regelmäßig und in größeren Mengen konsumiert, kann es zu einer körperlichen Abhängigkeit kommen. Alkoholismus ist eine schwere Erkrankung, die von Fachärzten behandelt werden muss.

Ist Rauchen wirklich cool?

Nikotin ist ein starkes Nervengift. Wenige Milligramm im Blut wirken tödlich. Die über Tabakrauch aufgenommene Nikotinmenge führt dazu, dass sich die Wände der Arterien zusammenziehen. Da jedoch die Durchflussmenge des Blutes trotzdem konstant bleiben muss, beschleunigt sich der Herzschlag und der Blutdruck steigt. So entsteht ein erhöhtes Herzinfarkt- und Schlaganfallrisiko. Nikotin wirkt außerdem auf das ▸Zentralnervensystem. Es verändert die Motivation und führt schnell zu einer körperlichen und psychischen Abhängigkeit. Teerbestandteile des Tabakrauchs zerstören die Flimmerhärchen der Bronchien, die für die Reinigung der Atemwege zuständig sind. Dadurch kommt es häufig zu Raucherhusten und Entzündungen der Bronchien. ▸Krebserkrankungen wie Lungenkrebs können die Folge sein. Kohlenstoffmonooxid im Zigarettenrauch blockiert die Sauerstoffaufnahme im Blut, was zu reduziertem Stoffwechsel und damit zu Leistungsminderung führt. Eine weitere Schädigung durch das Rauchen kann die frühzeitige Hautalterung sein.

Während der ▸Schwangerschaft schädigen die Inhaltsstoffe des Tabakrauchs das ungeborene Kind. Auch das Passivrauchen kann zu gesundheitlichen Schäden führen. Daher ist in öffentlichen Gebäuden und den meisten Restaurants das Rauchen verboten.

Verantwortungsvoller Umgang mit Medikamenten

Die Werbung für Medikamente verspricht die schnelle Beseitigung von allerlei Beschwerden. Auf mögliche **Nebenwirkungen** wird jedoch nur im Beipackzettel hingewiesen. Bei regelmäßigem, unkontrolliertem Gebrauch bestimmter Medikamente kann sich der Körper an die **Wirkstoffe** gewöhnen. Die Dosis muss dann ständig gesteigert werden, damit die Medikamente weiterhin die gewünschte Wirkung erzielen. Eine Abhängigkeit von den enthaltenen Wirkstoffen kann nach längerer Einnahme besonders bei Schlaf- und Aufputschmitteln, Abführmitteln und Schmerzmitteln entstehen. Dies gilt sowohl für frei verkäufliche als auch für verschreibungspflichtige Medikamente.

Illegale Drogen – bei Strafe verboten

1. Was versteht man unter illegalen Drogen? Gib einen Überblick.

2. a) Informiert euch über die Herkunft von Opium. Welche Drogen werden daraus hergestellt? Warum ist der Umgang mit diesen Drogen bei uns verboten?
b) Berichte, in welchen Fällen Morphium und Codein als Medikamente eingesetzt werden.
c) Beschreibe, wie Heroin entstanden ist und welche Wirkungen es hat.
d) Welche Folgen hat das Verbot von Drogen auf Opiumbasis für die abhängigen Menschen?

3. Auch Cannabis-Produkte wie Haschisch und Marihuana, die aus der indischen Hanfpflanze gewonnen werden, gehören zu den illegalen Drogen.
Beschreibe Herkunft, Anwendung, Wirkung und Risiken dieser Drogen. Erstelle Computerfolien.

4. Erkläre, warum manche Haschischraucher mit der Zeit zu stärkeren Drogen übergehen.

5. Ecstasy, Speed und Spice gehören zu den synthetisch hergestellten Designerdrogen.
Stelle in einem Kurzvortrag Wirkungen und Gefahren vor, die mit der Einnahme dieser Drogen verbunden sein können.

6. a) Mit welchen Entzugserscheinungen müssen Abhängige rechnen, wenn sie ihre jeweilige Droge nicht mehr einnehmen?
b) Beschreibe an einem Beispiel, wie Abhängige ihren Drogenkonsum finanzieren.

7. Um euch über die rechtlichen Aspekte im Zusammenhang mit Drogen zu informieren, könnt ihr einen Experten in eure Klasse einladen, beispielsweise jemanden von der Polizei.
Überlegt euch vorher Fragen, die ihr stellen wollt.

Illegale Drogen

Als illegale Drogen bezeichnet man Stoffe, deren Besitz oder Handel nach dem Betäubungsmittelgesetz strafbar sind. Zu ihnen gehören sowohl Substanzen, die prinzipiell verboten sind, beispielsweise Kokain oder Heroin, als auch solche, die nur medizinisch genutzt und bei entsprechender Indikation wie starken Schmerzen verschrieben werden dürfen.

Cannabis-Produkte

Cannabis-Produkte, zu denen **Haschisch** und **Marihuana** gehören, werden aus Blättern, Blüten und dem Harz der indischen Hanfpflanze hergestellt. Cannabis wird meist mit Tabak vermischt als Joint geraucht. Die Wirkung ist je nach der Stimmung des Konsumenten unterschiedlich. Positive oder negative Stimmungen werden verstärkt. Die Wahrnehmung von Zeit und Raum und von Farben kann sich verändern.
Bei längerem Konsum kann es zur ▸psychischen Abhängigkeit kommen. Konzentrations- und Leistungsfähigkeit lassen nach und Depressionen treten auf. Außerdem wird die Schwelle, andere Drogen zu konsumieren, niedriger.

Drogen auf Opiumbasis

Aus dem Milchsaft von Kapseln des Schlafmohns wird **Opium** gewonnen. Dieser enthält viele Inhaltsstoffe, so auch **Opiate** wie **Codein** und **Morphium.** Durch chemische Weiterbehandlung lässt sich daraus **Heroin** herstellen. Konsumenten rauchen, spritzen oder inhalieren solche Drogen. Sie erzeugen zunächst ein starkes Glücksgefühl und wirken beruhigend. Häufig angewendet kommt es zu Gleichgültigkeit gegenüber Alltagsproblemen sowie Realitätsverlust. Drogen auf Opiumbasis erzeugen sehr schnell eine ▸körperliche und psychische Abhängigkeit. Abhängige, die Heroin spritzen, können sich durch den Gebrauch unsauberer Spritzen, mit ▸HIV oder Hepatitis infizieren. Strecksubstanzen im Heroin führen zu schweren Organschäden. Aufgrund der hohen Kosten der Drogen sind Beschaffungskriminalität oder Prostitution häufig die Folgen. Morphium wird jedoch auch unter ärztlicher Kontrolle als Medikament bei starken Schmerzen nach Operationen und bei Krebspatienten eingesetzt. Codein ist in Medikamenten gegen Hustenreiz enthalten.

Kokain

Kokain wird aus den Blättern des südamerikanischen Kokastrauches gewonnen. Es wird als Pulver geschnupft, seltener gespritzt.
Zunächst wirkt Kokain stark aufputschend. Bei längerer Einnahme können Aggressionen, Depressionen und Verfolgungswahn auftreten. Auch körperliche Gesundheitsschäden entstehen. So schädigt das Schnupfen von Kokain die Nasenschleimhaut und führt zu Entzündungen der Nasenscheidewand. Schlaf- und Appetitstörungen können auftreten. Das Spritzen von Kokain kann langfristig zu einer Schwächung des Immunsystems und zu Leberschäden führen. Kokainkonsum macht körperlich abhängig.

1 Süchtig

Designer-Drogen

Designer-Drogen wie **Ecstasy** und **Speed** werden ausschließlich synthetisch im Labor hergestellt. Konsumenten schlucken sie meist in Form von Pillen. Die Designer-Droge **Spice** wird von den Herstellern auf eine Mischung verschiedener Kräuter aufgebracht. Diese mit Drogen angereicherten Kräuter werden geraucht.
Designerdrogen erzeugen zunächst ein Harmoniegefühl mit der Umwelt und erhöhen die Kontaktbereitschaft. Die normalerweise am Abend oder in der Nacht eintretende Müdigkeit bleibt aus. Appetitlosigkeit, Unruhe und verstärkter Harndrang treten auf. Langfristige oder häufige Einnahme führt zur Austrocknung des Körpers, zu Halluzinationen, Kreislaufversagen und einer Schädigung des Gehirns.
Speed gehört zu der chemischen Wirkstoffgruppe der Amphetamine. Diese rufen eine psychische und körperliche Abhängigkeit hervor.

Pinnwand

Mit gesunder Lebensweise die Abwehr unterstützen

Bewegung an **frischer Luft** und **sportliche Aktivitäten** tragen wesentlich zur Gesunderhaltung des Körpers bei.

Echte Kamille

Die Kamille löst Krämpfe und hemmt Entzündungen. Bei Magen- und Darmkrämpfen hat Kamillentee eine schmerzlindernde Wirkung. Kamilleumschläge wirken wohltuend und heilend bei Hautentzündungen.
Bei Erkältungskrankheiten hilft das Inhalieren von Kamilledampf.

1. Liste Sport- und Freizeitangebote auf, die in deiner Umgebung angeboten werden. Denke dabei auch an meditative Übungen.

2. Stelle anhand der Ernährungspyramide Regeln für eine gesunde Ernährung auf.

3. a) Bildet Gruppen und recherchiert im Internet zum Suchbegriff „Hausmittel“. Gestaltet eine Sachmappe.
b) Fertigt ein Herbar mit Heilpflanzen an und erstellt passende Steckbriefe. Achtet darauf, dass ihr keine geschützten Pflanzen sammelt.

4. Informiere dich über die Bedeutung von genügend Schlaf für die Gesunderhaltung des Körpers. Berichte in einem Kurzvortrag.

Schlaf stärkt das ▸ Immunsystem. Ausreichend Schlaf und regelmäßige Schlaf- und Wachrhythmen sind das beste Heilmittel gegen Müdigkeit und Abgespanntheit. Auch im Schlaf arbeitet der Körper: schädliche Stoffe werden abgebaut, Zellen erneuert und Energiespeicher aufgefüllt. Dauernder Schlafmangel kann psychisch und körperlich krank machen.

Die **Ernährungspyramide** zeigt, in welchem Verhältnis die Nahrungsmittel bei einer ausgewogenen Ernährung zueinander stehen sollten.

Was ist dran an alternativer Medizin?

Neben der traditionellen Medizin gibt es einige Behandlungsmethoden, die nicht mit synthetisch hergestellten Medikamenten arbeiten. Hierzu gehören alternative Heilmethoden.

Bildet Teams und informiert euch über die Methoden. Präsentiert eure Ergebnisse in geeigneter Form und diskutiert in der Klasse das Für und Wider.

1. Homöopathie
Diese Heilmethode wird auch Reiz- und Regulationstherapie genannt, da nicht die Symptome unterdrückt, sondern die Heilung durch Anregung der Selbstheilungskräfte gefördert werden soll. Recherchiert Informationen zur Geschichte der Homöopathie, zu Verdünnung, Arzneiformen, Vorteilen und Grenzen.

2. Farbtherapie
Hierbei wird farbiges Licht mithilfe von Farblichtgeräten zur Behandlung unterschiedlicher Beschwerden, besonders jedoch zur Linderung von Ängsten und Erschöpfungszuständen, eingesetzt.

3. Edelsteintherapie
Unterschiedlichen Halbedelsteinen und Edelsteinen werden besondere Wirkungen zugeschrieben, die durch Auflegen an verschiedenen Körperstellen erzielt werden sollen.
Informiert euch über die Wirkungen, die bestimmten Steinen zugeschrieben werden

4. Akupunktur
Der Ursprung der Akupunktur wird der Traditionellen Chinesischen Medizin zugeordnet. Heute nimmt man jedoch an, dass dieses Heilverfahren auch in Europa schon vor Tausenden von Jahren angewandt wurde. Bei Anwendung der Akupunktur werden bestimmte Punkte des Körpers, die anatomisch gut beschreibbar sind, durch feine Nadeln stimuliert. Dadurch sollen Blockaden aufgelöst werden, sodass die Lebensenergie, das „Chi", wieder in Leitbahnen, so genannten Meridianen, fließen kann. Ladet gegebenenfalls einen Experten zu diesem Thema ein.

5. Bach – Blütentherapie
Dr. Bach, ein englischer Arzt, begründete zu Anfang des 20. Jahrhunderts dieses Naturheilverfahren. Er stellte aus den Blüten unterschiedlicher wild wachsender Pflanzen Essenzen her, die psychische Störungen lindern und einen harmonischen Zustand herstellen sollten. In einer Apotheke könnt ihr euch über unterschiedliche Produkte, die Blütenessenzen enthalten, und ihre Wirkungen informieren.

Gesundheit
Gesund ist ein Mensch, wenn er sich sowohl mit seinem Körper als auch seiner Seele, seinen Mitmenschen und seiner Umwelt im Einklang fühlt. Ob sich jemand gesund oder krank fühlt, kann in den meisten Fällen nur der betroffene Mensch selbst beurteilen.
Im Laufe des Lebens ist der Mensch vielen Einflüssen ausgesetzt. Sie bestimmen mit über Gesundheit oder Krankheit. Manche Einflüsse wie Ernährung können sich sowohl günstig als auch schädlich auf die Gesundheit auswirken. Durch eine verantwortliche Lebensführung kann jeder zu seiner Gesundheit beitragen.

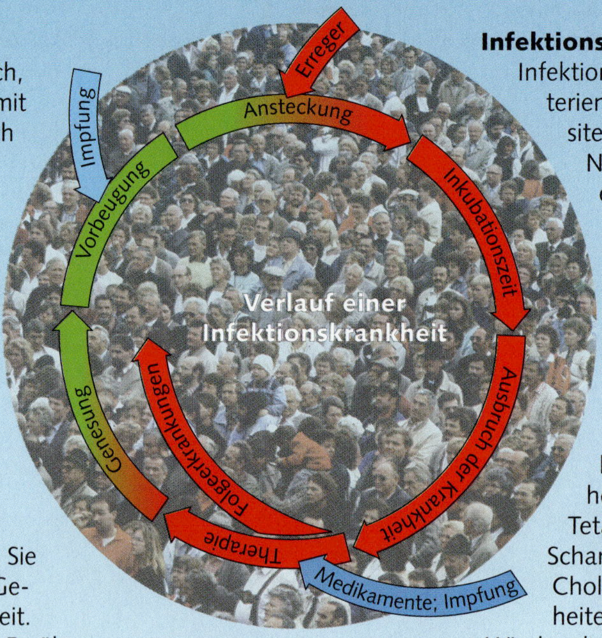

Infektionskrankheiten
Infektionskrankheiten werden von Bakterien, Viren, Hautpilzen oder Parasiten ausgelöst oder übertragen. Nach einer Infektion dauert es eine bestimmte Zeit – die Inkubationszeit –, bis die Krankheit ausbricht. Das Immunsystem sorgt mit verschiedenen Abwehrzellen und den Antikörpern dafür, dass eingedrungene Krankheitserreger unschädlich gemacht werden. Zu den bakteriellen Infektionskrankheiten gehören Salmonellose, Tetanus (Wundstarrkrampf), Scharlach, Diphtherie, Typhus und Cholera. Virale Infektionskrankheiten sind Grippe, Röteln, Masern, Windpocken, Kinderlähmung und AIDS.

Schutz gegen Infektionskrankheiten
Durch Schutzimpfungen wird der Körper vorbeugend angeregt, eine lang anhaltende Immunität gegenüber Infektionskrankheiten zu entwickeln. Ist man jedoch bereits krank, erfolgt zur Unterstützung des Abwehrsystems eine Heilimpfung. Dabei werden passende Antikörper gespritzt. Durch Antibiotika können bakterielle Erkrankungen verkürzt werden.

Diabetes
Bei Diabetes – auch Zuckerkrankheit genannt – handelt es sich um eine Störung des Stoffwechsels. Die Produktion von Insulin in den Langerhansschen Inseln der Bauchspeicheldrüse ist gestört. Die Regelung des Blutzuckerspiegels muss durch Diät oder Medikamente wie Insulin erfolgen.

Allergien
Eine Allergie ist eine Fehlreaktion des Immunsystems. Es reagiert auf an sich harmlose Stoffe wie Blütenpollen, Hausstaub, bestimmte Metalle oder Lebensmittel überempfindlich, als wären es Krankheitserreger. Allergene können z. B. Hautausschläge, tränende Augen oder eine laufende Nase auslösen. Durch Behandlung mit Allergenen – der Hyposensibilisierung – kann der Körper in manchen Fällen an diese Stoffe gewöhnt werden.

Krebs
Bei Krebs kommt es zu einer unkontrollierten und raschen Zellvermehrung im Gewebe. Es bildet sich ein bösartiger Tumor. Tumoren schädigen die Funktion eines Organs. Sie können durch Metastasen auch mehrere Organe in ihrer Funktion beeinträchtigen. Bei Krebs handelt es sich um eine Zivilisationskrankheit, die genetisch bedingt sein kann. Äußere Faktoren wie Strahlenbelastung oder Kontakt mit karzinogenen Stoffen können ebenfalls Krebs auslösen.

AIDS
AIDS ist eine Infektionskrankheit, die von HI-Viren hervorgerufen wird. Diese befallen Abwehrzellen und schwächen dadurch das Immunsystem, sodass normalerweise harmlose Krankheiten zum Tode führen können. Zurzeit gibt es kein Medikament, das die Entwicklung der Krankheit auf Dauer verhindert.

Sucht und Drogen
Menschen, die an einer Sucht leiden, haben ein krankhaft gesteigertes Verlangen, einen bestimmten Stoff einzunehmen oder eine bestimmte Verhaltensweise zu wiederholen. Stoffungebundene Süchte sind zum Beispiel Spielsucht und Kaufsucht. Zu den stoffgebundenen Süchten gehören neben dem Genuss legaler Drogen wie Alkohol und Nikotin vor allem der Gebrauch illegaler Drogen wie Heroin, Haschisch, Marihuana, Ectasy, Spice und andere. Jeder, der Drogen konsumiert, geht das Risiko ein, seine körperliche und geistige Gesundheit aufs Spiel zu setzen.

1. Nenne sowohl positive als auch negative Faktoren, die sich auf die Gesundheit auswirken und beschreibe diese.

2. a) Erkläre, was man unter einer Infektionskrankheit versteht.
b) Auf welchen Wegen gelangen Krankheitserreger in den Körper?

3. a) Beschreibe den Verlauf einer bakteriellen Infektion am Beispiel der Salmonellose.
b) Nenne mehrere Maßnahmen zum Schutz vor einer Salmonelleninfektion.

4. Beschreibe den Bau eines Bakteriums. Ordne den Ziffern die entsprechenden Begriffe zu.

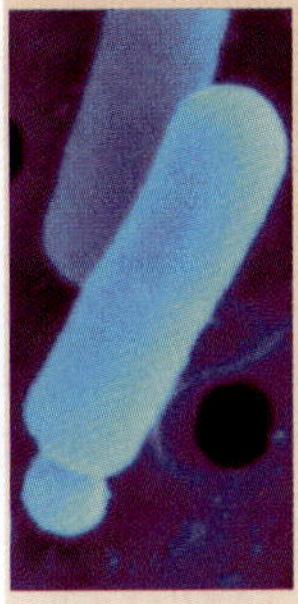

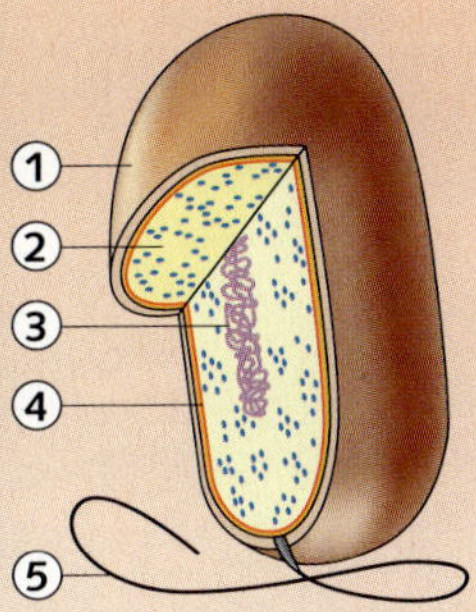

5. Beschreibe den Bau eines Virus. Ordne den Ziffern die entsprechenden Begriffe zu.

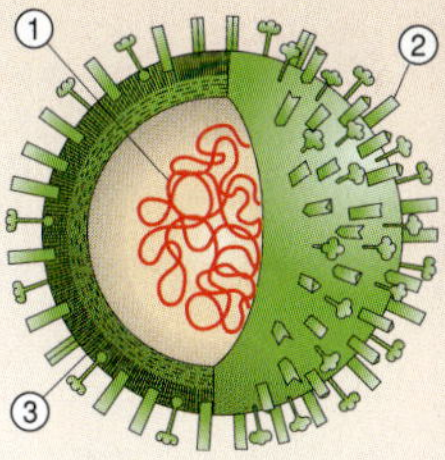

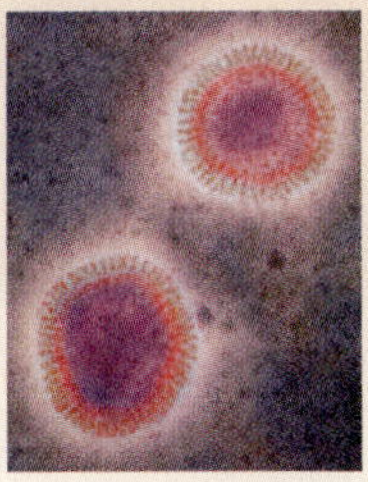

6. Welche der folgenden Aussagen treffen auf Viren zu?
a) Es sind Mikroorganismen.
b) Sie verursachen Grippe.
c) Sie sind etwa $\frac{1}{1000}$ mm groß.
d) Sie bestehen im Wesentlichen aus Erbsubstanz und einer Eiweißhülle.
e) Sie verursachen Keuchhusten.
f) Sie haben einen eigenen Stoffwechsel.
g) Sie besitzen eine feste Zellwand.
h) Sie benötigen Wirtszellen.

7. a) Ordne den Ziffern die entsprechenden Begriffe zu.
b) Wie beteiligt sich das Lymphgefäßsystem mit den zugeordneten Organen an der Krankheitsabwehr?

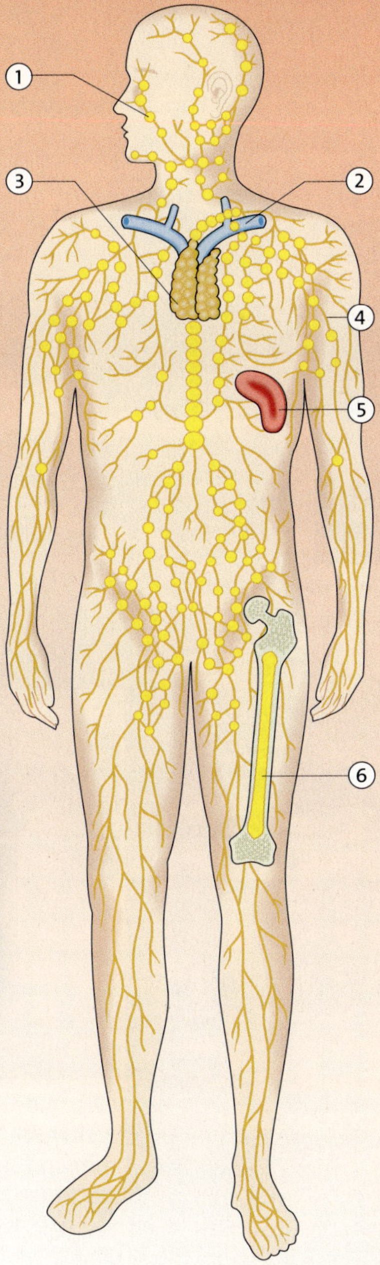

8. Welche Aufgaben erfüllen folgende Organe bzw. Zellen des Immunsystems? Beschreibe diese in jeweils einem Satz: T-Helfer-Zelle; Plasmazelle; Fresszelle; Killerzelle; Antikörper; Lymphknoten; Thymus; Milz

9. Vergleiche Schutzimpfung und Heilimpfung. Gib in einer Tabelle an: Gemeinsamkeiten, Unterschiede, Vorteile, Nachteile.

10. Nenne ein Allergen und begründe, weshalb ein Körper darauf mit einer Allergie reagieren kann.

11. Wann besteht ein Ansteckungsrisiko mit HIV?
a) gemeinsames Benutzen von Geschirr
b) Körperkontakte wie Umarmungen, Küssen auf die Wange und Petting
c) bei ungeschütztem Geschlechtsverkehr
d) in Schwimmbädern, auf Toiletten

12. a) Was geschieht im Körper, wenn man an Krebs erkrankt?
b) Wodurch unterscheiden sich gutartige von bösartigen Tumoren?
c) Nenne Risikofaktoren, die dazu beitragen können, an Krebs zu erkranken.

13. a) Nenne jeweils drei stoffabhängige und stoffunabhängige Süchte.
b) Beschreibe je eine stoffabhängige und eine stoffunabhängige Sucht und deren mögliche Folgen.

Eingriffe des Menschen in den Naturhaushalt

Welche Folgen hat die Besiedlung und Nutzung fast aller Lebensräume der Erde durch die Menschen?

Wie und weshalb verändert sich das Klima weltweit? Welche Folgen haben die Veränderungen für das Leben auf der Erde?

Woher kommt die Energie, die wir für alle Lebensvorgänge und technische Verfahren benötigen? Was versteht man unter erneuerbaren Energien?

Wie können wir die Artenvielfalt auf der Erde für die Zukunft bewahren?
Warum reicht es nicht aus, begrenzte Gebiete oder einzelne Arten unter Schutz zu stellen?

Was versteht man unter einem „gesunden“ Boden?
Wie können wir unseren Boden nachhaltig nutzen?

Lebensräume in Gefahr

1. Erkläre die Abbildung 1. Benutze folgende Begriffe: Lebewesen, Biotop, Ökosystem, Klimazone, ökologisches Gleichgewicht.

2. Stellt die Vor- und die Nachteile eines gut ausgebauten Verkehrsnetzes zusammen. Denkt dabei an die Menschen, an die Wirtschaft und an die Auswirkungen auf die betroffenen Ökosysteme.

3. Informiere dich unter verschiedenen Blickwinkeln über ein Ökosystem deiner Wahl und halte einen Vortrag. Folgende Tipps können dir bei deiner Recherche für den Vortrag helfen:

- Tier- und Pflanzenarten mit speziellen Anpassungen und Nahrungsbeziehungen
- Nutzung des Lebensraums früher und heute
- Auswirkungen des Klimawandels auf das Ökosystem

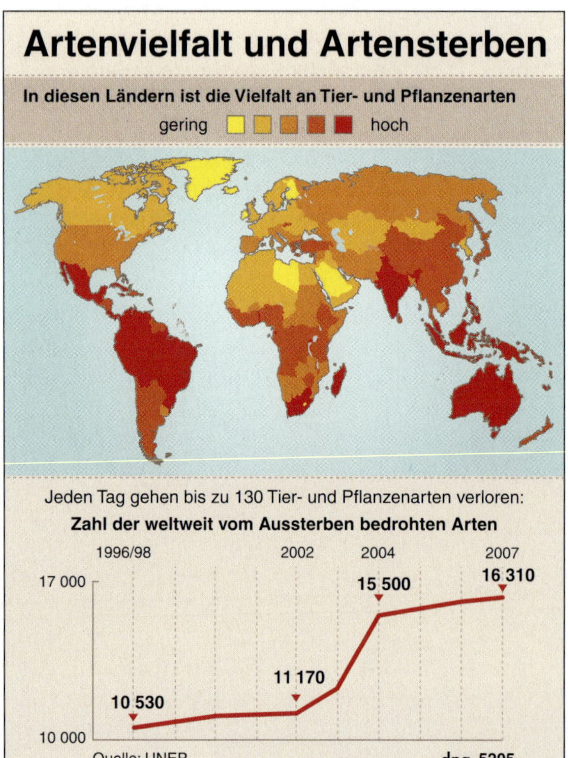

4. a) Beschreibe die Sachverhalte, die in den beiden Diagrammen zur Artenvielfalt und zum Artensterben dargestellt sind.

b) Benenne Länder mit hoher Artenvielfalt und stelle einen Zusammenhang zu den dort herrschenden Klimabedingungen her.

c) Worauf führst du den starken weltweiten Anstieg der Anzahl der bedrohten Arten in den letzten Jahren zurück? Nutze auch den Informationstext und begründe deine Vermutungen.

Alle Lebewesen leben in Ökosystemen

Alle Lebewesen wie etwa ein Eichhörnchen sind auf einen bestimmten Lebensraum angewiesen. Dies zeigt sich bei der Nahrungsauswahl, im Fortpflanzungsverhalten, in der Weise, wie es den Jahreszeiten angepasst ist oder wie es sich vor Feinden schützt.

Das Eichhörnchen lebt in einer Gemeinschaft mit vielen anderen Tier- und Pflanzenarten, die untereinander in Wechselbeziehungen stehen. Sie bilden eine Lebensgemeinschaft oder **Biozönose** in einem ganz bestimmten Lebensraum, den man als **Biotop** bezeichnet. Das Biotop des Eichhörnchens, z. B. eine Waldlichtung mit einzeln stehenden Bäumen, gehört zu einem größeren Waldgebiet mit typischen Merkmalen. Solche Einheiten aus Pflanzen und Tieren in größeren Lebensräumen bezeichnet man als **Ökosysteme.** Sie sind durch die vorherrschenden abiotischen Faktoren gekennzeichnet. Zu diesen gehören die Art und Menge der Niederschläge, die Bodenbeschaffenheit, die vorherrschenden Temperaturen, die vorhandene Lichtmenge, die Intensität der Sonneneinstrahlung oder die Windverhältnisse. Im Fall des Eichhörnchens handelt es sich um das Ökosystem Laubmischwald, das zu den Wäldern der gemäßigten Zone gehört. Dies ist die Klimazone, in der wir in Deutschland leben.

Eine solche Klimazone umfasst viele verschiedene Ökosysteme. So gibt es bei uns auch noch Nadelwälder, Wiesen, Seen oder das Meer. Andere Klimazonen auf der Erde sind die Tropen, die Subtropen oder die Polarregionen mit den dort typischen Ökosystemen und den dafür jeweils charakteristischen Pflanzen- und Tierarten.

Die natürlichen Ökosysteme befinden sich in einem **ökologischen Gleichgewicht,** das allen Lebewesen langfristig Fortbestehen und Weiterentwicklung ermöglicht. Dabei sind alle Stoffe wie der Kohlenstoff, der Sauerstoff und der Stickstoff in Kreisläufe eingebunden. Diese ▸ **Stoffkreisläufe** sind eng mit dem ▸ Energiefluss verbunden. Die Zufuhr von Energie erfolgt durch die Sonne über die Fotosynthese.

Wenn Menschen eingreifen

Alle Ökosysteme sind durch Eingriffe der Menschen gefährdet. Jährlich wächst die Weltbevölkerung um etwa 80 Millionen Menschen. Alle haben das Recht auf eine menschenwürdige Wohnung. Sie wollen sich ausreichend und gesund ernähren, brauchen sauberes Wasser und Energie. Zudem haben in den Industrienationen in den letzten 100 Jahren die Wohlstandserwartungen stark zugenommen. Dadurch und durch zunehmenden Verkehr und die sich entwickelnde Industrie ist der Energieverbrauch stark gestiegen. Um den Energiebedarf zu decken, werden ▸ fossile Brennstoffe wie Erdöl, Kohle und Erdgas verwendet, die die Umwelt schon beim Abbau stark verschmutzen. Bei ihrer Verbrennung entsteht neben anderen Stoffen viel ▸ Kohlenstoffdioxid, das hauptsächlich für die Veränderung des ▸ Klimas verantwortlich ist. Aber auch durch zunehmende Bebauung, den Abbau von Rohstoffen, durch ▸ landwirtschaftliche Nutzung und den hohen ▸ Wasserverbrauch werden Lebensräume verändert und sogar zerstört. Damit sind viele Pflanzen- und Tierarten vom Aussterben bedroht. So zerstören wir Menschen auch unsere eigenen Lebensgrundlagen.

1 Vom Individuum zum Großlebensraum.
A *einzelne Art;* **B** *Biotop;* **C** *Ökosystem;* **D** *Großlebensraum in der entsprechenden Klimazone*

Tropischer Regenwald

1. a) Zeichnet in eine Weltkarte die drei größten zusammenhängenden tropischen Regenwaldgebiete ein.
b) Jedes Gruppenmitglied wählt aus jedem der drei Gebiete eine Tier- oder Pflanzenart aus, die besonders interessant erscheint und erstellt jeweils einen Steckbrief. Markiert mit Fähnchen, wo die jeweiligen Arten leben. Begründet, warum ihr euch gerade für die Beschreibung dieser Arten entschieden habt.
c) Zeichnet in eure Karte kleinere Regenwaldgebiete ein, und stellt je eine dort endemisch lebende Art vor. Warum sind gerade solche Arten besonders bedroht?

2. Beschreibe die Umweltbedingungen in einem tropischen Regenwald. Werte dazu die abgebildeten Klimadiagramme aus. Welche Unterschiede zu unseren Wäldern gibt es?

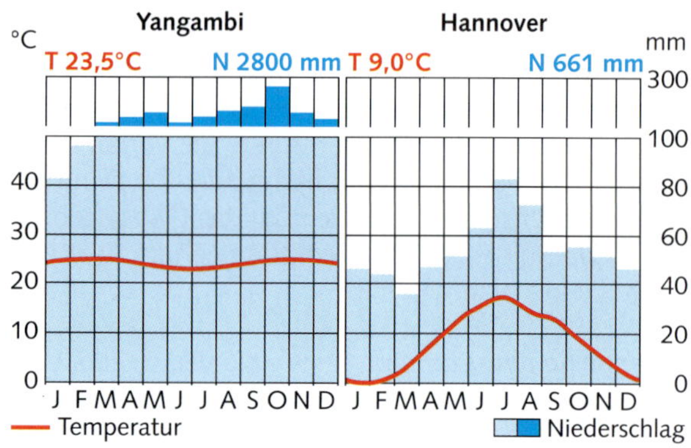

3. Der tropische Regenwald ist stark gefährdet. Sammelt Informationen zu diesem Thema und erstellt Plakate, die folgende Aspekte darstellen:
- Formen der Zerstörung und ihre Auswirkungen
- Gründe, warum wir uns für den Schutz der Regenwälder einsetzen müssen
- konkrete Maßnahmen

Tipp: Die nebenstehenden Zeichen können euch helfen.

FSC ©

TRANSFAIR FAIRTRADE

4. a) Viele Produkte unseres täglichen Bedarfs haben einen Bezug zum tropischen Regenwald. Erläutere diese Aussage in Bezug auf die abgebildeten Produkte.
b) Welches der abgebildeten Produkte hat nichts mit tropischen Wäldern zu tun? Begründe deine Aussage.

Leben im tropischen Regenwald
Die unterschiedlichen klimatischen Bedingungen haben einen entscheidenden Einfluss auf das Vorkommen bestimmter Waldarten. So erstreckt sich der tropische Regenwald beiderseits des Äquators zwischen den Wendekreisen. Hier scheint die Sonne mit steilem Einfallswinkel ganzjährig etwa 12 Stunden am Tag. Es gibt keine ausgeprägten Jahreszeiten. Das ganze Jahr hindurch ist es dort feucht-warm und die Niederschlagsmenge beträgt im Durchschnitt mehr als 2000 mm pro Jahr, was etwa dem Dreifachen unserer durchschnittlichen Niederschlagsmenge entspricht.
Die größten noch unberührten Flächen liegen im Amazonasbecken in Südamerika, in Südostasien und im Kongobecken in Afrika. Weitere Regenwaldgebiete liegen zerstückelt in Mittel- und Südamerika, in Afrika, Asien und Australien. Alle Regenwaldgebiete zusammen nehmen weniger als 10% unserer Erdoberfläche ein, behei-

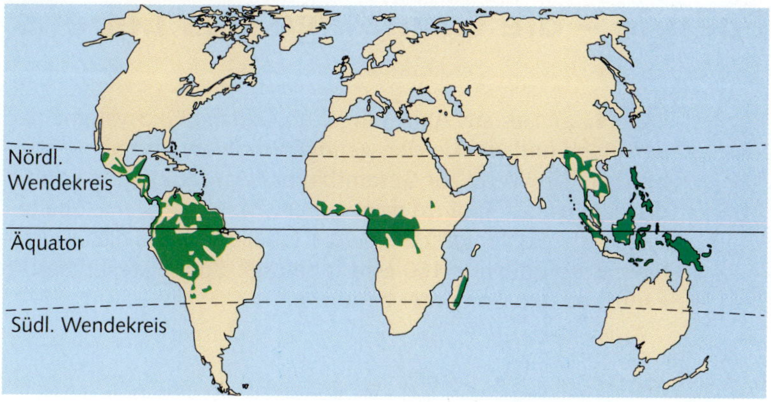

1 Weltweite Verbreitung des tropischen Regenwaldes

maten aber einen Großteil aller Tier- und Pflanzenarten. Darunter befinden sich auch viele nur kleinräumig vorkommende Lebewesen wie etwa die Berggorillas im östlichen Afrika. Gerade in kleineren Regenwaldgebieten – zum Beispiel auf Inseln wie Madagaskar, in Australien oder im subtropischen atlantischen Regenwald in Brasilien – leben besonders viele **endemische** Tier- und Pflanzenarten. Das sind Arten, die nur dort vorkommen.
Wegen des Lichtmangels am Boden von Regenwäldern leben die meisten Arten in den Kronen der großen Bäume. In den Regenwäldern sind fast alle Mineralstoffe in der lebenden ▸ Biomasse gebunden. Es gibt keine ausgeprägte ▸ Humusschicht. Daher verschwinden beim Roden des Regenwaldes mit den Pflanzen auch die in ihnen gespeicherten Mineralstoffe.

Regenwälder sind gefährdet

Die beiden Hauptgründe für das großflächige Abholzen von Regenwäldern sind die Gewinnung von Nutzholz und die Vergrößerung landwirtschaftlicher ▸ Nutzflächen, beispielsweise für Plantagen mit Sojabohnen und Ölpalmen oder als Weideland für Rinder.
Der ▸ Boden lässt sich jedoch nur ein paar Jahre lang beweiden, dann ist das Land meist rasch durch ▸ Erosion zerstört, und es müssen neue Flächen gewonnen werden. Die erwirtschafteten Lebensmittel wie Fleisch oder pflanzliche Produkte wie Früchte, Kautschuk oder Palmöl werden überwiegend in die Industrienationen exportiert. Sie dienen meist nicht zur Versorgung der Bevölkerung vor Ort.

Erst langsam beginnen wir zu begreifen, dass wir die noch intakten Regenwaldgebiete schützen müssen, da sie Wetter und Klima regulieren, klimaschädliche ▸ Treibhausgase wie Kohlenstoffdioxid speichern und unzähligen Tier- und Pflanzenarten Lebensraum bieten. Daher reicht es nicht aus, begrenzte Gebiete unter Schutz zu stellen. Die reichen Industrienationen müssen helfen, dass die Menschen in den betroffenen Gebieten von ihrer intakten Natur leben können. Dies geschieht zum Beispiel über den Erwerb von Emissionszertifikaten. Durch solche Zertifikate werden die Erhaltung und Pflanzung von Bäumen zur Speicherung von Kohlenstoffdioxid oder Umweltschutzprojekte in Entwicklungsländern belohnt. Aber auch jeder Einzelne kann durch den Kauf von Produkten aus fairem Handel zu einer lebenswerten Umwelt für alle Menschen beitragen.

Energie – die Grundlage des Lebens

1. a) Lies aus Abbildung 1 ab, welche Ökosysteme der Erde eine besonders hohe und welche eine geringe Produktivität haben.
b) Stelle die Werte zur Gesamtbiomasseproduktion in Form eines Kreisdiagramms dar. Ergänze dazu in der Abbildung 1 eine Spalte „Sonstige Ökosysteme" und vervollständige die Tabelle so, dass die Summe der weltweiten Biomasseproduktion 160 Mrd. t beträgt. Zum Erstellen des Kreisdiagramms kannst du den Computer benutzen.

2. Erläutere, ob eine rein vegetarische oder eine überwiegend auf Fleisch gestützte Ernährung gesundheitlich und ökologisch sinnvoll ist. Nimm die Abbildung zu Hilfe.
Tipp: Die Zahlen geben an, in welchem Verhältnis der Energiegehalt der eingesetzten (Futter-) Pflanzen zum Energiegehalt im Nahrungsmittel steht.

3. Informiert euch über eine der Möglichkeiten, Biomasse als Energiequelle zu nutzen. Stellt eurer Klasse die Vorzüge und Probleme dieser Art der Energiegewinnung vor.

4. Wie viel Biomasse produziert ein Rasen?
Beantwortet die Frage, indem ihr folgenden Versuch durchführt und mithilfe eines Versuchsprotokolls dokumentiert.
a) Markiert ein Rasenstück von genau 10 m² Fläche. Mäht den Rasen während der Hauptwachstumszeit einmal und recht die Fläche gründlich ab. Merkt euch die Schnitthöhe des Rasenmähers. Zwei Wochen später mäht ihr das Rasenstück erneut. Recht nun den Rasenschnitt zusammen und wiegt ihn.
b) Berechnet, wie viel Biomasse der Rasen pro Tag und Quadratmeter produziert hat.
c) Erklärt, wie es zu dieser Zunahme an Biomasse kommt.

Pflanzen bauen Biomasse auf
Alle Lebewesen sind auf die Zufuhr von Energie angewiesen. Tiere brauchen Pflanzen oder Beutetiere als Nahrung. Viele Bakterien und Pilze leben von pflanzlichen und tierischen Überresten. Nur die grünen Pflanzen sind neben einigen Bakterienarten in der Lage, ihre Energie aus dem Sonnenlicht zu beziehen. Mit Hilfe der **Fotosynthese** bilden sie Glukose, in der Lichtenergie chemisch gespeichert wird. Daraus stellen Pflanzen weitere energiereiche organische Stoffe wie Stärke, Fette und Eiweiße her, aber auch Zellulose, den Baustoff der ▸ Zellwände. Sie produzieren **Biomasse.** Darunter versteht man das gesamte organische Material, das Pflanzen aufbauen.
Die Pflanzen verbrauchen etwa die Hälfte des in den Blättern gebildeten Traubenzuckers bei der eigenen Zellatmung. Nur der Rest wird als Zuwachs an Pflanzenbiomasse zum Beispiel bei Nutzpflanzen in der Landwirtschaft sichtbar. Diese sogenannte **Nettoproduktion** kann direkt als Zunahme des Frischgewichts gemessen werden.

Produktivität von Ökosystemen

Die verschiedenen Ökosysteme wie ▸ tropische Regenwälder, Laub- und Mischwälder oder offene Meere kann man in Hinblick auf ihre Produktion von Biomasse, die auch **Produktivität** genannt wird, miteinander vergleichen. Man betrachtet dazu den jährlichen Zuwachs an Trockenmasse pro m^2 der einzelnen Ökosysteme. Dieser Wert lässt sich durch Trocknen von geerntetem Pflanzenmaterial bestimmen. In einem Kilogramm pflanzlicher Trockenmasse sind etwa 15 000 – 20 000 Kilojoule chemisch gebundener Energie gespeichert.

Weltweit werden pro Jahr etwa 160 Milliarden Tonnen energiereiche Biomasse von pflanzlichen **Produzenten** aufgebaut. Etwa ebenso viel wird durch **Konsumenten** und **Destruenten** wieder abgebaut. Zwei Drittel dieses Umsatzes findet an Land, ein Drittel in den Ozeanen statt. In den Wäldern der Erde sind über 900 Milliarden Tonnen Pflanzenmasse gespeichert. Noch größere Mengen lagern als Humus in den Böden und als Faulschlamm am Grund der Ozeane.

Im Holz von Bäumen oder in ▸ fossilen Brennstoffen kann so Energie über tausende von Jahren gespeichert werden. Das Gras einer Waldlichtung wird dagegen innerhalb weniger Wochen von Pflanzenfressern, den Konsumenten 1. Ordnung, gefressen. So bildet es die Grundlage für die Ernährung von Konsumenten höherer Ordnungen bis hin zum Menschen. In jedem Glied der **Nahrungskette** gehen dabei etwa 90 Prozent der Nahrungsenergie verloren.
In einer Nahrungspyramide verringert sich deshalb die nutzbare Energie von einer Ebene zur nächsten im Verhältnis 10 : 1.

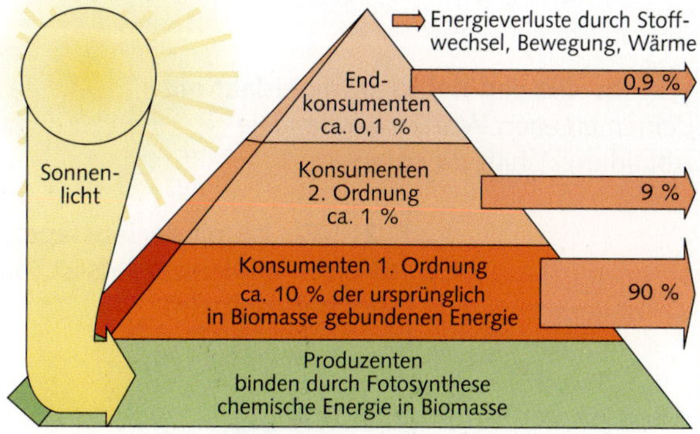

2 Energiefluss in Ökosystemen

Bei den Endkonsumenten kommen nur noch etwa 0,1% der von den Pflanzen ursprünglich aufgenommenen Sonnenenergie an. Der Mensch greift durch die Nutzung von Biomasse zum Beispiel zur Rohstoffgewinnung, zur Ernährung und zur Energieversorgung in diesen Energiefluss ein. So kochen und heizen noch immer große Teile der Weltbevölkerung mit Brennholz. Auch in den Industrienationen wird erprobt, inwieweit sich Holzabfälle, Ernterückstände, ▸ Biogas oder speziell angebaute Pflanzen wie etwa Raps für die Energiegewinnung nutzen lassen. Alle Pflanzen, die zur Energiegewinnung genutzt werden, können jedoch nicht mehr als Nahrungsmittel verwendet werden. Durch den zunehmenden Energiebedarf der Menschheit können so zukünftig große weltweite Konflikte entstehen.

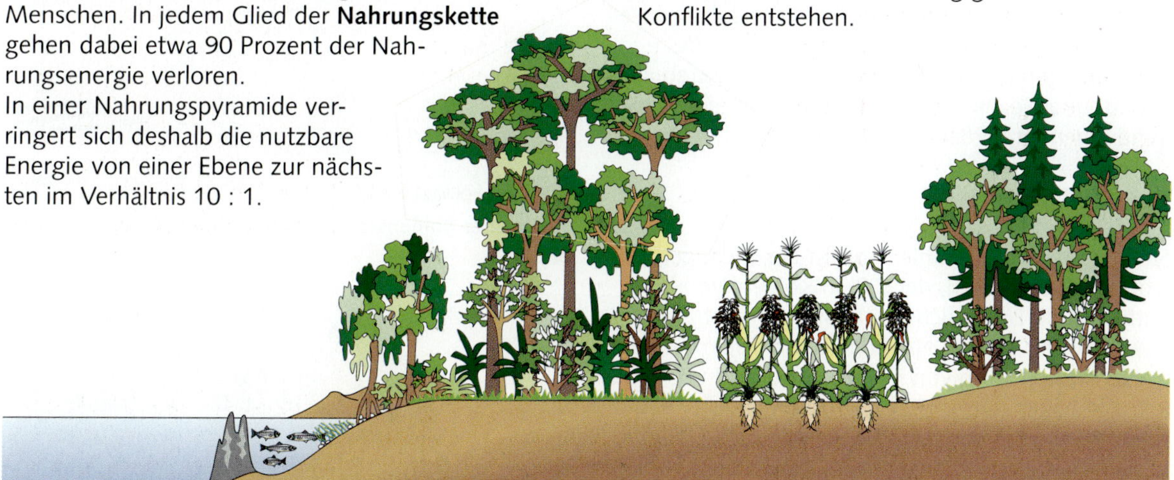

Offenes Meer	Küsten und Riffe	tropische Regenwälder	intensiver Ackerbau	Laub- und Mischwälder
0,1	0,5 - 4	2 - 3,5	2 - 4	1,3
40	15	50	10	20

1 Biomasseproduktion in verschiedenen Ökosystemen der Erde.
Grün: *Produktivität in kg Trockenmasse pro m^2 im Jahr;* Gelb: *jährliche Gesamtbiomasseproduktion in Mrd. t Trockenmasse*

Kohlenstoff und Sauerstoff im globalen Kreislauf

1. Gib den Kohlenstoffkreislauf mit deinen eigenen Worten wieder. Die Abbildung 1 hilft dir dabei.

2. Was ist mit der Aussage „Das Heizen mit Holzpellets ist CO_2-neutral" gemeint?

3. Begründe, warum das Fördern und Verbrennen von Erdöl und Erdgas als Störgröße in den Stoffkreisläufen bezeichnet werden kann.

Alles ist voneinander abhängig

In allen Ökosystemen sind die einzelnen Lebewesen voneinander abhängig. Darüber hinaus sind aber auch die einzelnen Ökosysteme beispielsweise über den ▸ Energiefluss und weltweite Stoffkreisläufe miteinander verbunden.

Die grünen Pflanzen bauen als **Produzenten** über die Fotosynthese energiereiche Biomasse aus den anorganischen Stoffen Kohlenstoffdioxid und Wasser auf. Von dieser Biomasse ernähren sich alle anderen Lebewesen. Sie nutzen die darin enthaltene Energie für ihre eigenen Lebensprozesse. Dabei entsteht Wärme, die abgegeben wird und nicht mehr genutzt werden kann. Deshalb muss Energie von der Sonne ständig über die Fotosynthese neu zugeführt werden. Die Elemente, die an diesem Prozess beteiligt sind, wie Kohlenstoff, Sauerstoff und Stickstoff, bewegen sich in Kreisläufen. Sie durchlaufen Nahrungsnetze in Form von vielen unterschiedlichen Verbindungen. Bei der Mineralisierung werden diese Verbindungen wieder zu anorganischen Stoffen abgebaut und die einzelnen Elemente können anschließend erneut von Pflanzen aufgenommen werden.

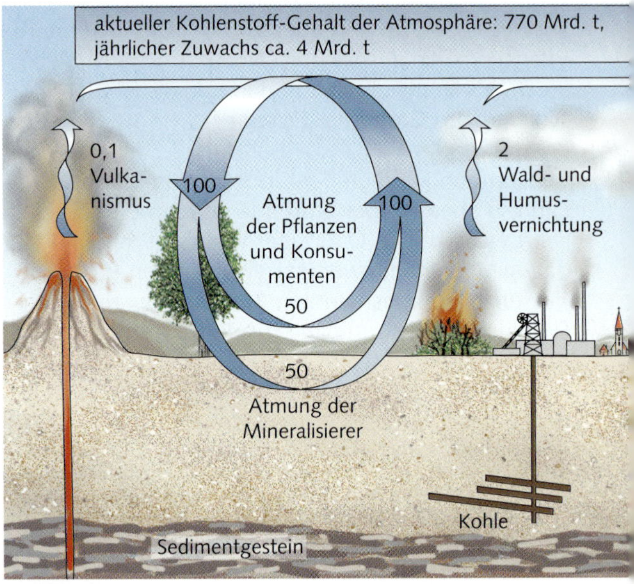

1 Globaler Kohlenstoffkreislauf (in Mrd. Tonnen Kohlenstoff pro Jahr)

Kohlenstoffkreislauf

Zentrale Stoffkreisläufe sind der Kohlenstoff- und der Sauerstoffkreislauf. Kohlenstoff ist ein wichtiger Baustoff aller Lebewesen, der z. B. in Kohlenhydraten enthalten ist. Er ist auch Bestandteil von Fetten, Eiweißstoffen und ▸ DNA-Bausteinen. Pflanzen nehmen den Kohlenstoff in Form von Kohlenstoffdioxid (CO_2) aus der Luft auf und bauen ihn zunächst in Traubenzucker ein, den sie dann beispielsweise zu Stärke umwandeln. Über die Nahrung nehmen Tiere und Menschen als **Konsumenten** die kohlenstoffhaltigen Verbindungen auf und wandeln sie in körpereigene Stoffe um. Ein anderer Teil wird zur Energiegewinnung abgebaut und in Form von Kohlenstoffdioxid bei der Atmung wieder in die Luft abgegeben. **Destruenten** bauen tote Organismen ab. Auch dabei wird Kohlenstoffdioxid frei, das an die Atmosphäre abgegeben wird. Es kann dann wieder von den Pflanzen aufgenommen werden und so schließt sich der **Kohlenstoffkreislauf.**

Zusätzliches Kohlenstoffdioxid gelangt über Vulkanausbrüche aus dem Erdinneren in die Atmosphäre. Kohlenstoffdioxid wirkt als ▸ Treibhausgas und ist neben anderen Gasen dafür verantwortlich, dass die Temperatur auf der Erde nicht zu niedrig und dadurch Leben überhaupt möglich ist.

Kohlenstoffspeicher

Der Kohlenstoffkreislauf kann von verschiedenen Faktoren beeinflusst werden. Vor etwa 300 Millionen Jahren bildeten sich beispielsweise riesige Erdöl-, Erdgas- und Kohlelager, die wir heute als ▸ **fossile Brennstoffe** nutzen. Bei deren Bildung wurden dem globalen Kohlenstoffkreislauf große Mengen an Kohlenstoff entzogen. Auch bei der Entstehung von großen **Wäldern** wird im Holz und in den Blättern viel Kohlenstoff in Form von Zellulose gespeichert. Der Kohlenstoff wird wieder freigesetzt, wenn Menschen die fossilen Brennstoffe verbrennen und auch, wenn die Wälder sterben und die Biomasse von Destruenten zersetzt wird.

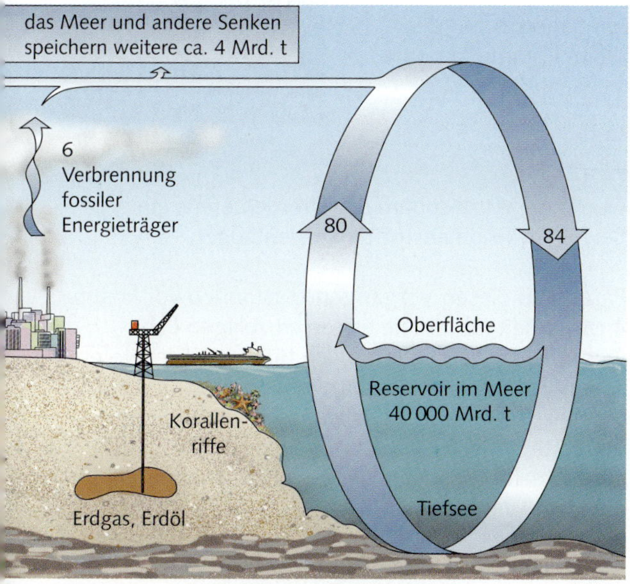

2 Kohlenstoffspeicher. **A** *Große Waldgebiete;* **B** *Korallenriffe*

Die **Weltmeere** sind ebenfalls Kohlenstoffspeicher. Das Kohlenstoffdioxid aus der Luft löst sich im Wasser zu Kohlensäure, aus der viele Meereslebewesen wie Korallen wasserunlöslichen Kalk herstellen können. Er bildet das Kalkskelett der Korallen und die Schalen und Krusten von vielen anderen Meeresbewohnern. Wenn diese Tiere sterben, wird der Kalk den Bodenschichten zugeführt und dort abgelagert. Viele Gebirge wie zum Beispiel die nördlichen Kalkalpen sind auf diese Weise im Lauf der Erdgeschichte entstanden und bilden heute große Kohlenstofflager. Ohne Eingriffe des Menschen wäre der Kohlenstoffkreislauf auf der Erde in einem natürlichen Gleichgewicht.

Wenn Menschen eingreifen

Heute greifen wir Menschen aber massiv in den Kohlenstoffkreislauf ein, indem wir beispielsweise fossile Brennstoffe fördern und sie zur Energiegewinnung nutzen. Auch durch die Brandrodung großer Waldflächen zur Gewinnung von Weideland gelangt der in den Bäumen gespeicherte Kohlenstoff als Kohlenstoffdioxid in die Atmosphäre. Seit dem Beginn der industriellen Revolution Ende des 18. Jahrhunderts ist so die Konzentration von CO_2 in der ▸ Atmosphäre um etwa 30 % gestiegen. Dieser Prozess beschleunigt sich durch unser Verhalten weiter und trägt entscheidend zum ▸ Klimawandel bei.

Sauerstoffkreislauf

Eng verbunden mir dem Kohlenstoffkreislauf ist der **Sauerstoffkreislauf.** Der bei der Fotosynthese entstehende Sauerstoff (O_2) wird von den Pflanzen nur teilweise zur Zellatmung benötigt. Der Rest wird in die Atmosphäre abgegeben und steht für Tiere und Menschen zur Atmung zur Verfügung. Mit seiner Hilfe werden kohlenstoffhaltige Verbindungen im Körper bei der Zellatmung zur Energiegewinnung verbrannt. Dabei entstehen Wasser und Kohlenstoffdioxid als Endprodukte. Die Pflanzen nehmen Wasser und Kohlenstoffdioxid wieder auf und daraus entsteht bei der Fotosynthese unter anderem erneut Sauerstoff. Auf diese Weise schließt sich der Sauerstoffkreislauf.
Sauerstoff findet man nicht nur in der Luft, sondern auch im Wasser gelöst. Er wird von Wasserpflanzen produziert und von Wassertieren zur Energiegewinnung verwendet. Auch aus der Luft wird Sauerstoff an Wasseroberflächen gelöst und steht den Wasserlebewesen zur Verfügung.

Die Erdatmosphäre und das Leben auf der Erde haben sich gemeinsam entwickelt

1. Vor der Westküste Australiens gibt es steinerne Blöcke, die man als Stromatolithen bezeichnet. Solche Stromatolithen spielten eine wichtige Rolle bei der Entstehung der heutigen Erdatmosphäre. Beschreibt diesen Prozess und haltet einen Kurzvortrag.

2. a) Begründe, warum erst nach der „Erfindung" der Fotosynthese das Festland im ▸ Devon durch Lebewesen besiedelt werden konnte.
b) Beschreibe, wie es zur Anreicherung von Sauerstoff in der Erdatmosphäre kommen konnte.

3. Erläutere die Vorgänge, die zu der relativ konstanten Zusammensetzung der Erdatmosphäre geführt haben.

Wie die Erdatmosphäre entstanden ist

Unsere Atmosphäre besteht zu etwa 78 % aus Stickstoff, 21 % Sauerstoff, 0,04 % Kohlenstoffdioxid und anderen Spurengasen wie Methan und zu 0,96 % aus Edelgasen wie Argon oder Helium. Vor mehr als vier Milliarden Jahren war die ▸ Uratmosphäre ganz anders zusammengesetzt. Sie bestand hauptsächlich aus Kohlenstoffdioxid, Stickstoff, Wasserdampf und geringen Mengen an Schwefelwasserstoff, Methan, Ammoniak und anderen Gasen. Sie enthielt jedoch keinen Sauerstoff. Wie kam es zu dieser Verschiebung, ohne die heutige Pflanzen und Tiere gar nicht leben könnten?

Die Erde als Teil unseres Sonnensystems war vor 4,5 Milliarden Jahren zunächst ein glühender **Gasball.** Im Lauf von Jahrmillionen kühlte sich die **Urerde** und ihre Gashülle zunehmend ab. Dadurch kondensierte der Wasserdampf, der sich in der Gashülle befand und es entstand Regen. In den Wassertröpfchen löste sich Kohlenstoffdioxid. Durch den Regen wurde es im Lauf von Millionen Jahren aus der Gashülle der Erde fast vollständig ausgespült. Das kohlensäurehaltige Regenwasser sammelte sich in den Urozeanen und reagierte dort mit Kalzium-Ionen, die ebenso wie Magnesium- oder Eisen-Ionen durch Vulkanausbrüche und Verwitterung des Gesteins dort vorhanden waren. Dabei entstand wasserunlöslicher Kalk ($CaCO_3$), der sich am Meeresboden ablagerte. Durch diese Kalksteinbildung wurde der Atmosphäre der Urerde bereits ein großer Teil des Kohlenstoffdioxids entzogen.

Parallel zu diesen Vorgängen entstanden vor knapp 4 Milliarden Jahren die ersten einzelligen Lebewesen. Dies waren vermutlich hitze- und schwefelliebende Bakterien, die mithilfe von Gärung nicht biologisch entstandene organische Verbindungen verwerteten. Das Wasser der Urozeane schützte diese Urlebewesen vor der energiereichen Strahlung aus dem Weltraum.

Sauerstoff – ein Abfallprodukt?

Vor etwa 3,5 Milliarden Jahren „erfand" die Natur dann die ▸ **Fotosynthese.** Aus den schwefelliebenden Bakterien entwickelten sich **Cyanobakterien,** die mithilfe von Membranen, die ▸ Chlorophyll enthielten, Traubenzucker zu ihrer Ernährung herstellen konnten. Diese Bakterien breiteten sich in flachen Küstengewässern aus und wuchsen zu riesigen Mikrobenmatten heran, die durch Schleimabsonderungen zusammengehalten wurden. In den Schleim wurden Kalkpartikel durch die Ausfällung von CO_2 eingelagert. Mit der Zeit bildeten sich so meterhohe Gebilde aus Kalkschichten, die **Stromatolithen,** auf denen die Cyanobakterien außen siedelten. Stromatolithen entstehen auch heute noch zum Beispiel in der Shark Bay in Westaustralien.
Durch die Fotosynthese wurde der Erdatmosphäre weiteres Kohlenstoffdioxid entzogen. Zudem wurde

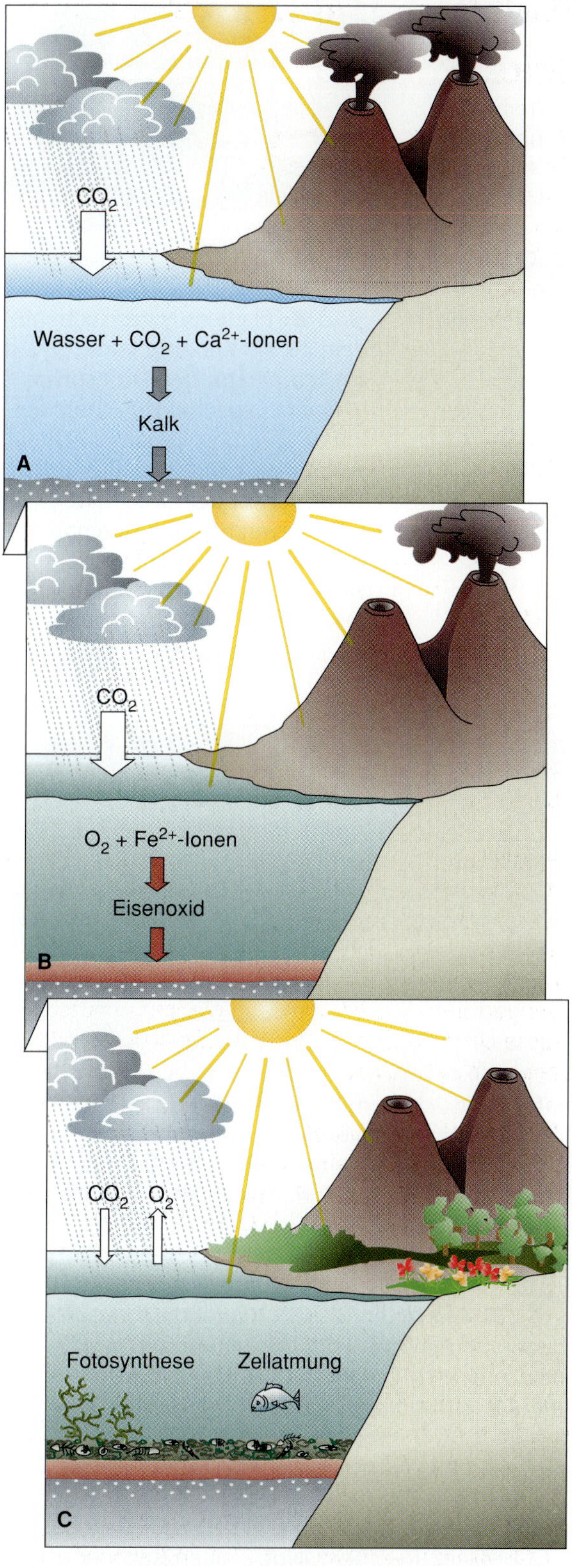

1 Entwicklung der Erdatmosphäre. A *Bildung von Kalkstein;* **B** *Ablagerung von eisenhaltigen Sedimenten;* **C** *Erhöhung des Sauerstoffgehalts in der Atmosphäre*

Sauerstoff frei, der für die damaligen Lebewesen ein giftiges Gas war. Eisen-Ionen in den Urozeanen banden diesen freien Sauerstoff chemisch. Die dabei entstandenen Eisenoxide lagerten sich als rötlich brauner Schlamm am Meeresboden ab. Unsere heutigen Eisenerzvorkommen sind überwiegend auf diese Weise entstanden.
Erst als sich die Cyanobakterien sehr stark vermehrt hatten und keine größeren Mengen an Eisen-Ionen mehr vorhanden waren, reicherte sich der Sauerstoff in den Urozeanen allmählich an und gelangte schließlich als Gas in die Erdatmosphäre. Andere Urbakterien „lernten“, den Sauerstoff zur Energiegewinnung zu verwenden.

Pflanzen entwickeln sich

Vor etwa 2 Milliarden Jahren entwickelten sich durch ▸ Endosymbiose „neue“ Lebewesen. So entstanden beispielsweise **Grünalgen,** bei denen die Cyanobakterien zu Chloroplasten weiterentwickelt sind. Aus den Grünalgen bildeten sich dann nach und nach die ersten ▸ **Landpflanzen.** Diese setzten über viele Millionen Jahre mehr und mehr Sauerstoff frei. Einen Teil davon verwendeten sie wieder für ihren eigenen Stoffwechsel. Gleichzeitig entwickelten sich tierische Lebewesen, die auf den Verbrauch von Sauerstoff zur Zellatmung angewiesen waren. So pendelte sich langsam ein Gleichgewicht zwischen Sauerstoffproduktion und -verbrauch ein.
Für die Entstehung der Atmosphäre und als wichtige Voraussetzung für die weitere Entwicklung der Landlebewesen war noch ein weiterer Prozess notwendig: in der Stratosphäre zwischen 20 und 50 km über der Erde werden Sauerstoffmoleküle (O_2) durch die kurzwellige, energiereiche Strahlung der Sonne in Sauerstoffatome gespalten. Je drei Sauerstoffatome verbinden sich zu einem Ozonmolekül (O_3). So entstand die ▸ **Ozonschicht,** die die Landlebewesen auf der Erde vor der gefährlichen UV-Strahlung schützt.

Erst seit etwa 350 Millionen Jahren ist die Erdatmosphäre so zusammengesetzt, wie wir sie heute kennen. Sie beruht auf der Produktion von Sauerstoff durch Pflanzen während der Erdgeschichte und der gleichzeitigen Ablagerung großer Mengen von Kohlenstoff in ▸ Biomasse, beispielsweise in ▸ fossilen Brennstoffen oder fein verteilt in Sedimentgestein. Die Zusammensetzung der Erdatmosphäre ist seitdem relativ konstant. Das bedeutet aber nicht, dass sich daran nichts mehr ändert. Laufend werden der Luft große Gasmengen zum Beispiel an CO_2 zugeführt. Der ▸ **globale Kohlenstoffkreislauf** hält diesen Zustand bisher im Gleichgewicht. Durch die Eingriffe des Menschen wird dieses Gleichgewicht jedoch gefährdet.

Das Klima verändert sich weltweit

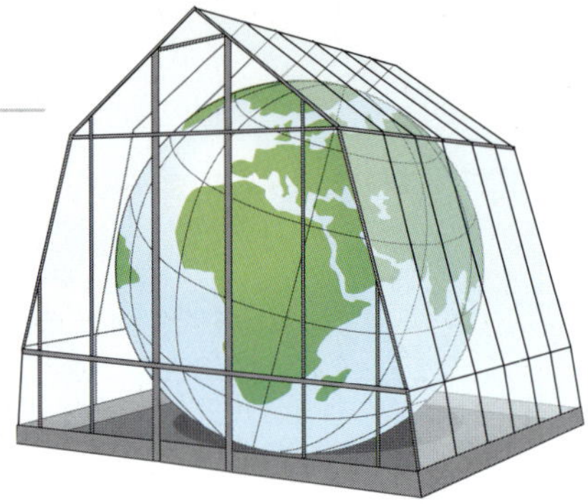

1. Die Atmosphäre unserer Erde wird oft mit einem Treibhaus verglichen. Informiere dich, wie ein Treibhaus funktioniert und fertige eine Grafik dazu an.

2. Ein Gas, das maßgeblichen Anteil an der Zunahme des zusätzlichen Treibhauseffektes hat, ist Kohlenstoffdioxid (CO_2). Werte die Abbildung aus. Beschreibe und erläutere den Verlauf der Kurve.
Hinweis: ppm = Konzentrationsangabe „parts per million": Teilchenzahl pro 1 Million Teilchen.

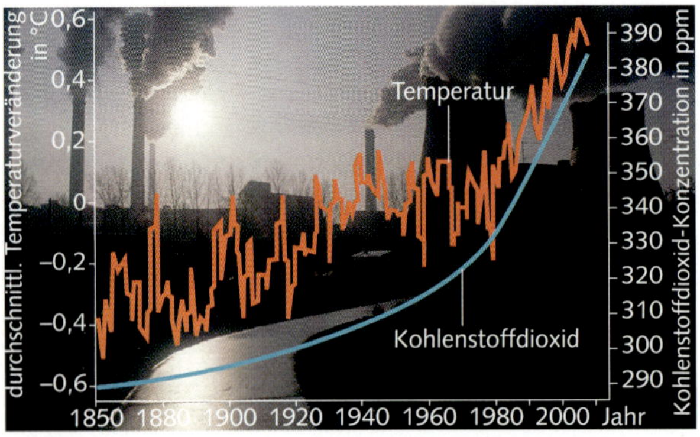

3. Plant einen Versuch, mit dem ihr die Wirkung von CO_2 auf die Temperatur der Atmosphäre in einem Experiment nachweisen könnt und führt ihn anschließend zusammen mit dem Lehrer durch.
Tipp: Verwendet zwei 1 Liter-Erlenmeyerkolben, 2 durchbohrte Gummistopfen, 2 Thermometer, eine CO_2-Gasflasche und einen Overheadprojektor. ▸ Visualisiert die Ergebnisse in einer geeigneten Grafik.

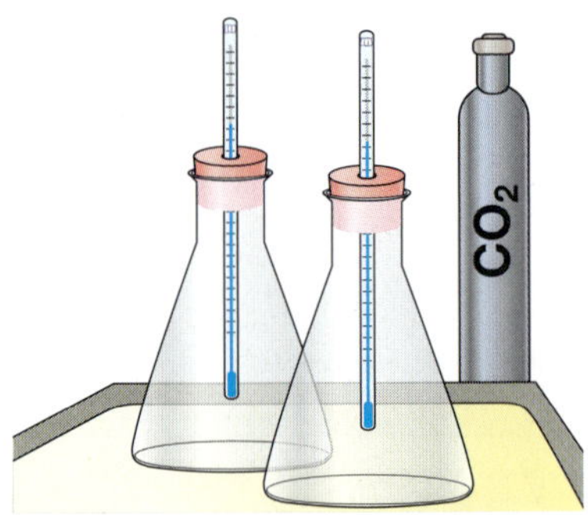

4. Es gibt außer CO_2 weitere klimaschädliche Gase von großer Bedeutung. Informiere dich über diese Gase, ihre Herkunft und ihre anteilige Bedeutung für den Treibhauseffekt.

5. Weltweit ist der Rückgang der Eismassen zu beobachten. Sowohl die Eismassen der Pole als auch die Gebirgsgletscher schmelzen.
a) Erläutere die Folgen.
b) Ermittle mit einem Atlas die Regionen der Erde, die von einem Meeresspiegelanstieg am stärksten betroffen wären.

6. Wissenschaftler versuchen, mithilfe unterschiedlicher „Szenarien" Auswirkungen weltweiter Klimaveränderungen zu beschreiben. Recherchiert, welche Folgen ein Anstieg der weltweiten Jahrestemperaturen für die verschiedenen Klimazonen der Erde haben könnte und stellt diese Szenarien in der Klasse vor.

Ein Überblick: CO_2-Produktion in Deutschland

… für Strom:	ca. 0,62 kg CO_2 je kWh
… Heizung (Erdöl):	ca. 2,9 kg CO_2 je Liter
… Heizung (Erdgas):	ca. 0,2 kg CO_2 je kWh
… Benzin/Diesel:	ca. 2,8 kg CO_2 je Liter
… Fahrten mit Bahn/Bus:	ca. 0,06 kg CO_2 je km pro Person
… Flüge mit dem Flugzeug:	ca. 0,15 kg CO_2 je km pro Person
hinzu kommen gerundete allgemeine Werte:	
… für Lebensmittel	ca. 1650 kg pro Person und Jahr
… sonstige Güter	ca. 2750 kg pro Person und Jahr
… allgemeine Kosten	ca. 1250 kg pro Person und Jahr

7. Man kann die CO_2-Produktion verschiedener menschlicher Aktivitäten bestimmen und daraus eine so genannte CO_2-Bilanz errechnen. Jeder Bundesbürger produziert im Mittel etwa 11 000 kg CO_2 pro Jahr.
a) Bestimme aus den Daten der Tabelle deine CO_2-Bilanz bzw. die deiner Familie pro Jahr.
b) Im Internet findest du leicht zu bedienende „CO_2-Bilanz-Rechner". Nutze einen Rechner und bestimme deine Bilanz und die deines Haushaltes.
c) Wie könntest du deine persönliche CO_2-Bilanz und die deines Haushaltes verbessern?

Wir leben in einem Treibhaus

Unsere Erdkugel ist von einer sehr dünnen, schützenden Hülle umgeben: der Atmosphäre. Ohne sie würde die Energie der Sonnenstrahlung von der Erdoberfläche sofort wieder reflektiert werden. Auf der Erde würde eine mittlere Temperatur von etwa –18 °C herrschen.

Die Gase der Erdatmosphäre wirken wie die Scheiben eines Treibhauses. Scheint die Sonne, so erwärmen ihre energiereichen Strahlen die Luft im Treibhaus. Die Gasteilchen in der Atmosphäre und die Erdoberfläche bewirken, dass ein Teil der Energie, die als Lichtstrahlen auf die Erde treffen, in Wärmeenergie umgewandelt wird. Diese Wärmestrahlung wird zudem wie in einem Treibhaus von den Gasteilchen teilweise reflektiert und somit erst verzögert wieder in den Weltraum abgestrahlt. Bei unserer heutigen Atmosphäre liegt die durchschnittliche Temperatur bei etwa 18 °C. Diese Vorgänge werden als **natürlicher Treibhauseffekt** bezeichnet. Durch diesen konnte das reichhaltige Tier- und Pflanzenleben auf unserer Erde erst entstehen.

Unter den **Treibhausgasen** hat Kohlenstoffdioxid (CO_2) den größten Anteil. Es lässt die wärmenden Sonnenlichtstrahlen auf die Erdoberfläche durch, vermindert aber die Reflektion der Wärmestrahlen zurück in den Weltraum.

Wir beeinflussen den Treibhauseffekt

Die Menschheit ist dabei, in die Zusammenhänge des natürlichen Treibhauseffektes einzugreifen. Wir erwärmen die Atmosphäre durch das Verbrennen von ▸ **fossilen Brennstoffen.** Dabei setzen wir auch große Mengen an CO_2 frei. Dies verstärkt den Treibhauseffekt deutlich. Neben Kohlenstoffdioxid gibt es jedoch weitere klimawirksame Gase wie Methan (CH_4) und Lachgas (N_2O). Beide entstehen hauptsächlich in der intensiven Landwirtschaft – Methan vor allem durch Viehhaltung und Reisanbau, Lachgas durch den Einsatz von stickstoffhaltigen ▸ Düngemitteln. Die Summe der Klimaveränderungen, die durch menschliche Aktivitäten verursacht werden, bezeichnet man als **zusätzlichen Treibhauseffekt.**

1 Alpengletscher 1900 und 2000

Wissenschaftler nehmen eine zusätzliche **Erwärmung der Erde** um bis zu 3 °C bis zum Jahre 2100 an. Die Eismassen der Erde drohen weiter abzuschmelzen. Bislang im Eis gebundenes Wasser gelangt dann in die Meere. Nimmt die Temperatur des Meerwassers ebenfalls zu, führt dies zu einer Ausdehnung des Wasserkörpers und damit zu einem weiteren Anstieg des Meeresspiegels. In den flachen Randgebieten der Kontinente kann es zu massiven Überschwemmungen kommen und viele Millionen Menschen in den küstennahen Bereichen würden dann in ihrer Existenz bedroht.

Eine weitere Folge könnte die **Verschiebung der Klimazonen** sein. In heute trockenen Gebieten würden sich zunehmend Dürren ausbreiten. Unsere gemäßigten Breiten könnten wesentlich trockener werden. Überschwemmungen auf der einen Seite, zunehmende Trockenheit auf der anderen Seite würden die Landwirtschaft stark negativ beeinträchtigen, sodass die Ernährung der Menschheit noch stärker in Gefahr geriete. Befürchtet wird auch eine Ausbreitung von bislang auf tropische und subtropische Gebiete beschränkte ▸ Infektionskrankheiten.

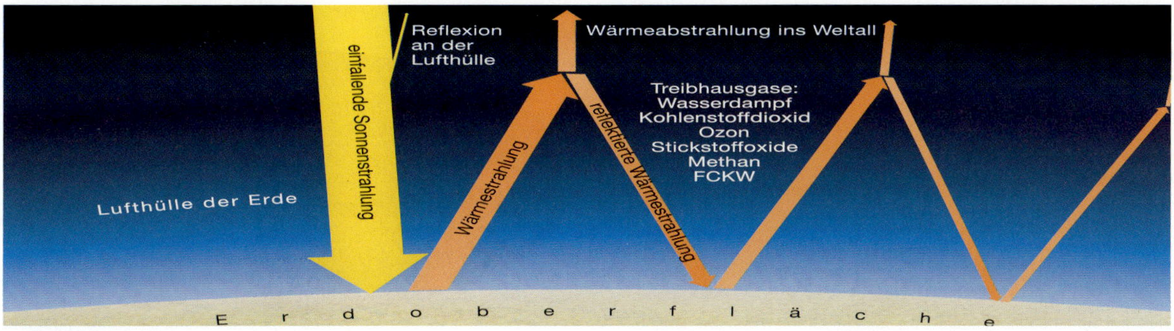

2 Treibhauseffekt *(Schema)*

Belastung der Atmosphäre = Gefahr für uns Menschen

1. Informiere dich über das Gas „Ozon“, seine Zusammensetzung, seine Entstehung und seine Eigenschaften. Erstelle aus den Informationen einen Steckbrief.

2. Man kann Ozon auch selber „herstellen“: Schlage zwei Feuersteine kräftig gegeneinander. Dabei entsteht ein stechender Geruch. Dieser stammt vom Ozon.

3. Die beiden Seiten einer Medaille: „Ozon nützt – Ozon schadet.“ Was ist damit gemeint?

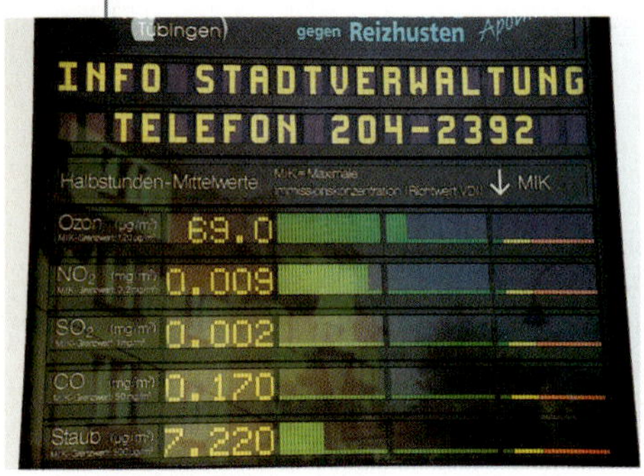

4. a) Ist es im Sommer über Tage bis Wochen heiß und sonnig, werden Ozonwarnungen ausgesprochen. Erläutere die Zusammenhänge.
b) Berichte, wie man sich bei erhöhten Ozonwerten verhalten sollte.
c) Informiere dich über Grenzwerte für Stickstoffoxide und Schwefeldioxid und berichte.

5. Trage Informationen zum Thema „Smog“ zusammen.
a) Erläutere die Herkunft des Wortes „Smog“.
b) Wie wirkt sich Smog auf unsere Gesundheit aus?
c) Erläutere die Unterschiede zwischen Wintersmog und Sommersmog.

6. Die Tortendiagramme zeigen die Anteile und Herkunft der in Deutschland im Jahr 2005 durch menschliche Aktivitäten verursachten Schwefeldioxid (SO_2)- und Stickstoffoxidemissionen (NO_x), die hauptsächlich verantwortlich sind für die Bildung von Smog. Werte die Diagramme aus.
a) An welchen Stellen muss etwas getan werden, um die Ursachen zu reduzieren?
b) Was könnte getan werden?
c) Welchen Beitrag könnte jeder Einzelne von uns leisten?
Erstellt ein Plakat zu diesem Thema.

7. Sammle Informationen zu den Themen „Feinstaub“, „Feinstaubproblematik“ und „Rußpartikelfilter“. Worum geht es hierbei?

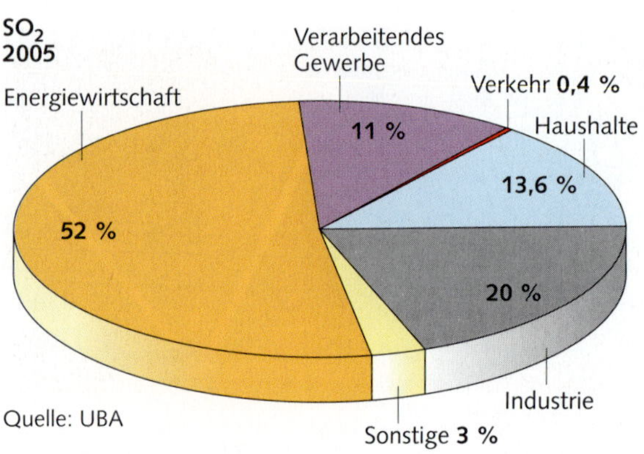

Quelle: UBA

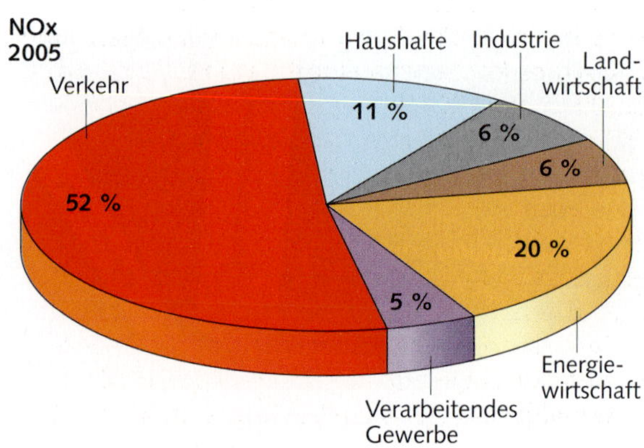

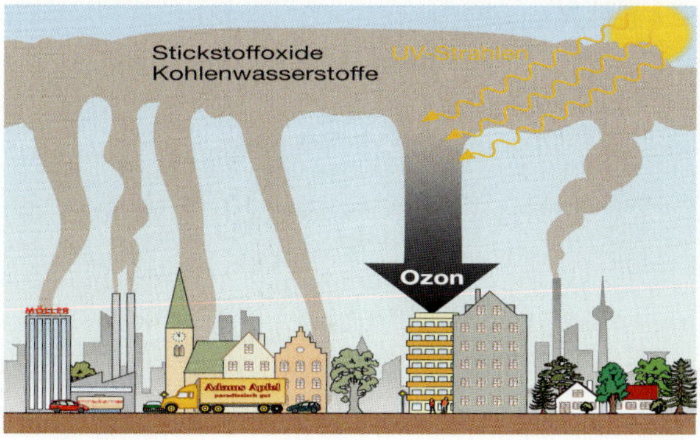

1 Sommersmog

Ozon oben – Ozon unten

Die ▸ Atmosphäre unserer Erde hat sich im Verlauf der Erdgeschichte zu ihrer heutigen Zusammensetzung entwickelt. In etwa 20–50 km Höhe über der Erdoberfläche bildete sich eine **Ozonschicht. Ozon** ist ein Gas. Ein Ozonmolekül (O_3) besteht aus drei Sauerstoffatomen. Die Bildung von Ozon erfordert eine große Energiemenge, die durch die **ultraviolette Strahlung** (UV) der Sonne geliefert wird. Ozon ist ein blass-blaues Gas mit einem stechenden Geruch. In höherer Konzentration ist es giftig, reizt die Schleimhäute, greift die Blattoberflächen der Pflanzen an und zerstört sie.

Die Ozonschicht filtert ähnlich einer Sonnenbrille bis zu 90 % der ultravioletten Strahlung aus dem Sonnenlicht heraus. Dies basiert auf der Spaltung des Ozons durch die energiereiche UV-Strahlung in ein zweiatomiges Sauerstoffmolekül (O_2) und ein sehr reaktionsfreudiges Sauerstoffatom (O). Dieses Sauerstoffatom verbindet sich sofort wieder mit einem Sauerstoffmolekül zu einem neuen Ozonmolekül. Die Sonnenstrahlen sind also durch ihren hohen Energiegehalt sowohl an der Bildung als auch an der Zerstörung des Ozons beteiligt. Normalerweise besteht zwischen Bildung und Zerstörung des Ozons ein Gleichgewicht und die Dicke der Ozonschicht bleibt daher mehr oder weniger konstant. Die Neubildung des Ozons wird jedoch durch den Menschen beeinflusst. Wir produzieren so genannte **Chlor-Fluor-Kohlenwasserstoffe (CFKW,** umgangssprachlich auch **FCKW** genannt). Sie wurden als Kühlmittel in Kühlgeräten und als Treibmittel in Spraydosen verwendet. Eingesetzt werden sie auch heute noch vielfach in Autoklimaanlagen. Die CFKW steigen in die Atmosphäre auf und führen dazu, dass mehr Ozon abgebaut als wieder gebildet wird. In verschiedenen Bereichen der Ozonschicht entstanden hierdurch Löcher, vor allem im Bereich der Antarktis, aber auch über dem Nordpol. Durch die **Ozonlöcher** kann die ultraviolette Strahlung der Sonne ungehindert bis zu Erdoberfläche gelangen. Eine zu starke UV-Strahlung kann ▸ Mutationen und somit auch die Entstehung von ▸ Hautkrebs verursachen. Die Verwendung der „Ozonkiller" ist zwar mittlerweile weitgehend verboten, aus früheren Jahrzehnten befinden sie sich jedoch immer noch in der Atmosphäre.

Ozon kann jedoch nicht nur aus reinem Sauerstoff gebildet werden. Auch Stickstoffdioxid (NO_2) und verschiedene Kohlenwasserstoffverbindungen (CH) aus Abgasen tragen über komplizierte chemische Prozesse bei starkem UV-Licht zur Ozonbildung bei. Hierbei werden dann vor allem im Bereich von Ballungsgebieten große Mengen an Ozon in Bodennähe angereichert. Man nennt diese Erscheinung **Sommersmog,** weil sie vor allem im Hochsommer auftritt.

Smog

Der Begriff Smog setzt sich zusammen aus zwei englischen Wörtern, nämlich Smoke (Rauch) und Fog (Nebel). Für die Entstehung von Smog sind bestimmte Wetterlagen Voraussetzung. Im Winter kann es bei Windstille passieren, dass sich warme aufsteigende Luft wie eine Glocke über kältere Luftmassen legt, die sich in Bodennähe befinden. Abgase, Rauch und Staub können nicht aufsteigen, sondern sammeln sich in Bodennähe an. Sie können sich bei diesem als **Wintersmog** bezeichneten Phänomen stark anreichern und unsere Gesundheit gefährden. Sie führen vor allem zu Herz- und Kreislaufbeschwerden sowie Atemwegserkrankungen. In den letzten Jahren hat die Smoggefahr bei uns etwas abgenommen, weil zunehmend abgasarme Fahrzeuge und abgasverminderte Heizungs- und Industrieanlagen entwickelt wurden.

Zusätzlich wurden weitere Maßnahmen zur Reduzierung der Abgase in Ballungsräumen durchgeführt. So haben größere Städte zur Verminderung der **Feinstaubbelastung** Fahrverbote eingerichtet. Für Dieselfahrzeuge werden so genannte Rußpartikelfilter angeboten, die die entstehenden Rußteilchen herausfiltern sollen.

2 Wintersmog

Methode

Streitgespräch in einer Expertenrunde

In einem Streitgespräch geht es um den Austausch von Argumenten zu einem strittigen Thema. Im vorliegenden Fall soll es um das in der Öffentlichkeit heftig diskutierte Thema „Biokraftstoffe – eine Alternative?“ gehen. Wichtig sind zunächst die zugrunde liegenden Fakten, aber auch unterschiedliche Auffassungen im Bezug auf die Nutzung von Biokraftstoffen. Diese hängen unter anderem auch von gewissen wirtschaftlichen Interessen ab.
Die Argumente werden im Streitgespräch von entsprechenden Experten vorgetragen. Experten sind Personen, die sich mit einer bestimmten Thematik beschäftigen und sich dort gut auskennen. Für euch ist es daher wichtig, euch zuerst mit Informationen zum Thema vertraut zu machen.

Biokraftstoffe – was ist das?
Biokraftstoffe sind Kraftstoffe, die in Verbrennungsmotoren oder Heizungsanlagen verbrannt werden. Anders als die ▸ fossilen Brennstoffe entstammen sie der laufenden land- und forstwirtschaftlichen Produktion.
Durch zum Teil komplizierte chemische Verfahren können aus Pflanzen oder deren Früchten, aus Holzresten oder auch aus Mist so Treibstoffe produziert werden. Bekannte Beispiele sind Biodiesel, Biogas, Bioethanol oder reines Pflanzenöl.

Vorbereitung und Durchführung

- Legt zunächst Gesprächsregeln fest, die bei dem Streitgespräch beachtet werden sollen.
- Bildet dann mehrere Teams für das Streitgespräch, die sich jeweils für eine der Interessengruppen entscheiden: zum Beispiel Landwirtschaft, Naturschutz, Klimaschutz, Autoindustrie, Politik.
- Jedes Team macht sich auf seinem Gebiet kundig, beispielsweise durch Recherchen im Internet, in Zeitungen und Zeitschriften oder durch Befragung von Personen, die sich mit der Thematik befassen.
- Notiert die Pro- und Contra-Argumente auf Kärtchen, um diese bei der Diskussion zur Verfügung zu haben.
- Bedenkt vor dem Gespräch auch mögliche Argumente eurer Gesprächspartner, damit ihr in der Diskussion rasch darauf reagieren könnt.
- Legt fest, wer aus eurem Team am Streitgespräch teilnimmt. Die Diskussion leitet ein Moderator. Er führt in die Thematik ein, eröffnet die Diskussion, überwacht die Einhaltung der Gesprächsregeln und beendet mit einer Zusammenfassung.

Auswertung

Beurteilt den Verlauf des Streitgesprächs, wie zum Beispiel die Einhaltung der Gesprächsregeln, die jeweiligen Argumentationen oder Reaktionen auf Beiträge der anderen Teilnehmer.
Welche Beiträge haben überzeugt, wo sind noch weitere Informationen nötig? Welche sind die schwerwiegenden, welche die weniger gewichtigen Argumente?

Entstehung fossiler Brennstoffe

Fossile Brennstoffe

Stein- und Braunkohle, Erdöl und Erdgas sind fossile Brennstoffe. Sie befinden sich meist nicht in der Nähe der Erdoberfläche, sondern werden aus größeren Tiefen gefördert. Gemeinsam ist ihnen, dass sie große Mengen Kohlenstoff enthalten, der vor Millionen von Jahren durch die Prozesse der Fotosynthese gebunden wurde. Kohlenstoff liefert bei der Verbrennung Wärmeenergie. Derzeit werden etwa 90 Prozent der weltweit benötigten Energiemengen aus fossilen Energieträgern gedeckt. Durch ihre Verbrennung gelangen große Mengen an ▸Kohlenstoffdioxid in die Erdatmosphäre. Diese Freisetzung hat Auswirkungen auf die weltweite Entwicklung des ▸Klimas.

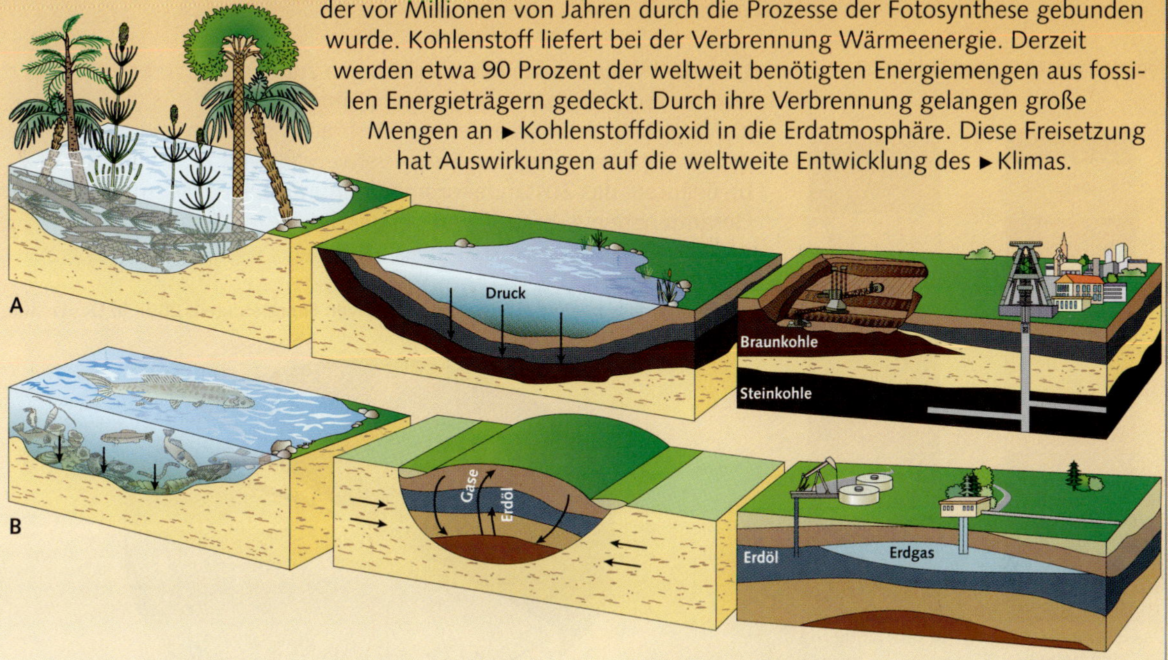

1 Entstehung und Förderung von fossilen Brennstoffen.
A *Stein- und Braunkohle;* **B** *Erdöl und Erdgas*

Steinkohle

Sie entstand im Erdzeitalter des ▸**Karbon** vor etwa 330 Millionen Jahren. Üppige Sumpfwälder bedeckten die Erde. Abgestorbene Pflanzen versanken im Schlamm und gelangten unter Luftabschluss. Daher wurden sie nicht vollständig zersetzt. Kohlenstoffhaltige Schichten reicherten sich an. Hoher Druck und hohe Temperaturen setzten einen Prozess in Gang, den man ▸**Inkohlung** nennt. Im Laufe vieler Millionen Jahre bildete sich so die Steinkohle.

Erdöl und Erdgas

Erdöl und Erdgas entstanden in verschiedenen Erdzeitaltern vor 300 bis 50 Millionen Jahren durch die Ablagerung toter Kleinorganismen am Grunde von Gewässern. Die dort herrschende Sauerstoffarmut führte zur Bildung von Faulschlamm. Dieser wurde später mit anderen Ablagerungen überdeckt. Dadurch entstand ein hoher Druck. Im Laufe langer Zeiten bildeten sich so aus dem kohlenstoffreichen Faulschlamm durch Luftabschluss, Druck und hohe Temperatur Erdöl und Erdgas.

Braunkohle

Ihr Entstehungsprozess begann vor etwa 70 Millionen Jahren im ▸**Tertiär.** Ausgedehnte Wälder gerieten nach ihrem Absterben und Absinken unter Luftabschluss. Die Inkohlung ist wegen des geringeren Alters noch nicht so weit fortgeschritten wie bei der Steinkohle. Die Braunkohlenvorkommen lagern in Deutschland relativ dicht unter der Erdoberfläche und werden im Tagebau gewonnen.

1. Stelle für Steinkohle, Braunkohle sowie Erdöl und Erdgas grundlegende Informationen zu folgenden Themen in einer übersichtlichen Tabelle zusammen: Entstehungszeit, beteiligte Organismen, Entstehungsbedingungen, Lagerstätten, Förderung, Verwendung.

2. Erläutere den Satz: „Die in den fossilen Energieträgern enthaltene Energie stammt von der Sonne".

3. a) Ermittelt, wo sich auf der Welt große Lagerstätten von Stein-, Braunkohle, Erdöl und Erdgas befinden. Tragt diese in eine Weltkarte ein.
b) Sammelt Informationen über die noch vorhandenen Reserven an fossilen Energieträgern und die zeitliche Reichweite der einzelnen Energierohstoffe. Stellt Vermutungen darüber an, warum die Angaben in verschiedenen Quellen so unterschiedlich sind.

Energie für die Zukunft – regenerative Energiequellen

1. Definiere die Begriffe „fossile Energierohstoffe", „regenerative Energierohstoffe" und „regenerative Energieträger" und gib je zwei Beispiele an.

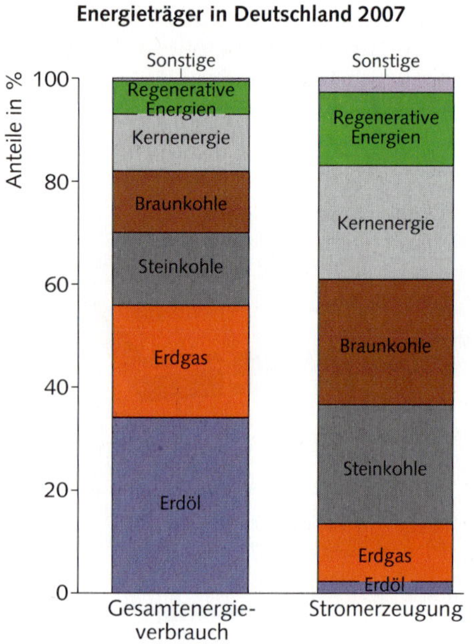

2. Werte die beiden Abbildungen zum Energieverbrauch und zur Stromerzeugung in Deutschland im Jahre 2007 aus.
a) Vergleiche den Gesamtenergieverbrauch mit dem Energieverbrauch, der für die Erzeugung von Strom verwendet wird.
b) Erläutere das Zustandekommen der unterschiedlichen Anteile beim Gesamtenergieverbrauch und bei der Stromerzeugung.

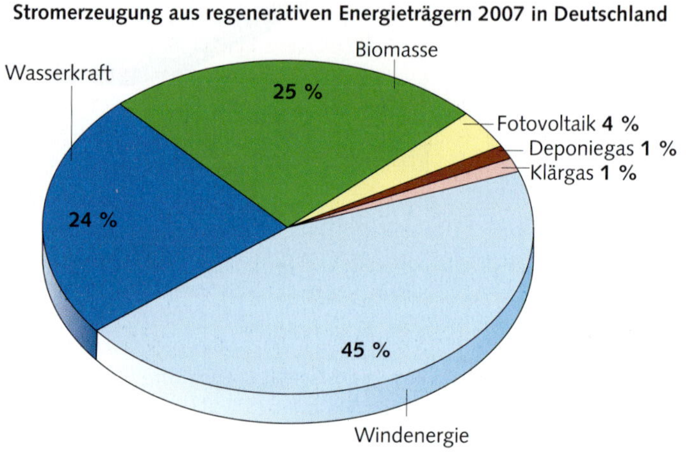

3. a) „Die beste Methode, Energie zu gewinnen, ist die, Energie zu sparen". Erläutere diese Aussage und erarbeite Möglichkeiten für jeden von uns, im Alltag Energie zu sparen.
b) Welchen Beitrag hierzu können Energiesparlampen leisten, die zunehmend eingesetzt werden und auf Dauer Glühbirnen ablösen sollen?

4. a) Informiert euch über verschiedene Typen regenerativer Energiequellen.
b) Beschreibt für die verschiedenen Typen die jeweiligen Verfahren zur Gewinnung von Energie.

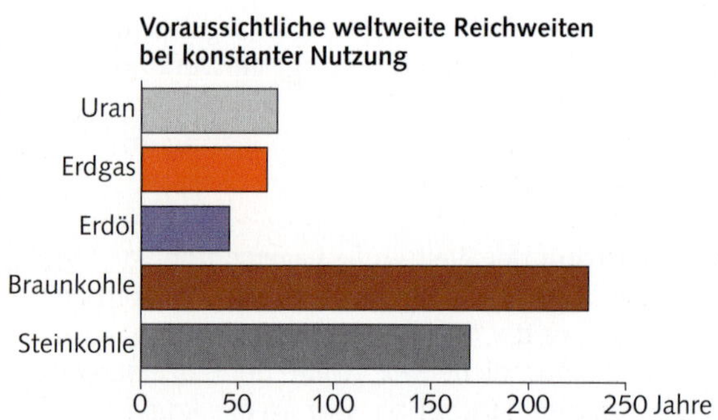

5. Beschreibe und beurteile die Problematik der zeitlichen, weltweiten Reichweiten der fossilen Energieträger und des Urans. Welche Schlussfolgerungen ergeben sich hieraus?

6. Neben dem Aspekt der Reichweite verschiedener fossiler Brennstoffe gibt es weitere Argumente für eine zunehmende Verwendung regenerativer Energiequellen.
a) Sammelt Pro- und Contra-Argumente im Hinblick auf die Nutzung fossiler und regenerativer Energiequellen.
b) Diskutiert, welche Konsequenzen dies für den Einzelnen und für die Gesellschaft hat.

Energie für die Zukunft
Zwei wesentliche Gesichtspunkte sind es, die uns dazu zwingen, uns intensiv Gedanken über einen Wandel in der Verwendung von Kraft- und Treibstoffen zu machen. Zum einen ist dies die Endlichkeit der ▸fossilen Energierohstoffe, vor allem bei Erdöl und Erdgas, aber auch bei Uran, dem Rohstoff für die Kernenergie. Selbst wenn es gelingen sollte, bislang nicht entdeckte oder nur mit hohen Kosten förderbare Vorräte zu erschließen: Irgendwann in nicht allzu ferner Zukunft gehen die Vorräte der fossilen Energierohstoffe zur Neige.
Zum anderen ist mit der Verbrennung fossiler Kohlenstoffverbindungen ein Klimaproblem verknüpft: der vom Menschen verursachte ▸zusätzliche Treibhauseffekt.

Holz
Der älteste regenerative Energierohstoff ist Holz. Schon die frühen Menschen nutzten das Holz, um Feuer zu machen und sich daran zu wärmen oder Nahrungsmittel zuzubereiten.

1 Energierohstoff Holz

Heute erlebt Holz erneut eine Aufwertung, zum Beispiel durch die Verwendung in Kaminöfen oder als Holzpellets in Heizungsanlagen.

Wasser
Schon früh entdeckte der Mensch die Möglichkeit der Nutzung des fließenden Wassers als Energielieferanten. Zahllose Wassermühlen in vielen Regionen Deutschlands und der Welt zeugen hiervon. Entweder nutzt man die Kraft des Wassers an Fließgewässern unmittelbar oder es werden Staudämme errichtet, die Wasser aufstauen und bei Bedarf Fließwasser liefern, um Generatoren anzutreiben. Eine zunehmende Bedeutung erlangen heute Gezeiten- oder Wellenkraftwerke, die die von Ebbe und Flut hervorgerufenen Strömungen oder die Kraft der Wellen ausnutzen können.

Wind
Windenergie verzeichnet im Augenblick den größten Anteil an der Nutzung erneuerbarer Energieträger. Wind entsteht durch unterschiedlich starke Aufheizung der Bereiche der Erdoberfläche. Hieraus gehen mehr oder weniger starke Luftausgleichsströmungen hervor. In Gebieten mit starkem und konstantem Wind werden Windenergieanlagen errichtet. Ihr Rotor treibt einen Generator an, der die Windenergie in elektrische Energie umwandelt.

Sonne
In der Solartechnik wird die Energie des Sonnenlichts entweder über Wärmekollektoren zur direkten Erwärmung von Wasser oder über Solarzellen zur Erzeugung von elektrischem Strom in Fotovoltaikanlagen genutzt. Der produzierte Solarstrom wird in das öffentliche Stromnetz eingespeist.

Erde und Luft
Ein relativ neues Verfahren ist die Nutzung der in der Erde oder der Luft vorhandenen Wärmeenergie.
Ähnlich wie dem Inneren eines Kühlschranks entzieht man dabei dem Erdreich oder der Luft Wärme und überträgt es auf ein gasförmiges Kühlmittel. Dieses Kühlmittel wird dann durch einen Kompressor verdichtet. Hierdurch wird seine Temperatur stark erhöht. Die entstehende Wärme kann an das Wasser in der Heizungsanlage abgegeben werden. Das Kühlmittel kühlt sich hierbei wieder ab und steht wieder für die erneute Aufnahme von Erd- oder Luftwärme zur Verfügung.

2 Wasserkraftwerk

3 Windenergieanlagen

4 Sonnenkollektoren (Fotovoltaik)

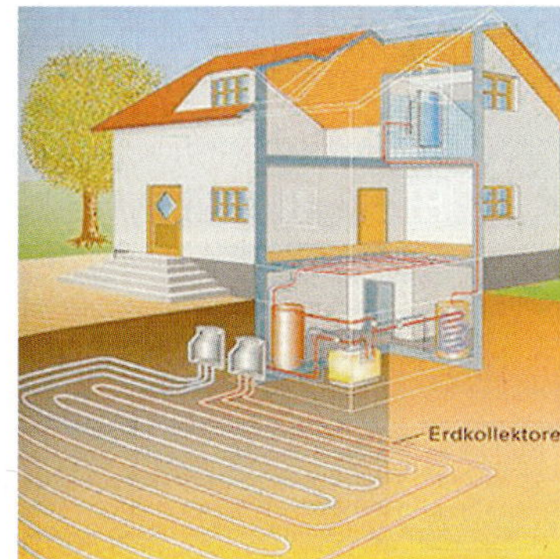

5 Wärmepumpe – Erdwärme

Boden – eine wichtige Lebensgrundlage

1. Welche Eigenschaften eines Bodens sind für das Wachstum der Pflanzen besonders wichtig? Erstelle eine Liste und begründe die Faktoren.

2. Bauern pflügen nach der Ernte die Stängel und Wurzeln der abgeernteten Früchte unter. Erläutere, wozu sie dies tun.

3. Bestimmt die Bodenarten einiger Bodenproben mit der so genannten Fingerprobe. Ihr benötigt hierzu mehrere esslöffelgroße Bodenproben von unterschiedlichen Standorten.

a) Die einzelnen Proben werden so lange mit wenig Wasser geknetet, bis sie gut durchfeuchtet sind.
b) Anschließend führt ihr bei jeder Probe mithilfe des folgenden Bestimmungsschlüssels eine Bestimmung der Bodenart durch.

A

B

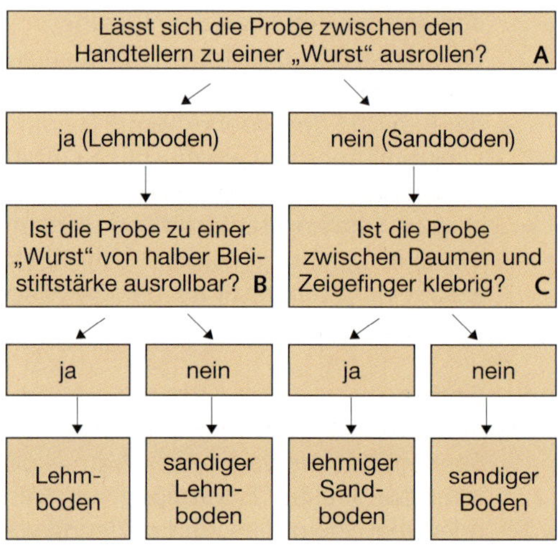

C

4. Recherchiert, welche Pflanzen auf den einzelnen Bodenarten besonders gut wachsen und stellt je eine Pflanzenart in einem Steckbrief vor.

5. Bestimmt die Bodenbestandteile verschiedener Bodenproben. Dies geschieht mit einer so genannten Boden-Aufschlämmung.

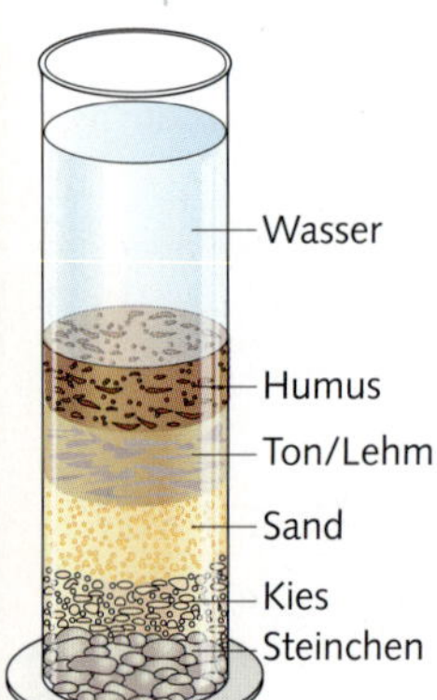

a) Füllt mehrere Standzylinder (500 ml) zur Hälfte mit je einer Bodenprobe.
b) Gebt Wasser hinzu, bis dass der Zylinder fast gefüllt ist. Schließt den Zylinder mit einem Stopfen.
c) Schüttelt die Zylinder mit den Proben mehrfach kräftig. Stellt sie dann für mindestens eine halbe Stunde ruhig ab und beobachtet, was geschieht. Das Wasser oberhalb der obersten Bodenteilchen sollte einigermaßen klar sein.
d) Beschreibt die Ergebnisse und vergleicht die verschiedenen Bodenproben miteinander.

6. Bestimmt den Humusgehalt des Bodens. Humus besteht aus organischem Material, seine Bestandteile können also verbrannt werden.
a) Entnehmt Bodenproben aus verschiedenen Böden. Lasst die Proben an der Luft trocknen oder trocknet sie im Wärmeschrank/Backofen bei 50 °C.
b) Wiegt jeweils Proben von 10 g ab und gebt die Proben in ein großes, feuerfestes Reagenzglas.
c) **Sicherheitshinweis:** Schutzbrille benutzen! Glüht die Proben mithilfe eines Brenners gut durch.
d) Bestimmt erneut das Gewicht der Proben und ermittelt den jeweiligen Gewichtsverlust. Er entsteht durch die Verbrennung des Humusanteils in der Probe.
e) Vergleicht die Humusanteile der Proben miteinander. Erläutert die Unterschiede und deren Bedeutung für den Boden.

Boden – die dünne Haut der Erdoberfläche

Der Erdboden, häufig nicht dicker als einige Dezimeter bis wenige Meter, ist eine wichtige Grundlage für das Leben von Pflanzen, Tieren und uns Menschen.
Das Ausgangsmaterial für jeden Boden ist festes, unverwittertes Gestein. Im Verlauf der Erdgeschichte arbeiten die Verwitterungsfaktoren Wasser, Frost, Hitze und Wind an der Zersetzung des Ausgangsgesteins mit. Dies bedeutet, dass Boden von oben nach unten entsteht. Oben ist er in aller Regel feinkörniger als unten, da oben die Verwitterungsfaktoren stärker und länger wirken konnten.

Zusammensetzung von Böden

Die Eigenschaften eines Bodens hängen stark von seiner Zusammensetzung ab. Manche Böden bestehen aus groben Bestandteilen, andere sind durch starke Verwitterung bereits feinkörnig geworden. Die Bodenstruktur ist wichtig für das Vermögen eines Bodens, Wasser aufzunehmen und zu speichern.
Die **Korngröße** der Bodenteilchen ist die Grundlage für die Einteilung in verschiedene **Bodenarten.** Haben die Bodenteilchen einen Durchmesser von weniger als 0,002 mm, handelt es sich um **Ton.** Sind sie zwischen 0,002 und 0,063 mm groß, nennt man sie **Schluff.** Besitzen die Teilchen einen Durchmesser von 0,063–2 mm, so spricht man von **Sand.** Teilchen, die größer als 2 mm sind, heißen je nach Größe Kiesel, Gerölle, **Steine** oder Blöcke. Viele Böden sind aus unterschiedlichen Korngrößen und verschiedenen Mineralien zusammengesetzt. Ein typischer Lehmboden besteht zum Beispiel zu 50 % aus Sand und zu 20–50 % aus Ton, den Rest bildet der Schluff.

Böden zeigen einen bestimmten Aufbau

Schaut man sich in einer frisch ausgehobenen Grube die Struktur der senkrechten Erdwand an, so kann man meist eine charakteristische Bodenschichtung, das so genannte **Bodenprofil,** erkennen. Die oberste Schicht ist etwa 10–30 cm stark. Meist besteht sie aus dunklem, humusreichem Material. Die darunter folgende Schicht ist die eigentliche Bodenschicht. Meist ist sie etwas heller. Schließlich folgt das feste Ausgangsgestein, noch weitgehend unverwittertes Material, aus dem der darüber liegende Boden letztlich entstanden ist.
Verschiedene Böden haben charakteristische Eigenschaften. So können manche Böden zum Beispiel viel Stickstoff oder Eisen enthalten. Auch der Kalkgehalt kann zwischen verschiedenen Böden stark schwanken. Je nach chemischer Zusammensetzung wachsen auf den Böden ganz unterschiedliche Pflanzengesellschaften. Daher kann man von den Pflanzen auf die chemischen Eigenschaften eines Bodens rückschließen. Auf Böden, die viel Stickstoff enthalten, wachsen beispielsweise häufig Brennnesseln. Das Leberblümchen wächst bevorzugt auf kalkhaltigen Böden. Solche Pflanzen werden auch **Zeigerpflanzen** genannt.

1 Zeigerpflanzen. A *Brennnessel;* **B** *Leberblümchen*

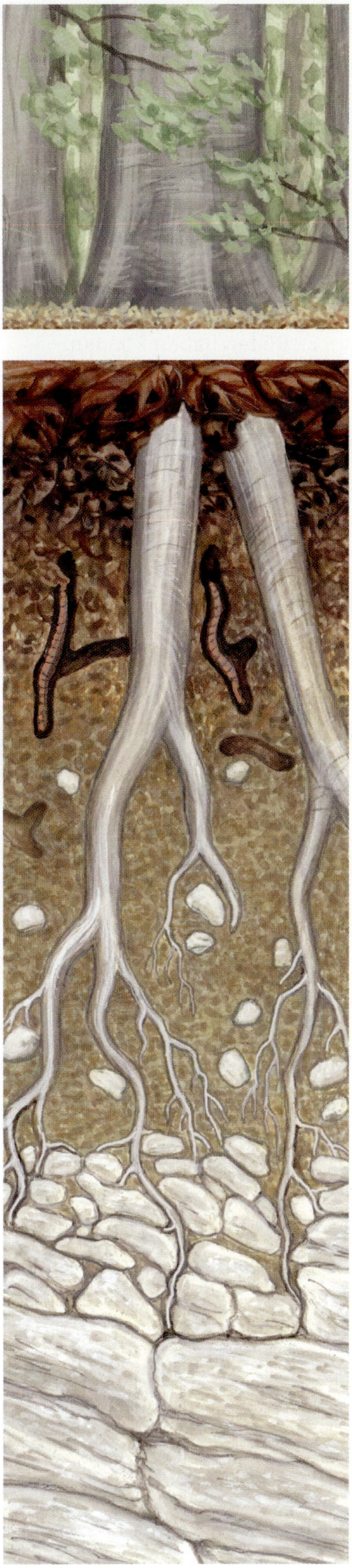

2 Bodenprofil

Belastung und Schutz des Bodens

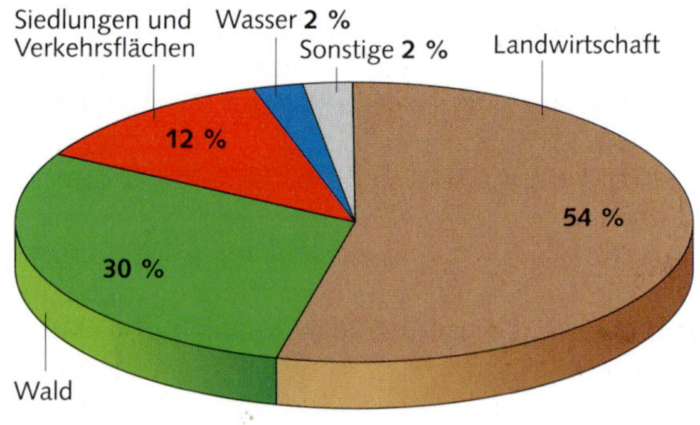

1. Das Tortendiagramm zeigt die Flächennutzung in Deutschland.
a) Werte das Diagramm im Hinblick auf die Anteile der verschiedenen Nutzungen aus.
b) Beurteile, welche Auswirkungen die jeweiligen Nutzungen auf die betroffenen Böden haben können.

2. Überlegt euch Versuche, mit deren Hilfe ihr die Beeinflussung des Bodens durch verschiedene Umweltfaktoren ermitteln könnt.
Ihr sollt drei Faktoren bearbeiten:
- die Auswirkungen von Salzen
- die Auswirkungen von Ölen
- die Auswirkungen von Wasch-, Reinigungs-, Spülmitteln

Ihr benötigt folgende Materialien: Blumenerde, Wasser, Petrischalen oder kleine Blumentöpfe, Löffel, Kressesamen, Kochsalz, verschiedene Wasch-, Reinigungs-, Putzmittel, Heiz- oder Motoröl, andere Öle.
Bildet Teams, die sich jeweils mit einem anderen Faktor beschäftigen. Setzt Versuche an, mit deren Hilfe die Einflüsse auf das Wachstum der Kressesamen ermittelt werden können. Salze, Öle usw. werden in jeweils unterschiedlichen Mengen ins Gießwasser gegeben, mit dem der jeweilige Boden getränkt wird. Denkt an einen Kontrollversuch ohne belastende Faktoren! Beobachtet den Versuchsverlauf über ca. zwei Wochen und protokolliert die Ergebnisse. Stellt die Ergebnisse auf einem Plakat dar.
Wichtig: Der belastete Boden muss als Sondermüll entsorgt werden (Lehrer fragen!).

3. Informiere dich über das Thema Bodenerosion. Erstelle eine Mindmap zu diesem Thema. Berücksichtige die verschiedenen Typen der Erosion, ihre Ursachen und ihre Auswirkungen.

4. Phosphate und Nitrate sind Salze, die vor allem bei intensiver Düngung und bei der Massentierhaltung anfallen und Böden, Gewässer und Grundwasser stark belasten können.
a) Erläutere, warum eine Bodenuntersuchung für bedarfsgerechtes Düngen wichtig ist.
b) Nenne Vorteile einer richtigen Dosierung von Mineraldünger und Nachteile, die bei falscher Dosierung entstehen.

5. Der Einsatz von Streusalz kann den Boden und die dort wachsenden Pflanzen stark beeinträchtigen. Sammle Informationen zur Streusalzproblematik. Welche Alternativen zum Einsatz von Streusalz gibt es?

Boden – eine kostbare Lebensgrundlage

Der Erdboden ist ein komplexes Gebilde. Seine Eigenschaften werden von vielen verschiedenen Faktoren wie Zusammensetzung, Wasserhaltevermögen und Mineralsalzgehalt bestimmt. Die Ernährung der Menschheit hängt von einer richtigen und nachhaltigen Nutzung dieser dünnen Bodenschicht ab.

Der Boden wird intensiv beansprucht

Über die Hälfte der Fläche unseres Landes wird landwirtschaftlich genutzt, mehr als 10 % der Fläche sind durch Gebäude, ihre Umgebungsflächen oder Straßen bedeckt. Insgesamt sind also bei uns fast zwei Drittel der Bodenoberfläche intensiv genutzt oder bebaut.

1 Einsatz chemischer Spritzmittel

Die landwirtschaftliche Nutzung ist in weiten Teilen von einer intensiven Bearbeitung geprägt. Der Boden wird gepflügt, gedüngt und es werden Spritzmittel eingesetzt. Seitdem bei uns **Mineraldünger** verwendet wird, sind die Ernteerträge enorm gestiegen. Knapp 5 Millionen Tonnen Mineraldünger werden bei uns pro Jahr eingesetzt. Umgerechnet bedeutet dies das Ausbringen von etwa 200 kg Dünger auf der Fläche eines Fußballfeldes. Um große Ernteausfälle durch Schädlinge zu verhindern, werden chemische Mittel zum Pflanzenschutz eingesetzt. Die davon ausgebrachte Menge entspricht etwas mehr als 1 kg pro Fußballfeld. **Monokulturen** sind anfällig für Schädlinge. Daher werden gerade hier große Mengen an chemischen Pflanzenschutzmitteln ausgebracht.

Intensive Landwirtschaft bereitet auch Probleme

Ein wichtiges Ziel der Landwirtschaft auf der gesamten Erde ist es, hohe Ernteerträge zu erreichen, um möglichst viele Nahrungsmittel zu günstigen Preisen anbieten zu können. Die dauerhafte, intensive Nutzung des Bodens ist jedoch ohne regelmäßige Düngung kaum möglich. Diejenigen Mineralsalze, die die Pflanzen dem Boden entziehen, müssen dem Boden wieder zugeführt werden. Hierbei geht es vor allem um die beiden Elemente Phosphor und Stickstoff. Gedüngt wird mit mineralischen Düngern, die Phosphate und Nitrate enthalten.
Die intensive Landwirtschaft hat jedoch Nachteile. Nicht immer wird der Boden nachhaltig gepflegt. Der intensive Einsatz von Düngemitteln kann dazu führen, dass Boden und Gewässer **überdüngt** werden. Dann kann düngerhaltiges Wasser bis tief in den Grundwasserbereich hinabsickern. Schon verschiedentlich ist es vorgekommen, dass Brunnen, die Trinkwasser aus Grundwasser fördern, ihre Wassergewinnung aufgrund überhöhter Nitratwerte einstellen mussten. Häufig schon sind auch Gewässer, die mit mineralsalzreichem Wasser überschwemmt wurden, „umgekippt", das heißt fast alles Leben darin ist zugrunde gegangen.

Ökologische Landwirtschaft

Es gibt mittlerweile eine Reihe von Landwirten, die sich dafür entschieden haben, ihre Höfe nicht mehr konventionell, sondern **ökologisch** nach den Vorgaben der Europäischen Union zu bewirtschaften.
Ein wesentliches Ziel der **ökologischen Landwirtschaft** ist es, dass die natürliche Bodenfruchtbarkeit durch gezielte und vor allem schonende Bewirtschaftung der Flächen dauerhaft erhalten bleibt.
Chemische Spritzmittel und Mineraldünger werden im ökologischen Landbau nicht eingesetzt. Die Bekämpfung von Schädlingen erfolgt über den Einsatz ihrer natürlichen Feinde oder mit mechanischen Methoden. Es wird ausschließlich Saatgut verwendet, das nicht gentechnisch verändert ist. Tierhaltung und Tierzucht erfolgen nicht in Form der Massentierhaltung, sondern die **artgerechte Haltung** der Tiere steht im Vordergrund. Die Tiere bekommen Futter von betriebseigenen Flächen oder von anderen Biohöfen. Der Mist, den die Tiere produzieren, dient als Dünger für die Felder. So entsteht ein geschlossener **Stoffkreislauf.** Pflanzen- und Tierproduktion ergänzen sich hierbei und sind aufeinander abgestimmt.

2 Ökologisch bewirtschaftetes Getreidefeld

Belastung und Schutz der Wasservorräte

Wasser ist Voraussetzung für jedes Leben. Ohne Wasser könnten wir nicht existieren. Bei uns in Mitteleuropa ist die Versorgung mit einwandfreiem Trinkwasser weitgehend gewährleistet, aber weltweit leiden Millionen von Menschen unter Wasserarmut oder Mangel an sauberem Trinkwasser. Beschäftigt euch mit dem Thema Wasser aus verschiedenen Blickrichtungen. Bildet Teams, die jeweils eines der folgenden Teilthemen bearbeiten. Es kann erforderlich sein, die Aufgaben innerhalb der Teams aufzuteilen. Ein Teammitglied übernimmt dann die Koordinierung. ▸ Visualisiert eure Ergebnisse und gestaltet als Abschluss des Projekts eine gemeinsame Ausstellung.

1. Der globale Wasserkreislauf

Beim globalen Wasserkreislauf der Erde handelt es sich um ein geschlossenes System. Das Wasser fließt weder hinaus, noch kommt von außen Wasser hinein.

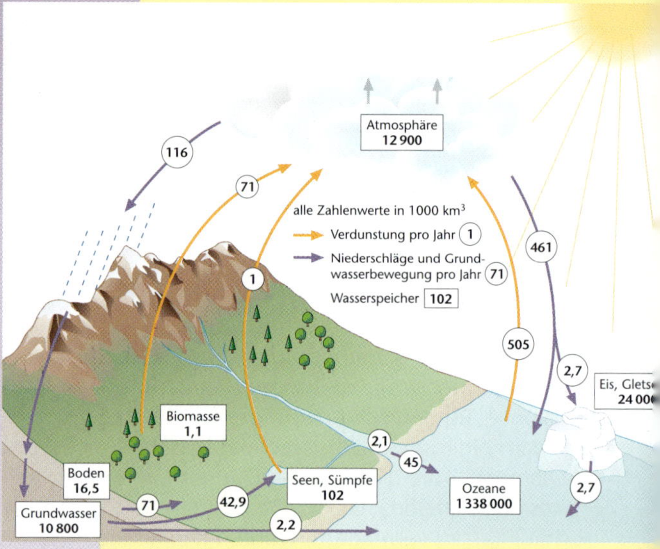

- Informiert euch über die Gesetzmäßigkeiten des globalen Wasserkreislaufs. Die nebenstehende Abbildung ist eine von mehreren möglichen Darstellungen. Erläutert die einzelnen „Stationen" des Kreislaufs.

- Demonstriert mithilfe eines Modells einen Wasserkreislauf „im Kleinen". Ihr braucht hierzu ein großes Glasgefäß (Volumen mindestens 1 l), Steine, Erde, eine Petrischale, einen gewölbten Glasteller (zum Abdecken des Glases). Überlegt euch, wo ihr das Glas am besten aufstellt, damit euer Wasserkreislauf „in Gang" kommt. Beschreibt Versuchsaufbau, Versuchsdurchführung, Beobachtungen und Versuchsergebnisse.

2. Trinkwasser und Trinkwassergewinnung

- Informiert euch darüber, wo euer Trinkwasser herkommt, wo und wie es zu Trinkwasser aufbereitet wird und wie es schließlich zu euch gelangt. Ihr könnt hierzu ein Wasserwerk besuchen. Fragt dort zum Beispiel nach jährlichen Fördermengen, Trinkwasserqualität, Wasseranalysen, Schadstoffbelastungen.

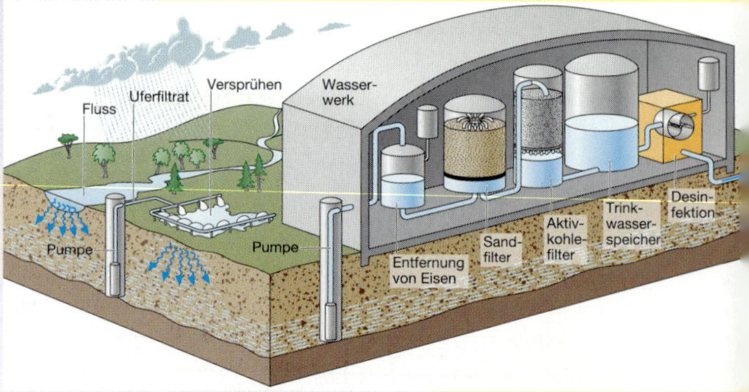

- Beschafft euch Informationen zur Trinkwasserversorgung in den einzelnen Bundesländern Deutschlands, zum Beispiel zu Herkunft und Fördermenge oder zu Problemen bei der Aufbereitung des Wassers. Berücksichtigt auch die Nitratproblematik.

- Informiert euch über die weltweite Versorgung mit sauberem Trinkwasser und auftretende Probleme hinsichtlich der Verfügbarkeit von Wasser.

3. Wasserverbrauch

Der Verbrauch von Trinkwasser unterscheidet sich zwischen einzelnen Ländern und Regionen der Erde recht stark. Bei uns ist das Angebot ausreichend, aber in vielen Entwicklungsländern steht den Menschen zu wenig Wasser zur Verfügung.
Stellt die Situation anhand einiger Beispiele aus verschiedenen Regionen der Erde dar und bewertet sie kritisch.

- Ermittelt den jährlichen Trinkwasserbedarf der Haushalte innerhalb eures Teams. Errechnet den Bedarf pro Person und vergleicht die Ergebnisse mit dem durchschnittlichen Jahreswasserverbrauch einer Person in Deutschland.

- Informiert euch darüber, für welche Zwecke wie viel Wasser pro Tag verbraucht wird, zum Beispiel für Trinken/Kochen, Baden/Duschen, Toilettenspülung, Wäschewaschen, Geschirrspülen, Wohnungsreinigung, Autowaschen, Gartenwässerung und so weiter.

- Sammelt Daten über den Wasserverbrauch von Haushalten im internationalen Vergleich. Wie viel Wasser pro Person oder Haushalt verbrauchen die Menschen in Entwicklungsländern im Vergleich zu uns und anderen Industrieländern? Erstellt aus den Daten eine Rangliste der Staaten in Hinblick auf den Wasserverbrauch.

- Recherchiert Daten über den Wasserverbrauch in der Landwirtschaft. Vergleicht dazu eine Industrienation mit einem Entwicklungsland.

4. Belastung und Säuberung des Wassers

Wir nutzen und verschmutzen Wasser auf verschiedene Weise. Die Hauptverschmutzer sind Haushalte, Industrie, Gewerbe und Landwirtschaft. Bei uns sind die meisten Haushalte an die öffentliche Kanalisation angeschlossen. Das genutzte Wasser wird dadurch in aller Regel einer Kläranlage zugeführt und dort behandelt.

- Besucht eine Kläranlage und informiert euch über deren Funktion. Recherchiert die prozentualen Anteile der örtlichen Einleiter. Fotografiert einige Stationen der Abwasserreinigung für eine Präsentation.

- Erstellt einen Bericht über die einzelnen Stationen und darüber, was hier jeweils geschieht. Informiert euch auch darüber, welche Arten von Verschmutzungen in einer Kläranlage nicht beseitigt werden können.

- Veranschaulicht die Abwasserreinigung als Schema für eine spätere Präsentation.

Globale Umweltprobleme – Nachhaltige Nutzung der Ressourcen

1. In der Grafik sind die Verteilung des Gesamtenergieverbrauchs und der Pro-Kopf-Energieverbrauch in verschiedenen Weltregionen dargestellt.
a) Werte die Grafik aus und formuliere allgemeine Aussagen. Welche Probleme ergeben sich?
b) In welchem Zusammenhang steht dazu die Aussage: „Verzicht fordern, ihn aber selbst nicht üben"?

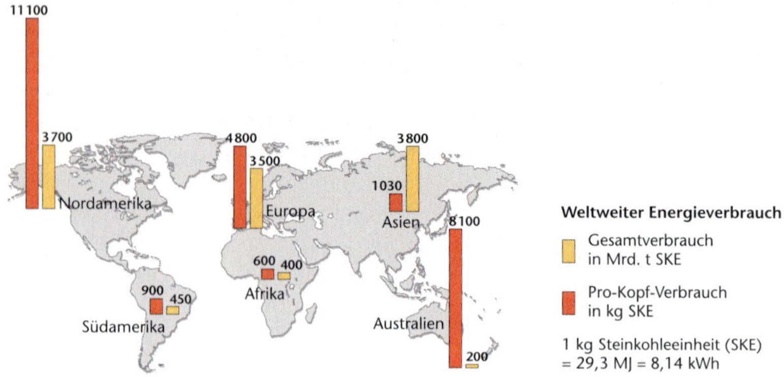

2. Die Abbildung zeigt eine Prognose des „Club of Rome", in dem international anerkannte Experten zu vielen Bereichen des Lebens auf der Erde zusammenarbeiten. Sie betrachten den Zustand der Welt und versuchen, die weiteren Entwicklungen abzuschätzen.
a) Informiere dich über den „Club of Rome". Welche Ziele verfolgt die Organisation? Stelle den „Club of Rome" in einem Kurzreferat vor.
b) Beschreibe die Aussagen der Grafik.

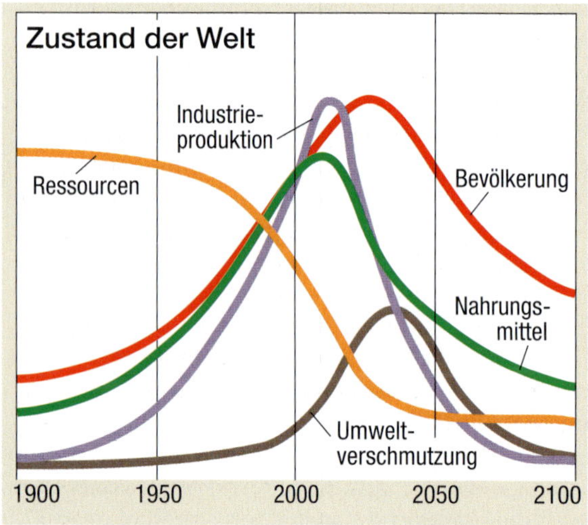

3. Was versteht man unter der „AGENDA 21"? Welche Rolle spielt der Begriff der Nachhaltigkeit?

4. Umweltschutzmaßnahmen lassen sich drei Bereichen zuordnen: dem technischen Umweltschutz, dem biologisch-ökologischen Umweltschutz und dem Ressourcenschutz. Nenne für jeden Bereich mindestens zwei Beispiele.

5. Stelle dar, wie umweltfreundliches Verhalten im Hinblick auf Nahrungsmittel aussehen könnte.
Informiere dich dazu über die Frage, woher unsere Lebensmittel kommen. Meistens ist im Supermarkt nur das Herkunftsland angegeben.
Du kannst über das Internet die Wege bestimmter Nahrungsmittel vom Produzenten bis zum Konsumenten verfolgen. Gib ein Nahrungsmittel, z. B. „Kaffee", bei einer Suchmaschine ein und arbeite dich von dort aus weiter vor. Weitere mögliche Stichworte: Handel, Welthandel, fairer Handel, Weg einer Banane, Weg des Kaffees.

Die AGENDA 21 – ein Programm für die nachhaltige Nutzung unserer Umweltgüter

„Nachhaltiges Handeln bedeutet den Erhalt unserer Lebensgrundlagen auch für nachfolgende Generationen und damit die Verwirklichung von Generationengerechtigkeit."

Horst FRANK, Mitglied des Rates für Nachhaltige Entwicklung

1 Weltweite Partnerschaft

In jeder Sekunde werden auf unserem Planeten drei Kinder geboren. Wenn das **Bevölkerungswachstum** so weitergeht wie bisher, wird sich die Menschheit in 30 bis 40 Jahren verdoppelt haben. Schätzungen gehen von 9 bis 12 Milliarden Menschen auf der Erde aus. Was bedeutet dies für unsere Zukunft? Je mehr Menschen auf der Erde leben, desto mehr **Ressourcen,** also Nahrungsmittel, Wasser, Rohstoffe, Energie und Boden werden benötigt. Damit steigt die Belastung der Erde. Allerdings belasten nicht alle Menschen die natürlichen Grundlagen gleich stark: Den weitaus größten Anteil daran hat die Bevölkerung der Industriestaaten, der so genannten „hoch entwickelten" Länder. Entwicklung wird also häufig mit einer starken Belastung der Umwelt „erkauft".

1972 veröffentlichte der **„Club of Rome"** den Bericht „Grenzen des Wachstums". In ihm wurden die Probleme des Umgangs mit den natürlichen Ressourcen der Erde erstmals umfassend kritisch beleuchtet. Ab diesem Zeitpunkt begann ein Umdenken in den Industriestaaten. 1992 trafen sich zum ersten Mal in der Geschichte Vertreter von insgesamt 178 Staaten der Erde in Rio de Janeiro in Brasilien. Bei dieser Konferenz der Vereinten Nationen über Umwelt und Entwicklung diskutierten die Vertreter mögliche Lösungen für die globalen Probleme wie Hunger, Armut, Krieg und die wachsenden sozialen Unterschiede zwischen Industrie- und Entwicklungsländern. Verabschiedet wurde ein Programm, das der Menschheit eine sichere Zukunft bringen soll: die **AGENDA 21** – eine Handlungsanleitung für das 21. Jahrhundert. Ein wichtiger Aspekt ist dabei die nachhaltige Entwicklung.
Unter **Nachhaltigkeit** versteht man eine umweltverträgliche Nutzung unserer Lebensgrundlagen, sodass auch die nachfolgenden Generationen überall auf der Welt gut leben können und ihnen eine lebenswerte Existenz möglich ist.
Drei Themenbereiche sind für diese nachhaltige Entwicklung gleichermaßen wichtig: das ökologische Gleichgewicht, die ökonomische Sicherheit und die soziale Gerechtigkeit. Diese drei Schwerpunkte kommen auch im „magischen Dreieck der Nachhaltigkeit" zum Ausdruck.
Eine wichtige Erkenntnis ist die, dass Umweltprobleme und soziale Fragen nicht getrennt voneinander betrachtet werden können. So haben alle Menschen das gleiche Recht auf Entwicklung. Kein Land darf aber dabei auf Kosten der Natur, anderer Länder und zukünftiger Generationen leben. Leider entspricht dies in vielen Fällen nicht der Wirklichkeit.
Eine Möglichkeit der nachhaltigen Entwicklung besteht im Ausbau und der zunehmenden Nutzung ▸regenerativer Energiequellen.

2 Dreieck der Nachhaltigkeit

10 Jahre nach der Rio-Konferenz fand in Johannesburg (Südafrika) eine Folgekonferenz statt. Hier wurde eine erste Bilanz gezogen. Einiges hatte sich verbessert, in vielen Bereichen jedoch wurden keine Fortschritte oder sogar Rückschritte erkennbar. Nach wie vor gibt es gewaltige Probleme, vor allem in den Bereichen Wasser, Energie, Armut, soziale Gerechtigkeit, Artenvielfalt und Gesundheit.

Es gibt zahlreiche Möglichkeiten, sich auch in der Schule mit Projekten der AGENDA 21 zu beschäftigen. Das Motto „global denken – lokal handeln" macht es deutlich.

3 Verschiedene Aspekte

Maßnahmen zum Schutz der Umwelt

Das wichtigste Ziel im Hinblick auf die Nachhaltigkeit ist die Erhaltung der Lebensgrundlagen des Menschen. Umweltschutz findet dabei auf vielerlei Ebenen statt.

Der **biologisch-ökologische Umweltschutz** befasst sich mit der Erhaltung, Wiederherstellung und schonenden Nutzung der Landschaft. Es geht unter anderem um Landschaftspflege und Artenschutz.

Der **technische Umweltschutz** kümmert sich beispielsweise um die Erhaltung der Qualität der Luft und der Gewässer.
Mithilfe von immer effektiveren Filteranlagen werden die Rauchabgase von Kohlekraftwerken gereinigt. Katalysatoren und Partikelfilter sorgen dafür, dass die Belastungen durch die Abgase der Kraftfahrzeuge geringer werden. In Kläranlagen werden die Abwässer gereinigt. Es ist daher wichtig, dass alle Haushalte an die öffentliche Kanalisation angeschlossen sind.

Der **Ressourcenschutz** hat zum Ziel, die begrenzten Vorräte auf der Erde so zu nutzen, dass sie auch nachkommenden Generationen noch zur Verfügung stehen. Wie beim Umweltschutz geht es auch hier insbesondere um die nachhaltige Nutzung der Güter. Energiequellen wie Sonne und Wind stehen zeitlich unbegrenzt zur Verfügung und können helfen, das Problem des ▸Treibhauseffekts einzudämmen.

Nur wenn Maßnahmen aus diesen Bereichen kombiniert werden, kann das Überleben zukünftiger Generationen von Menschen auf der Erde gesichert werden. Es geht aber auch darum, Zeichen zu setzen. Jeder Einzelne kann hierzu beitragen, zum Beispiel durch die Nutzung ▸regenerativer Energiequellen und durch den Kauf von Produkten, die umweltverträglich produziert worden sind. Solche Produkte werden durch die verschiedensten Umweltzeichen und Logos gekennzeichnet, und zwar nicht nur im Lebensmittelbereich, sondern in allen Bereichen der Produktion und des Handels.

Umstrittene Projekte vor Ort

Windenergieanlagen

Partei gegen Windanlagen

„Diesen Unsinn beenden" – Protest-Plakate

Wasendorf. Am Samstag, 11. Oktober, findet ein Aktionstag gegen den Bau weiterer „Windindustrieanlagen" statt. In Wasendorf werden an diesem Tag Plakate mit dem Titel „Schützt unsere Heimat" aufgestellt und Informationsmaterial verteilt. Damit symbolisiert die Gemeinderatsfraktion ihre ablehnende Haltung zu etwaigen zukünftigen Windparks auf dem Gebiet der Gemeinde Wasendorf.

Aus Sicht der Partei handelt es sich bei solchen Anlagen, die nicht der Selbstversorgung einzelner Betriebe oder abgelegener Gehöfte dienen, um eine Verschandelung der Landschaft und um „Öko-Schwindel". Dieser werde zudem von jedem Bürger durch die Stromrechnung mitbezahlt. Die Partei fordert die Landesregierung auf, „diesen ökologischen und ökonomischen Unsinn im windschwachen Binnenland endlich zu beenden". Die Position lautet: „Ja zum Klimaschutz durch regenerative Energieen (an sinnvollen Standorten), aber ohne Milliarden-Subventionen".

Wasendorfer Zeitung (10. 10. 08)

1. Informiert euch darüber, wie Windenergieanlagen funktionieren.

2. Sammelt Informationen über die Möglichkeiten der Nutzung von Windenergie in eurer Region und in Deutschland. Welcher Anteil am Energiebedarf könnte über die Windenergienutzung gedeckt werden?

3. Stelle die Aussagen des Zeitungsartikels in Stichpunkten kurz zusammen und bewerte sie jeweils kurz.

4. Recherchiert weitere Argumente und führt ein ▸Streitgespräch über Windenergieanlagen.

Biogasanlagen

5. Wie funktioniert eine Biogasanlage? Wer betreibt eine solche Anlage?

6. Besucht eine Biogasanlage in eurer Umgebung. Lasst euch die Funktionsweise der Anlage erklären.

7. Welche Bedenken der Nachbarn sind häufig mit dem Bau und dem Betrieb solcher Anlagen verbunden? Können solche Bedenken ausgeräumt werden? Stellt Pro und Contra auf einem Informationsplakat dar.

„Biogas: Fluch oder Segen" – Experten uneinig!

Fotosynthese
Sie findet in den Chloroplasten pflanzlicher Zellen statt. Mithilfe von Sonnenenergie wird energiereicher Traubenzucker hergestellt. Daraus werden weitere Stoffe wie Stärke, Eiweiße, Fette oder Zellulose aufgebaut.

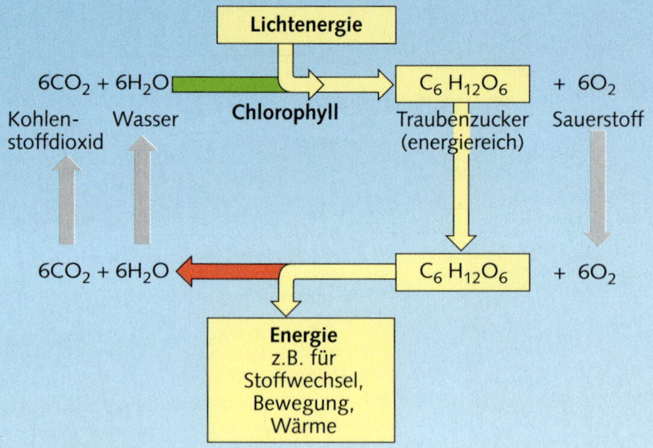

Zellatmung
Sie findet in den Mitochondrien aller Zellen von Tieren, Pflanzen und Pilzen statt. Energiereiche Stoffe wie Traubenzucker liefern dabei die Energie zum Leben.

Stoffkreisläufe
In einem Ökosystem im Gleichgewicht halten sich Aufbau und Abbau von Biomasse die Waage. Ein Urwald bindet etwa so viel Kohlenstoffdioxid wie er auch wieder freisetzt. Sauerstoff wird gebildet und wieder verbraucht. Mineralsalze werden in Biomasse eingebaut und wieder freigesetzt.

Nahrungspyramide
Von Stufe zu Stufe wird die Nahrungsgrundlage für Konsumenten höherer Ordnung immer kleiner. Die Tiere brauchen 90 % der Nahrungsenergie für ihre Lebensprozesse, nur etwa 10 % werden zum Aufbau körpereigner Substanz genutzt.

Boden
Böden bilden die Grundlage für die Ernährung der Menschheit. Sie werden durch Bebauung und Landwirtschaft intensiv genutzt.

Belastung oder Zerstörung von Ökosystemen:
- Abholzung, Straßen- und Siedlungsbau, Industrie, Landwirtschaft, Entwässerung, Stauseen
- Gefährdung von Arten
- Belastung von Boden, Wasser, Luft

Treibhauseffekt:
- Steigende CO_2-Konzentrationen bewirken einen zusätzlichen Treibhauseffekt, der zur globalen Erwärmung und zum Klimawandel führt.

Ozonlöcher:
- CFKWs zerstören Ozon in 20 bis 50 km Höhe. Dadurch dringen schädliche UV-Strahlen bis auf die Erdoberfläche. UV-Strahlen können Hautkrebs auslösen.

Ökologisch verantwortlich handeln
- Schutz gefährdeter Ökosysteme
- Vermeidung und vermehrte Reinigung von Abwässern und Abgasen, Recycling von Abfall
- nachhaltige Land-, Forst- und Fischereiwirtschaft

- starke Verringerung des Verbrennens fossiler Energieträger
- Energie sparen und erneuerbare Energie nutzen
- Wiederaufforstung von Wäldern

- CFKWs als Kühlmittel und Treibgase durch andere Produkte ersetzen
- Unterstützung der Forschung zum Klimaschutz und Beachtung der Ergebnisse

1. Ordne den drei Abbildungen die richtigen Aussagen zu.

a) Aufbau und Zersetzung von Biomasse stehen im Gleichgewicht.
b) Es wird mehr Biomasse aufgebaut als zersetzt.
c) Es wird mehr Biomasse zersetzt als aufgebaut.
d) Es wird mehr CO_2 gebunden als abgegeben.
e) Es wird mehr CO_2 abgegeben als gebunden.
f) Es wird etwa so viel CO_2 gebunden wie abgegeben.
g) Es wird mehr O_2 aufgenommen als gebildet.
h) Es wird etwa so viel O_2 gebildet wie aufgenommen.
i) Es wird mehr O_2 gebildet als aufgenommen.

2. Beschreibe die Vorgänge ① bis ⑤, die in der Abbildung dargestellt sind.

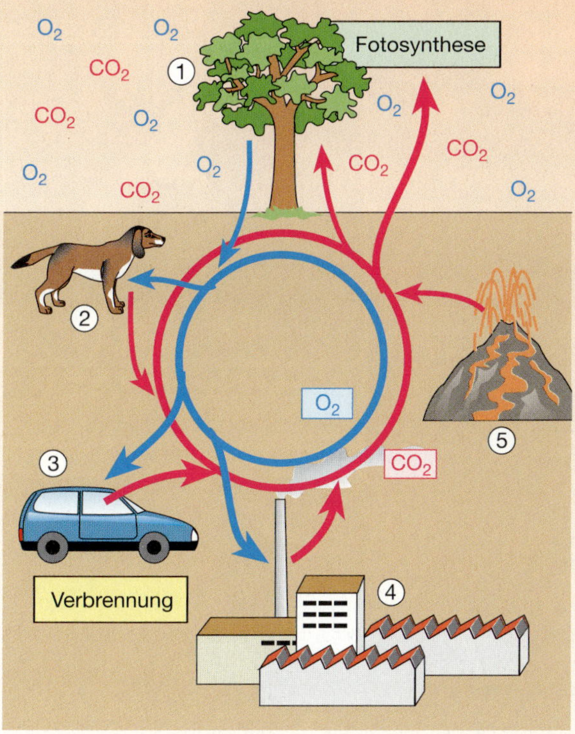

3. Bei folgender Zusammenfassung haben sich Fehler eingeschlichen. Finde diese und stelle die Sachverhalte richtig dar.
Die Atmosphäre der Urerde enthielt Sauerstoff. Sie bestand vor allem aus Kohlenstoff. Durch Kalkablagerung, Fotosynthese und die Entstehung von Kohle und Erdöl stieg der Kohlenstoffdioxid-Gehalt der Atmosphäre an und der Sauerstoffgehalt sank.

4. Erkläre den Begriff Treibhauseffekt und erläutere kurz, wie der durch den Menschen verursachte Treibhauseffekt entsteht.

5. Liste Ursachen und Auswirkungen auf von
a) zu viel Ozon in Bodennähe,
b) zu wenig Ozon in 20–50 km Höhe.

6. a) Beschreibe, was man unter „erneuerbaren Energien" versteht.
b) Welche der folgenden Energieträger gehören zu den erneuerbaren Energien: Kernenergie, Erdöl, Erdgas, Biomasse, Kohle, Solarenergie, Wasserkraft, Geothermie? Begründe deine Aussagen.

7. Die Vereinten Nationen untersuchten mehr als 44 800 Tier- und Pflanzenarten. Danach kamen 16 928 Arten auf die „Rote Liste" 2008.
a) Erläutere, was man unter der „Roten Liste" versteht. Wie wird sie erstellt und wie ist sie aufgebaut?

b) Beschreibe die Aussage der Grafik in eigenen Worten und nenne für jede Wirbeltierklasse ein Beispiel aus der höchsten Gefährdungsstufe.
c) Erläutere, wodurch die in der „Roten Liste" genannten unterschiedlichen Arten hauptsächlich bedroht sind und mit welchen Maßnahmen ihnen geholfen werden könnte.

Evolution

Wer war Charles DARWIN? Welche Erkenntnisse verdanken wir ihm?

Welche Gründe gibt es für das Aussterben von Arten?

Wann und wie hat alles Leben angefangen?

Wie könnte die Entwicklung der Menschheit weitergehen?

Sind Neandertaler unsere direkten Vorfahren oder nur entfernte Verwandte?

Woher wissen wir etwas über die Evolution der Lebewesen?

Fossilien – Zeugen der Vorzeit

1. Informiere dich über den Beruf des Paläontologen. Halte einen kurzen Vortrag vor der Klasse.

2. a) Erkläre den Prozess der Versteinerung eines Lebewesens.
b) Beschreibe weitere Formen der Fossilisation. Benutze dazu den Informationstext und die Pinnwand.

3. Begründe, weshalb man Fossilien von Tieren, die in oder am Wasser lebten, häufiger findet als die von Landtieren.

4. Informiert euch über Naturkundemuseen in eurer Umgebung und deren Angebote. Präsentiert eure Ergebnisse auf einem Plakat.

5. a) Überlegt euch, wie ihr mithilfe von Muscheln oder Schneckengehäusen und Gips selbst „Fossilienmodelle" herstellen könnt.
Tipp: In eurer Materialkiste könnten sich folgende Dinge befinden: Herzmuschel (beide Schalenhälften); Klebstoff; 1 Gipsbecher; 1 Tetra-Pak®; Schnellgips; Seidenpapier; gelbe Kreide; Wasser; Handcreme; Löffel; Messer; Hammer; Gummibänder
b) Plant eure Vorgehensweise, stellt Fossilienmodelle her, präsentiert sie der Klasse und erläutert eure Vorgehensweise. Wo gab es Schwierigkeiten?
c) Welche der auf der Pinnwand beschriebenen Vorgänge der Fossilienentstehung habt ihr bei der Herstellung eurer Modelle nachvollzogen?
d) Welche Umstände und Prozesse ermöglichen unter natürlichen Bedingungen die Fossilbildung?

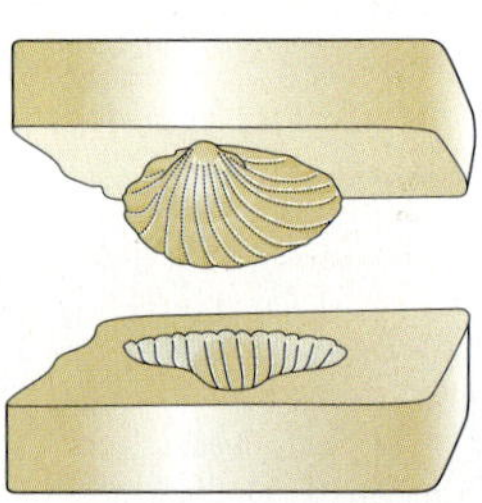

6. In einem Steinbruch im niedersächsischen Obernkirchen haben Paläontologen 2008 spektakuläre Funde von Saurierfußspuren (Foto) gemacht.
a) Informiere dich im Internet über die Funde sowie über die Entstehung der Fußspuren.
b) Erstelle einen Steckbrief zu den Sauriern, die dort gelebt haben.

A

B

C

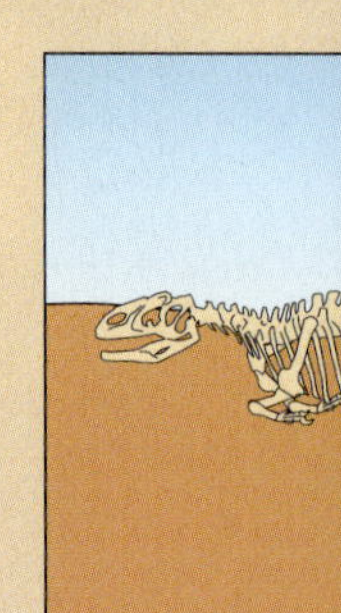

D

Dinosaurierfunde – auch in Deutschland
1932 stießen Paläontologen – Wissenschaftler, die Lebewesen vergangener Erdzeitalter erforschen – in Trossingen in Baden-Württemberg bei einer groß angelegten Ausgrabung auf eine Vielzahl von Dinosaurierknochen. Vor 210 Millionen Jahren lebten dort Saurier. Es herrschte tropisches Klima, in dem diese Reptilien ideale Lebensbedingungen vorfanden. Nach wochenlangen Ausgrabungsarbeiten hatten die Paläontologen die Überreste von vier vollständigen und 17 nahezu vollständigen Skeletten des Pflanzenfressers Plateosaurus freigelegt.

So entstanden Fossilien
Vermutlich waren die in Trossingen gefundenen Tiere in ein großes Schlammloch geraten und dort verendet. Sand und Schlick bedeckten die toten Körper schnell, und die Weichteile verfaulten. Unter dem Sauerstoffabschluss wurden die Körper aber nicht vollständig zersetzt wie dies normalerweise nach dem Tod geschieht. Hartteile wie Knochen oder Zähne blieben erhalten. Immer neue Sand- und Schlammschichten, das **Sediment,** lagerten sich über den toten Sauriern ab. Dabei wurde durch Sickerwässer die ursprünglich mineralische Substanz der Hartteile in ihrer Struktur verändert. So entstanden naturgetreue Versteinerungen der Skelette. Bewegungen in der Erdkruste brachten die versteinerten Reste später wieder an die Erdoberfläche, wo sie durch die Einwirkungen von Regen und Wind freigelegt wurden. Derartige Überreste vergangener Lebewesen nennt man **Fossilien.** Dies können Abdrücke von Muscheln im Gestein, versteinerte Hartteile wie Panzer, Schalen oder Knochen, aber auch im Schlamm zu Stein gewordene Fußspuren sein. Die Veränderungen vom toten Lebewesen bis zum Fossil bezeichnet man als **Fossilisation.** Je feiner dabei das umliegende Sediment ist, desto mehr Einzelheiten sind an den Fossilien erkennbar. Derartige Funde wurden auf allen Erdteilen gemacht. Allerdings herrschten nur selten günstige Bedingungen für eine Fossilisation.

So entstehen Rekonstruktionen
Um sich Tiere, die vor vielen Millionen Jahren ausgestorben sind, als Lebewesen vorstellen zu können, versuchen Wissenschaftler versteinerte Tiere zu rekonstruieren. Vollständig erhaltene Organismen, so genannte **Körperfossilen,** sind dazu am besten geeignet. Allerdings stehen häufig nur Bruchstücke zur Verfügung und die Knochen befinden sich in einer unnatürlichen Lage. Durch den Vergleich mit ähnlichen Funden oder heute noch lebenden Arten ist die Rekonstruktion des Skeletts und sogar ganzer Tiere und Pflanzen möglich. Dabei müssen fehlende Knochen durch Nachbildungen ersetzt werden. Über die Struktur und Farbe der Haut oder die Funktion der Sinnesorgane liegen meist keine gesicherten Erkenntnisse vor. Je mehr man jedoch über die Ernährungsweise, das Fortpflanzungsverhalten, den Lebensraum, das Klima und das Erdzeitalter weiß, desto genauer kann man die Art rekonstruieren.

G

1 Fossilisation und Rekonstruktion. A–D *Entstehung eines Fossils;* **E** *Fund eines Saurierskeletts;* **F** *Rekonstruktion des Skeletts eines Plateosaurus;* **G** *vollständige Rekonstruktion eines Plateosaurus*

E

F

Fossilien

Inkohlung eines Farnwedels
Vor ca. 330 Millionen Jahren wuchsen auf der Erde riesige Sumpfwälder. Abgestorbene Pflanzenteile versanken im Sumpfboden und wurden unter Sauerstoffabschluss zu Torf. Durch ständige Ablagerung weiterer abgestorbener Pflanzen und Erde entstand unter zunehmendem Druck und hohen Temperaturen Braun- und schließlich Steinkohle. Teile von Schachtelhalmen oder Baumfarnen sind bis heute in den Kohleschichten erhalten.

Steinkern eines Ammoniten
Die mit den Tintenfischen verwandten Ammoniten lebten vor 360–100 Millionen Jahren. Sie besaßen ein schneckenähnliches Gehäuse. Nach dem Tod der Tiere verfaulten die Weichteile, das Gehäuse löste sich auf und der so entstandene Hohlraum füllte sich mit mineralischen Sedimenten. Durch den Druck der darüber liegenden Sedimentschichten entstand ein sogenannter Steinkern. Auf seiner Oberfläche können Merkmale der Innenseite sowie der Außenseite des ehemaligen Gehäuses sichtbar sein.

Abdruck eines Trilobiten
Trilobiten hatten vor 600–500 Millionen Jahren ihre größte Verbreitung in den urzeitlichen Meeren. Die Körper toter Tiere hinterließen im weichen Sediment Abdrücke. Während sich die Körper zersetzten, blieb die äußere Form der Lebewesen im durch zunehmenden Druck verfestigten Sedimentgestein erhalten. Trilobiten zählen zu den häufigsten Fossilien.

1. a) Beschreibe die Entstehung von Steinkohle.
b) Erstelle Steckbriefe von Pflanzen, die vor 330 Mio. Jahren gelebt haben.

2. In bestimmten Gesteinsschichten findet man versteinerte Baumstämme. Woraus besteht versteinertes Holz? Berichte.

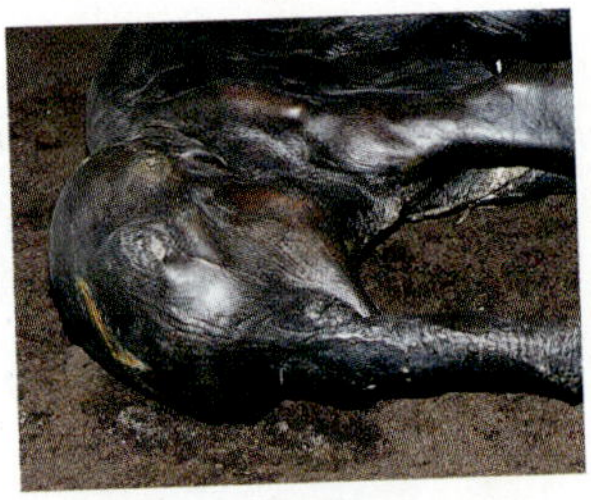

Mumifizierung eines Lebewesens
Bei der Mumifizierung wird die Verwesung eines toten Körpers verhindert. Dies kann durch große Kälte, beispielsweise den Einschluss in Eis und Schnee, durch hohe Temperaturen oder Austrocknung, zum Beispiel in Wüsten oder aufgrund chemischer Prozesse in Mooren unter Sauerstoffabschluss stattfinden. Das Gewebe und die inneren Organe bleiben so für lange Zeiträume erhalten. Bekannte Beispiele solcher Körperfossilien sind das Mammutbaby „Dima“ aus dem Dauerfrostboden Sibiriens, die Gletschermumie ▸ „Ötzi“ aus den Ötztaler Alpen und der „Tollundmann“ aus einem Moor in Dänemark.

Einschluss in Bernstein
Bernstein ist das gehärtete Harz von Nadelbäumen. Blieb ein Kleintier, z. B. eine Fliege, am frischen Harz eines Baumes kleben, wurde es von nachfließendem Harz luftdicht eingeschlossen. Bernsteinfunde liefern ein Bild von der Kleintierwelt von vor 40–30 Millionen Jahren.

Wie kann man das Alter von Fossilien bestimmen?

1. Weshalb ist die Altersbestimmung von Fossilien für Paläontologen von großer Bedeutung?

2. a) Beschreibe den Unterschied zwischen der relativen und der absoluten Datierung von Fossilien.
b) Was versteht man unter der ^{14}C-Methode? Erkläre mithilfe der Abbildung.

3. Informiert euch über Möglichkeiten der Altersbestimmung von Fossilien, die viel älter als 40 000 Jahre sind.

4. Informiert euch über Leitfossilien der unterschiedlichen Erdzeitalter und stellt sie vor.

5. Informiere dich über die Pollenanalyse und Dendrochronologie als Methoden der Altersbestimmung. Berichte.

Die relative Datierung

Der Verlauf der Evolution konnte durch die zeitliche Einordnung einer Vielzahl von gefundenen Fossilien erforscht werden. Die geologische Forschung bedient sich dabei der relativen Datierung mittels Schichtfolge. Liegen Sedimentgesteine in den Schichtfolgen horizontal vor, dann sind die weiter oben liegenden Schichten jünger als die darunter liegenden. In manchen Schichten findet man weltweit die gleichen Fossilien. Diese bezeichnet man als **Leitfossilien**. Entdeckt man solche Fossilien aus einer bekannten Schicht in Australien ebenfalls in China, wird daraus das ungefähre Alter der Gesteinsschicht und der darin entdeckten Fossilien abgeleitet. Diese Methode liefert aber nur ungefähre Angaben.

1 Fossil im Gestein

Die ^{14}C-Methode

Für eine exaktere Datierung nutzen Wissenschaftler physikalisch-chemische Gesetzmäßigkeiten bei der ^{14}C-Methode. In der Luft kommt neben dem Kohlenstoffisotop ^{12}C in geringer Menge das radioaktive ^{14}C vor. Beide werden bei der Fotosynthese in Pflanzen eingebaut und gelangen so über die Nahrungskette in alle Lebewesen. Der Anteil an ^{14}C ist Zeit ihres Lebens konstant.

Nach dem Tod verändert der Zerfall von ^{14}C das Verhältnis zum konstant bleibenden ^{12}C. Nach 5730 Jahren ist nur noch die Hälfte der ursprünglichen ^{14}C-Menge im Fossil enthalten. Man spricht deshalb von einer **Halbwertszeit** von 5730 Jahren. Nach 11 460 Jahren sind es dann nur noch 25 % der Ausgangsmenge. Stoßen Wissenschaftler auf einen fossilen Knochen, messen sie den verbliebenen ^{14}C-Gehalt und berechnen aus der Abnahme dann das Alter. Mit dieser Methode lassen sich bis zu 40 000 Jahre alte Fossilien bestimmen. Für die Datierung älterer Fossilien benötigt man radioaktive Elemente mit einer längeren Halbwertszeit.

Beginn vor etwa ... Mio. Jahren	
Quartär 2,6	Erdneuzeit
Tertiär 65	
Kreide 145	Erdmittelalter
Jura 200	
Trias 251	
Perm 299	Erdaltertum
Karbon 359	
Devon 416	
Silur 443	
Ordovizium 488	
Kambrium 542	
Präkambrium 4,5 Mrd.	Erdurzeit

Den Fossilien auf der Spur

Wenn ihr mit eurer Klasse einen Steinbruch besucht, könnt ihr dort interessante Funde von Lebewesen aus der Vergangenheit machen. Versteinerungen unterschiedlichster Tiere und Pflanzen ermöglichen euch dabei einen direkten Einblick in die Lebenswelt vergangener Erdzeitalter.

Auf Fossilienjagd

Für eine Exkursion in einen Steinbruch müsst ihr eine Erlaubnis vom Betreiber einholen. Dieser ermöglicht meist auch eine Führung und zeigt euch Orte, an denen ihr gefahrlos suchen könnt. Bildet im Vorfeld Teams und geht mit eurer Gruppe auf Fossilienjagd. Neben Hammer und Meißel sollte eure Ausrüstung aus Arbeitshandschuhen, festen Schuhen, Plastiktüten, Schreibzeug, einer Lupe, einer Schutzbrille und einem Fotoapparat bestehen. Denkt immer an eure Sicherheit. Seid vorsichtig bei wackelnden und rutschenden Steinen! Achtet beim Losschlagen von Funden darauf, dass ihr vom Fossil wegarbeitet und euch selbst und andere nicht durch Hammerschläge oder Steinsplitter verletzt. Schlagt mit Hammer und Meißel Steine auseinander. Bewahrt eure Fundstücke jeweils in einer Plastiktüte auf und legt ein Kärtchen mit Fundort, Datum und Name des Finders bei.

Fossilien präparieren

Sucht gemeinsam eure besten Funde aus. Um die Fossilien in einer Ausstellung präsentieren zu können, solltet ihr sie dafür präparieren. Entfernt im Werkraum eurer Schule vorsichtig störende Gesteinsteile. Pinselt den Staub weg und klebt lose oder zerbrochene Teile mit Alleskleber sorgfältig wieder zusammen. Mit Klarlack schützt ihr eure Fossilien vor Beschädigungen. Nutzt Nachschlagewerke zur genaueren Bestimmung der Fossilien und ergänzt die Informationen auf den Fundkärtchen.

Fossilien im Museum

Vielleicht gibt es in eurer Nähe Naturkundemuseen mit Fossiliensammlungen. Informiert euch im Internet über deren Angebote und stellt sie in der Klasse vor. Organisiert mit einer Lehrerin oder einem Lehrer einen Besuch. Besprecht in euren Teams, über welche Fossilien ihr Informationen sammeln wollt und ob ihr ein Führungsan-gebot nutzen möchtet. Einige Museen bieten auch Projekte für Schulklassen an. Notiert im Vorfeld einige Fragen, die ihr im Museum stellen wollt. Denkt für die Dokumentation an Schreibmaterial und einen Fotoapparat. Achtet auch darauf, wie die Fossilien im Museum präsentiert werden.

Gestaltung einer Fossilienausstellung

Überlegt in euren Teams, wie ihr die ausgewählten und präparierten Fossilien aus dem Steinbruch ansprechend präsentieren könnt. Nutzt dabei auch eure Eindrü-cke und Informationen vom Museumsbesuch. Für die Präsentation benötigt ihr Stellwände für eure Plakate und Tische für die Fundstücke. Beschriftet alle Fossilien und gebt deren ungefähres Alter an. Fügt Fotos, Skizzen und Bildmaterial aus dem Steinbruch und vom Museum hinzu. Sucht in Büchern und im Internet Informationen über die Umweltbedingungen, die eure Fossilien zu deren Lebzeiten vorfanden. Ihr könnt auch einige aufgeschlagene Bücher auslegen. Wenn nötig, ergänzt eure Funde mit Fossilien aus der biologischen Sammlung eurer Schule.

Wie alles anfing

1 Entstehung der Erde

Die Entstehung der Erde

Die Entstehung unserer Erde liegt etwa 4,5 Milliarden Jahre zurück. Zu Beginn war sie ein glühender ▸Gasball, der über viele hundert Millionen Jahre abkühlte. Ihre Entstehungszeit war geprägt durch Meteoriteneinschläge, extreme Regenfälle, gewaltige Gewitter, Vulkanausbrüche, dampfende Lagunen und Erdspalten. Man nimmt an, dass die **„Uratmosphäre"** aus Stickstoff, Kohlenstoffdioxid, Wasserdampf, Schwefelwasserstoff, Methan, Spuren von Ammoniak und anfänglich auch freiem Wasserstoff bestand.

Die chemische Evolution

Dem amerikanischen Studenten Stanley MILLER gelang es 1953 in einem Versuch, die Bedingungen der „Uratmosphäre" nachzuahmen, indem er die Ausgangssubstanzen Methan (CH_4), Kohlenstoffmonooxid (CO), Wasserstoff (H_2), Ammoniak (NH_3) und Wasser (H_2O) mischte. Er erhitzte das Gemisch, erzeugte mit Elektroden künstliche Blitze und bestrahlte seine „Uratmosphäre" mit UV-Licht. Wenige Tage später machte er die sensationelle Entdeckung, dass seine **„Ursuppe"** organische Verbindungen wie Ameisensäure und einige Aminosäuren enthielt. Variationen der Versuchsbedingungen führten später auch zu Fetten, Kohlenhydraten und Bestandteilen von ▸Nukleinsäuren. Die Ergebnisse der Experimente lassen den Schluss zu, dass die Bildung einfacher organischer Substanzen bereits zur Zeit der Uratmosphäre möglich war. Niemand weiß, ob dies tatsächlich so geschehen ist, doch die Ergebnisse von Gesteinsuntersuchungen stützen diese Theorie. Die Entstehung von organischen Verbindungen aus anorganischen Stoffen bezeichnet man als chemische Evolution.

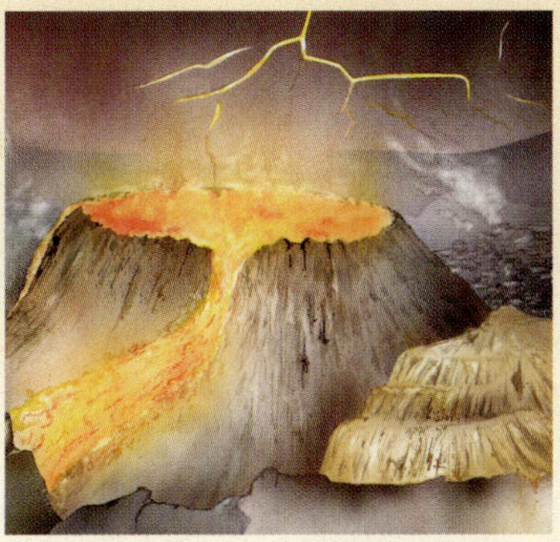

2 Schema einer Urlandschaft

Eine andere Theorie geht hingegen davon aus, dass die Entstehung des Lebens erst durch organische Moleküle von Meteoriten, die auf der Erde einschlugen, ermöglicht wurde. Gesicherte Erkenntnisse liegen allerdings bisher nicht vor.

Die biologische Evolution

Wie es weiterging und wie mit ▸Bakterien die biologische Evolution begann, ist noch unbekannt. Nach einem Modell des Nobelpreisträgers Manfred EIGEN organisieren Ketten von ▸RNA-Bausteinen die Herstellung bestimmter ▸Eiweiße. Über Millionen Jahre könnten sich auch einige davon zu kleinen Kügelchen zusammengeschlossen haben. Derartige Gebilde aus Eiweißhülle und RNA-Kern haben sich möglicherweise zur **„Urzelle"** weiterentwickelt. Inwieweit sich die Bausteine der Eiweiße und RNA bzw. DNA in der „Ursuppe" zusammenfügten, ist wissenschaftlich noch nicht geklärt.
Andere Wissenschaftler sehen in den „Schwarzen Rauchern" der Tiefsee die Quelle des Lebens. Untersuchungen an den „Black Smokern" ergaben, dass sich trotz Temperaturen von 350 °C und extremen Druckverhältnissen kleine zellähnliche Molekülverbindungen mit einer membranartigen Hülle, so genannte **Mikrosphären,** entwickeln. In ihnen vermuten einige Wissenschaftler Urformen erster Lebewesen.

1. Erläutere, was man unter der „chemischen" und der „biologischen" Evolution versteht.

2. Informiere dich im Internet über „Mikrosphären". Berichte.

📖 **1.** Beschreibe die Auswirkungen, die das Auftreten von Sauerstoff auf die Entwicklung der Lebewesen hatte.

2. Schachtelhalme aus dem Perm und Karbon wurden bis zu 30 Meter hoch. Erstelle einen Steckbrief von einer Schachtelhalmart, die es heute noch gibt.

3. a) Im Jura lebten die größten und schwersten Dinosaurier. Stelle einen „Giganten" deiner Wahl mithilfe eines Plakats vor.
b) Gegen Ende der Kreidezeit starben die Dinosaurier auf bisher ungeklärte Weise aus. Informiere dich über mögliche Gründe und stelle die Theorien in der Klasse vor.

4. Erkläre den Zusammenhang zwischen dem Aussterben der Dinosaurier und der nachfolgenden Artenfülle bei den Säugetieren.

5. Informiere dich über die Auswirkungen von Eiszeiten auf die Pflanzen und Tiere in der Erdneuzeit.

Erdzeitalter und ihre Lebewesen

Nach der Abkühlung der Erde entstanden verschiedene Gesteinsarten. Sie verwitterten im Laufe von Jahrmillionen und lagerten sich abwechselnd mit neu gebildetem vulkanischen Gestein übereinander ab. In jeder Schicht stößt man auf andere Fossilien. Das bedeutet, dass eine Entwicklung der Lebewesen, die **Evolution,** abgelaufen sein muss.

Die Erdurzeit

Fossilien von Urbakterien fand man schon in 3,8 Milliarden Jahren alten Gesteinen. Die Urbakterien ernährten sich durch Gärung von organischen Substanzen. Etwa 600 Millionen Jahre später hatten ▸Cyanobakterien die Fähigkeit entwickelt, mithilfe der Fotosynthese ihre Nährstoffe selbst zu bilden. Der dabei entstandene Sauerstoff war für damalige Lebewesen giftig. Nur Organismen, die sich davor schützen konnten, überlebten diese einschneidende Umweltveränderung. Erste ▸eukaryotische Zellen nutzten vor 1,5 Milliarden Jahren Sauerstoff bei der Zellatmung und gewannen dabei mehr Energie als bei der Gärung.

Das Erdaltertum

Ab dem **Kambrium** entwickelte sich eine Vielzahl mehrzelliger Organismen im Wasser wie Algen, Quallen und ▸Trilobiten. Es entstanden Gliederfüßer, die über einen festen Panzer als Verdunstungsschutz verfügten. Dies war Voraussetzung für die Eroberung des Landes. Mit den kieferlosen Fischen tauchten im **Ordovizium** die ersten Wirbeltiere im Wasser auf. Als erste höhere Pflanzen besiedelten im **Silur** Nacktfarne das Land. Im **Devon** lebten Lungenfische, Vorfahren der ersten Landwirbeltiere. Urlurche wie Ichthyostega besaßen bereits ein Skelett, das ihnen eine Fortbewegung auf vier Beinen ermöglichte. Obwohl sie schon den Großteil ihres Lebens

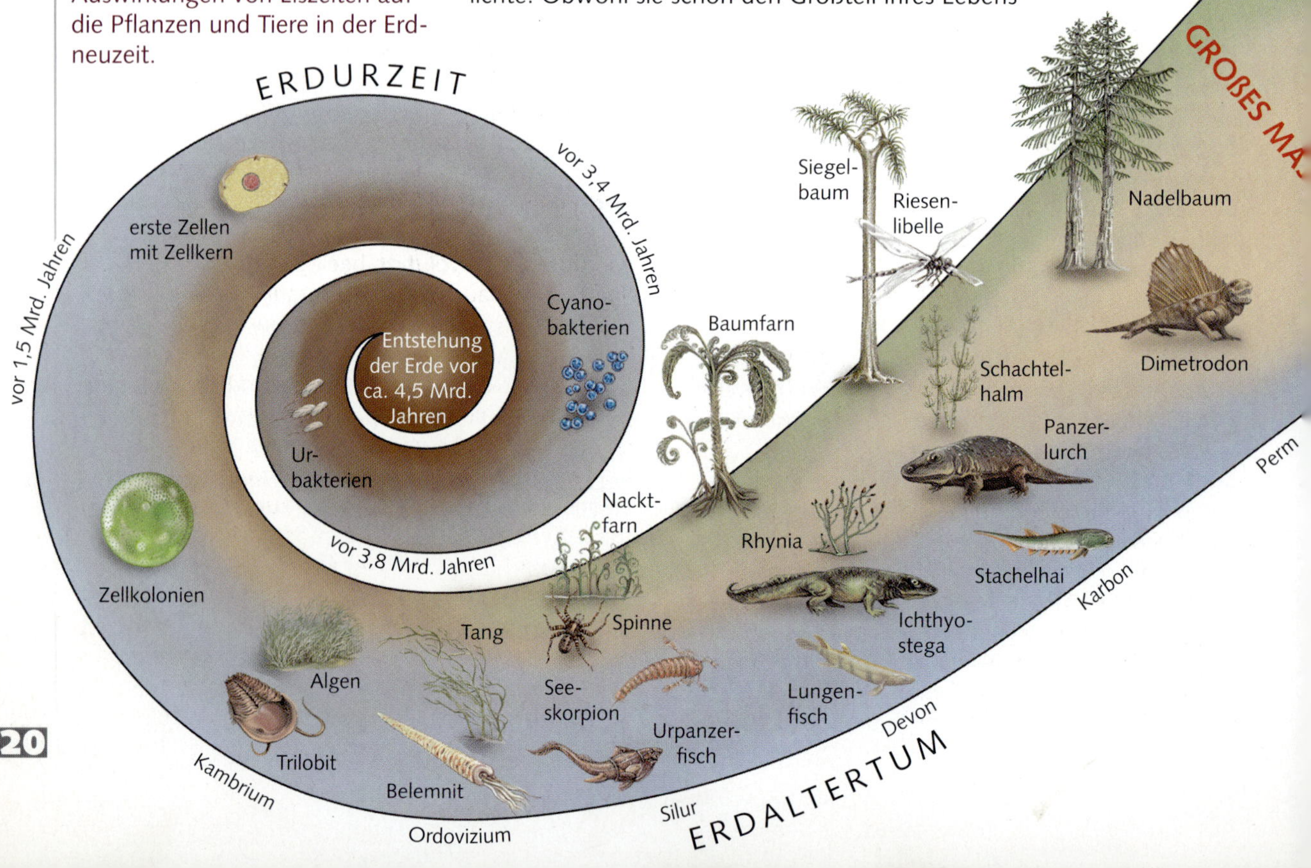

1 Entwicklung der Lebewesen im Laufe der Erdgeschichte

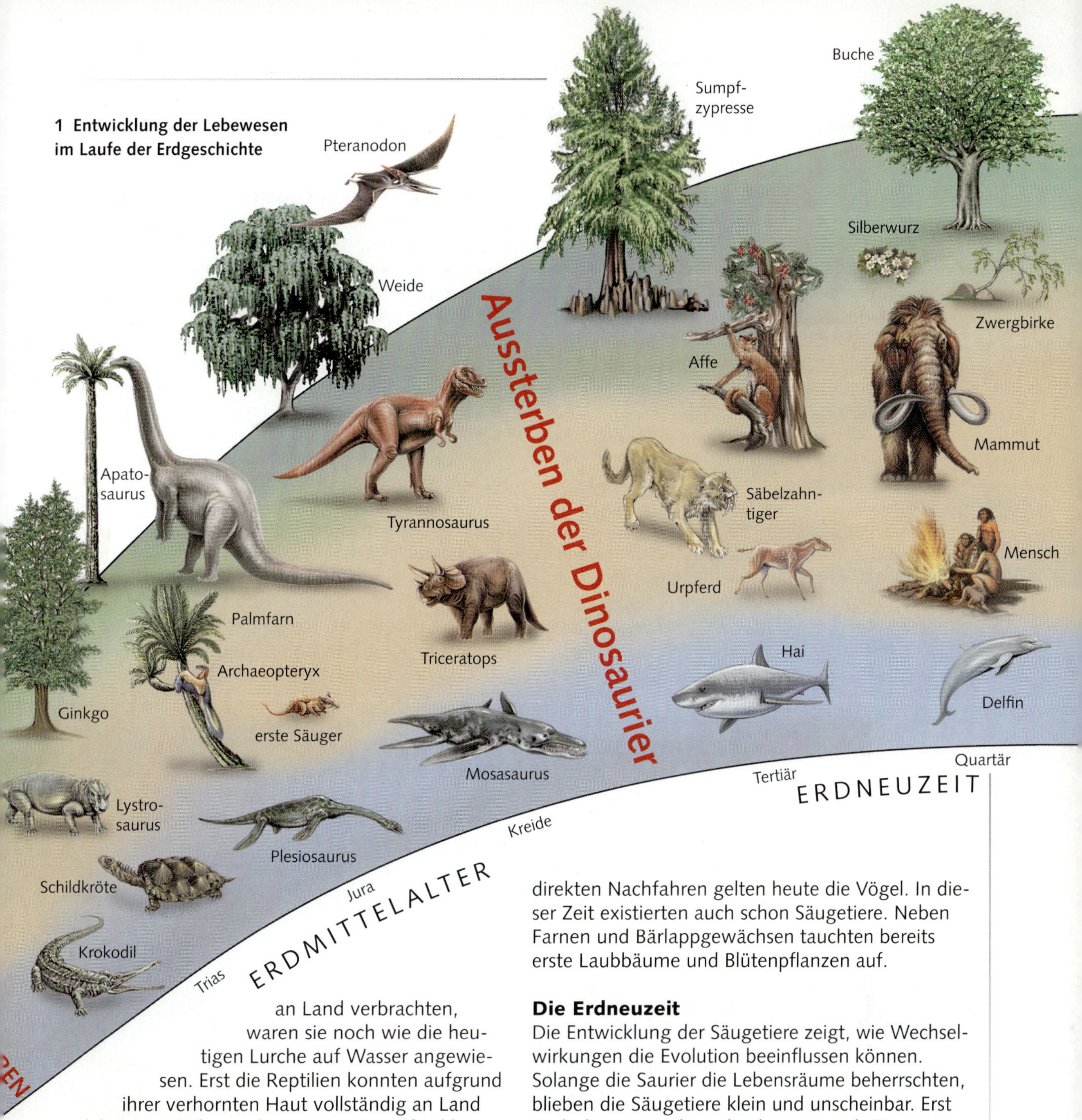

an Land verbrachten, waren sie noch wie die heutigen Lurche auf Wasser angewiesen. Erst die Reptilien konnten aufgrund ihrer verhornten Haut vollständig an Land leben. Im **Karbon** gab es riesige Sumpfwälder aus Siegel- und Schuppenbäumen sowie Schachtelhalmen. Deren Überreste sind als Kohlelager bis heute erhalten.

Das Erdmittelalter
Es war die Blütezeit der Saurier. Laufende, schwimmende und fliegende Saurier beherrschten fast alle Lebensräume der Erde. Im **Jura** entwickelten sich unter den Dinosauriern die größten und schwersten Landlebewesen, beispielsweise der Apatosaurus. Gegen Ende der **Kreidezeit** starben die Saurier jedoch auf bisher noch ungeklärte Weise aus. Als ihre direkten Nachfahren gelten heute die Vögel. In dieser Zeit existierten auch schon Säugetiere. Neben Farnen und Bärlappgewächsen tauchten bereits erste Laubbäume und Blütenpflanzen auf.

Die Erdneuzeit
Die Entwicklung der Säugetiere zeigt, wie Wechselwirkungen die Evolution beeinflussen können. Solange die Saurier die Lebensräume beherrschten, blieben die Säugetiere klein und unscheinbar. Erst nach deren Verschwinden konnten sich Säugetiere in großer Artenvielfalt entwickeln und besiedelten auch Polargebiete. Ihre gleichbleibende Körpertemperatur war hierbei eine wesentliche Voraussetzung. Im **Tertiär** wuchsen in Zeiten mit tropischem Klima Nadel- und Laubwälder fast bis zum Nordpol. In trockeneren und kühleren Perioden breiteten sich Eichen- und Buchenwälder aus. Gegen Ende des Tertiärs traten erste menschenähnliche Lebewesen auf. Die Tiere und Pflanzen im **Quartär** wurden den heutigen Formen immer ähnlicher. Erst vor etwa zwei Millionen Jahren begannen die ersten Menschen wie ▸ Homo habilis die Erde zu besiedeln.

Vom Wasser auf das Land

1. a) Nenne mindestens vier Bedingungen, die Pflanzen zur Besiedlung des Landes erfüllen mussten.
b) Nenne Gründe, weshalb die Tiere erst nach den Pflanzen das Land erobern konnten.

2. Informiere dich, welche Bedeutung die Pflanzen des Erdzeitalters ▸Karbon heute noch für uns Menschen haben. Berichte.

3. Beschreibe, welche Entwicklungen von Organen notwendig waren, damit die ersten Wirbeltiere das Wasser verlassen konnten?

4. In der Geschichte der Evolution verlief die Entwicklung von Tieren nicht nur vom Wasser zum Land, sondern auch vom Land wieder zurück ins Wasser. Informiere dich über solche Tierarten und stelle Beispiele vor.

5. Informiere dich, in welchem Erdzeitalter Tiere die Luft als Lebensraum eroberten. Finde Beispiele und stelle sie in einem Kurzvortrag vor.

6. Fertigt von einer der abgebildeten Tierarten einen Steckbrief an. Einigt euch, wer welches Lebewesen übernimmt. Stellt damit eine Wandzeitung zur Entwicklung der Pflanzen und Tiere zusammen.

Ohne Wasser kein Leben

Die ersten pflanzlichen Lebensformen waren einzellige **Algen,** die in den Urmeeren lebten. Sie waren in der Lage, über ihre gesamte Oberfläche im Wasser gelöste Mineralsalze und Kohlenstoffdioxid aufzunehmen. Später entstanden faden- und kugelförmige pflanzliche Vielzeller und Algen mit großen, blattähnlichen Körpern. Sie konnten bereits mithilfe des Chlorophylls in ihren Zellen das Sonnenlicht zur Energiegewinnung nutzen. Durch ▸ Fotosynthese waren sie in der Lage, anorganische Stoffe in organische Verbindungen umzubauen. Der dabei entstandene Sauerstoff reicherte sich im Wasser an und ermöglichte die Entwicklung erster tierischer Lebensformen, die Sauerstoff für ihre Lebensvorgänge benötigten.
Fossile Funde belegen, dass im **Kambrium** eine Vielzahl von Tierarten die Meere bevölkerte. Es waren Vorfahren der meisten noch heute lebenden Tierstämme wie Schwämme, Nesseltiere, Gliederfüßer, Weichtiere und Stachelhäuter. Am Ende des Kambriums traten dann erste Wirbeltiere auf. Es waren kieferlose, fischähnliche Lebewesen. Sie bewegten sich schlängelnd fort und filterten mit ihren Kiemen Schwebteilchen aus dem Wasser. Auch der Formen- und Artenreichtum bei den Algen, der vorherrschenden Pflanzengruppe, nahm in dieser Zeit zu. Die Landflächen waren aber nach wie vor unbesiedelt.

1 Pflanzen und Tiere erobern das Land

Pflanzen erobern das Land

Im **Silur** bestimmten Sumpflandschaften das Bild der Erde. Deren feuchte Festlandbereiche boten zusammen mit der veränderten Zusammensetzung der ▸ Atmosphäre gute Bedingungen für den Übergang der Pflanzen zum Landleben. Allerdings waren dafür Veränderungen in Bau und Funktion der Pflanzen nötig. Ein Leben außerhalb des Wassers erforderte die Entwicklung von Wurzeln und Leitbündeln zur Wasser- und Mineralsalzversorgung aus dem Boden. Zusätzlich waren ein Stützgewebe und Schutzeinrichtungen gegen das Austrocknen notwendig. Für die Fortpflanzung mussten sich Mechanismen entwickeln, die den Transport von männlichen und weiblichen Keimzellen ohne Wasser ermöglichten. Die ersten Pflanzen, die alle diese Bedingungen erfüllten, waren einfach gebaute Nacktfarne wie Rhynia, mit gegabeltem Stamm und noch ohne Blätter.

Im **Devon** und im **Karbon** entwickelten sich daraus höhere Sporenpflanzen. In den Sumpfwäldern wuchsen Riesenschachtelhalme, Baumfarne, Schuppen- und Siegelbäume. Daneben entstanden auch Nadelhölzer und Pflanzen, die mit dem Ginkgo verwandt sind.

Tiere erobern das Land

Spinnentiere und Insekten waren die ersten Tiere, die den Pflanzen auf das Festland folgten. Damit die ersten Wirbeltiere das Land betreten konnten, mussten sich neue Organe entwickeln, die die Aufnahme von Sauerstoff aus der Luft ermöglichten, wie bei den Lungenfischen. Sie leben im Wasser und atmen mit Kiemen. Zusätzlich haben sie einfach gebaute Lungen, mit denen sie Trockenzeiten überstehen. Außerdem mussten sich über mehrere Entwicklungsstufen Gliedmaßen entwickeln, die eine Fortbewegung an Land ermöglichten.

Als eines der ersten Landtiere gilt der amphibisch lebende Ichthyostega. Er besaß kräftige Gliedmaßen, die seitlich vom Körper abstanden und eine Wirbelsäule, die das Gewicht des Tieres an Land tragen konnte. Der Schwanz hatte eine Form, wie man sie bei den Kaulquappen der heutigen Lurche findet. Damit die Haut nicht austrocknete, musste er sich immer wieder ins Wasser begeben. Man vermutet, dass Ichthyostega mithilfe von Lungen, aber auch über die Haut atmete.

Hylonomus gilt als eines der ersten Wirbeltiere, das vollständig außerhalb des Wassers lebte. Bei diesem Reptil hatte sich eine trockene, schuppige Haut entwickelt und es atmete mithilfe von Lungen. Nach einer inneren Befruchtung legte es Eier mit einer vor Austrocknung schützenden Schale. Damit konnte sich Hylonomus weiter vom Ufer entfernen.Von den Reptilien stammen die Vögel ab.

Im **Perm** entwickelten sich dann erste säugetierähnliche Reptilformen. Aus ihnen gingen alle späteren Säugetierformen hervor.

Vom Urpferd zu heutigen Pferden

1. Das Hyracotherium war an das Leben im Unterholz des Waldes gut angepasst. Begründe diese Aussage.

2. Informiere dich, in welchen Ländern Fossilfunde vom Urpferd gemacht wurden. Stelle deine Ergebnisse auf einem Plakat vor.

3. Nenne mögliche Gründe, weshalb die Vorfahren der Pferde im Laufe ihrer Entwicklung immer größer wurden.

4. a) Ordne die Fußformen den jeweiligen Pferdearten zu.
b) Nenne Gründe dafür, wie und weshalb sich die Fußformen der Pferde im Laufe der Evolution stark veränderten.

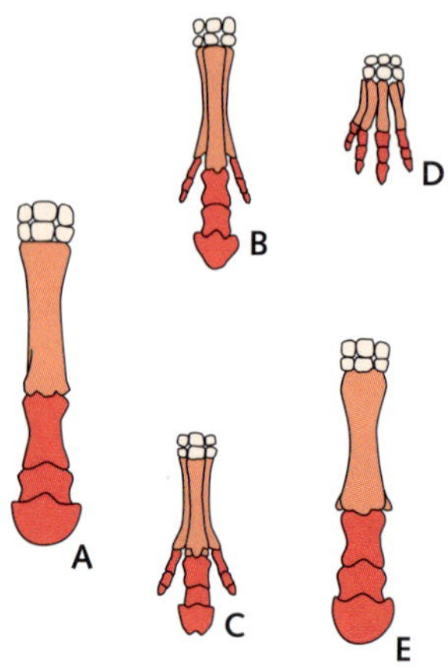

5. Sammle Informationen über den möglichen Urahn unseres heutigen Pferdes. Stelle die Ergebnisse in einem Kurzvortrag vor.

6. Informiere dich über die heute existierenden Pferdeartigen und stelle sie auf einem Plakat vor.

Entwicklung der Pferde
Die Entwicklungsgeschichte der Pferde ist aufgrund zahlreicher Fossilfunde gut bekannt. So fand man in der Grube Messel bei Darmstadt Fossilien von über 70 Exemplaren des Urpferds Hyracotherium. Darunter waren erwachsene Tiere, trächtige Stuten und Fohlen.

Urpferde waren Waldbewohner
Vor ca. 55 Millionen Jahren, als die Entwicklung der Pferde begann, waren große Teile Europas und Nordamerikas von dichten Urwäldern bedeckt.
Hier lebte das Urpferd **Hyracotherium,** das sich im Unterholz aufhielt. Es war fuchsgroß und hatte einen runden Rücken. Seine vier Zehen an den Vorderpfoten und drei Zehen an den Hinterpfoten waren für das Laufen auf weichem Waldboden bestens geeignet. Seine Nahrung bestand aus zarten Blättern und Früchten, die es mit spitzhöckrigen Zähnen zerkleinerte.

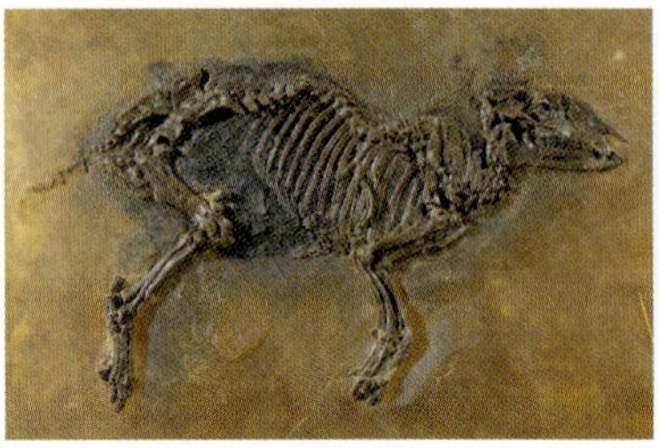

1 Urpferd Hyracotherium

Etwa 20 Millionen Jahre später hatte sich das größere **Mesohippus** mit 50 Zentimeter Schulterhöhe entwickelt. Es besaß nur drei Zehen,von denen der mittlere deutlich größer war. Zudem hatte es ein leistungsfähigeres Gebiss mit Ansätzen von Schneidezähnen, so dass es robustere Blätter fressen konnte.

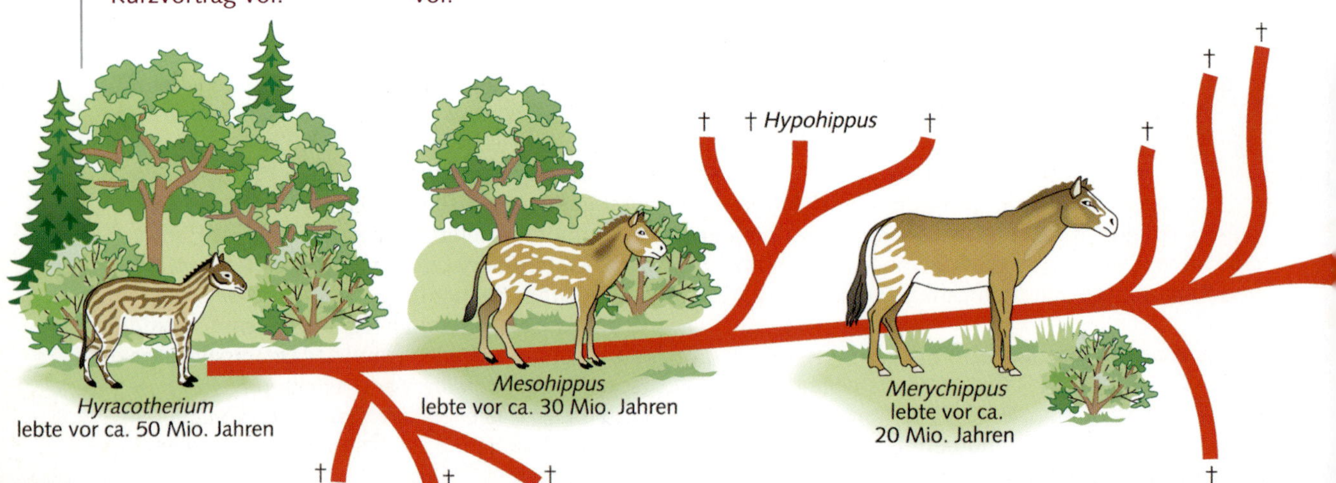

2 Entwicklung der Pferdeartigen

Vom Wald in die Steppe

Im Lauf der Zeit wurde das Klima immer kälter und trockener. Dadurch verschwanden große Waldflächen, und Grassteppen breiteten sich aus. Fossilien aus dieser Zeit sehen heutigen Pferden schon ähnlicher. So besaß das ponygroße **Merychippus** längere Beine, und der Mittelzeh hatte bereits eine Hufform. Der Hals und Schnauzenteil waren länger. Die Zähne zeigten nun Schmelzfalten und waren zum Zermahlen von harten Gräsern gut geeignet.

Mit **Pliohippus** hatte sich vor etwa 7 Millionen Jahren das Pferd in Nord- und Südamerika zu einem schnellen Steppentier weiterentwickelt. Es lief auf einer großen Zehe, die von einem Huf geschützt war. Mit über einem Meter Körpergröße und lang ausgebildeten Beinen war es vor Angriffen von Beutegreifern durch seine Schnelligkeit relativ sicher. Es war im Aussehen den heutigen Pferden bereits sehr ähnlich.

Die Entwicklung des Pferdes verlief nicht gradlinig. Immer wieder entstanden Formen, die aufgrund von Umweltveränderungen später wieder ausstarben, wie etwa Hypohippus und Hipparion, die in Eurasien lebten. Die weitere Entwicklung der Pferde vollzog sich hauptsächlich in Nordamerika. Vor etwa 2,5 Millionen Jahren gelangten über eine damals existierende Landverbindung wieder einige Pferdearten von Nordamerika nach Asien, Europa und schließlich auf den afrikanischen Kontinent. Über die Landbrücke von Panama besiedelten die Pferde auch Südamerika. In Nord- und Südamerika verschwanden sie vor etwa einer Million Jahren aus bisher ungeklärten Gründen. Erst im 16. Jahrhundert gelangten Pferde durch die Spanier mit dem Schiff aus Europa wieder nach Nordamerika zurück. Verwilderte Exemplare bildeten die Vorfahren der Mustangs.

Die heutigen Pferde

Ein Großteil der in Eurasien und Afrika vorkommenden Pferdearten starben in Folge der letzten Eiszeit vor ca. 12 000 Jahren aus. Nur wenige Vorfahren der heutigen Pferdartigen überlebten in den südlichen Steppen Eurasiens. Vor ca. 10 000 Jahren wurden Wildpferde von den damals lebenden Menschen gezähmt und gezielt weitergezüchtet. Welche Wildpferdart als Urahn unserer heutigen Pferderassen angesehen werden kann, ist wissenschaftlich noch umstritten. Zur Familie der Pferdeartigen zählt man ebenfalls Esel und Zebras, wobei die Abgrenzung der Arten noch nicht geklärt ist.

Verwandt oder nur ähnlich?

1. Der Vergleich von Vordergliedmaßen verschiedener Wirbeltiere liefert ein anschauliches Beispiel für homologe Organe. Haltet einen Vortrag über die Gemeinsamkeiten und Unterschiede in Bau und Funktion.

2. Informiere dich, welche Tiere näher miteinander verwandt sind: Fledermäuse und Pferde oder Fledermäuse und Vögel. Begründe deine Entscheidung.

3. a) Informiere dich über homologe Organe bei Pflanzen. Halte einen kurzen Vortrag.
b) Erkläre, weshalb es sich bei Stacheln und Dornen um analoge Organe handelt.

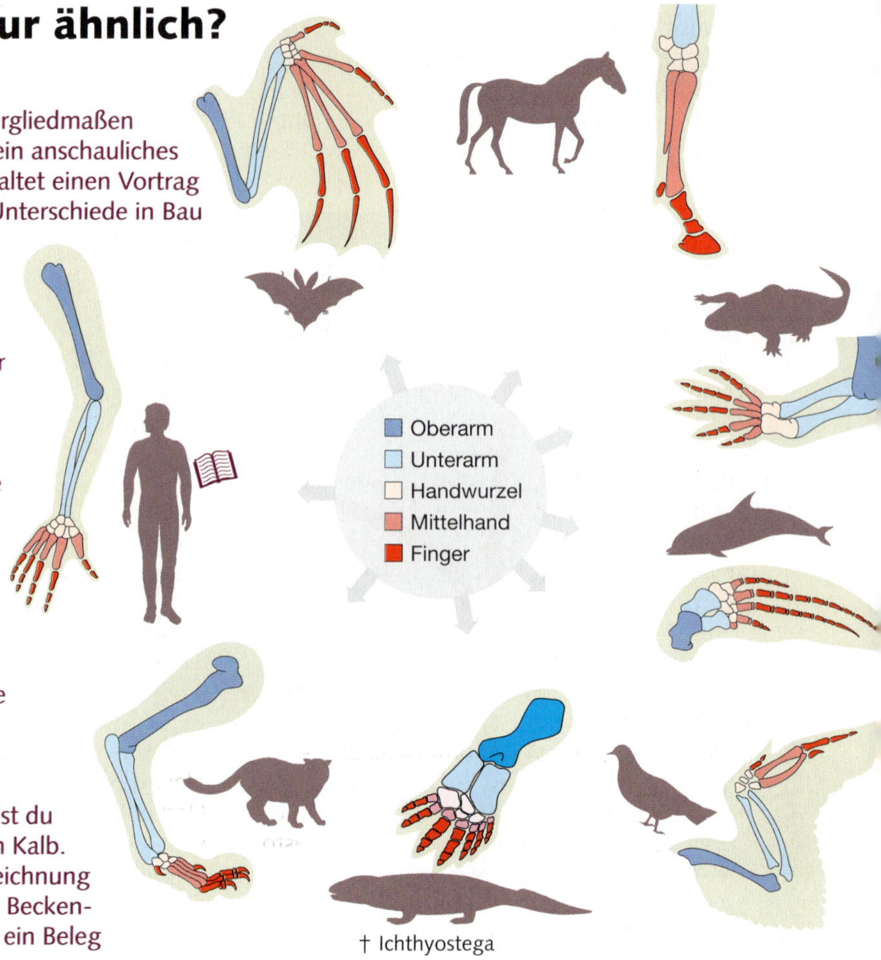

4. Auf dem Foto siehst du einen Buckelwal mit seinem Kalb. Inwieweit sind die in der Zeichnung abgebildeten rudimentären Becken- und Oberschenkelknochen ein Beleg für die Evolution?

5. Betrachte die Vorderflosse des Wals und vergleiche sie mit den Vordergliedmaßen anderer Wirbeltiere. Handelt es sich um ein homologes oder analoges Organ ? Begründe.

6. a) Seelöwen und Walrosse tragen auf den Flossen Reste von Fuß- bzw. Fingernägeln. Welche Schlüsse kann man daraus über die Entwicklungsgeschichte dieser Tierarten ziehen? Begründe deine Meinung.
b) Findet weitere Beispiele für rudimentäre Organe bei Tieren. Stellt eure Ergebnisse auf einem Plakat vor.

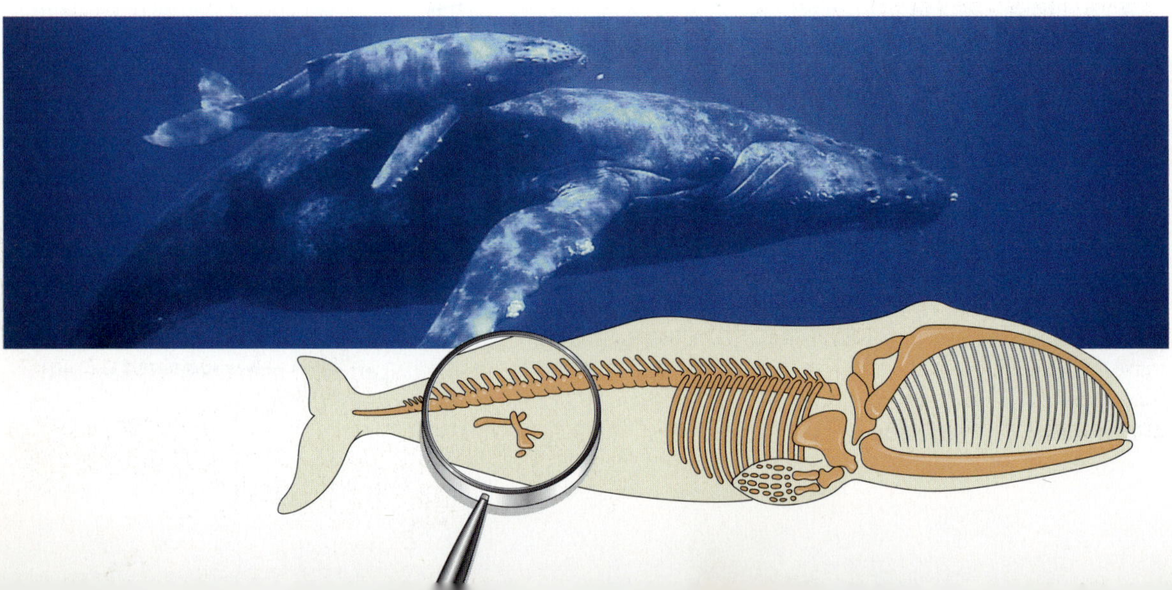

Methoden der Evolutionsforschung

Neben der Bestimmung und zeitlichen Einordnung von ▸ Fossilien beschäftigt sich die Evolutionsforschung mit möglichen Verwandtschaftsbeziehungen heutiger Lebewesen.

Homologe Organe

Vergleicht man den Flügel eines Vogels, die Flosse eines Delfins und das Bein einer Katze miteinander, erkennt man aufgrund der äußerlichen Verschiedenheit keine Gemeinsamkeiten. Dennoch weisen sie wie die Gliedmaßen aller Wirbeltiere den gleichen **Grundbauplan** auf. Alle besitzen Oberarm-, Unterarm- und Handknochen.

Obwohl die Gliedmaßen so unterschiedliche Funktionen erfüllen wie Fliegen, Schwimmen und Laufen, ist ihr Aufbau doch ähnlich. Solche Organe, die trotz unterschiedlicher Funktionen auf einen gemeinsamen Grundbauplan zurückzuführen sind, bezeichnet man als **homologe Organe.** Ein gemeinsamer Grundbauplan bei verschiedenen Wirbeltierklassen ist ein Hinweis auf die stammesgeschichtliche Verwandtschaft. Dieser wurde im Laufe der Evolution durch häufige geringe genetische Veränderungen abgewandelt. Wenn unterschiedliche Arten von Lebewesen homologe Organe aufweisen, lässt dies auf gemeinsame Vorfahren schließen. Je mehr homologe Organe bei ihnen auftreten, desto größer ist die verwandtschaftliche Nähe.

Rudimentäre Organe

Bei einigen Arten findet man weit zurückgebildete Organe, die keine Funktion mehr erfüllen. So verfügen Wale über Reste von Becken- und Oberschenkelknochen, obwohl sie keine hinteren Extremitäten mehr haben. Solche Organreste bezeichnet man als **rudimentäre Organe.** Sie sind ein Beleg dafür, dass die Vorfahren der Wale vierbeinige Landsäugetiere waren. Ihre hinteren Gliedmaßen bildeten sich im Laufe der stammesgeschichtlichen Entwicklung bei der Anpassung an das Leben im Wasser wieder zurück.

Analoge Organe

Gleiches Aussehen oder gleiche Funktion sind aber nicht immer ein Hinweis auf eine stammesgeschichtliche Verwandtschaft. Maulwurf und Maulwurfsgrille graben beide mit ihren Vorderextremitäten Gänge unter der Erde, in denen sie Würmer und Insekten erbeuten. Obwohl die Grabbeine beider Tierarten dem gleichen Zweck dienen, haben sie einen vollkommen unterschiedlichen Aufbau. Der Maulwurf hat typische Wirbeltiergliedmaßen, wogegen die Maulwurfsgrille ein abgewandeltes Insektenbein mit einem Außenskelett aus Chitin aufweist. Bei Organen, die die gleiche Funktion erfüllen, aber unterschiedlicher Herkunft in Bezug auf den Grundbauplan sind, spricht man von **analogen Organen.**

1 Analoge Organe (Grabbeine). A *Maulwurf;* **B** *Maulwurfsgrille*

Der gleiche Lebensraum und seine spezifischen Bedingungen führen bei manchen Lebewesen zu deutlichen körperlichen Übereinstimmungen. So zeigen einige schnell schwimmende Beutegreifer wie Haie, Delfine und ein ausgestorbener Fischsaurier eine ähnliche Körperform, obwohl sie nicht eng miteinander verwandt sind. Solche Ähnlichkeiten, die sich bei unterschiedlicher Lebensweise als Anpassung an den gleichen Lebensraum entwickelt haben, nennt man **Konvergenz.** Sie stellt jedoch keinen Beleg für die Evolution dar.

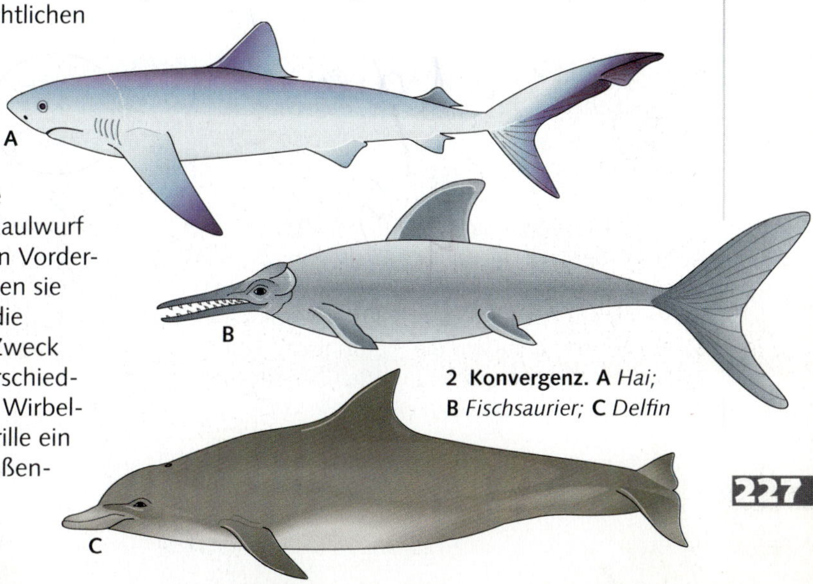

2 Konvergenz. A *Hai;* **B** *Fischsaurier;* **C** *Delfin*

Belege für die Evolution

1. Archaeopteryx (B) weist Merkmale von Vögeln (C) und Reptilien (Dinosaurier A) auf. Erstelle eine Tabelle.

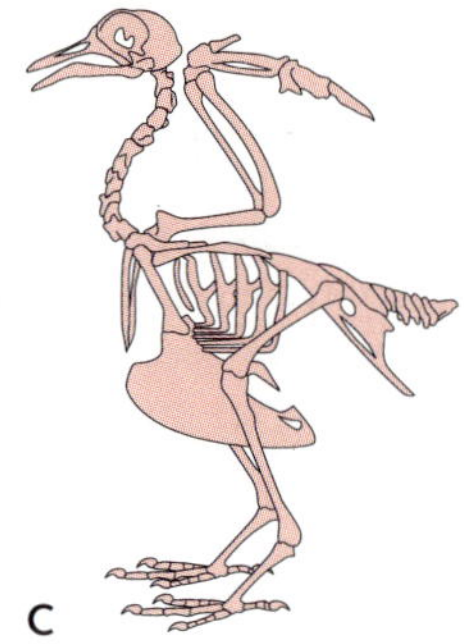

C

2. a) Recherchiere die Fundorte der bisher in Deutschland gefundenen Archaeopteryx-Fossilien. In welchen Museen werden sie ausgestellt?
b) An welchen Orten weltweit hat man Funde gemacht? Stelle einige vor.

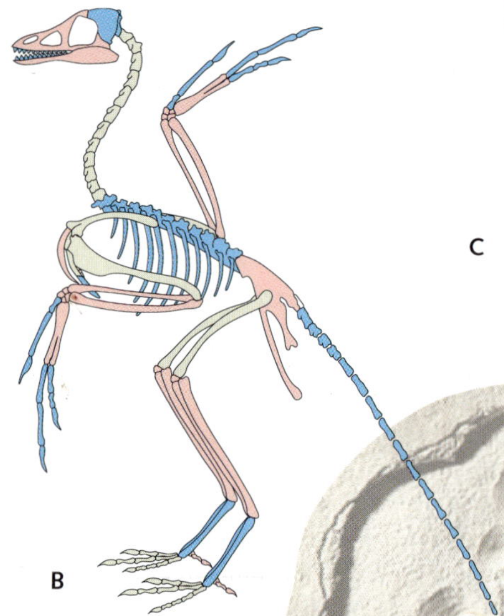

B

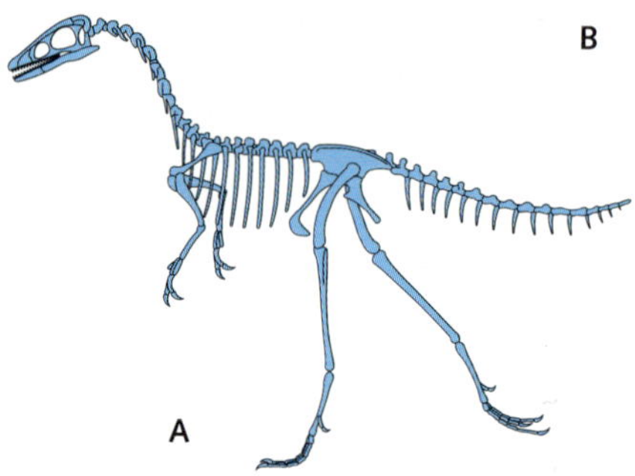

A

3. a) Erkläre, warum Tierarten wie Achaeopteryx und Ichthyostega als Mosaikformen bezeichnet werden.
b) Erläutere, welche Bedeutung solche Tierarten für die Bewertung der Evolutionstheorie ▸DARWINs haben.
c) Suche weitere Beispiele für Mosaikformen und stelle deine Ergebnisse vor.

4. a) Erkläre, weshalb die Bezeichnung „lebendes Fossil" in sich widersprüchlich ist.
b) Erstelle Steckbriefe von lebenden Fossilien wie Schnabeltier, Brückenechse, Pfeilschwanzkrebs.

5. Bearbeitet die folgenden Aufgaben zum Rahmenthema: „Der Ginkgo – ein lebendes Fossil" mit der Methode ▸Gruppenpuzzle.
a) Vergleicht das Blatt des Ginkgo mit dem Blatt eines Laubbaums. Nennt Unterschiede.
b) Informiert euch über die medizinische Nutzung des Ginkgo-Baums. Nennt Beispiele.
c) Für den Ginkgo gibt es in vielen Ländern unterschiedliche Namen. Sammelt Informationen über deren Bedeutung und stellt sie in der Klasse vor.

Der Archaeopteryx – eine Mosaikform

Fossiliensammler machten 1861 im bayerischen Solnhofen einen für die Evolutionstheorie wichtigen Fund. Sie stießen in Gesteinsschichten des Jura auf das versteinerte Skelett eines rabengroßen Tieres. Neben Federn, Flügeln und einem vogelartigen Kopf besaß es aber auch Zähne im Schnabel, Krallen an den Flügeln und einen langen, knöchernen Reptilienschwanz. Weitere Untersuchungen zeigten zudem einen vogeltypischen Schultergürtel und die zu einem Gabelbein verwachsenen Schlüsselbeine. Diese Merkmale findet man heute nur bei Vögeln. Außerdem besaß das Tier eine Wirbelsäule mit nicht verwachsenen Wirbeln und Bauchrippen. Dies sind typische Reptilienmerkmale. Das ungewöhnliche Tier, das wie ein Fantasietier aus Einzelteilen eines Vogels und eines Reptils zusammengesetzt schien, war das erste entdeckte Bindeglied zwischen zwei Wirbeltierklassen. Diese **Mosaikform** erhielt den Namen Archaeopteryx, was so viel bedeutet wie uralte Feder. Die Tierart lebte vor etwa 150 Millionen Jahren. Über die Lebensweise weiß man bisher nur wenig. So fehlen genaue Belege, ob Archaeopteryx bereits aktiv fliegen konnte oder lediglich zum Gleitflug fähig war. Gegen eine längere Fortbewegung in der Luft sprechen die schweren, noch nicht hohlen Knochen und die wenig entwickelte Brustmuskulatur, die man bei Vögeln in ausgeprägter Form findet.

A

B

1 Archaeopteryx.
A *Versteinertes Skelett;*
B *Rekonstruktion*

Funde von Archaeopteryx waren wissenschaftlich deshalb von großer Bedeutung, weil sie Merkmale von zwei benachbarten Klassen aufweisen: den Reptilien und den Vögeln.

Der Ginkgo – ein lebendes Fossil

Die bis zu 40 Meter hohen Ginkgobäume wachsen häufig in Parks und am Straßenrand. ▸Paläontologen gehen davon aus, dass die Vorfahren dieser Bäume schon vor etwa 250 Millionen Jahren, also vor dem Auftauchen der Saurier, auf der Erde vorkamen. Bis zur ▸ Kreidezeit existierten sie weltweit in vielfältigen Arten. Klimatische Veränderungen während der Eiszeit verdrängten den Ginkgo jedoch vor rund 2,5 Millionen Jahren aus Europa, aber er überlebte in Südostasien. Erst 1730 brachten ihn holländische Seefahrer aus Japan nach Europa zurück. Neben seiner hohen Widerstandsfähigkeit gegenüber Schadstoffen wird den Blättern und Samen eine gesundheitsfördernde Wirkung nachgesagt. Die einzige heute noch lebende Art „Ginkgo biloba" gilt als **lebendes Fossil** aus der Pflanzenwelt, da sie Merkmale aus der langen Entwicklungsgeschichte beibehalten hat, die bei anderen Arten verloren gegangen sind.

2 Ginkgoblatt

Das Schnabeltier

Schon zu Lebzeiten der Dinosaurier gab es vor 100 Millionen Jahre die ersten Schnabeltiere. Seit der Entdeckung des australischen Schnabeltiers vor etwa 200 Jahren war seine zoologische Zuordnung immer wieder umstritten. Bei genaueren Untersuchungen stellte man fest, dass dieses Tier Merkmale von Reptilien und Säugetieren aufweist. Reptilienmerkmale sind die Eier mit ihrer weichen und ledrigen Schale sowie der Giftsporn an den Hinterfüßen der Männchen. Zudem haben Schnabeltiere nur eine hintere Körperöffnung, die Kloake, die gleichzeitig Ausscheidung- und Geschlechtsöffnung ist. Merkmale von Säugetieren sind der fellüberzogene Körper, die annähernd konstante Körpertemperatur sowie Drüsen an Brust und Bauch, die eine milchartige Flüssigkeit produzieren. Wegen dieser Kombination von Merkmalen wird das Schnabeltier auch als **lebendes Fossil** bezeichnet.

3 Schnabeltier

Das Geheimnis der Entstehung neuer Arten

1. Stelle in Grundzügen dar, wie sich im Laufe von Milliarden Jahren während der frühen Evolution ▸Eukaryoten entwickelt haben.

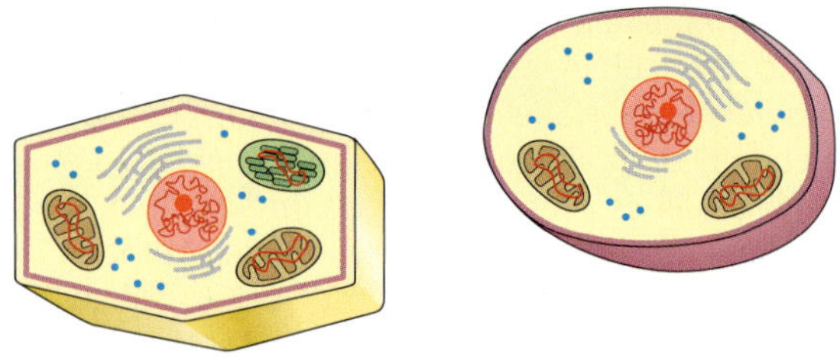

2. Informiere dich über Charles DARWIN.

a) Wofür ist er bekannt?

b) Wie ist er bei der Entwicklung seiner Theorie vorgegangen?

c) Welche Entdeckung ▸Gregor MENDELs hat dazu beigetragen, DARWINs Theorie zu stützen?

3. Die Theorie der Evolution durch natürliche Selektion kann man am gut dokumentierten Beispiel der Birkenspanner in England darstellen.

a) Erläutere Darwins Theorie der natürlichen Selektion am Beispiel der Birkenspanner.

b) Das Prinzip der Selektion wird auch bei der ▸Züchtung von Nutzpflanzen oder Nutztieren angewandt. Wie gehen Züchter dabei vor?
Informiere dich auch im Internet und halte einen Kurzvortrag.

4. Beispiele für Mutanten bei Tieren sind oftmals weiße Exemplare einer bestimmten Tierart.

a) Erklärt an diesem Phänomen, wie sich ▸Mutationen negativ auswirken können.

b) Wann könnte eine solche Mutation erwünscht sein?

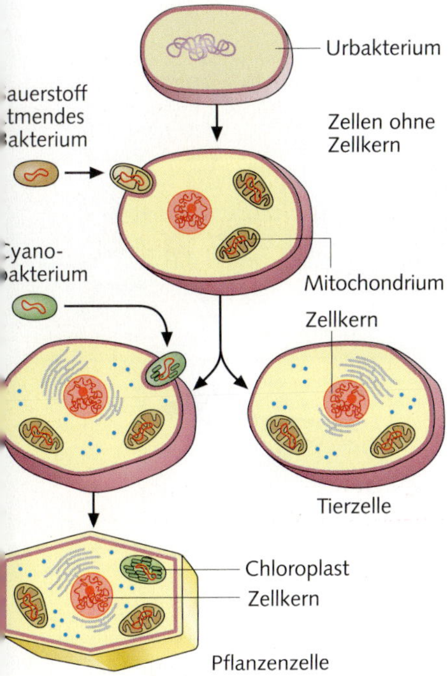

1 Endosymbiontentheorie

Entstehung von Lebewesen

Vor etwa 3,8 Milliarden Jahren entstanden auf der Erde aus einfachen chemischen Verbindungen komplexe Moleküle und schließlich erste Zellen. Leben war entstanden. Die ersten Lebewesen waren ▸Urbakterien. Es waren von der Außenwelt durch Zellmembranen abgegrenzte Organismen. Sie nahmen energiereiche Stoffe auf und wandelten die darin gespeicherte Energie in andere Energieformen um. Damit betrieben sie Stoffwechsel. Sie vermehrten sich ungeschlechtlich durch ▸Zellteilung.

Die Entwicklung vielzelliger Lebewesen

Die Urbakterien besaßen weder einen Zellkern noch andere Zellorganellen. Sie waren ▸Prokaryoten. Die Entstehung von „echten" Zellen, wie sie Pflanzen und Tiere besitzen, erklären Wissenschaftler mit der **Endosymbiontentheorie.** Sie beschreibt den Zusammenschluss von verschiedenen urtümlichen Bakterien, die eine **Symbiose,** eine Gemeinschaft zum beiderseitigen Vorteil, miteinander eingingen. Sauerstoff atmende Bakterien schlossen sich mit Urbakterien zusammen und entwickelten sich zu ▸Mitochondrien. Die neuen Zellen bildeten einen abgegrenzten Zellkern, und es entstanden so genannte ▸Eukaryoten. Als weitere „Untermieter" wurden Fotosynthese betreibende ▸Cyanobakterien aufgenommen. Sie entwickelten sich zu ▸Chloroplasten in den Pflanzenzellen. Im Laufe der Evolution entstanden aus eukaryotischen Zellen alle vielzelligen Lebewesen.

Darwins Entdeckung

Alles dies war Charles DARWIN unbekannt, als er sich zu Beginn des 19. Jahrhunderts anlässlich einer Forschungsreise auf den Galapagosinseln aufhielt. Hier beobachtete er unter anderem Finkenarten, die trotz ihrer unterschiedlichen Lebensweisen viele gemeinsame Merkmale aufwiesen. Sie ähnelten sich äußerlich und auch in ihrem Verhalten, unterschieden sich jedoch vor allem in Form und Größe der Schnäbel. DARWIN erkannte, dass die verschiedenen Finkenarten Nachkommen einer gemeinsamen Urform sein mussten. Diese Urform gelangte vermutlich vor langer Zeit vom amerikanischen Festland auf die 1000 Kilometer entfernten Inseln. Die Vögel vermehrten sich stark. Da die Nahrungsmenge begrenzt war, machten sich die Vögel bald untereinander Konkurrenz. DARWIN nahm an, dass günstige Schnabelformen dazu führten, dass manche Vögel neue Nahrungsquellen erschließen und sich so zahlreicher fortpflanzen konnten. Auf diese Weise entwickelten sich unterschiedliche Arten.

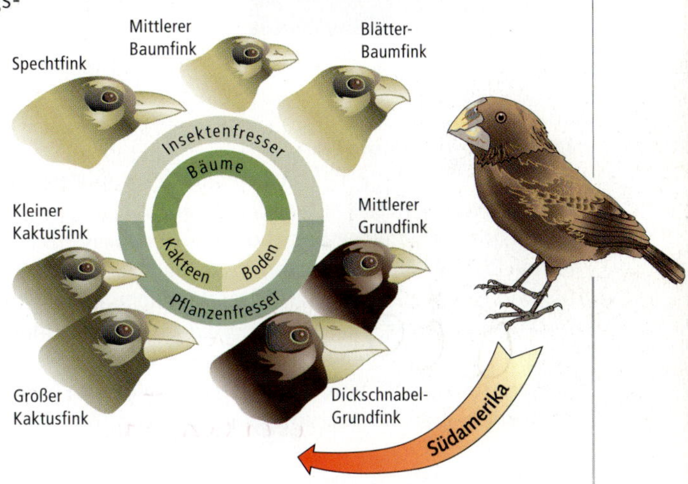

2 Darwin-Finken

Mechanismen der Evolution – Mutation und Selektion

Aufgrund seiner Beobachtungen und Veröffentlichungen anderer Wissenschaftler entwickelte DARWIN eine Theorie zur Entstehung von Arten durch natürliche Selektion.
Erst als zu Beginn des 20. Jahrhunderts die ▸MENDELschen Regeln bekannt wurden, konnte man die Theorie von DARWIN mit der ▸Genetik in Verbindung bringen. ▸ Mutationen wurden als die Auslöser von erblichen Veränderungen bei Individuen einer Art erkannt.
Nach der heute noch gültigen Theorie der Evolution liefern damit Zufallsereignisse wie Mutationen und ▸Rekombinationen das Ausgangsmaterial für die natürliche Selektion.

Vielfalt der Lebewesen

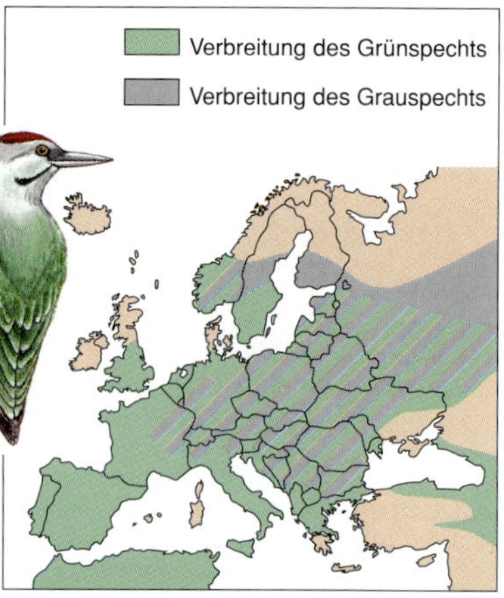

1. Ein Beispiel für die Entstehung neuer Arten durch geographische Isolation sind die Grün- und Grauspechte.
a) Wie haben sich die beiden Arten entwickelt? Recherchiere und berichte.
b) Nenne weitere Arten, die sich durch Isolationsmechanismen entwickelt haben.

2. Nenne Beispiele, wie verschiedene Arten durch Kooperation Vorteile für das Überleben beider Arten erreichen. Die Abbildung zeigt ein Beispiel.

3. Blattläuse vermehren sich durch ungeschlechtliche Fortpflanzung. Nenne weitere Beispiele für ungeschlechtliche Fortpflanzung. Welche Vorteile bietet diese Art der Fortpflanzung?
b) Welche Vorteile haben Arten, die sich sexuell fortpflanzen, gegenüber solchen, die sich ungeschlechtlich fortpflanzen?
c) Welche Bedeutung hat die sexuelle Fortpflanzung für die Veränderung der Arten? Verdeutliche deine Überlegungen an Beispielen.

Die Rolle der Isolation

▸ Mutationen und ▸ Rekombination der ▸ Gene sind Voraussetzungen für die Bildung neuer Arten. Neue Arten entwickeln sich jedoch nur, wenn unterschiedliche Selektionsfaktoren wirken. Die Mutationen bei den ▸ Darwin-Finken führten dazu, dass die Vögel neue Nahrungsquellen erschließen und so unterschiedliche ökologische Nischen besetzen konnten. Die dadurch erlangte Anpassung wurde durch Fortpflanzung an die Nachkommen weitergegeben. Schließlich sind die Finkenarten durch diese **ökologische Isolation** so unterschiedlich geworden, dass sie sich untereinander nicht mehr fortpflanzen konnten.

1 Schildkröte auf Santa Cruz

2 Schildkröte auf Española

Auch der unterschiedliche Körperbau der Riesenschildkröten auf einzelnen Inseln des Galapagos-Archipels fiel DARWIN auf. Die Arten sind durch ihre Panzerform ideal an ihre Futterpflanzen angepasst: hohe Kakteenzweige auf Española und Bodenpflanzen auf Santa Cruz. Die **geografische Isolation** der Inseln – getrennt durch das Meer – verhindert eine Paarung von Schildkröten verschiedener Inseln, so dass sich die unterschiedlichen Merkmale immer deutlicher ausprägten.
Tiere einer Art können auch durch Gebirge, Wüsten und Eismassen voneinander isoliert werden und so neue Arten bilden. Der Unterschied zwischen den neu gebildeten Arten wird umso größer, je

Die Rolle der Sexualität

Viele Pflanzenarten und auch einige Tierarten können durch ungeschlechtliche Vermehrung Nachkommen bilden. Dabei werden die eigenen Gene zu 100 % an die Nachkommen weitergegeben. Eine Durchmischung findet nicht statt. Die geschlechtliche oder sexuelle Fortpflanzung hat demgegenüber einen großen Vorteil: Schon bei der ▸ Meiose werden die Chromosomen zufällig neu verteilt. Bei der ▸ Befruchtung kommt es zur Vermischung der mütterlichen und väterlichen Gene. So entstehen zahlreiche Neukombinationen. Dadurch können Nachkommen mit neuen Eigenschaften auftreten. Die damit verbundene Vielfalt (Variabilität) innerhalb einer Art führt dazu, dass einzelne Individuen an die vorhandenen Umweltbedingungen besser angepasst sind als andere. Dadurch wird das Überleben der Art als Ganzes gesichert. Außerdem führte die sexuelle Fortpflanzung zu einer explosionsartigen Vielfalt bei der Entstehung neuer Arten. Es gibt unendlich viele Strategien bei Pflanzen und Tieren, die sexuelle Fortpflanzung sicherzustellen. Dazu gehört auch, dass sich zum Beispiel innerhalb eines Rudels nur die stärksten und überlebensfähigsten Tiere paaren. Kämpfe um die ▸ Rangordnung innerhalb eines Wolfsrudels sind eine solche Strategie, die Gene der überlebensfähigsten Tiere zu vermehren.

3 Wölfe kämpfen um die Rangordnung

Koevolution und Kooperation

Konkurrenz um Nahrung, Lebensraum und Fortpflanzung führte im Laufe der Evolution zu erstaunlichen Entwicklungen. Manche Pflanzen locken Insekten zur Bestäubung mit besonderen Düften, täuschenden Blütenformen oder mit Lockstoffen, die den Sexuallockstoffen der Insekten nachempfunden sind.
Bei der **Koevolution** von zwei Arten übt jede Art einen Selektionsdruck auf die andere Art aus. So besitzt beispielsweise eine bestimmte Orchideenart auf Madagaskar einen über 30 cm langen Nektarsporn und kann nur von einer ganz bestimmten Nachtschwärmerart bestäubt werden, die einen über 30 cm langen Rüssel besitzt. Rüssel und Sporn sind schrittweise durch Mutation und natürliche Selektion entstanden.

4 Koevolution. Orchidee und Schwärmer auf Madagaskar

Für zahlreiche Lebewesen ist **Kooperation** ein Mittel, um in der Konkurrenz mit anderen zu überleben. Ein Beispiel ist die **Symbiose** zwischen Seeanemonen und Clownfischen. Diese Fische leben im Schutze der giftigen Tentakeln der Anemone. Im Gegenzug säubern die Clownfische die Seeanemone von Schmutzpartikeln und verteidigen sie gegen Schmetterlingsfische, die sich von Seeanemonen ernähren. Andere Arten leben noch enger zusammen. Kühe könnten Gras nicht verdauen, wenn nicht in ihrem Pansen Millionen von ▸ Bakterien und Wimperntierchen die aus Zellulose bestehenden Zellwände der ▸ pflanzlichen Zellen aufspalten würden. Dafür haben die Mikroorganismen bei einer konstanten Temperatur von 37° – 39 °C optimale Bedingungen für das eigene Überleben.

5 Kooperation. Clownfisch und Seeanemone

Ausgestorbene Tiere

Brachiosaurus
- Pflanzenfresser
- war etwa 23 m lang, 13 m hoch und wog 38 t
- lebte etwa vor 150 Millionen Jahren
- verschwand vor etwa 65 Millionen Jahren

Mammut
- Grasfresser
- Kältespezialist
- lebte etwa 1,8 Millionen Jahre in Afrika, Eurasien und Nordamerika
- eine letzte Population auf der Wrangel-Insel im Eismeer verschwand vor etwa 4000 Jahren

Wandertaube
- Pflanzenfresser
- war um 1810 der am weitesten verbreitete Vogel der Welt
- starb 1914 aus

Säbelzahnkatze
- aktiver Räuber
- lebte etwa 20 bis 30 Millionen Jahre lang in Eurasien, Afrika und Amerika
- verschwand vor rund 30000 Jahren

1. Recherchiere, warum die einzelnen Arten ausgestorben sind.

2. Berichte am Beispiel der Dinosaurier, welche anderen Arten die Lebensräume der Dinosaurier besetzten.

3. Nenne Tier- und Pflanzenarten, die heute vom Aussterben bedroht sind und stelle die Gründe dar.

4. Welche Gründe gibt es, bedrohten Arten zu helfen?

Gruppenpuzzle

Eine Form des Gruppenunterrichts ist das Gruppenpuzzle. Dabei erarbeitet jede Schülerin und jeder Schüler ein Teilthema eines Rahmenthemas in Stillarbeit im Selbststudium. Anschließend unterrichten sie ihre Mitschülerinnen und Mitschüler darüber in kleinen Gruppen. Ein derartiger Gruppenunterricht verläuft in vier Schritten:

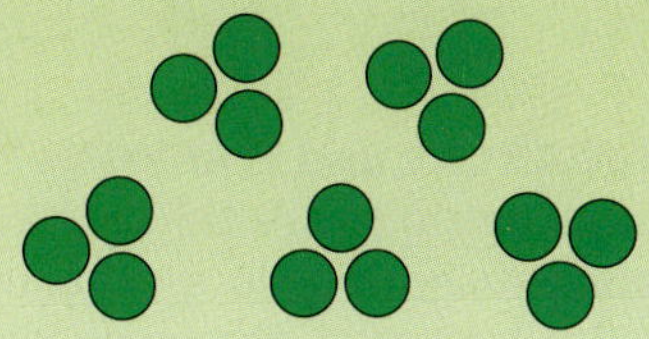

1. Gruppen bilden

Bildet Gruppen mit mindestens drei Schülerinnen und Schülern. Die Anzahl ist abhängig von der Zahl der Teilthemen eines Rahmenthemas.

2. Teilthemen übernehmen und bearbeiten

Ein Rahmenthema im Bereich der Evolution könnte lauten: „Ausgestorbene Tierarten und Gründe für das Aussterben". Mögliche Teilthemen findet ihr in der nebenstehenden Abbildung. In den Gruppen formuliert ihr Inhalte, die in den Teilthemen bearbeitet werden sollen. Für unsere Teilthemen könnten die Überschriften lauten:

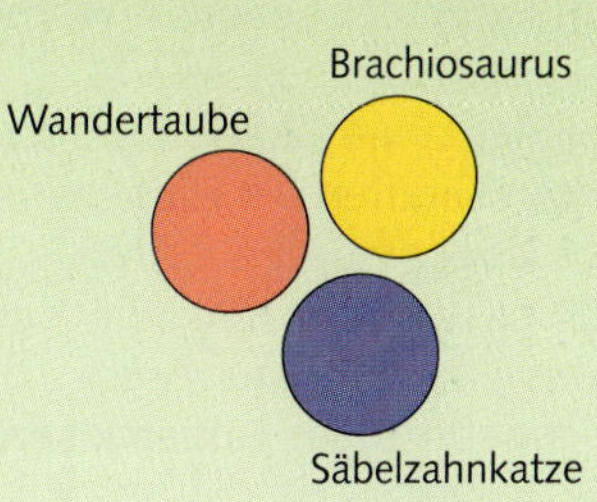

Wie sahen die Tiere aus? (Körperbau)
Wie lebten sie? (Verhalten, Nahrung)
Welchen Lebensraum beanspruchten die Tiere? (Anpassung an die Umwelt)
Wann lebten sie?
Warum sind sie ausgestorben?

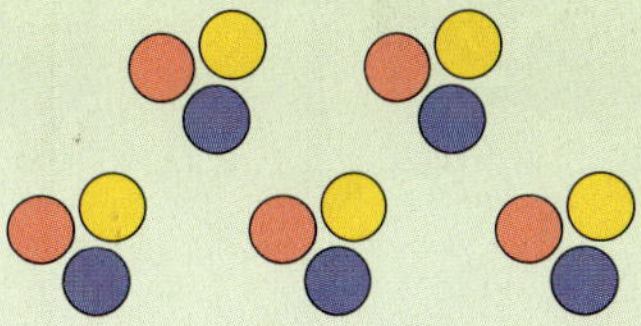

Jedes Gruppenmitglied wählt sich eines der drei Teilthemen und bearbeitet es in Einzelarbeit. Informationsmaterial zum Thema findet sich im Internet, in Büchern oder in bereitgestellten Arbeitsblättern.

3. Vertiefen und Sichern in der Expertenrunde

Alle Schülerinnen und Schüler, die dasselbe Teilthema bearbeitet haben, setzten sich jetzt zu einer Expertenrunde zusammen.
In dieser Runde besprecht ihr das zuvor Erarbeitete, beantwortet euch gegenseitig offene Fragen und helft einander, euch zu Experten zu machen. Am Ende steht eine Lernkontrolle.

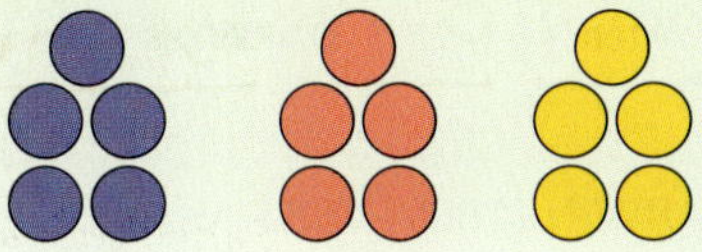

Danach plant ihr gemeinsam, wie ihr euer Wissen am wirkungsvollsten vermittelt, welche Hilfsmittel ihr einsetzt und wie ihr die Zeit einteilt. Die Lernziele für eure Mitschülerinnen und Mitschüler sind die gleichen, die ihr euch gesetzt habt. Schließlich überlegt ihr gemeinsam einige Kontrollfragen und die dazu gehörigen Antworten, mit denen ihr den Erfolg der Mitschülerinnen und Mitschüler überpüfen wollt.

4. Unterrichtsrunde

Nun geht ihr zurück in eure Gruppen, die ihr zu Beginn gebildet hattet. Jede Schülerin und jeder Schüler hat einen unterschiedlichen Unterrichtsteil ausgearbeitet.
Jetzt kommt die Umsetzung. Alle dürfen abwechselnd ihre Rollen tauschen und sind für ihr Teilthema Lehrerin oder Lehrer. Reihum unterrichtet nun jede Schülerin und jeder Schüler als „Lehrperson" das vorbereitete Teilthema. Die anderen Gruppenmitglieder sind dann die „Schüler". Zum Schluss können alle in einem Test überprüfen, ob sie die gesetzten Lernziele erreicht haben.

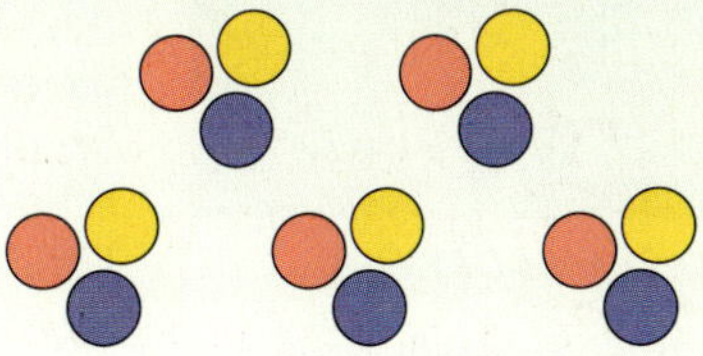

Entstehung von Arten

1. Welche Erklärungen zur Entstehung der Arten beruhen auf naturwissenschaftlichen Beobachtungen? Welche sind religiös begründet?

2. Auf einigen sturmumtosten Inseln in der Nähe der Antarktis, den Kerguelen, gibt es viele flügellose Insektenarten. Erkläre ihre Entstehung nach den Theorien von LAMARCK und DARWIN.

LAMARCKs und DARWINs Theorien zur Entstehung von Arten
Jean-Baptiste de LAMARCK (1744–1829) beschrieb 1809 als einer der ersten Forscher eine Theorie zur Entstehung von Arten. Danach erfordern sich ändernde Umweltbedingungen neue Angepasstheiten. Dadurch verändert sich die Lebensweise von Individuen. Durch Gebrauch oder Nichtgebrauch verändern sich so im Laufe des Lebens die Organe und Eigenschaften eines Individuums. Die im Laufe des Lebens erworbenen Eigenschaften eines Tieres werden dann an die Nachkommen vererbt.
So soll der lange Giraffenhals dadurch entstanden sein, dass die Vorfahren der heutigen Giraffen die Hälse zum Fressen nach oben reckten und diese dadurch immer länger wurden. LAMARCK erkannte zwar den Artenwandel, konnte ihn jedoch nicht richtig erklären. Nach seiner Ansicht führte der Artenwandel nicht zur Vervielfachung der Arten, sondern zu ihrer Vervollkommnung. Seine Theorie bezeichnet man als **Lamarckismus** und gilt heute als überholt.

1 Jean-Baptiste de LAMARCK

2 LAMARCKs Theorie zur Entstehung der Arten

3 DARWINs Theorie zur Entstehung der Arten

4 Charles DARWIN

Charles DARWIN (1809–1882) vertrat wie LAMARCK die Ansicht, dass sich alle Arten aus früheren Formen entwickelt haben. Er ging aber von der Entstehung der Arten durch ▸natürliche Selektion aus. In seinem 1859 veröffentlichten Buch „Über die Entstehung der Lebewesen" stellte er seine Theorie vor. So erzeugt jede Art mehr Nachkommen, als zu ihrer Erhaltung notwendig wäre. Nicht alle Nachkommen eines Elternpaares sind immer völlig gleich, sondern weisen kaum merkliche Unterschiede in ihren Eigenschaften auf. Diese Unterschiede, die durch ▸Mutation entstanden sind, können für den Träger von Vor- oder Nachteil in der Auseinandersetzung mit der Umwelt sein. Es überleben nur diejenigen, die den jeweiligen Lebensbedingungen am besten angepasst sind. Sie pflanzen sich vermehrt fort und vererben ihre Merkmale. Durch diese natürliche Auslese verändern sich Arten langsam über viele Generationen hinweg.
Für die Giraffen bedeutet dies nach DARWIN: Diejenigen mit nachteiligen Eigenschaften wie den kürzeren Hälsen haben geringere Chancen zu überleben und sich zu vermehren. Von den Giraffen mit längeren Hälsen dagegen überleben mehr Tiere und vererben ihre Eigenschaften auf die Nachkommen. Seine als **Darwinismus** bezeichnete Theorie ist in weiten Teilen bis heute gültig und wurde durch die Erkenntnisse der ▸Genetik weiterentwickelt.

Schöpfungsmythen

Streifzug

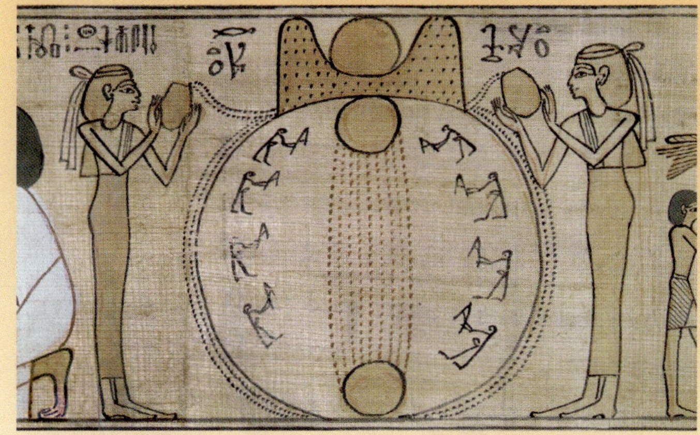

1 Schöpfungsmythos in Ägypten

Alte Mythen
Die Überlegungen und Theorien über die Entstehung des Lebens sind schon sehr alt. In fast allen Kulturen gibt es Vorstellungen über ein **schöpferisches Wesen.** So hatten die Menschen der Antike in Ägypten, im römischen Reich, in Griechenland und Germanien recht genaue Vorstellungen von der Erschaffung der Welt. Ihren Schöpfungsmythen liegt zugrunde, dass eine Gottheit die lebendige Welt aus dem Chaos geschaffen hat. Ähnliche Schöpfungsmythen finden sich auch bei den Mayas und Atzteken sowie bei den Völkern Ostasiens.

Naturreligionen
Bei den Aborigines ist die Regenbogenschlange der Quell allen Lebens. Im Zentrum ihres Schöpfungsglaubens stehen die „Creative Ancestors", die schöpferischen Ahnen, die alle Lebewesen erschufen. Sie sind die eigentlichen Schöpfer der Welt. Die Aborigines behandeln die Erde mit Respekt und Verantwortung, um sie im Urzustand der Schöpfung zu erhalten und so auch an ihre Nachkommen weiterzugeben. Auch in den Traditionen der Indianer Nordamerikas ist alles Erschaffene beseelt. Von den Menschen wird erwartet, dass sie alles Geschaffene respektvoll behandeln.

2 Uluru (Ayers Rock) in Australien: Der heilige Berg der Aborigines, an dem sie die schöpferischen Ahnen verehren

Christliche Schöpfungsmythen
Für den christlichen Kulturkreis ist die Schöpfungsgeschichte der jüdischen Religion von Bedeutung. Danach schuf Gott die Welt mit allen Lebewesen. Jedes Lebewesen, das wir heute kennen, hat Vorfahren, die in gleicher Gestalt seit Anbeginn der Welt vorhanden sind. Aus diesem Glauben leiten manche Anhänger die Auffassung ab, dass sich die Arten seit dem Beginn des Lebens auf der Erde nicht mehr verändert haben. Auf dieser Grundlage beruht die Theorie von der **Konstanz der Arten.**

3 MICHELANGELO: Erschaffung des Adam

Seit Beginn des 20. Jahrhunderts gibt es eine Bewegung, die das Ziel verfolgt, anstelle der Evolutionstheorie den Schöpfungsbericht der Bibel als Grundlage eines Weltbildes wieder einzusetzen. Man nennt diese Richtung **Kreationismus.**

Die Kreationisten sind sich darin einig, dass die heute bekannten Organismen nicht auf einen gemeinsamen Vorfahren zurückgehen, sondern als so genannte Grundtypen von einem Schöpfer oder Designer geschaffen wurden.

Mensch und Menschenaffen – miteinander verwandt?

1 Jane GOODALL bei ▸Verhaltensforschungen

1. Sucht in Tierlexika, Zeitschriften und Büchern Abbildungen und Beschreibungen von Primatenarten. Stellt auf einem großen Plakat die Abstammung der Primaten dar.

Bonobo *(Große Menschenaffen)*

2. Erstelle eine Tabelle und vergleiche Mensch und Bonobo, eine Zwergschimpansenart. Berücksichtige dabei Körperhaltung, Schädel, Kiefer, Hände und Füße, Becken sowie Chromosomen und auch das Sozialverhalten.

Gibbon *(Kleine Menschenaffen)*

Kapuzineraffe *(Neuweltaffen)*

3. Die Abbildung zeigt die Verwandtschaftsbeziehungen zwischen Menschenaffen und Menschen, die auf einem Vergleich der DNA beruhen. Werte das Diagramm aus. **Tipp:** Schimpanse und Bonobo unterscheiden sich in 0,7 % der DNA. Sie entwickelten sich vor etwa drei Millionen Jahren auseinander. Der Punkt zeigt den Zeitpunkt des letzten gemeinsamen Vorfahren an (Ablesebeispiel).

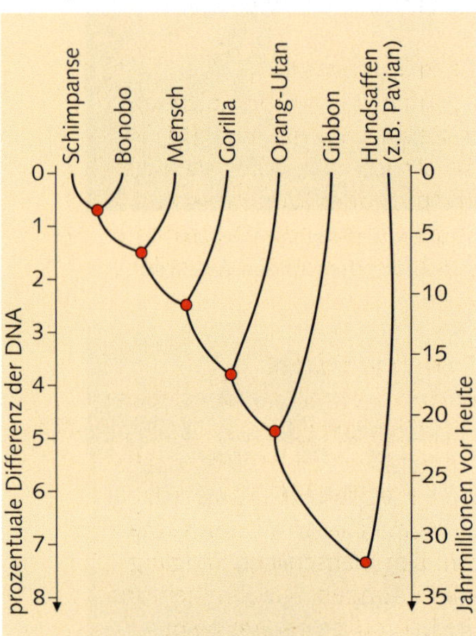

Katta *(Lemuren)*

Die Primaten ...

Die Art Homo sapiens, zu der wir zählen, bildet zusammen mit den Menschenaffen und den übrigen Affen die Säugetierordnung der Primaten. Die Mitglieder dieser Ordnung zeichnen sich durch gemeinsame Merkmale wie Greifhände und -füße, nach vorne gerichtete Augen, relativ große Gehirne, langsames Wachstum, späte Geschlechtsreife und komplexe Sozialstrukturen aus.
Über einen gemeinsamen Vorfahren von Gorilla, Schimpanse, Bonobo und Mensch wissen wir noch nicht viel. Bekannt ist, dass sich die Entwicklungslinien von Schimpanse und Mensch vor etwa sechs Millionen Jahren trennten, die von Schimpanse und Gorilla vor mehr als zehn Millionen Jahren.

... miteinander verwandt?

Wir haben mit den Menschenaffen und den übrigen Affen viele Merkmale gemeinsam. Die moderne Primatenforschung, die auch die ▸DNA-Analyse einsetzt, sieht Verwandtschaftsbeziehungen zwischen Menschenaffen und Menschen. Am deutlichsten wird dies, wenn man Menschen und Bonobos miteinander vergleicht. Sie sind wohl unsere nächsten Verwandten im Tierreich.

Pavian *(Hundsaffen)*

Gemeinsamkeiten

Der Bonobo hat wie der Mensch **Greifhände.** Auch seine Fingerspitzen sind tastempfindlich. Sie können selbst kleine Gegenstände mit Daumen und Zeigefinger greifen. Allerdings geht der Bonobo mit seinen Fingern nicht so geschickt um wie der Mensch. Seine Daumen sind zu kurz und können den vier Fingern nicht gegenübergestellt werden.
Das **Gebiss** des Bonobo besteht wie beim Menschen aus 32 Zähnen. Die Anzahl der **Skelettknochen** ist ebenfalls gleich. Das **Gesicht** ist fast unbehaart. Die **Augen** sind nach vorn gerichtet und ermöglichen so das räumliche Sehen. Der Gesichtsausdruck kann unterschiedliche Stimmungen wie Freude, Angst oder Ärger wiedergeben. Untersuchungen des Erbgutes von Menschen und Bonobos ergaben eine Übereinstimmung von mehr als 98 Prozent.

Unterschiede

Zwischen Mensch und Bonobo gibt es allerdings auch gewichtige Unterschiede.

Skelett

Einige dieser Unterschiede hängen mit unserem aufrechten Gang zusammen. Dieser führte zu einer Umformung des gesamten Skeletts. So ist der Fuß des Menschen ein Standfuß, bei dem die große Zehe anliegt und der ein ausgeprägtes Fußgewölbe besitzt. Bei den Menschenaffen kann die große Zehe abgespreizt werden und dient auch zum Greifen. Die Beine des Menschen sind etwas verlängert und stärker als die Arme. Das Becken ist breiter und schüsselförmig. Die Wirbelsäule ist doppelt S-förmig gekrümmt, sodass der Körperschwerpunkt über dem Becken liegt.
Mit dem aufrechten Gang brauchte der Mensch die Hände nicht mehr zur Fortbewegung. Sie entwickelten sich zu Greifhänden, deren Daumen den anderen Fingern gegenübergestellt ist.

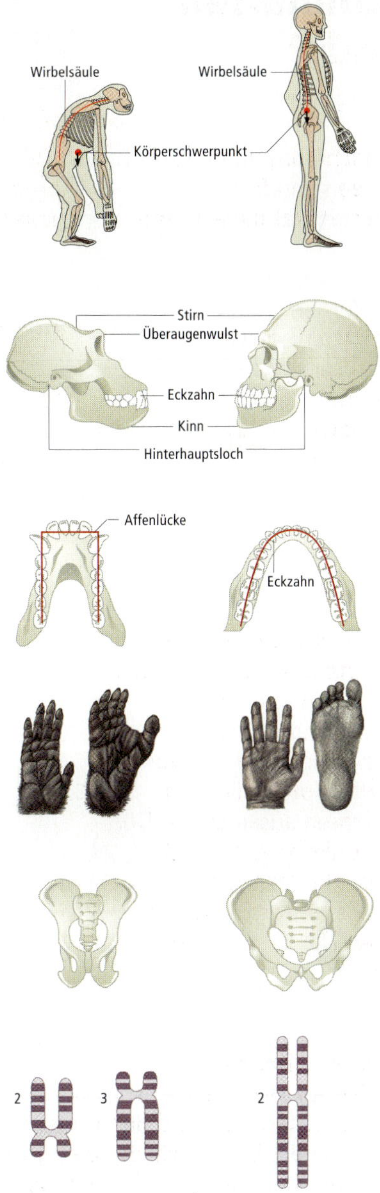

2 Bonobo und Mensch im Vergleich

Schädel

Auch die Schädelform ist unterschiedlich. Während der Bonobo eine vorgezogene Schnauze hat, fehlt diese beim Menschen. Der Gesichtsschädel des Menschen ist kleiner, der Hirnschädel jedoch größer. Er bietet Platz für ein großes, gut entwickeltes Gehirn. Die Überaugenwülste fehlen und die Stirn ist hoch und nicht fliehend wie beim Bonobo. Das Gebiss des Bonobo ist durch kräftige Eckzähne gekennzeichnet. Deshalb sieht man im U-förmigen Gebiss die so genannte Affenlücke. Der Mensch verfügt über ein nur wenig differenziertes Allesfressergebiss mit kleinen Eckzähnen. Die „Affenlücke" fehlt.

Sprache

Der Zahnbogen im Kiefer des Menschen ist halbrund. Er ermöglicht gemeinsam mit der Gaumenwölbung, der guten Beweglichkeit der Zunge und der Stellung und Ausbildung des Kehlkopfes die differenzierte Lautsprache des Menschen.

Chromosomen

Auch bei den ▸Chromosomen bestehen Unterschiede. Das Chromosom Nr. 2 des Menschen entspricht den Chromosomen 2 und 3 des Bonobo. Dies konnte durch die Bandenmuster belegt werden.

Sozialverhalten

Im Sozialverhalten gibt es ebenfalls Unterschiede. Das Bonobojunge ist bei seiner Geburt sehr weit entwickelt. Es kann sich aktiv im Fell der Mutter festhalten. Der menschliche Säugling wird getragen. Die Kindheit und die Lernphase dauern beim Menschen viel länger als beim Bonobo. Dabei werden auch Informationen und Traditionen ausgetauscht, die aus ganz anderen Menschengruppen stammen. Seine differenzierte ▸Sprache, die kulturellen Leistungen und der ständig weiterentwickelte ▸Werkzeuggebrauch haben den Menschen zu dem gemacht, was er heute ist.

Woher kommt der Mensch?

1. Die Vormenschen nennt man mit wissenschaftlichem Namen Australopithecinen. Ihre fossilen Reste fand man ausschließlich in Afrika.
a) Durch welche Merkmale zeichnen sie sich aus? Erstellt Steckbriefe ausgewählter Arten der Australopithecinen.
b) Wodurch unterscheiden sich Australopithecinen von den Menschenaffen und dem modernen Menschen?

2. Warum kann man die Entdeckung von „Lucy" als seltenen Glücksfall betrachten? Welchen wissenschaftlichen Namen trägt Lucy? Wie kam „Lucy" zu ihrem Namen?

3. Erläutere die Aussage: „Die Wiege der Menschheit liegt in Afrika".

4. Informiere dich über einzelne Grabungsstätten und berichte, was dort jeweils gefunden wurde.

Spuren des Vormenschen in Ostafrika

Fossilienfundorte:
① Afar, ② Omo, ③ Samburu, ④ Olduvai, ⑤ Laetoli

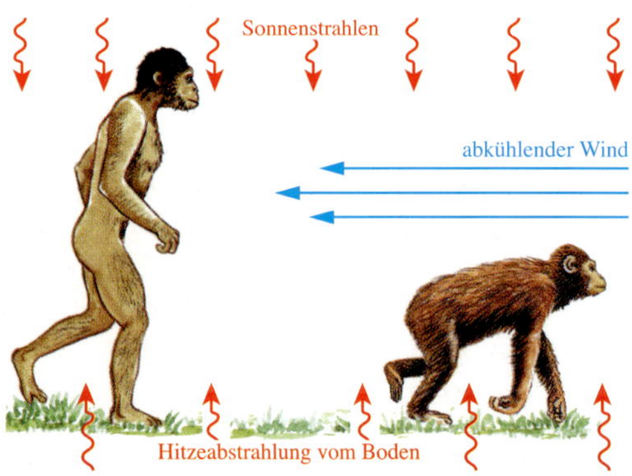

5. Wissenschaftler sehen einen Selektionsvorteil im aufrechten Gang. Die nebenstehende Abbildung stellt einen von mehreren Erklärungsversuchen dar. Beschreibe.

6. Präsentiert mit dem PC Eigenschaften und Leistungen der Neandertaler. Berücksichtigt dabei Werkzeugbau und -gebrauch, Jagdtechniken, Wohnkultur, künstlerisches Schaffen, Totenkult und Verständigungsmöglichkeiten durch Sprache.

7. Nach dem Homo erectus verließ auch Homo sapiens in einer großen Auswanderungswelle Afrika. Beschreibt die Wanderrouten. Welche Gründe sprechen für bestimmte Wanderrouten?

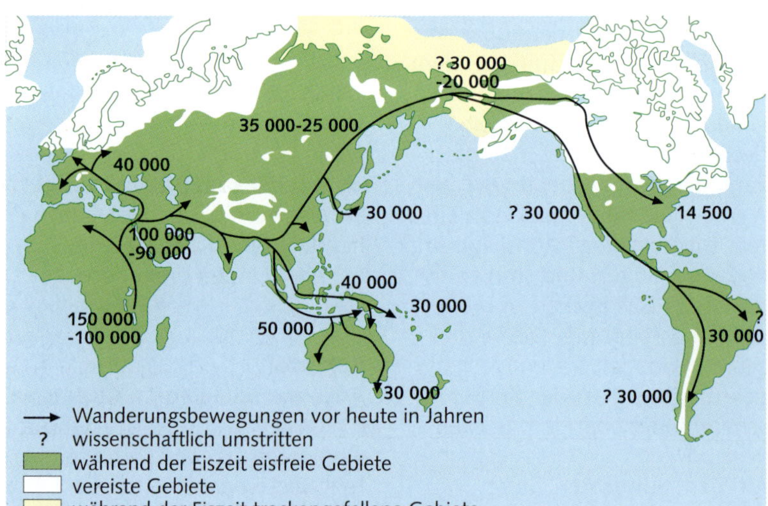

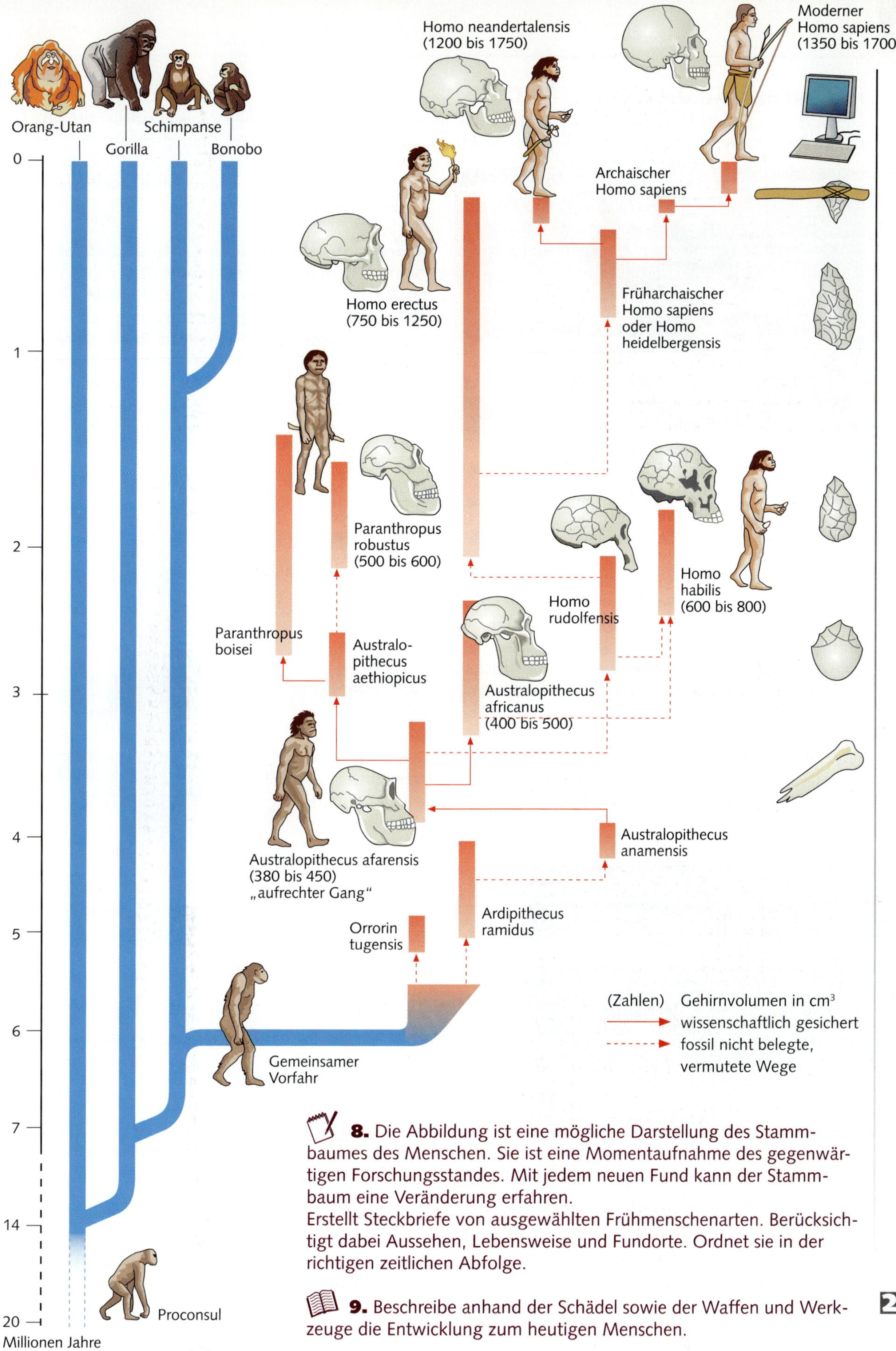

8. Die Abbildung ist eine mögliche Darstellung des Stammbaumes des Menschen. Sie ist eine Momentaufnahme des gegenwärtigen Forschungsstandes. Mit jedem neuen Fund kann der Stammbaum eine Veränderung erfahren.
Erstellt Steckbriefe von ausgewählten Frühmenschenarten. Berücksichtigt dabei Aussehen, Lebensweise und Fundorte. Ordnet sie in der richtigen zeitlichen Abfolge.

9. Beschreibe anhand der Schädel sowie der Waffen und Werkzeuge die Entwicklung zum heutigen Menschen.

Herkunft des Menschen

Unser Wissen um die Herkunft des Menschen ist immer noch lückenhaft. Mithilfe von ▸Fossilien versucht man zu klären, wer die Vorfahren des Menschen waren und wie die Evolution des Menschen verlief. Aufgrund immer neuer Funde stellt sich die Ahnengalerie des Menschen wie ein vielfältig verzweigter Stammbaum dar.

1 Ahnengalerie der Menschen

Proconsul – Vorfahre von Affe und Mensch?

An den Ufern des Victoria-Sees in Ostafrika wurden 1948 Fossilien gefunden, die etwa 20 Millionen Jahre alt waren. Forscher vermuteten in den Skelettresten ein Wesen, das Merkmale von Affen und Menschen in sich vereinte. Sie nannten es **Proconsul.** Diese Lebewesen waren etwa paviangroße Baumbewohner. Sie könnten die gemeinsamen Vorfahren der Menschenaffen und Menschen gewesen sein.

Die Australopithecinen

Als das Klima in Afrika trockener wurde, lichteten sich die Wälder, und Grassteppen breiteten sich aus. Einige Formen von Proconsul verließen die Bäume und lebten an den Waldrändern auch auf dem Boden. Aus ihnen entwickelten sich die Urahnen des heutigen Menschen. Es waren Vormenschen. Mit wissenschaftlichem Namen nennt man sie **Australopithecinen** („Südaffen"). Die Australopithecinen bewohnten sowohl Urwaldränder als auch die Baumsavannen Afrikas. Aufgrund ihres veränderten Körperbaus konnten sie sich bereits längere Zeit aufrecht halten. Arme und Hände wurden kaum noch zur Fortbewegung am Boden gebraucht. Als Werkzeuge nutzten sie Stöcke und Knochen.1974 fand eine Forschergruppe um Donald JOHANSON in der Region Afar in Äthiopien ein etwa drei Millionen Jahre altes, erstaunlich menschenähnliches Skelett. Man gab ihm den Namen „Lucy". Mit wissenschaftlichem Namen heißt es **Australopithecus afarensis** („Südaffe aus Afar"). Diese Vormenschenart wurde nur etwa 1,2 bis 1,5 m groß und ernährte sich ausschließlich von Pflanzen.

3 Australopithecus afarensis

2 Proconsul

Man nimmt an, dass Lucys Art zu den Vorfahren der heutigen Menschen zählt. Über lange Zeiträume lebte sie gemeinsam mit anderen Australopithecinenarten.

Die Frühmenschen

Als erste Frühmenschenarten entwickelten sich **Homo rudolfensis** („Mensch vom Rudolfsee") und **Homo habilis** („Geschickter Mensch"). Sie stellten Hammer- und Schneidwerkzeuge aus Stein her und ernährten sich sowohl von Pflanzen als auch von Fleisch. Obwohl sie noch viele Gemeinsamkeiten mit den Vormenschen aufwiesen, zeichneten sie sich durch einen entscheidenden Vorteil aus: Sie hatten bereits ein größeres und leistungsfähigeres Gehirn als ihre Vorfahren. Bedingt durch ein vorteilhaftes Klima und eine gesteigerte Anpassungsfähigkeit entstand in Afrika auch **Homo erectus** („Aufrecht gehender Mensch"). Diese Frühmenschen waren größer und kräftiger als ihre Vorgänger. Aus Holz und Stein fertigten sie Waffen und Werkzeuge, mit denen sie Wildtiere töten und zerlegen konnten. Neue Waffen wie hölzerne Speere erlaubten ihnen, Tiere aus größerer Entfernung zu erlegen. Auch nutzten sie als erste Frühmenschen das Feuer. Das veränderte ihre Lebensweise grundlegend. Sie wurden vom Aasfresser zum Jäger. Das Feuer ermöglichte eine bessere Nutzung der Nährstoffe, spendete Wärme und gab Schutz vor wilden Tieren. Dadurch war es möglich, den afrikanischen Kontinent zu verlassen und in die kälteren Regionen in Europa und Asien einzuwandern.

4 Homo erectus

5 Homo sapiens

Der Neandertaler

Mit dem **Homo neandertalensis** („Mensch aus dem Neandertal") begann vor etwa 200000 Jahren eine neue Epoche in der Entwicklung der Menschheit. Die Neandertaler wurden etwa so groß wie die heutigen Menschen, besaßen aber ein kräftigeres Skelett und einen größeren Schädel mit starken Überaugenwülsten, fliehender Stirn und flachem Kinn. Über ihre Lebensweise und ihre geistigen Fähigkeiten wurde viel gestritten.
Früher galten sie als primitive Vorfahren der heutigen Menschen. Inzwischen weiß man jedoch, dass sie über erstaunliche geistige Eigenschaften verfügten und beachtliche technische und kulturelle Leistungen vollbrachten. Vor etwa 30000 Jahren starben sie aus.

Der moderne Mensch

Die Neandertaler waren nicht die Vorfahren des modernen Menschen **Homo sapiens** („Wissender Mensch"). In Europa lebten Angehörige dieser Art bereits vor etwa 40000 Jahren, also vor dem Aussterben der Neandertaler. In ihrem gesamten Körperbau glichen sie eher dem heutigen Menschen. Sie hinterließen in Höhlen, in denen sie lebten, kunstvolle Malereien. Man fand auch Schmuck, Musikinstrumente und Waffen aus Knochen oder Elfenbein. Die ältesten Funde von Homo sapiens stammen aus Afrika. Sie sind etwa 130000 Jahre alt. Daraus schließen Forscher, dass die Entstehung des modernen Menschen in Afrika liegt. Von dort aus hat er sich über die ganze Erde verbreitet.

6 Menschen im 21. Jahrhundert

Kulturelle Evolution des Menschen

1. Informiert euch über die Werkzeuge des Homo habilis. Aus welchen Materialien stellte er sie her? Wozu benutzte er Werkzeuge? Präsentiert eure Ergebnisse mithilfe von Folien.

2. a) Beschreibe, wie die Nutzung des Feuers die Lebensweise der damaligen Menschen veränderte.
b) Erkläre, warum die Nutzung des Feuers die Ausbreitung des Menschen über alle Erdteile ermöglichte.

3. In Spanien und Frankreich wurden in Höhlen Malereien von außerordentlicher Ausdruckskraft gefunden. Wer könnte sie gestaltet haben? Welche Maltechniken wurden angewendet? Versucht, einige Malereien nachzugestalten. Macht eine Ausstellung.

4. Erläutere, welche Auswirkung die Kommunikation mithilfe von Computern und weltweiten Nachrichtennetzen auf die Menschheit hat.

5. a) Tiere nutzen Formen der ▸Verständigung. Worin liegt der wesentliche Unterschied zur Sprache des Menschen?
b) Manche Staaten bildende Insekten verfügen über ein kompliziertes Kommunikationssystem. Vergleicht es mit dem bei Wirbeltieren und Menschen. Präsentiert eure Ergebnisse.

Fortschritte

Vom Faustkeil zum Laserskalpell, von der Höhlenzeichnung zum Internet: Diese Fortschritte machen deutlich, dass die Menschen sich auch kulturell weiterentwickelten. Bedingt durch die besondere Ausprägung des ▸Großhirns entwickelten unsere Vorfahren besondere Fertigkeiten, die sie im Laufe der Zeit immer weiter verfeinerten.

Werkzeuge

Vor über zwei Millionen Jahren machte ▸Homo habilis eine entscheidende Entdeckung: Steine ließen sich als Werkzeuge benutzen. Damit begann die kulturelle Evolution des Menschen.

1 Faustkeil

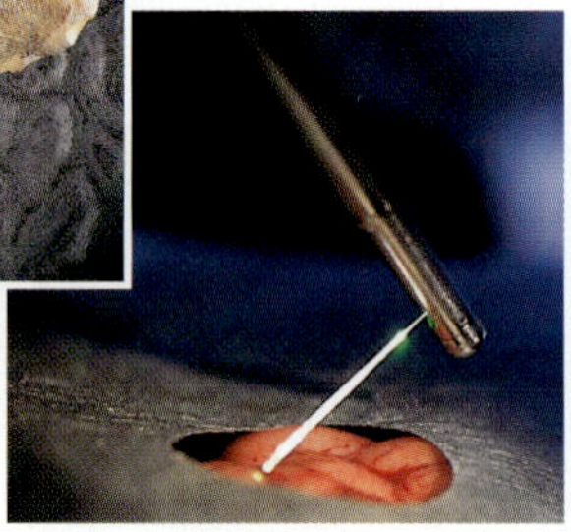

2 Laserskalpell

Als erste Werkzeuge wurden Steine und auch Knochen so benutzt, wie sie gefunden wurden. Während einer Million Jahre änderte sich daran wenig. Dann lernten unsere Vorfahren Steine, Knochen und Stöcke so zu bearbeiten, dass neue Geräte daraus entstanden. Mit **Steinwerkzeugen** konnten Menschen Tiere erlegen, Felle schneiden, Nahrung zerkleinern und weitere Werkzeuge herstellen. Ein Beispiel dafür ist der Faustkeil. Er war Werkzeug und Waffe zugleich. Erst vor etwa zehntausend Jahren lernten unsere Vorfahren die Metallgewinnung und **Metallbearbeitung.** Nun entstanden leistungsfähigere Werkzeuge, die sich gegen die Steingeräte durchsetzten. Heute ermöglicht uns die Lasertechnologie, Licht zum Schneiden zu verwenden.

Feuer

Ein weiterer entscheidender Schritt in der kulturellen Entwicklungsgeschichte des Menschen war die Nutzung des Feuers. Schon ▸Homo erectus besorgte sich ▸Feuer, bewahrte und nutzte es, weil es enorme Vorteile brachte.

Sprache und Schrift

Sprache ist eines der wesentlichen Kennzeichen des Menschen. Sie ermöglicht es, Informationen auszutauschen, Pläne zu schmieden und Erfahrungen an andere weiterzugeben.
Viele Wissenschaftler sind der Ansicht, dass **Sprache** in erster Linie eine soziale Funktion hatte. Sie gewährleistete den sozialen Zusammenhalt der Gruppe. Wahrscheinlich verfügte bereits Homo erectus über eine einfache Sprachfähigkeit.

3 Schriftzeichen auf Tontafel

4 Bücherstapel und weltweite Information

Nach der Sprache folgte die **Schrift.** Mit ihrer Hilfe werden Informationen langfristig festgehalten. Sie ermöglicht es jeder Generation, auf den Erfahrungen der vorherigen aufzubauen. Durch die Erfindung des Buchdrucks erhielten sehr viele Menschen dieselben Informationen und gaben sie weiter.
Dieser Prozess wird heute durch Computer und weltweite Nachrichtennetze beschleunigt. Über Kontinente hinweg werden so in wenigen Sekunden Informationen ausgetauscht. Nahezu das gesamte Wissen der Menschheit steht an beinahe jedem Ort der Welt fast allen Menschen zur Verfügung.

Kunst

Einen riesigen Sprung machte die kulturelle Evolution des Menschen vor 50 000 bis 30 000 Jahren. Neben Werkzeugen und Waffen wurden auch **Kunstgegenstände** und **Schmuck** aus dieser Zeit gefunden. In Höhlen und an Felswänden in Südeuropa stieß man auf viele farbige steinzeitliche Malereien von außerordentlicher Aussagekraft. Häufige Motive der steinzeitlichen Künstler waren Jagdtiere. In Höhlen der Schwäbischen Alb entdeckte man Kleinplastiken von Tieren und Menschen und sogar Musikinstrumente aus Knochen. Bis heute zeigt sich das künstlerische Schaffen des Menschen in vielfältiger Form.

5 Höhlenmalerei

6 Venusfigürchen

7 Moderne Kunst

Religion

Auch religiöse Vorstellungen entwickelten sich im Laufe der kulturellen Evolution. Die frühen Höhlenmalereien dienten wahrscheinlich dazu, Macht über Jagdbeute zu erlangen. Die weiblichen Figuren werden als Fruchtbarkeitsgöttinnnen gedeutet. **Religiöse Rituale** sind uns schon aus der Altsteinzeit bekannt. So pflegten etwa die Neandertaler einen Höhlenbärenkult. Grabbeigaben wie Nahrungsmittel, Waffen und Werkzeuge neben den Skeletten verstorbener Neandertaler weisen darauf hin, dass diese Menschen bereits Vorstellungen von einem Leben nach dem Tode hatten.

Aus vielen Regionen der Erde sind uns beeindruckende Steinzeitbauten bekannt, die häufig religiösen Zwecken dienten. Bis heute versuchen Menschen, ihren religiösen Vorstellungen durch beeindruckende Bauten wie Kathedralen, Tempel und Moscheen Ausdruck zu verleihen.

8 Stonehenge und Kölner Dom

Das Beil des Ötzi

1 Der Mann aus dem Eis. A *Fundstelle der Eismumie*, **B** *Kleidung des Mannes aus dem Eis (Rekonstruktion)*

Der Mann aus dem Eis

Am 19. September 1991 entdecken Bergsteiger in den Ötztaler Alpen eine leblose Gestalt, die im Gletschereis eingebettet ist. Die schnell verständigte Polizei prüft den Fund und lässt ihn durch Archäologen bergen. Die anfängliche Vermutung bestätigt sich rasch. Bei der Gestalt handelt es sich um die Mumie eines Mannes, deren Alter auf mindestens 5000 Jahre geschätzt wird. Der im Gletschereis konservierte Steinzeitmensch gibt uns einmalige Informationen über unsere Vorfahren aus dieser Epoche. Die ebenfalls erhaltene Ausrüstung sowie weitere Funde ermöglichen eine genaue Vorstellung vom Leben in dieser Zeit.

2 Beil mit Kupferklinge

Überraschung: Ein Beil mit einer Kupferklinge

Der Gletschermann war optimal ausgerüstet. Er trug zweckmäßige Lederkleidung und einen Regenumhang aus Grasgeflecht. Eine Gürteltasche enthielt viele nützliche Werkzeuge wie eine Knochenahle zum Bohren und Nähen, Zunder und Feuerstein sowie Feuersteingeräte zum Schneiden, Bohren und Schaben. Als Waffen dienten mit großer Präzision gefertigte Pfeile und ein Bogen. „Ötzi" besaß auch ein Beil mit einer Kupferklinge. Dieses Beil war für die Wissenschaftler eine Überraschung, hatten sie doch bislang angenommen, der Guss von Kupferklingen sei erst tausend Jahre später erfunden worden.

Wie starb der Mann aus dem Eis?

Lange haben Wissenschaftler gerätselt, wie „Ötzi" zu Tode kam. Wahrscheinlich starb er in einem Kampf. In seiner Schulter fand man eine Pfeilspitze. Der Pfeil tötete ihn nicht sofort, verletzte aber eine Arterie. Außerdem wies er schwere Kopfverletzungen durch einen Schlag mit einem Stein auf. Wahrscheinlich fiel er bewusstlos auf einen Felsbrocken und verblutete.

Leben in der Steinzeit

„Ötzi", so wurde der Gletschermann nach seinem Fundort benannt, war wahrscheinlich ein Hirte, der seine Schaf- und Ziegenherden auf die Hochweiden des Ötztals trieb. Die Menschen seines Dorfes ernährten sich durch den Anbau von Nutzpflanzen und die ▸Züchtung von Nutztieren. Auf den Äckern wurden Zugtiere und Pflüge eingesetzt. Das Rad war bereits bekannt. In den dicht bewaldeten Tälern jagten die Menschen Wildtiere. Sie wohnten in Häusern, die mit Stroh gedeckt waren und auf Steinsockeln standen.

3 Leben in der Steinzeit

Herausforderungen unserer Zeit

1. Erstellt eine Mindmap zum Thema „Herausforderungen unserer Zeit“.

2. Die Bevölkerung in Europa schrumpft. In Afrika, Asien und Südamerika steigt sie stark an. Nenne Gründe für diese Entwicklung.

Folgen der kulturellen Evolution

Neben der biologischen und kulturellen Evolution fand auch eine soziokulturelle Evolution statt. Sie veränderte neben der Nutzung von Technologien die sozialen Strukturen und Werte unserer Gesellschaft.

Klimawandel durch Umweltbelastung

Eine Auswirkung der veränderten Nutzung von Technologien ist der ▸Klimawandel. Durch den Hunger nach Energie in der Industriegesellschaft werden die ▸fossilen Brennstoffvorräte der Erde wie Kohle, Erdöl und Erdgas extrem ausgebeutet. Bei der Energienutzung für Verkehr, Heizung und Industrie werden große Mengen an Schadstoffen wie etwa CO_2 frei, die den Klimawandel begünstigen.
Der Anstieg des Meeresspiegels durch die ▸globale Erwärmung wirkt sich vor allem auf die Küstenregionen der Welt aus.
Katastrophale Überflutungen sind die Folge. Im Binnenland sorgen zunehmend sintflutartige Regenfälle für Überschwemmungen.

1 Smog, Dürre und Überflutung

Dürre und Überflutungen

Der Klimawandel hat weit reichende Auswirkungen auf die ▸Ökosysteme der Erde. Dürren und Überflutungen nehmen zu.
Die Wüstenbildung ist ein wachsendes Problem. Auch Teile Süd- und Mitteleuropas werden in der Zukunft von Dürre bedroht. Eine Verantwortung für den Kampf gegen die Ausdehnung von Wüsten haben auch die Bewohner der Industrieländer.

Armut und Flüchtlingsströme

Die Gründe für die ungleiche Verteilung der Güter auf der Welt sind vielfältig: zum Beispiel Wandel der sozialen Strukturen, Wandel der Werte, individuelle Verantwortlichkeit. In Entwicklungsländern herrschen Hunger und Armut. Hier haben die Menschen am stärksten unter ▸Bevölkerungswachstum, Umweltverschmutzung und Klimawandel zu leiden. Umweltkatastrophen und Kriege zwingen viele Menschen, ihre Heimatländer zu verlassen.

2 Hunger

Menschen – frei und gleich an Rechten und Pflichten

1. Welche Faktoren haben zum Entstehen unterschiedlicher Menschengruppen beigetragen?

2. Die meisten Wissenschaftler lehnen heute den Begriff Rasse als Bezeichnung für verschiedene Menschengruppen ab. Suche in Berichten über das 3. Reich und im Internet nach Argumenten für diese Ablehnung. Begründe.

Menschenrechte

Die Generalversammlung der **Vereinten Nationen** verkündete 1948 die **Allgemeine Erklärung der Menschenrechte.** Die Würde aller Menschen soll durch Rechte gesichert werden, die in 30 Artikeln festgelegt sind.

Artikel 1
Alle Menschen sind frei und gleich an Würde und Rechten geboren. Sie sind mit Vernunft und Gewissen begabt und sollen einander im Geiste der Brüderlichkeit begegnen.

Artikel 3
Jeder Mensch hat das Recht auf Leben, Freiheit und Sicherheit der Person.

Artikel 5
Niemand darf der Folter oder grausamer, unmenschlicher oder erniedrigender Behandlung oder Strafe unterworfen werden.

Artikel 7
Alle Menschen sind vor dem Gesetz gleich und haben ohne Unterschied Anspruch auf gleichen Schutz durch das Gesetz.

Definitionen

Rassismus
Als Rassismus bezeichnen wir weltanschauliche Überzeugungen, nach denen Menschen anderer Völker oder ethnischer Gruppen gegenüber der eigenen als minderwertig eingestuft werden.

Völkermord
Das Verbrechen der Vernichtung einer nationalen, ethnischen oder religiösen Gruppe bezeichnet man im Völkerrecht als Völkermord.

Ethnozid
So bezeichnet man die gewollte organisierte Vernichtung der kulturellen Identität von Menschen einer bestimmten ethnischen Gruppe durch politische, soziale und kulturelle Umerziehung.

3. Lies die Definitionen. Schlage unbekannte Wörter im Lexikon nach. Nenne Beispiele für Rassismus und Völkermord.

4. Informiert euch über die religiös-kulturellen Konflikte im Nahen Osten sowie zwischen verschiedenen ethnischen Gruppen in den USA, Australien und in europäischen Ländern und berichtet.

5. Nenne Einrichtungen, die über die Einhaltung der Menschenrechte wachen. Benutze dazu Nachschlagewerke und informiere dich im Internet.

6. Sucht im Internet nach Beispielen kultureller Vielfalt und Bereicherung in Vielvölkerstaaten.
a) Was bewirken Zuwanderung und moderner Tourismus?
b) Welche Chancen ergeben sich für ein multikulturelles Europa?

Die Evolution der Hautfarben

Alle Menschen dieser Erde haben die gleiche Grundgestalt und können sich als Erwachsene untereinander fortpflanzen. Doch offensichtlich gibt es Unterschiede wie zum Beispiel in der Hautfarbe, der Form der Lippen und Augen und der Struktur der Haare. Wie kommt es zu solchen Unterschieden?
Die ersten hominiden Vorfahren des Menschen lebten als dunkelhäutige, haarige Primaten in Afrika. Später verließen die Menschen ihre Urheimat Afrika und besiedelten neue Lebensräume. Es entstanden Gruppen, die durch Meere, Wüsten, Gebirge oder Eis voneinander isoliert waren. Die Evolution der Hautfarben liegt begründet in der Isolation einzelner Gruppen sowie möglicherweise in der Unterschiedlichkeit der besiedelten Klimazonen im Hinblick auf die Intensität der UV-Strahlen.

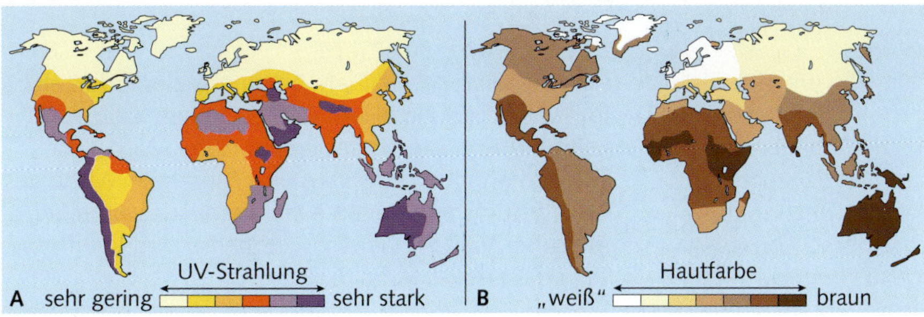

1 Mögliche Ursachen für die Evolution der Hautfarben. A *Intensität der UV-Stahlung;* **B** *Grad der Pigmentierung*

Vielfalt der Menschen

Die verschiedenen Menschengruppen blieben nicht dauerhaft voneinander getrennt. Schon früh gelangten Menschen verschiedener Regionen durch Handelsreisen und Erorberungszüge in Kontakt miteinander. Dabei kam es zu Beziehungen von Männern und Frauen unterschiedlicher Kulturen und verschiedenen Aussehens. Ihre Nachkommen waren den jeweiligen Volksgruppen nicht mehr eindeutig zuzuordnen. Da durch Tourismus und Flugverkehr heute die Kontakte zwischen den Völkern noch enger sind, leben in allen Kontinenten Menschen mit Merkmalen verschiedener Völker.
Viele Ausdrucksformen menschlichen ▸Verhaltens wie Trauer, Zorn, Ekel oder Freude sind in allen Kulturen ähnlich. Andererseits zeichnen sich Menschen neben ihrem Aussehen durch große kulturelle Vielfalt aus. Sie unterscheiden sich in Sprache, Religion, Kleidermoden, Wertvorstellungen und anderen Aspekten.

Menschen – gleich an Würde und Rechten

Obwohl es auch heute noch Unterschiede gibt, sind sie doch gering im Vergleich zu den Gemeinsamkeiten. Deshalb lehnen es die meisten Wissenschaftler ab, Menschen in verschiedene Rassen einzuteilen.
Die Unterschiede zwischen einzelnen Gruppen führen leider oft zu fremdenfeindlichen Vorurteilen und zu ethnischen und religiösen Konflikten oder Kriegen. Um das zu verhindern, muss man wissen, dass Menschen zwar Unterschiede aufweisen, aber alle gleich an Würde und Rechten sind. Die Menschenrechte sind ein wichtiges kulturelles Gut der gesamten Menschheit und werden von vielen als Meilenstein der soziokulturellen Evolution angesehen. Jeder Mensch besitzt unabhängig von seinen Eigenschaften, seinem körperlichen oder geistigen Zustand, seinen Leistungen oder sozialem Status aufgrund seiner bloßen Existenz einen Wert. Die Achtung vor der Würde jedes Menschen ist im deutschen Grundgesetz festgeschrieben: **„Die Würde des Menschen ist unantastbar.“**

2 Variabilität beim Menschen. A *Norwegerin,* **B** *Peruaner,* **C** *Aborigine/Australien,* **D** *Chinesin,* **E** *Polynesierin,* **F** *Westafrikanerin*

Evolution

Unter Evolution versteht man die Veränderung der von einer Generation auf die nächste übertragenen Eigenschaften. Sie verläuft meist sehr langsam, aber doch stetig. Und so haben sich durch die Evolution im Laufe der Erdgeschichte aus den ersten einfachen Formen des Lebens zahlreiche und teils hoch organisierte Lebensformen entwickelt.

Fossilien – Spuren des Lebens

Versteinerte Überreste ausgestorbener Lebewesen nennt man Fossilien. Sie geben in ihrer Gesamtheit Auskunft über das Leben in vorgeschichtlicher Zeit. Jedes Erdzeitalter ist durch

charakteristische Gruppen von Pflanzen und Tieren gekennzeichnet. Weit verbreitete und nur in bestimmten Gesteinsschichten vorkommende Formen bezeichnet man als Leitfossilien.

Entwicklung der Pflanzen

Die ersten Pflanzen in der Erdurzeit waren im Wasser lebende einzellige Algen. Im Erdaltertum folgten als erste Landpflanzen sporenbildende Farnpflanzen, Bärlappgewächse und Schachtelhalme. Nacktsamer wie Nadelhölzer entstanden Ende des Erdaltertums. Am Ende der Kreidezeit im Erdmittelalter entwickelten sich die Bedecktsamer.

Entwicklung der Tiere

Die Entwicklung der Tiere begann in der Erdurzeit im Wasser mit Einzellern und einfachen Vielzellern. Es folgten zu Beginn des Erdaltertums Wirbellose wie Ammoniten, Trilobiten und Muscheln. Mitte des Erdaltertums erschienen erste Fische als Wirbeltiere in großer Vielfalt. Danach „eroberten“ mit Ichthyostega die ersten Wirbeltiere das Land.

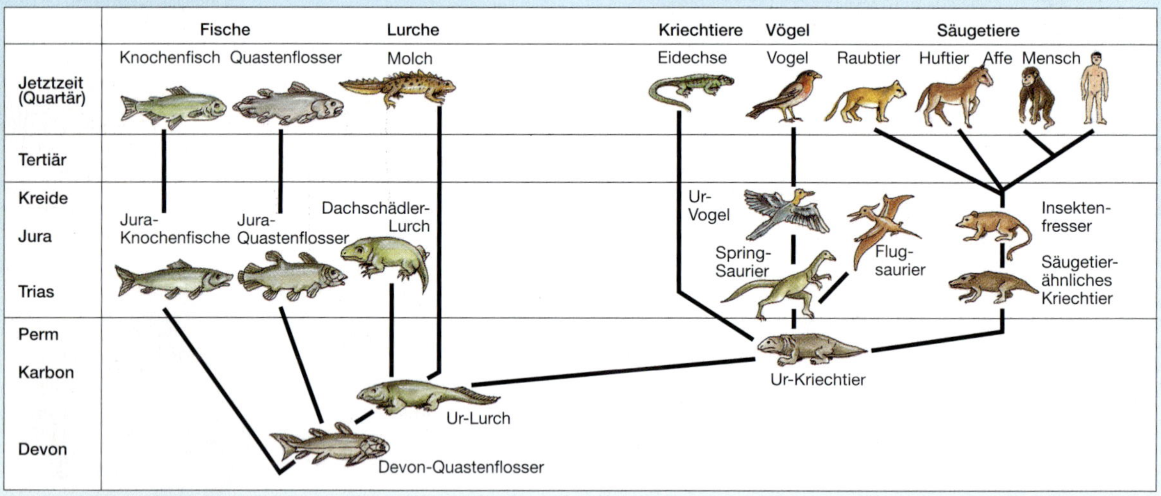

Ursachen der Evolution

DARWIN hat Mitte des vorletzten Jahrhunderts eine umfassende Theorie zur Entstehung der Arten im Verlauf der Erdgeschichte entwickelt.
Heute geht man davon aus, dass im Laufe der Evolution durch das Zusammenwirken von **Evolutionsfaktoren** wie Mutation, Rekombination der Gene, Selektion, geografische Isolation sowie Umweltverhältnissen viele Millionen Pflanzen- und Tierarten entstanden sind.

Entwicklung des Menschen

Aufgrund von Fossilfunden kann man sich vorstellen, wie die Entwicklung zum heutigen Menschen ablief. Sie verlief nicht geradlinig. Aus **Vormenschen** vom Typ Australopithecus gingen die ersten Menschen hervor. Über **Frühmenschen** wie dem Homo rudolfensis und dem Homo erectus entstand der **Jetztmensch** Homo sapiens. Alle auf der Erde lebenden Menschen gehören zu einer Art.

Die **kulturelle Evolution** ist gekennzeichnet durch die Entwicklung von Werkzeugen, Waffen, Gebrauch des Feuers, Nutzung und Züchtung von Haustieren, Sprache, Schrift, Kunst sowie religiösen Vorstellungen.

1. Die chemische und biologische Evolution sind der Beginn des Lebens auf der Erde.
a) Erläutere diese von Wissenschaftlern formulierte Hypothese.
b) Welcher Zeitraum wird hierfür angenommen?

2. Die in und um Chemnitz geborgenen Reste eines „Versteinerten Waldes“ werden auf ein Alter von ca. 290 Mio. Jahre geschätzt.

a) Welcher erdgeschichtlichen Epoche ist dieser Wald zuzurechnen?
b) Welche Baumarten gab es zur damaligen Zeit?
c) Wie mag es zur Fossilisation der Bäume gekommen sein?

3. a) Welche Bedeutung hatte der Fund des Archaeopteryx im Jahre 1861 für die Erforschung der Evolution? Berichte.
b) Nenne „lebende Fossilien“ und erläutere, wie man bei diesen zu dieser auf den ersten Blick widersprüchlichen Bezeichnung kommt.

4. Durch welche Faktoren kommt es im Verlauf der Evolution zur Bildung neuer Pflanzen- und Tierarten? Erläutere diese Entwicklung anhand von Beispielen.

5. Was versteht man unter Koevolution? Erläutere dies anhand eines Beispiels.

6. Wie ist es vermutlich zum langen Hals, den langen Vorder- und kurzen Hinterbeinen bei der Giraffe im Verlauf der Evolution gekommen? Beantworte diese Frage in einem erläuternden Text anhand der Theorien von LAMARCK und DARWIN.

7. Welche körperlichen Merkmale sind beim Menschen und beim Schimpansen
a) übereinstimmend,
b) voneinander abweichend?

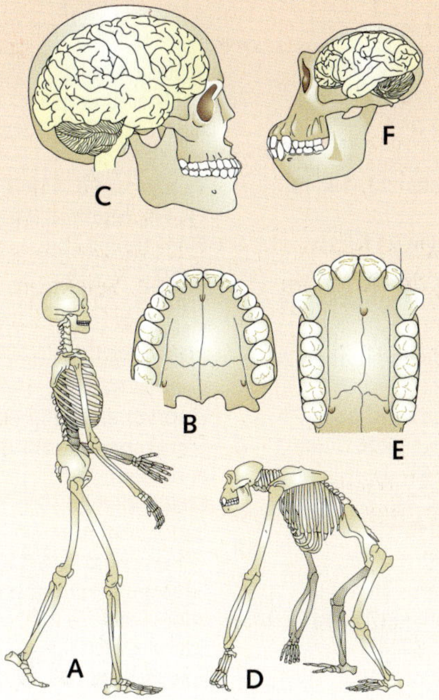

8. a) Zu welcher Zeit etwa lebte das Lebewesen, das gemeinsame Merkmale sowohl eines Affen als auch eines Menschen in sich vereinigte?
b) Welchen Namen hat man diesem Lebewesen gegeben?
c) Welche Bedeutung hat dieses Lebewesen zur Erforschung der Evolution der Hominiden?

9. Ein Ausschnitt aus dem Stammbaum des Menschen zeigt eine „Momentaufnahme“ des Forschungsstandes der vermutlichen Evolution des Menschen.
a) Ordne die menschlichen Vorfahren den entsprechenden Ziffern im Stammbaum zu: H. erectus; H. heidelbergensis, H. rudolfensis, archaischer H. sapiens; H. neandertalensis; Australopithecus afarensis; moderner H. sapiens; H. habilis, Australopithecus africanus
b) Man spricht bei der Evolution der Lebewesen von einer ungerichteten Entwicklung. Begründe dies anhand des Stammbaums vom Pferd und vom Menschen.

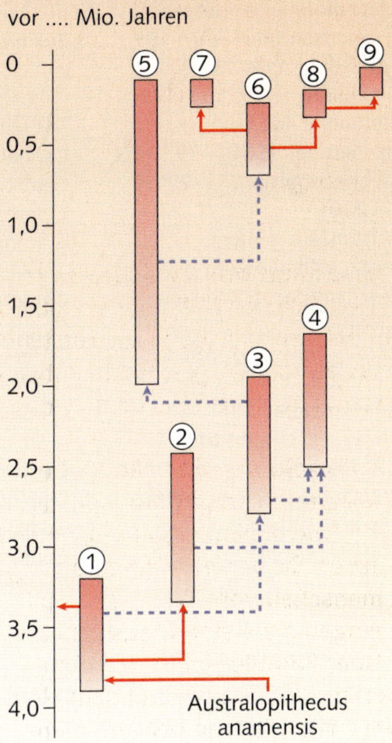

Stichwortverzeichnis

Fette Seitenzahlen weisen auf ausführliche Behandlung im Text oder auf Abbildungen hin
f. = die folgende Seite;
ff. = die folgenden Seiten